海绵钛生产技术丛书

热力学计算在海绵钛冶金中的应用

李大成　周大利　刘　恒　编著

北　京
冶 金 工 业 出 版 社
2009

内 容 简 介

本书从热力学角度定量地计算了海绵钛冶金过程中的反应方向、热效应及相平衡、气相平衡组成和饱和蒸气压等。本书理论性较强，并尽可能地联系生产实际。在附录中列出在计算中要用到的各种热力学数据表和计算公式，还有单位换算关系等，以方便读者查阅、使用。

本书可作为钛厂职工的培训教材，也可作为钛业相关工程技术人员的参考书。另外，还可作为高等院校及中专院校有色冶金专业的教学用书或参考书。

图书在版编目（CIP）数据

热力学计算在海绵钛冶金中的应用/李大成，周大利，刘恒编著．—北京：冶金工业出版社，2009.3
（海绵钛生产技术丛书）
ISBN 978-7-5024-4810-3

Ⅰ．热…　Ⅱ．①李…　②周…　③刘…　Ⅲ．热力计算—应用—钛—有色金属冶金　Ⅳ．TF823

中国版本图书馆 CIP 数据核字（2009）第 016134 号

出 版 人　曹胜利
地　　址　北京北河沿大街嵩祝院北巷 39 号，邮编 100009
电　　话　(010)64027926　电子信箱　postmaster@cnmip.com.cn
责任编辑　尚海霞　美术编辑　张媛媛　版式设计　张　青
责任校对　王贺兰　责任印制　牛晓波
ISBN 978-7-5024-4810-3
北京兴华印刷厂印刷；冶金工业出版社发行；各地新华书店经销
2009 年 3 月第 1 版，2009 年 3 月第 1 次印刷
787mm×1092mm　1/16；17.75 印张；426 千字；275 页；1-2000 册
46.00 元

冶金工业出版社发行部　电话：(010)64044283　传真：(010)64027893
冶金书店　地址：北京东四西大街 46 号(100711)　电话：(010)65289081
（本书如有印装质量问题，本社发行部负责退换）

丛书前言

钛及钛合金，由于其优良的理化性质和应用效能，在许多行业都有着广泛的用途。过去因为价格昂贵，钛很长时间主要用于国防军工，民用并不多。近年来，随着我国钛冶炼技术的进步，钛质量提高，生产成本降低，钛的应用领域不断扩大，销售量激增。在这种情况下，老钛厂不断扩产，新钛厂纷纷上马，钛工业呈现出蓬勃发展的趋势。钛行业迅速发展，钛方面的科技图书的需求明显加大。一方面，钛厂职工的培训需要教材；工程技术人员需要参考书；另一方面，很长一段时间以来，由于在高校教育中生产实习次数减少，课程设计和毕业设计取消，基本上都转向做论文，学生工程训练有所削弱，高校有色及稀有金属专业也需要这方面的教材和专著。因此，为适应社会需求和满足高校教学之需，我们编写了《镁热法海绵钛生产》、《海绵钛冶金过程工艺及设备计算》和《热力学计算在海绵钛冶金中的应用》三本书。力图从工艺原理、生产过程及设备方面，从理论和工程相结合的角度，比较全面、深入、定量地介绍和阐明海绵钛的生产。这套书的撰写资料主要来源于三个方面：一是作者长期从事教学、科研工作的经验和资料积累；二是国内外有关钛厂的生产实践；三是有关期刊文献和著作。书稿完成后，先后应邀在攀枝花钢企金沙钛业有限公司和攀钢集团钛业公司向职工、干部和工程技术人员进行了几次讲授，颇受大家欢迎和好评。现正式出版，供读者参考。

在编写这套教材过程中，得到恩师彭少方教授的鼓励和关心，得到攀枝花钢企金沙钛业有限公司汪智德总经理、张建安副总经理的大力支持，万仁述高级工程师也提供了一些资料，在此表示衷心的感谢。同时，对被我们引用了参考文献的著作者们谨致谢忱。这套书能顺利出版，得到了冶金工业出版社的大力支持，在此表示由衷的谢意。

由于水平所限，时间仓促，不足之处在所难免，敬请读者批评指正。

本书除可作为钛厂职工培训教材和高等院校有色冶金专业学生教学用书外，还可供有关工程技术人员、研究设计人员参考。

编著者于四川大学

2008 年 9 月

目　　录

1 热力学基础

冶金热力学是研究冶金过程中热和功相互转化规律的一门科学。本书利用它来定量计算海绵钛冶金过程中某些物理过程和化学反应的焓变和热平衡，计算反应的自由焓变化和平衡组成，判别反应的方向和限度，计算一些物质（如 $TiCl_4$、$SiCl_4$、$VOCl_3$ 及 Mg、$MgCl_2$ 等）在不同温度下的蒸气压，以便为精馏提纯 $TiCl_4$ 的塔设备设计和还原—蒸馏车间还原产物的真空蒸馏提纯海绵钛提供理论基础和原始数据。

因为海绵钛冶金过程都是在恒压和（或）恒温恒压（非恒温、恒容过程）下，在敞开体系或封闭体系（非孤立体系）中进行的一些过程和反应，本书主要针对这种体系和过程，首先介绍热力学基础，而不是介绍热力学知识的全部，因为那是物理化学、化学热力学、冶金热力学等教科书和著作的任务，本书着重介绍热力学理论在海绵钛冶金各个单元过程中的实际应用。

作为开篇第 1 章，首先对四个热力学基本定律及一些重要的热力学状态函数和它们之间的关系式作一简要的概括和回顾，以便为以后几章海绵钛冶金过程的热力学计算打下理论基础。

1.1 热力学基本定律

表 1-1 扼要地列出了四个热力学基本定律的内容表述、数学表达式及它们的重要意义和用途。

表 1-1 热力学基本定律的内容表述及数学表达式

热力学定律	内 容 表 述	数学表达式	重要意义及用途
第零定律	说法 1： 当一个体系达到热平衡时，体系中一切物体的温度都应该相等。 说法 2： 倘若两个热力学体系 B 和 C 都与第三个热力学体系 A 处于热平衡，则这两个热力学体系 B 和 C 也呈热平衡	$\int_{\theta_1}^{\theta_2} d\theta = \theta_2 - \theta_1$ 或 $\oint d\theta = 0$ 式中，θ_1 和 θ_2 分别表示状态 1 和状态 2 时的温度	为温度的科学测量奠定了理论基础
第一定律	说法 1： 第一类永动机是不存在的。所谓第一类永动机，是指这样一种机器，不供给它任何能量，它却可持续不断地对外做功。 说法 2： 当一个体系从环境吸收热量 Q 后，一部分热量用以提高体系的内能 U，另一部分热量转换为体系对环境做功 W，其总能量守恒	对于封闭体系： $\Delta U = Q - W$ 当体系状态只发生一个无限小量变化时： $dU = \delta Q - \delta W$	以此定律为基础，可以引申定义出另一个新函数焓 H。U 和 ΔU，辅助函数 H 和 ΔH 分别为恒温恒容、恒温恒压过程中的能量变化和热平衡计算提供了理论基础

续表 1-1

热力学定律	内容表述	数学表达式	重要意义及用途
第二定律	说法 1： 热不能自发地从低温物体流向高温物体。 这种表述相当于热传导过程的不可逆性。 说法 2： 第二类永动机是不存在的。所谓第二类永动机，是指这样一种机器，它能循环不断地仅从单一热源吸收热量完全转变为功，而不引起任何其他变化。 这种表述相当于摩擦生热过程的不可逆性。 说法 3： 功能够自发地全部转换为热，但热却不能全部转换为功而不引起任何其他变化。 说法 4： 孤立体系中的过程总是自发地向熵值增加的方向进行	$\Delta S > \frac{Q}{T}$，不可逆过程 $\Delta S = \frac{Q}{T}$，可逆过程 当状态发生微小可逆变化时： $dS > \frac{\delta Q}{T}$，不可逆过程 $dS = \frac{\delta Q}{T}$，可逆过程 对于孤立体系： $\Delta S > 0$，自发过程 $\Delta S = 0$，平衡 对于非孤立体系： $\Delta S_{总} = \Delta S_{体系} + \Delta S_{环境}$ $\begin{cases} >0，自发过程 \\ =0，平衡 \end{cases}$	第二定律及熵变是判断过程方向性及限度的基本依据。由此定律引申出来的辅助函数 ΔF 和 ΔG 分别是计算恒温恒容过程和恒温恒压过程能量变化的重要而方便的热力学函数
第三定律	说法 1： 在 0K 时，具有完整晶体的纯物质，绝对熵值为零。 说法 2： 绝对零度是不可能达到的	$S_0 = 0$	借助于热力学第三定律，可以计算各种纯物质在不同温度时的绝对熵。由此可方便地计算化学反应的熵变 ΔS，进而可计算反应的吉布斯自由能变化 ΔG 及平衡常数 K_p

要强调的是，每个热力学定律的说法可能不止一种，但这些说法都是等价的，可以从逻辑上推理证明，其本质是相同的，只是表述方法不同而已。可以证明，每一个定律，当一种说法成立时，另一种说法也必然成立。

第一、第二、第三这三个定律的一种表述方式是“无效原理”或者“不可能”、“达不到”原理。如“第一类永动机是不可能的”，“第二类永动机是不存在的”“绝对零度是达不到的”等。这种表述方式具有普遍意义，但不便于计算。

现对表 1-1 中所列内容做进一步说明。

热力学第零定律是关于温度的经验定律。温度不能靠感觉去衡量，而必须用测温仪器（如水银温度计、酒精温度计、电阻温度仪及其他测温仪表）科学地测量。按照热力学第零定律，可以把温度计和被测物体看成一个体系中的两个物体，当它们达到热平衡时，温度计所显示的温度就代表了被测物体的温度；显然，如果它们之间没有达到热平衡，温度计所显示的温度就不能代表被测物体的温度。在海绵钛冶金过程中，电炉熔炼钛渣、沸腾氯化、冷却收尘、淋洗塔、精馏塔设备，还原和真空蒸馏等作业及设备，处处离不开温度的测量。测温是否准确可靠，关键是被测对象与测量仪器是否处于同一体系，并且是否达到热平衡，这是测温的两个关键点。温度是体系的一个热力学状态函数，它最基本的性质是，所有互为热平衡的物体必定具有相同的温度。

四个热力学基本定律中，以第一定律和第二定律最为重要。

热力学第一定律的本质就是能量守恒与转换定律。能量守恒定律是说，能量可以在不同物体之间相互传递，不同形式的能量也可以相互转换，但它不能凭空产生，也不会自行消灭。如果第一类永动机能够存在，就表明这种机器不供给它任何能量却能创造出能量，这显然是违反能量守恒原理的。

要注意的是：

（1）内能是状态函数，只与体系的始终态有关，与过程途径无关；而 Q 和 W 不是状态函数，它们是随过程途径的变化而变化的两个物理量，当体系始终态一定时，不同的过程会有不同的数值。因此，内能 U 有全微分，表中公式用全微分符号 d 表示；Q 和 W 没有全微分，不能用微分符号 dQ、dW 表示，而只能用变分符号 δQ、δW 表示。

（2）Q 和 W 的符号，按多数习惯，规定体系吸热为正，放热为负；体系对环境做功为正，环境对体系做功为负。

关于热力学第二定律，要注意的是：

（1）第二类永动机并不违反能量守恒原理，但它违反热力学第二定律，它是不可能存在的。

（2）关于不能只从单一热源取出热量转变为功而不引起任何其他变化的说法，要注意的是，不是说热不能变成功，而是说不能全部变成功。一部热机必须在高温和低温两个热源之间工作，从高温热源吸取热量，把一部分热量转变为功，另一部分热量传给低温热源。由此推论，任何热机的效率不可能是 1（100%）。因为效率为 1 就意味着仅从单一热源吸取热量将其全部转变成了功而不引起任何其他变化，这是违反热力学第二定律的。

热力学第二定律也是对能量转换的一种限制。它和热力学第一定律一样，不能从任何更普遍的定律中导出，它是大量实验事实和经验的概括和总结。

热力学第三定律是在低温实验的基础上，结合统计理论提出来的。熵是一个热力学状态函数，是体系内部混乱度大小的量度。随着温度降低，分子运动逐渐减弱，分子排布逐渐有序，混乱度逐渐减小。到 0K 时最终形成有规律的点阵结构，质点都处在最低能级。

第三定律为计算不同温度下纯物质的绝对熵，进而计算自由焓和平衡常数提供了理论依据和计算方法。

1.2 一些重要的热力学公式

以下的讨论，全部是针对封闭体系进行的。

（1）热力学第一定律的数学表达式：

$$\Delta U = Q - W \tag{1-1}$$

式中 ΔU——体系内能的变化值；

Q——过程的热效应，规定体系吸热为正值，放热为负值；

W——功，规定体系对环境做功为正值，环境对体系做功为负值。

对于一个十分微小的能量转换过程：

$$dU = \delta Q - \delta W \tag{1-2}$$

式中　d——全微分符号；

　　δ——变分符号。

需要注意的是：只有与过程途径无关的状态函数才有全微分，才能用全微分符号“d”；而与过程有关的非状态函数没有全微分，不能用全微分符号“d”，只能用变分符号“δ”。

（2）根据热力学第一定律，计算等压条件下过程的热效应时，定义了一个新的热力学函数——焓：

$$H = U + pV \tag{1-3}$$

当用辅助函数焓来计算化学反应的热效应和过程的物理热时，将很方便。

（3）热力学第二定律的数学表达式。倘若体系的状态由A变到B，则熵的变化：

$$\Delta S = S_B - S_A = \int_A^B \frac{\delta Q_r}{T} \tag{1-4}$$

当状态发生微小可逆变化时，熵的微小变化为：

$$dS = \frac{\delta Q_r}{T} \tag{1-5}$$

热力学第二定律的数学表达式为：

$$dS \begin{cases} > \dfrac{\delta Q}{T}, \text{不可逆过程} \\ = \dfrac{\delta Q}{T}, \text{可逆过程} \end{cases} \tag{1-6}$$

或

$$\Delta S \begin{cases} > \dfrac{Q}{T}, \text{不可逆过程} \\ = \dfrac{Q}{T}, \text{可逆过程} \end{cases} \tag{1-7}$$

用式1-6或式1-7来判断孤立体系中过程的方向时，便有：

$$\Delta S \begin{cases} > 0, \text{自发过程} \\ = 0, \text{平衡状态} \end{cases} \tag{1-8}$$

对于非孤立体系，其熵变应为：

$$\Delta S_{总} = \Delta S_{体系} + \Delta S_{环境} \begin{cases} > 0, \text{自发过程} \\ = 0, \text{平衡状态} \end{cases} \tag{1-9}$$

（4）热力学第二定律的辅助函数——亥姆霍兹自由能和吉布斯自由能的引入。用熵来判断过程的方向及限度只有对孤立体系（又叫隔离体系）才比较方便，而海绵钛冶金过程中的各种化学反应都不是在孤立体系中进行的，而是在恒温恒压下的敞开体系或封闭体系中进行的，用熵来判断各个冶金反应的方向及限度就很不方便，因为在非孤立体系的情况下，还需考虑环境的熵变。因此，有必要引入另外两个重要的辅助函数——亥姆霍兹自由能和吉布斯自由能。

亥姆霍兹（Helmholtz）自由能F，又叫亥氏函数、功函、等温等容位，其定义式为：

$$F = U - TS \tag{1-10}$$

它只能用于恒温恒容的特定条件。

吉布斯（Gibbs）自由能G，又名自由焓、吉氏自由能、等温等压位，其定义式为：

$$G = H - TS \tag{1-11}$$

（5）恒温恒压下化学反应方向性的判据为 ΔG：

$$\Delta G \begin{cases} < 0，能自发进行 \\ = 0，平衡态 \\ > 0，不能自发进行 \end{cases} \tag{1-12}$$

ΔG 可按式 1-13 计算：

$$\Delta G = \Delta H - T\Delta S \tag{1-13}$$

式中，ΔH 为恒温恒压下化学反应的热效应，其值可由实验测定，或通过基尔戈夫（Kirchhoff）方程式计算；ΔS 根据热力学第三定律进行计算。在恒压条件下：

$$S_{\mathrm{T}} = S_0 + \int_0^T \frac{C_{p,\mathrm{m}}}{T}\mathrm{d}T \tag{1-14}$$

根据此式，要计算物质在任意温度下的绝对熵 S_T，必须知道 0K 时的绝对熵 S_0。而据热力学第三定律，$S_0 = 0$，所以：

$$S_T = \int_0^T \frac{C_{p,\mathrm{m}}}{T}\mathrm{d}T = \int_0^T C_{p,\mathrm{m}}\mathrm{d}\ln T = \int_0^{298} \frac{C_{p,\mathrm{m}}}{T}\mathrm{d}T + \int_{298}^T \frac{C_{p,\mathrm{m}}}{T}\mathrm{d}T$$

$$= S_{298}^{\ominus} + \int_{298}^T \frac{C_{p,\mathrm{m}}}{T}\mathrm{d}T \tag{1-15}$$

式 1-15 仅适用于计算没有发生相变的物质之绝对熵值。而当物质有晶型转变和固、液、气状态变化时，物质的摩尔绝对熵应按式 1-16 计算：

$$S_T = \int_0^{T_1} \frac{C_{p1,\mathrm{m}}}{T}\mathrm{d}T + \frac{\Delta H_1}{T_1} + \int_{T_1}^{T_2} \frac{C_{p2,\mathrm{m}}}{T}\mathrm{d}T + \cdots + \frac{\Delta H_{i-1}}{T_{i-1}} + \int_{T_{i-1}}^{T} \frac{C_{pi,\mathrm{m}}}{T}\mathrm{d}T$$

$$= S_{298}^{\ominus} + \int_{298}^{T_1} \frac{C_{p1,\mathrm{m}}}{T}\mathrm{d}T + \frac{\Delta H_1}{T_1} + \int_{T_1}^{T_2} \frac{C_{p2,\mathrm{m}}}{T}\mathrm{d}T + \cdots + \frac{\Delta H_{i-1}}{T_{i-1}} + \int_{T_{i-1}}^{T} \frac{C_{pi,\mathrm{m}}}{T}\mathrm{d}T \tag{1-16}$$

式中 T_1，…，T_{i-1}——各个相变点温度；

ΔH_1，…，ΔH_{i-1}——各种摩尔相变焓；

$C_{p1,\mathrm{m}}$，$C_{p2,\mathrm{m}}$，…，$C_{pi,\mathrm{m}}$——物质在各个相温度段内的摩尔定压热容。

物质在接近 0K 的极低温条件下，$C_{p,\mathrm{m}}$（J/（mol·K））很难用实验测定，在 10K 或 20K 以下，可根据德拜（Debye）的理论公式计算：

$$C_{p,\mathrm{m}} = C_{V,\mathrm{m}} = 1943.47\left(\frac{T}{\Theta}\right)^3 \tag{1-17}$$

式中，Θ 为德拜温度，是晶体物质的特性常数。Θ 值可根据热容的实测数据由式 1-17 计算确定，也可按式 1-18 计算：

$$\Theta = \frac{h\nu_{\max}}{k} \tag{1-18}$$

式中 $\nu_{\max}$——固体振动的最大频率；

k——玻耳兹曼常量，$k = 1.380662 \times 10^{-23}$ J/K；

h——普朗克常量，$h = 6.626176 \times 10^{-34}$ J·s。

将式 1-18 代入式 1-17，再代入式 1-15，可计算接近 0K 时，物质的摩尔绝对熵（J/（mol·K））：

$$S_T = \int_0^T \frac{C_{p,\mathrm{m}}}{T}\mathrm{d}T = \int_0^T 1943.47\left(\frac{T^2}{\Theta^3}\right)\mathrm{d}T = 647.82\left(\frac{T}{\Theta}\right)^3 \tag{1-19}$$

(6) 热力学状态函数之间的一些重要关系式：

1) 热力学性质的基本方程式。八个热力学性质(或称热力学函数、状态函数)p、V、T、U、H、S、F、G中，p和T两个是强度性质，其余六个是容量性质。又因p、V、T三个易于测量，通常将它们作为参变量，而将其余五个作为这些参变量的状态函数。通过第一、第二两个热力学基本定律把它们联系起来，构成以下的关系式：

$$H = U + pV \tag{1-20}$$

$$F = U - TS \tag{1-21}$$

$$G = F + pV = U - TS + pV = H - TS \tag{1-22}$$

这些关系，可用图 1-1 表示，以便记忆。

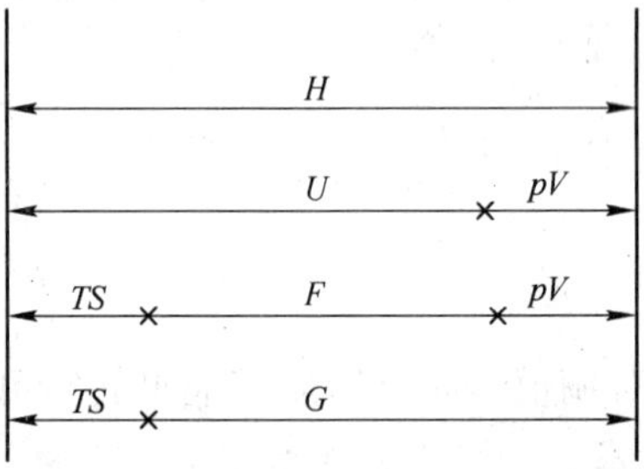

图 1-1　热力学状态函数间的关系

当体系只做膨胀功不做其他功(即由于有电场、磁场或表面张力等力的作用而做的功，如电功、表面功、伸长功等)时，$\delta W' = 0$($\delta W'$表示非膨胀功)，封闭体系中热力学第一、第二定律的联合表达式有四个，它们是热力学的四个基本公式：

$$dU = TdS - pdV \tag{1-23}$$

$$dH = TdS + Vdp \tag{1-24}$$

$$dF = -SdT - pdV \tag{1-25}$$

$$dG = -SdT + Vdp \tag{1-26}$$

2) 马克斯威尔关系式。在高等数学中，若多元函数$Z = f(x,y)$有全微分，则：

$$dZ = \left(\frac{\partial Z}{\partial x}\right)_y dx + \left(\frac{\partial Z}{\partial y}\right)_x dy \tag{1-27}$$

令$M = \left(\frac{\partial Z}{\partial x}\right)_y$；$N = \left(\frac{\partial Z}{\partial y}\right)_x$，则：

$$\left(\frac{\partial M}{\partial y}\right)_x = \left(\frac{\partial N}{\partial x}\right)_y \tag{1-28}$$

这是全微分的主要性质，也是判断全微分是否存在的标志。

热力学函数U、H、F和G是状态函数，其微分是全微分。如将全微分的上述性质用于热力学基本方程式，则有：

$$\left(\frac{\partial T}{\partial V}\right)_S = -\left(\frac{\partial p}{\partial S}\right)_V \tag{1-29}$$

$$\left(\frac{\partial T}{\partial p}\right)_S = \left(\frac{\partial V}{\partial S}\right)_p \tag{1-30}$$

$$\left(\frac{\partial S}{\partial V}\right)_T = \left(\frac{\partial p}{\partial T}\right)_V \tag{1-31}$$

$$\left(\frac{\partial S}{\partial p}\right)_T = -\left(\frac{\partial V}{\partial T}\right)_p \tag{1-32}$$

这四个公式称为马克斯威尔关系式，它们是联系热力学量p、V、T和S等在不同条件下的偏导数的方程组。

马克斯威尔关系式的主要作用是用易于测量的状态性质的偏导数来代替不易测量的状态性质的偏导数。如熵是不能直接测量的，但 S 随 T、p、V 的变化可以通过马克斯威尔关系式由易测的物理量 p、V、T 进行计算。$\left(\frac{\partial S}{\partial p}\right)_T$ 可用易测的 $\left(\frac{\partial V}{\partial T}\right)_p$ 来代替，$\left(\frac{\partial S}{\partial V}\right)_T$ 可用 $\left(\frac{\partial p}{\partial T}\right)_V$ 来代替。从而马克斯威尔关系式可以方便地将 S 随 p、V 的变化关系表示出来。

但迄今尚无法表达 S 随 T 的变化关系。不过当系统的 p 或 V 一定时（即恒压或恒容时），S 与 T 的关系可以表示成热容的关系式。

由定压热容的定义式 $\left(\frac{\partial H}{\partial T}\right)_p = C_p$ 和方程 $\mathrm{d}H = T\mathrm{d}S + V\mathrm{d}p$ 便可将 $\left(\frac{\partial S}{\partial T}\right)_p$ 表示成 $\left(\frac{\partial S}{\partial T}\right)_p = \frac{1}{T}\left(\frac{\partial H}{\partial T}\right)_p = \frac{1}{T}C_p$。

3）对应系数关系式。对于均相定组成封闭体系，热力学性质都可表示为两个独立变量的函数。如 $U = f(S,V)$，$H = f(S,p)$，$F = f(T,V)$，$G = f(T,p)$。

它们相应的全微分为：

$$\mathrm{d}U = \left(\frac{\partial U}{\partial S}\right)_V \mathrm{d}S + \left(\frac{\partial U}{\partial V}\right)_S \mathrm{d}V \tag{1-33}$$

$$\mathrm{d}H = \left(\frac{\partial H}{\partial S}\right)_p \mathrm{d}S + \left(\frac{\partial H}{\partial p}\right)_S \mathrm{d}p \tag{1-34}$$

$$\mathrm{d}F = \left(\frac{\partial F}{\partial T}\right)_V \mathrm{d}T + \left(\frac{\partial F}{\partial V}\right)_T \mathrm{d}V \tag{1-35}$$

$$\mathrm{d}G = \left(\frac{\partial G}{\partial T}\right)_p \mathrm{d}T + \left(\frac{\partial G}{\partial p}\right)_T \mathrm{d}p \tag{1-36}$$

将它们分别与热力学基本方程式 1-23 ~ 式 1-26 对比，因相同微分项对应系数相等，所以有：

$$\left(\frac{\partial U}{\partial S}\right)_V = \left(\frac{\partial H}{\partial S}\right)_p = T \tag{1-37}$$

$$\left(\frac{\partial H}{\partial p}\right)_S = \left(\frac{\partial G}{\partial p}\right)_T = V \tag{1-38}$$

$$\left(\frac{\partial F}{\partial T}\right)_V = \left(\frac{\partial G}{\partial T}\right)_p = -S \tag{1-39}$$

$$\left(\frac{\partial U}{\partial V}\right)_S = \left(\frac{\partial F}{\partial V}\right)_T = -p \tag{1-40}$$

这四个等式称为对应系数关系式。它们在推导热力学函数关系时起着重要的作用。例如，将式 1-39 和 F、G 的定义式结合，便得 $F = U - TS = U + T\left(\frac{\partial F}{\partial T}\right)_V$ 和 $G = H - TS = H + T\left(\frac{\partial G}{\partial T}\right)_p$，这两个式子可进一步写成：

$$\left(\frac{\partial(F/T)}{\partial T}\right)_V = -\frac{U}{T^2} \quad 和 \quad \left(\frac{\partial(G/T)}{\partial T}\right)_p = -\frac{H}{T^2}$$

这两种表达式就是吉布斯-亥姆霍兹（Gibbs-Helmholtz）方程式的微分式。

现将以上关系式汇总在表1-2中。

表1-2　各种热力学关系式汇总

函　数	微分式	独立变数
$\Delta U = Q - W$	$dU = TdS - pdV$	$U = f(S,\ V)$
$H = U + pV$	$dH = TdS + Vdp$	$H = f(S,\ p)$
$F = U - TS$	$dF = -pdV - SdT$	$F = f(V,\ T)$
$G = H - TS$	$dG = Vdp - SdT$	$G = f(p,\ T)$
函　数	**马克斯威尔关系式**	**对应系数关系**
$\Delta U = Q - W$	$\left(\frac{\partial T}{\partial V}\right)_S = -\left(\frac{\partial p}{\partial S}\right)_V$	$\left(\frac{\partial U}{\partial V}\right)_S = -p,\ \left(\frac{\partial U}{\partial S}\right)_V = T$
$H = U + pV$	$\left(\frac{\partial T}{\partial p}\right)_S = \left(\frac{\partial V}{\partial S}\right)_p$	$\left(\frac{\partial H}{\partial p}\right)_S = V,\ \left(\frac{\partial H}{\partial S}\right)_p = T$
$F = U - TS$	$\left(\frac{\partial p}{\partial T}\right)_V = \left(\frac{\partial S}{\partial V}\right)_T$	$\left(\frac{\partial F}{\partial T}\right)_V = -S,\ \left(\frac{\partial F}{\partial V}\right)_T = -p$
$G = H - TS$	$\left(\frac{\partial V}{\partial T}\right)_p = -\left(\frac{\partial S}{\partial p}\right)_T$	$\left(\frac{\partial G}{\partial T}\right)_p = -S,\ \left(\frac{\partial G}{\partial p}\right)_T = V$

（7）几个重要的热力学方程式：

1）反应热与温度的关系——基尔戈夫方程式。

对于化学反应：

$$\nu_A A + \nu_B B + \cdots = \nu_G G + \nu_H H + \cdots$$

在298K时，反应的标准热效应为产物的标准生成焓(热)之和与反应物的标准生成焓(热)之和的差值：

$$\Delta H_{298}^{\ominus} = \sum \nu_i \Delta H_{f,298,i}^{\ominus} = \left(\sum \nu_i \Delta H_{f,298,i}^{\ominus}\right)_{产物} - \left(\sum \nu_i \Delta H_{f,298,i}^{\ominus}\right)_{反应物} \tag{1-41}$$

式中　ν_i——反应式中物质i的化学计量数；

$\Delta H_{f,298,i}^{\ominus}$——物质$i$在298K时的标准生成焓(热)(查热力学数据表)。

在T(K)时的反应热效应，由基尔戈夫方程式计算：

$$\Delta H_T^{\ominus} = \Delta H_{298}^{\ominus} + \int_{298}^{T} \Delta C_p \mathrm{d}T \tag{1-42}$$

式中　$\Delta H_{298}^{\ominus}$——反应在298K时的标准反应焓(热)，按式1-41计算；

ΔC_p——反应的热容变化，它等于反应式中各物质摩尔定压热容的代数和(产物取正号，反应物取负号)，即：

$$\Delta C_p = \sum \nu_i C_{p,i,\mathrm{m}}$$

如果能查到物质在T(K)时的生成焓(热)数据(有这种热力学数据表，在参考文献[12]中称为摩尔焓$H_i(T)$)，可按式1-43计算T(K)时的反应焓(热)效应：

$$\Delta H_T^{\ominus} = \sum \nu_i \Delta H_{f,T,i}^{\ominus} \tag{1-43}$$

式中　$\Delta H_{f,T,i}^{\ominus}$——物质$i$在$T$(K)时的标准生成焓(热)，它可由式1-44求得：

$$\Delta H_{f,T,i}^{\ominus} = \Delta H_{f,298,i}^{\ominus} + \int_{298}^{T} C_{p,i} \mathrm{d}T = H_i^{\ominus}(T) \tag{1-44}$$

式 1-44 与式 1-42 是等价的，计算结果完全一样。式 1-44 就是在第 2 章中要讲到的摩尔焓 $H_i^{\ominus}(T)$。

2）吉布斯-亥姆霍兹方程式。

较之 ΔS，应用 ΔF 或 ΔG 判断化学反应或相变的方向最为方便。但从热力学数据表中，常常只能查出各种物质在 $T=298\mathrm{K}$ 温度时的标准生成亥姆霍兹自由能 $\Delta F_{\mathrm{f},298}^{\ominus}$ 或标准生成吉布斯自由能 $\Delta G_{\mathrm{f},298}^{\ominus}$ 数值，而过程是在 $T(\mathrm{K})$ 温度下进行，这就需要根据 ΔF 或 ΔG 随温度变化的关系式来求 $T(\mathrm{K})$ 温度下的 ΔF_T 及 ΔG_T 之值。吉布斯-亥姆霍兹方程式就为解决此问题提供了方便。

先看 ΔG 随温度 T 的变化关系。

因为 $\left(\frac{\partial G}{\partial T}\right)_p=-S$，将其应用于化学反应或相变时，则有

$$\left(\frac{\partial \Delta G}{\partial T}\right)_p=-\Delta S$$

又因为 $\Delta G=\Delta H-T\Delta S$，将 $\left(\frac{\partial \Delta G}{\partial T}\right)_p=-\Delta S$ 代入此式，于是有：

$$\Delta G=\Delta H+T\left(\frac{\partial \Delta G}{\partial T}\right)_p \quad \text{或} \quad \Delta H=\Delta G-T\left(\frac{\partial \Delta G}{\partial T}\right)_p$$

等式两边乘以 $-\frac{1}{T^2}$，便得：

$$-\frac{\Delta G}{T^2}+\frac{1}{T}\left(\frac{\partial \Delta G}{\partial T}\right)_p=-\frac{\Delta H}{T^2}$$

即

$$\left[\frac{\partial\left(\frac{\Delta G}{T}\right)}{\partial T}\right]_p=-\frac{\Delta H}{T^2}$$

由于压力对 ΔG 的影响可忽略不计，因此可写成微分式：

$$\frac{\mathrm{d}}{\mathrm{d}T}\left(\frac{\Delta G}{T}\right)=-\frac{\Delta H}{T^2} \tag{1-45}$$

此式表明，在恒压条件下，$\frac{\Delta G}{T}$ 随温度的变化只与 ΔH 和 T 有关。

将基尔戈夫方程式的不定积公式 1-42 代入式 1-45，作不定积分，得 $\Delta G_T=f(T)$ 的不定积分式：

$$\Delta G_T=\Delta H_0-\Delta aT\ln T-\frac{\Delta b}{2}T^2-\frac{\Delta c}{6}T^3-\frac{\Delta c'}{2}T^{-1}+IT \tag{1-46}$$

如在 298 ~ $T(\mathrm{K})$ 温度区间作定积分，便得定积分式：

$$\Delta G_T=\Delta G_{298}^{\ominus}-T\Delta S_{298}^{\ominus}+\int_{298}^{T}\Delta C_p\mathrm{d}T-T\int_{298}^{T}\frac{\Delta C_p}{T}\mathrm{d}T \tag{1-47}$$

以上各式中，ΔG 称为吉布斯自由能或自由焓。

对于亥氏自由能变化 ΔF 与温度的关系，可用同样的推导方法得到：

$$\left[\frac{\partial\left(\frac{\Delta F}{T}\right)}{\partial T}\right]_V=-\frac{\Delta U}{T^2} \tag{1-48}$$

式 1-48 说明，在恒容条件下，$\frac{\Delta F}{T}$ 随温度的变化只与 ΔU 及 T 有关。同样，对此式作积分，可相应得到不定积分式和定积分式。

3) 克拉贝龙(Clapeyron)-克劳修斯(Clausius)方程式。

克拉贝龙-克劳修斯方程式简称为克-克方程或双克方程式。在一定温度和压力下，在单组元 i 两相(α 相和 β 相)平衡体系中，化学位相等，即 $\mu_{i(\alpha)} = \mu_{i(\beta)}$。当体系的温度发生微小变化时，组元 i 由一相(如 α 相)向另一相(如 β 相)发生一微小的转移，体系的压力也相应的发生微小的变化，但两相依旧保持平衡。即

$$\mathrm{d}\mu_{i(\alpha)}(T,p) = \mathrm{d}\mu_{i(\beta)}(T,p)$$

$$\left(\frac{\partial \mu_{i(\alpha)}}{\partial T}\right)_p \mathrm{d}T + \left(\frac{\partial \mu_{i(\alpha)}}{\partial p}\right)_T \mathrm{d}p = \left(\frac{\partial \mu_{i(\beta)}}{\partial T}\right)_p \mathrm{d}T + \left(\frac{\partial \mu_{i(\beta)}}{\partial p}\right)_T \mathrm{d}p$$

$$-S_{i(\alpha)}\mathrm{d}T + V_{i(\alpha)}\mathrm{d}p = -S_{i(\beta)}\mathrm{d}T + V_{i(\beta)}\mathrm{d}p$$

$$\frac{\mathrm{d}p}{\mathrm{d}T} = \frac{S_{i(\beta)} - S_{i(\alpha)}}{V_{i(\beta)} - V_{i(\alpha)}} = \frac{\Delta S}{\Delta V} \tag{1-49}$$

式中　ΔS——组元 i 由 α 相转移到 β 相的熵变，$\Delta S = S_{i(\beta)} - S_{i(\alpha)}$；

　　ΔV——组元 i 由 α 相转移到 β 相的体积变化，$\Delta V = V_{i(\beta)} - V_{i(\alpha)}$。

如果有 1mol 的物质 i 由 α 相转移到 β 相的相变焓(热)为 ΔH，因 $\Delta S = \frac{\Delta H}{T}$，所以：

$$\frac{\mathrm{d}p}{\mathrm{d}T} = \frac{\Delta H}{T\Delta V} \tag{1-50}$$

式中　ΔV 为 1mol 物质 i 发生相变时的体积变化。

此即双克方程式，对于单组元的一切两相平衡(固-液、液-气、固-气平衡以及固相中的晶型转变)都是适用的。

4) 化学反应变化方向的判据——范特荷甫(Van't Hoff)等温方程式。

假设有一理想气体的化学反应：

$$\nu_A A(p'_A) + \nu_B Б(p'_B) \rightleftharpoons \nu_G G(p'_G) + \nu_H H(p'_H)$$

在恒温恒压下进行。其中，实际分压 p'_A、p'_B、p'_G 和 p'_H 是任意选定的，不是平衡状态时的分压。这里所谓恒温恒压的条件，可以作这样的理解：假定反应体系为无限大，参加反应的各个物质的数量也均为无限大。因此，当有 ν_A(mol)的 A 和 ν_B(mol)的 B 转变为 ν_G(mol)的 G 和 ν_H(mol)的 H 时，各物质在反应体系中的分压可以保持不变，当然反应体系的总压也保持不变。显然，在发生此反应时，反应体系的吉布斯自由能变化应为：

$$\begin{aligned}\Delta G &= (\nu_G\mu_G + \nu_H\mu_H) - (\nu_A\mu_A + \nu_B\mu_B) \\ &= (\nu_G\mu_G^{\ominus} + \nu_G RT\ln p'_G + \nu_H\mu_H^{\ominus} + \nu_H RT\ln p'_H) - (\nu_A\mu_A^{\ominus} + \nu_A RT\ln p'_A + \nu_B\mu_B^{\ominus} + \nu_B RT\ln p'_B) \\ &= (\nu_G\mu_G^{\ominus} + \nu_H\mu_H^{\ominus} - \nu_A\mu_A^{\ominus} - \nu_B\mu_B^{\ominus}) + RT\ln\frac{(p'_G)^{\nu_G}(p'_H)^{\nu_H}}{(p'_A)^{\nu_A}(p'_B)^{\nu_B}}\end{aligned}$$

令
$$\nu_G\mu_G^{\ominus} + \nu_H\mu_H^{\ominus} - \nu_A\mu_A^{\ominus} - \nu_B\mu_B^{\ominus} = \Delta G^{\ominus}$$

则
$$\Delta G = \Delta G^{\ominus} + RT\ln\frac{(p'_G)^{\nu_G}(p'_H)^{\nu_H}}{(p'_A)^{\nu_A}(p'_B)^{\nu_B}} \tag{1-51}$$

因为
$$\Delta G^{\ominus} = -RT\ln K_p = -RT\ln\frac{(p_G)^{\nu_G}(p_H)^{\nu_H}}{(p_A)^{\nu_A}(p_B)^{\nu_B}}$$

令
$$\frac{(p'_{\mathrm{G}})^{\nu_{\mathrm{G}}}(p'_{\mathrm{H}})^{\nu_{\mathrm{H}}}}{(p'_{\mathrm{A}})^{\nu_{\mathrm{A}}}(p'_{\mathrm{B}})^{\nu_{\mathrm{B}}}}=Q_p$$

则
$$\Delta G=-RT\ln K_p+RT\ln Q_p \tag{1-52}$$

这就是著名的范特荷甫等温方程式。

要注意，式中 p 和 p' 的含义是不同的，p 是指平衡时的分压，p' 是指任意状态时的实际分压。因此，K_p 与 Q_p 的含义也是不同的，K_p 是平衡压力之比，Q_p 不是平衡压力比，而只代表产物与反应物的任意的实际分压之比，其形式与平衡常数的表示式相同。为区别，常称 Q_p 为“实际分压比”，而 K_p 为“平衡分压比”。

如果反应进行时的压力较大，气体行为不遵守理想气体定律，则应用逸度 f 代替压力 p。此时的等温方程式便有如下的形式：

$$\Delta G=-RT\ln K_f+RT\ln Q_f \tag{1-53}$$

范特荷甫等温方程式对化学反应具有重要意义。用它可判别化学反应能否自发进行及进行到什么限度：

当 $Q_p<K_p$ 时，$\Delta G<0$，正反应能自发进行；

当 $Q_p>K_p$ 时，$\Delta G>0$，正反应不能自发进行；

当 $Q_p=K_p$ 时，$\Delta G=0$，反应达到平衡。

应指出的是，在 $Q_p>K_p$ 时，正反应不能自发进行，这只是说在此特定条件下，此反应不能进行。但如果采取措施，改变反应条件，调节 Q_p，使 $Q_p<K_p$，还是可以使正反应自发进行的。方法是：

第一，降低产物的分压（如抽真空）或浓度（即时移去反应产物，如钛渣熔炼时，被还原出来的少量 Ti、Si 等金属溶解到铁液中，使平衡发生移动，又如管道反应器中的流动状态下反应及沸腾炉中的氯化反应）；

第二，增加反应物的分压或浓度（在化工、冶金生产中，使其中一种价值较低的反应物过量是常用的一种方法）；

第三，如果不能采取上面两种方法，还可升高或降低反应温度，使 K_p 值增加到大于 Q_p，这样仍可使反应的 $\Delta G<0$，从而使正反应自发进行。

2　海绵钛冶金过程中的热效应及热平衡计算

2.1　冶金过程中常见的热效应种类及某些特定过程的热效应

在海绵钛的冶金过程中，往往伴随着体系与环境之间热量的交换问题。例如，在镁还原—真空蒸馏法（MD 法或 Kroll 法）制取海绵钛的过程中，现代技术常用倒 U 形联合装置或 I 形半联合装置。方法是：在加热期，先将返回罐（冷凝器）及罐中冷凝物（过量 Mg 和未排放尽的 $MgCl_2$）在还原炉中加热到 850℃左右，并向罐中一次性注入 720℃左右的熔融精镁，然后按加料制度在不同阶段以不同的加料速度加入液体精 $TiCl_4$（常温，25℃）。这时，部分 $TiCl_4$ 会蒸发成气态。这段时间需要向反应器供给热量。一旦反应启动之后，反应过程中将放出大量的热，特别是在加料速度较快的激烈反应期更是如此。为避免超温生成 Ti-Fe 合金沾污产品钛和损坏设备，又需对还原反应罐吹风冷却，从反应器导走热量。可见，在海绵钛冶金过程中，既有化学反应，又有物理变化。在这些变化过程中常见的热效应有三种：

（1）显热——物质既不发生相态变化，也不发生化学变化的单纯物理过程的热效应。显热可通过式 2-1 计算：

$$\delta Q = C\mathrm{d}T \tag{2-1}$$

式中　C——热容，它与过程途径有关。

（2）潜热——物质发生晶型转变或物态变化时的热效应（如熔化热、凝固热、汽化热、冷凝热、升华热、晶型转变热等）。

（3）化学反应热——体系中物质间发生化学反应时的热效应。

钛冶金过程中遇到的物系多属封闭体系或敞开体系。在体系不做非膨胀功（如电功、表面功等）的情况下，将封闭体系的热力学第一定律应用于恒容过程和恒压过程这样一些特定过程中时，将得到一些重要的关系式和结论。

2.1.1　恒容过程

如在高压釜、压煮球内进行的过程就属于恒容过程。

此时，$\mathrm{d}V=0$，膨胀功 $W = \int_{V_1}^{V_2} p_{环}\,\mathrm{d}V = 0$。

对于 1mol 物质，根据封闭体系的热力学第一定律，于是有：

$$\Delta U = Q_V = \int_{T_1}^{T_2} C_V \mathrm{d}T \tag{2-2}$$

$$\left(\frac{\partial U}{\partial T}\right)_V = C_V \tag{2-3}$$

式 2-2 表示，当物系不做非膨胀功时，恒容过程热等于体系内能的增量。

2.1.2　恒压过程

在钛冶金过程中，有时反应是在与大气相通的情况下进行的，如在电炉中熔炼钛渣，压力基本上保持不变，即体系的始、终态压力相等并等于环境压力，这类过程称为恒压过程。在这些过程中，如除做膨胀功外并不做其他功，此时有 $\mathrm{d}p = 0$，膨胀功 $W = p(V_2 - V_1)$。

根据封闭体系的热力学第一定律，则有：

$$\Delta U = Q_p - p(V_2 - V_1)$$

令

$$H = U + pV \tag{2-4}$$

式中，H 称为焓或热函。

恒压时：

$$\Delta H = \Delta U + p\Delta V = Q_p \tag{2-5}$$

如果体系内发生具有显热性质的物理变化过程，则有：

$$\Delta H_{显热} = Q_p = \int_{T_1}^{T_2} C_p \mathrm{d}T \tag{2-6}$$

$$\left(\frac{\partial H}{\partial T}\right)_p = C_p \tag{2-7}$$

如果体系内发生的是具有潜热性质的相变化过程，则有：

$$\Delta H_{相变} = \Delta H_{潜热} = Q_p \tag{2-8}$$

如果体系内发生的是在恒温恒压条件下的化学反应过程，则有：

$$\Delta H_{反应热} = Q_p \tag{2-9}$$

应指出的是，因为焓是体系的状态性质，因此不管体系发生什么样的过程，都有焓差 ΔH 存在，只是不做非膨胀功以及恒压($\Delta p = 0$)的特定条件下，ΔH 才等于 Q_p。如果不是恒压过程($\Delta p \neq 0$)，根据焓的定义，$H = U + pV$，所以，$\Delta H = \Delta U + \Delta(pV)$，$\Delta H$ 仍有确定的数值，只是 $\Delta H \neq Q_p$。

从前面的讨论可以看出，计算各种情况下的热效应时，常常需要物质的热容数据。在以后的几章中还会看到，在 ΔS、ΔG、K_p 等热力学函数的计算中，也都要有热容数据。所以，热容是热力学计算中经常用到的一个最基本的热力学数据，它是由实验测定得到的，各种物质的热容与温度的函数关系一般在各种热力学数据手册和专著中都能查到。下面对热容做较详细的介绍。

2.2　热容

所谓热容，就是在一定聚集状态下，一定量的物质升高1℃(或1K)所吸收的热量。如果物质量是1mol，则为摩尔热容，单位是 cal/(mol·K) 或 J/(mol·K)(或 kcal/(kmol·K)，或 kJ/(kmol·K))。如果物质量是单位质量1g或1kg，则称为质量热容或比热容，单位是 cal/(g·K) 或 kcal/(kg·K)(或 J/(g·K)，或 kJ/(kg·K))。1cal = 4.184J。

热容这个物理量与加热过程有关，因此有摩尔定压热容、比定压热容与摩尔定容热容、比定容热容之分。在钛冶金热力学计算中最常用到并具有更重要意义的是：

$C_{p,\mathrm{m}}$——摩尔定压热容，即1mol物质在恒压条件下升高1℃(或1K)所需的热量。

摩尔定容热容 $C_{V,m}$ 在钛冶金过程中不会用到。

对于理想气体，两者的关系是：

$$C_{p,m} - C_{V,m} = R \tag{2-10}$$

式中　R——摩尔气体常数。

对于纯固体和纯液体，$C_{p,m} - C_{V,m} \approx 0$。

另外，由于热容随温度不同而变化，所以也有平均热容 $\overline{C}$ 和真热容之分。

当温度自 T_1 升至 T_2 时，物质吸收热量 Q，则在这个温度区间的平均热容 $\overline{C}$ 为：

$$\overline{C} = \frac{Q}{T_2 - T_1} \tag{2-11a}$$

对于恒压过程来说，其平均摩尔定压热容为：

$$\overline{C}_{p,m} = \frac{Q_p}{T_2 - T_1} \tag{2-11b}$$

很明显，温度间隔不同，平均热容的数值也会不同。

物质在某个温度时的热容为真热容。如果温度变化无限小，吸热 δQ，则真热容为：

$$C = \frac{\delta Q}{\mathrm{d}T} \tag{2-12a}$$

对于恒压过程，其摩尔定压真热容为：

$$C_{p,m} = \frac{\delta Q_p}{\mathrm{d}T} = f(T) \tag{2-12b}$$

这种温度关系式在热力学手册或专著中容易找到。本书附录Ⅲ汇总了与钛冶金有关的一些物质的摩尔定压热容 $C_{p,m} = f(T)$ 的公式。

一些气体物质在不同温度区间的平均摩尔定压热容 $\overline{C}_{p,m}$，可从有关著作中查得。它们通常以图表的形式出现。

在以0℃为温度基准的热量和热平衡计算中，常用到平均比热容或平均摩尔热容。表2-1 列出了几种常见气体的平均热容(参见文献[6])。

表 2-1　某些气体的平均摩尔热容　　(cal/(mol · ℃))

温度/℃	N_2	O_2	空气	H_2	CO	CO_2	水蒸气
0	6.959	6.989	6.946	6.838	6.960	8.595	8.001
18	6.960	6.998	6.949	6.858	6.961	8.706	8.009
25	6.960	7.002	6.949	6.864	6.962	8.716	8.012
100	6.965	7.057	6.965	6.926	6.973	9.122	8.061
200	6.985	7.154	7.001	6.955	7.050	9.590	8.150
300	7.023	7.275	7.054	6.967	7.057	10.003	8.256
400	7.075	7.380	7.118	6.983	7.120	10.360	8.377
500	7.138	7.489	7.190	6.998	7.196	10.680	8.507
600	7.207	7.591	7.266	7.015	7.273	10.965	8.644
700	7.277	7.634	7.340	7.036	7.351	11.221	8.785
800	7.350	7.768	7.414	7.062	7.428	11.451	8.928
900	7.420	7.845	7.485	7.093	7.501	11.680	9.070

续表 2-1

温度/℃	N_2	O_2	空气	H_2	CO	CO_2	水蒸气
1000	7.482	7.916	7.549	7.128	7.570	11.850	9.210
1100	7.551	7.980	7.616	7.165	7.635	12.020	9.348
1200	7.610	8.039	7.674	7.205	7.688	12.170	9.482
1300	7.665	8.094	7.729	7.227	7.752	12.320	9.613
1400	7.718	8.146	7.781	7.260	7.805	12.440	9.740
1500	7.769	8.192	7.830	7.296	7.855	12.560	9.860

注：基准温度为0℃；基准压力为101325Pa(1atm)。1cal = 4.184J。

一般说来，物质的热容是温度和压力的函数。由于理想气体的焓不随压力变化，所以理想气体的定压热容和定容热容与压力无关。虽然理想气体的热容仅对零压时的实际气体才是完全正确的，但高达几个大气压(0. x 个 MPa)的实际气体热容对理想气体热容的偏离却很小，因而在低压下实际气体的 C_p 和 C_V 可以当作理想气体的热容来处理。固体和液体物质的焓和热容随压力变化极小，一般也不予考虑。因此，摩尔定压热容就只是温度的函数：

$$C_{p,\mathrm{m}} = f(T)$$

现今国际上公认的较好的摩尔定压热容方程具有如下形式：

$$C_{p,\mathrm{m}} = a_0 + a_1 T + a_2 T^2 + a_{-2} T^{-2} + a_{-3} T^{-3}$$

或

$$C_{p,\mathrm{m}} = a + bT + cT^2 + c'T^{-2} + dT^{-3} \tag{2-13}$$

$$C_{p,\mathrm{m}} = A_1 + A_2 \times 10^{-3} T + A_3 \times 10^5 T^{-2} + A_4 \times 10^{-6} T^2 + A_5 \times 10^8 T^{-3}$$

这样的热容方程随温度的变化比较均匀，比较接近于一条直线。不过常见的热容方程只包括了三项或四项，也有一些物质的 $C_{p,\mathrm{m}}$ 只包括前两项。许多液体物质的 $C_{p,\mathrm{m}}$ 甚至为常数项，如 $TiCl_4$、Mg、$MgCl_2$、$SiCl_4$、Ti 和 TiO_2 等在液态时，摩尔定压热容 $C_{p,\mathrm{m}}$ 都为常数。图 2-1 表示镁还原 $TiCl_4$ 制取海绵钛时所涉及四种物质的 $C_{p,\mathrm{m}} = f(T)$ 的关系曲线图。

【例 2-1】 试计算 TiO_2 在 1000K、2000K 和 3000K 时的摩尔定压真热容。

【解】 从本书附录Ⅵ和附录Ⅶ相关表格中查得：

		A_1	A_2	A_3	A_4	A_5	适用温度范围/K
$C_{p,\mathrm{m}}$	固	15.02	2.71	−2.38	0	0	298 ~ 2143
	液	21.00	0	0	0	0	2143 ~ 3000

$$C_{p,\mathrm{m}} = A_1 + A_2 \times 10^{-3} T + A_3 \times 10^5 T^{-2} + A_4 \times 10^{-6} T^2 + A_5 \times 10^8 T^{-3}, \mathrm{cal/(mol \cdot K)}$$

$$\begin{aligned} C_{p,\mathrm{m},1000} &= 15.02 + 2.71 \times 10^{-3} T - 2.38 \times 10^5 T^{-2} \\ &= 15.02 + 2.71 \times 10^{-3} \times 1000 - 2.38 \times 10^5 \times (1000)^{-2} = 15.02 + 2.71 - 0.238 \\ &= 17.492 \mathrm{cal/(mol \cdot K)} \times 4.184 \\ &= 73.186 \mathrm{J/(mol \cdot K)} \end{aligned}$$

$$\begin{aligned} C_{p,\mathrm{m},2000} &= 15.02 + 2.71 \times 10^{-3} \times 2000 - 2.38 \times 10^5 \times (2000)^{-2} \\ &= 15.02 + 5.42 - 0.0595 \\ &= 20.381 \mathrm{cal/(mol \cdot K)} \times 4.184 \\ &= 85.274 \mathrm{J/(mol \cdot K)} \end{aligned}$$

$$C_{p,\mathrm{m},3000} = 21.00\mathrm{cal/(mol \cdot K)} \times 4.184 = 87.864\mathrm{J/(mol \cdot K)}$$

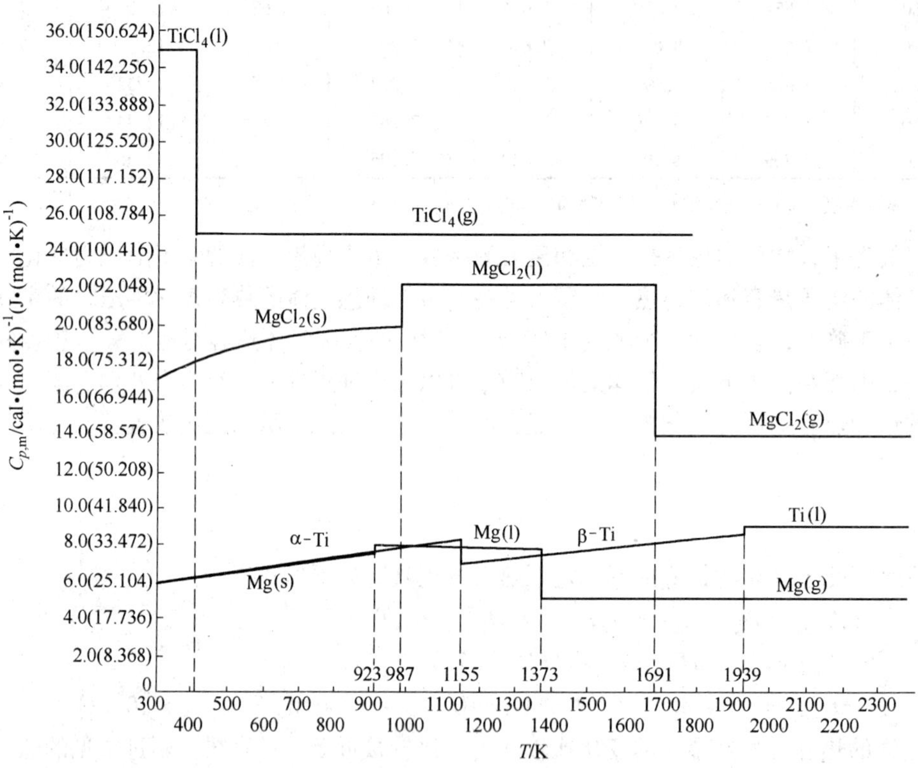

图 2-1　$TiCl_4$、Mg、$MgCl_2$ 和 Ti 的 $C_{p,\mathrm{m}} = f(T)$ 的关系曲线

TiO_2 在 2143 ~ 3000K 温度区间呈液态，其摩尔定压真热容为常数，都是 21.00cal/(mol · K)的数值。

以上计算值与附表中数值完全一致。

下面再谈谈混合物的热容问题。

金属冶炼过程中遇到的物系，很多情况下是混合物体系。除少数混合物有实测热容数据外，一般都根据混合物中各组元的热容和浓度组成按加和规则进行估算。

对于混合物：

$$C_{p,\text{混合物}} = n_{\mathrm{A}} C_{p,\mathrm{m,A}} + n_{\mathrm{B}} C_{p,\mathrm{m,B}} + \cdots = \sum n_i C_{p,\mathrm{m},i} \tag{2-14a}$$

式中　n_i——物质 i 的摩尔分数；

$C_{p,\mathrm{m},i}$——物质 i 的摩尔定压热容。

对于固体颗粒混合物，渣系、合金等以及分子大小接近、结构相似的液体混合物（如 $SiCl_4$ 和 $TiCl_4$），异名质点间与同名质点间的相互作用力差别很小，它们的热容可用加和规则按式 2-14b 计算。

$$C_{p,\text{固体混合物}} = m_{\mathrm{A}} C_{p,\mathrm{A}} + m_{\mathrm{B}} C_{p,\mathrm{B}} + \cdots = \sum m_i C_{p,i} \tag{2-14b}$$

式中 m_i——物质 i 的质量分数,%。

【例 2-2】 根据 O_2 和 N_2 的摩尔定压热容方程式推算空气的摩尔定压热容方程式。

【解】 从手册中查得：

$$C_{p,m,O_2}=7.16+1.00\times10^{-3}T-0.40\times10^{5}T^{-2},\text{cal/(mol·K)}(298\sim3000\text{K})$$

$$C_{p,m,N_2}=6.66+1.02\times10^{-3}T,\text{cal/(mol·K)}(298\sim2500K)$$

空气中含 $O_2$21%（体积分数，也是摩尔分数），$N_2$79%（体积分数，也是摩尔分数）。根据式 2-14a：

$$\begin{aligned}C_{p,m,空气}&=n_{O_2}C_{p,m,O_2}+n_{N_2}C_{p,m,N_2}\\&=0.21\times(7.16+1.00\times10^{-3}T-0.40\times10^{5}T^{-2})+0.79\times(6.66+1.02\times10^{-3}T)\\&=6.765+1.016\times10^{-3}T-0.084\times10^{5}T^{-2},\text{cal/(mol·K)}\\&=28.305+4.251\times10^{-3}T-0.351\times10^{5}T^{-2},\text{J/(mol·K)}(298\sim2500\text{K})\end{aligned}$$

【例 2-3】 计算表列钛渣组成的渣系在 2000K 熔炼温度下的比定压热容。

【解】 首先查出 2000K 时各组成的摩尔定压热容，并将单位换算成比热容单位。然后按式 2-14b 计算出钛渣的比定压热容。

表 2-2 钛渣组成及其在 2000K 时的真热容

组 分	TiO_2	Ti_2O_3	SiO_2	Al_2O_3	V_2O_5	MnO	MgO	CaO	FeO
质量分数/%	57.97	28.09	1.54	3.82	0.19	1.33	1.87	0.46	4.73
相对分子质量	79.9	143.8	60.1	102	181.88	54.94	40.3	56	71.85
2000K 时的摩尔真热容 /cal·(mol·K)$^{-1}$	20.38	37.02	19.00	33.80	45.60	14.96	13.13	13.97	16.30
2000K 时的质量真热容 /J·(g·K)$^{-1}$	1.067	1.077	1.323	1.386	1.049	1.139	1.363	1.044	0.949

注：1cal = 4.184J。

因此，钛渣的比定压热容：

$$\begin{aligned}c_{p,钛渣}&=0.5797\times1.067+0.2809\times1.077+0.0154\times1.323+0.0382\times1.386+0.0019\\&\quad\times1.049+0.0133\times1.139+0.0187\times1.363+0.0046\times1.044+0.0473\times0.949\\&=0.619+0.303+0.020+0.053+0.002+0.015+0.025+0.0048+0.045\\&=1.087\text{J/(g·K)}\end{aligned}$$

2.3 摩尔相对焓 $H_T^{\ominus}-H_{298}^{\ominus}$

在没有相变化的情况下，将 1mol 物质在 101325Pa(1atm)的恒压条件下由温度 T_1 变化到 T_2，体系与环境交换的热量(摩尔定压焓(热))就等于该物质的焓差：

$$\Delta H_T^{\ominus}=H_{T_2}^{\ominus}-H_{T_1}^{\ominus}=\int_{T_1}^{T_2}C_{p,m}\mathrm{d}T=Q_p$$

式中，$H_{T_2}^{\ominus}-H_{T_1}^{\ominus}$表示物质在标准状态下(101325Pa，即 1atm)的焓差，因为压力对热容和焓

的影响很小，可忽略不计，所以即使在一般冶金过程的非标准状态下，上式也可使用，而角标“$\ominus$”可略去不写。

一般在有关著作和手册中给出的纯物质热力学数据表是298K时的数据，如 $\Delta H^{\ominus}_{f,298}$、$S^{\ominus}_{298}$等，因此上式中的温度下限取作298K。这样，便得到：

$$H^{\ominus}_T - H^{\ominus}_{298} = \int_{298}^{T} C_{p,m}\mathrm{d}T \tag{2-15}$$

式中，$H^{\ominus}_T - H^{\ominus}_{298}$ 称为摩尔相对焓，简称相对焓。意指在101325Pa(1atm)下将1mol物质由298K变化到 T(K)时物质的焓差。

式2-15只适用于在所指温度范围298～T(K)内物质不发生相态变化的情况。如在这个温度范围内物质是固态并发生了晶型转变(如Ti在1155K时由α-Ti转变为β-Ti)，则采用式2-16计算摩尔相对焓(cal/mol或J/mol)：

$$H^{\ominus}_T - H^{\ominus}_{298} = \int_{298}^{T_{tr}} C_{p,m}\mathrm{d}T + \Delta H_{tr} + \int_{T_{tr}}^{T} C'_{p,m}\mathrm{d}T \tag{2-16}$$

式中　T_{tr}——晶型转变温度，K；

ΔH_{tr}——在 T_{tr}时的晶型摩尔转变热，cal/mol或J/mol；

$C_{p,m}$，$C'_{p,m}$——分别为第一、第二两种晶型摩尔的定压热容，cal/(mol·K)或J/(mol·K)。

如物质在所研究温度下是液态，因而发生了固液物态转变，则应按式2-17计算：

$$H^{\ominus}_T - H^{\ominus}_{298} = \int_{298}^{T_{tr}} C_{p,m}\mathrm{d}T + \Delta H_{tr} + \int_{T_{tr}}^{T_M} C'_{p,m}\mathrm{d}T + \Delta H_M + \int_{T_M}^{T} C''_{p,m}\mathrm{d}T \tag{2-17}$$

式中　T_M——物质的熔点，K；

ΔH_M——物质在熔点时的摩尔熔化潜热，cal/mol或J/mol；

$C''_{p,m}$——物质在液态时的摩尔定压热容，cal/(mol·K)或J/(mol·K)。

如物质在所研究温度下为气态，且过程中发生了晶型转变和物态变化，则摩尔相对焓(cal/mol或J/mol)计算应采用式2-18：

$$H^{\ominus}_T - H^{\ominus}_{298} = \int_{298}^{T_{tr}} C_{p,m}\mathrm{d}T + \Delta H_{tr} + \int_{T_{tr}}^{T_M} C'_{p,m}\mathrm{d}T + \Delta H_M + \int_{T_M}^{T_B} C''_{p,m}\mathrm{d}T + \Delta H_B + \int_{T_B}^{T} C'''_{p,m}\mathrm{d}T \tag{2-18}$$

式中　T_B——物质的沸点，K；

ΔH_B——物质在沸点时的气化潜热，cal/mol或J/mol；

$C'''_{p,m}$——物质在气态时的摩尔定压热容，cal/(mol·K)或J/(mol·K)。

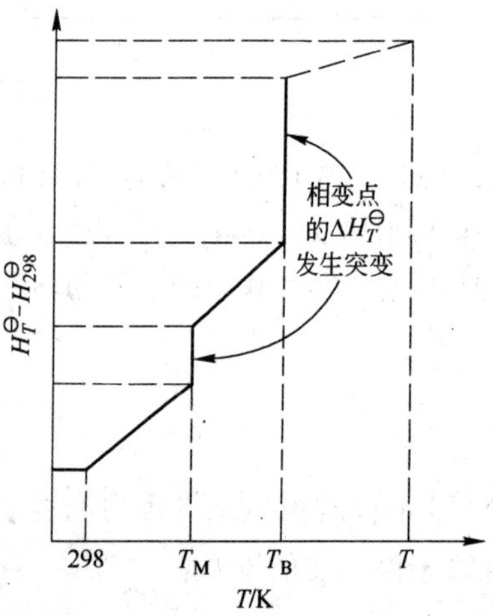

图2-2　纯物质的摩尔相对焓随温度的变化关系

按式2-15～式2-18由物质的 $C_{p,m}$计算的摩尔相对焓 $H^{\ominus}_T - H^{\ominus}_{298}$ 需要进行积分运算，很不方便。目前已有手册列出了一千多种纯物质的摩尔相对焓 $H^{\ominus}_T - H^{\ominus}_{298}$ 数据，可以查用。因而化学反应热的计算大大简化。图2-2是摩尔相对焓随温度的变化关系示意图。

【例 2-4】 试求金属 T_i 在下列温度时的摩尔相对焓 $H_T^\ominus - H_{298}^\ominus$：(1)500K 及 1155K；(2)1500K 及 1933K；(3)3000K。

【解】 从手册[8](本书附录Ⅵ)中查得：

		A_1	A_2	A_3	A_4	A_5	温度/K
	固(α)	5.29	2.45	0	0	0	298 ~ 1155
$C_{p,m}$	固(β)	4.74	1.89	0	0	0	1155 ~ 1933
	液	8.50	0	0	0	0	1933 ~ 3575

$$C_{p,m} = A_1 + A_2 \times 10^{-3}T + A_3 \times 10^5 T^{-2} + A_4 \times 10^{-6} T^2 + A_5 \times 10^8 T^{-8}$$

在相变点 1155K 时的摩尔相变热 $\Delta H_{tr} = 990\text{cal/mol}$；

在熔点 1933K 时的摩尔熔化热 $\Delta H_M = 4450\text{cal/mol}$。

$$(1)\ (H_T^\ominus - H_{298}^\ominus)_{\alpha\text{-Ti}} = \int_{298}^{T} C_{p,m,\alpha\text{-Ti}} dT = \int_{298}^{T} (5.29 + 2.45 \times 10^{-3} T) dT$$

$$= 5.29 \times (T - 298) + \frac{2.45}{2} \times 10^{-3} \times (T^2 - 298^2)$$

$$= 5.29T + 1.225 \times 10^{-3} T^2 - 1685.205$$

500K 时，$(H_T^\ominus - H_{298}^\ominus)_{\alpha\text{-Ti}} = 5.29 \times 500 + 1.225 \times 10^{-3} \times 500^2 - 1685.205$

$= 1266.045\text{cal/mol} = 5.30\text{kJ/mol}$

1155K 时，$(H_T^\ominus - H_{298}^\ominus)_{\alpha\text{-Ti}} = 5.29 \times 1155 + 1.225 \times 10^{-3} \times 1155^2 - 1685.205$

$= 6058.926\text{cal/mol} = 25.35\text{kJ/mol}$

$$(2)\ (H_T^\ominus - H_{298}^\ominus)_{\beta\text{-Ti}} = \int_{298}^{1155} C_{p,m,\alpha\text{-Ti}} dT + \Delta H_{tr} + \int_{1155}^{T} C_{p,m,\beta\text{-Ti}} dT$$

$$= \int_{298}^{1155} (5.29 + 2.45 \times 10^{-3} T) dT + 990 + \int_{1155}^{T} (4.74 + 1.89 \times 10^{-3} T) dT = 6058.926 + 990 + \left[4.74 \times (T - 1155) + \frac{1.89}{2} \times 10^{-3} \times (T^2 - 1155^2)\right] = 4.74T + 0.945 \times 10^{-3} T^2 + 313.572$$

1155K 时，$(H_T^\ominus - H_{298}^\ominus)_{\beta\text{-Ti}} = 7048.926\text{cal/mol} = 29.49\text{kJ/mol}$

1500K 时，$(H_T^\ominus - H_{298}^\ominus)_{\beta\text{-Ti}} = 4.74 \times 1500 + 0.945 \times 10^{-3} \times 1500^2 + 313.572$

$= 9549.822\text{cal/mol} = 39.96\text{kJ/mol}$

1933K 时，$(H_T^\ominus - H_{298}^\ominus)_{\beta\text{-Ti}} = 4.74 \times 1933 + 0.945 \times 10^{-3} \times 1933^2 + 313.572$

$= 13006.974\text{cal/mol} = 54.42\text{kJ/mol}$

$$(3)\ (H_T^\ominus - H_{298}^\ominus)_{\text{Ti(l)}} = \int_{298}^{1155} C_{p,m,\alpha\text{-Ti}} dT + \Delta H_{tr} + \int_{1155}^{1933} C_{p,m,\beta\text{-Ti}} dT + \Delta H_M + \int_{1933}^{T} C_{p,m,\text{Ti(l)}} dT$$

$$= 13006.974 + 4450 + \int_{1933}^{T} 8.50 dT$$

$$= 17456.974 + 8.50 \times (T - 1933)$$

$$= 8.50T + 1026.474$$

1933K 时，$(H_T^\ominus - H_{298}^\ominus)_{\text{Ti(l)}} = 17456.974\text{cal/mol} = 73.04\text{kJ/mol}$

3000K 时，$(H_T^{\ominus} - H_{298}^{\ominus})_{Ti(1)} = 8.50 \times 3000 + 1026.474$

$= 26526.474 cal/mol = 110.99 kJ/mol$

计算结果与从该表中直接查出的相对焓数据完全一致。

【例 2-5】 利用附表Ⅵ中 $H_T^{\ominus} - H_{298}^{\ominus} = f(T)$ 的关系式对[例 2-4]进行计算，并进行比较。

【解】 查附表Ⅵ得：

		B_1	B_2	B_3	B_4	B_5	B_6	适用温度范围/K
$H_T^{\ominus} - H_{298}^{\ominus}$	α-Ti	5.29	1.22	0	0	0	-1684.00	298 ~ 1155
	β-Ti	4.74	0.94	0	0	0	315.00	1155 ~ 1933
	液 Ti	8.50	0	0	0	0	1027.00	1933 ~ 3575

$$H_T^{\ominus} - H_{298}^{\ominus} = B_1 T + B_2 \times 10^{-3} T^2 + B_3 \times 10^5 T^{-1} + B_4 \times 10^{-6} T^3 + B_5 \times 10^8 T^{-2} + B_6, cal/mol$$

500K 时，$(H_T^{\ominus} - H_{298}^{\ominus})_{\alpha\text{-}Ti} = 5.29 \times 500 + 1.22 \times 10^{-3} \times 500^2 - 1684.00$

$= 2645 + 305 - 1684.00$

$= 1266 cal/mol = 5296.944 J/mol \approx 5.3 kJ/mol$

1155K 时，$(H_T^{\ominus} - H_{298}^{\ominus})_{\alpha\text{-}Ti} = 5.29 \times 1155 + 1.22 \times 10^{-3} \times 1155^2 - 1684.00$

$= 6109.95 + 1627.51 - 1684.00$

$= 6053.46 cal/mol = 25.33 kJ/mol$

1500K 时，$(H_T^{\ominus} - H_{298}^{\ominus})_{\beta\text{-}Ti} = 4.74 \times 1500 + 0.94 \times 10^{-3} \times 1500^2 + 315.00$

$= 7110 + 2115 + 315$

$= 9540 cal/mol = 39.92 kJ/mol$

1933K 时，$(H_T^{\ominus} - H_{298}^{\ominus})_{\beta\text{-}Ti} = 4.74 \times 1933 + 0.94 \times 10^{-3} \times 1933^2 + 315.00$

$= 9162.42 + 3512.30 + 315.00$

$= 12989.72 cal/mol = 54.35 kJ/mol$

1300K 时，$(H_T^{\ominus} - H_{298}^{\ominus})_{液Ti} = 8.50T + 1027.00$

$= 8.50 \times 3000 + 1027.00$

$= 26527 cal/mol = 110.99 kJ/mol$

计算结果与[例 2-4]结果一致。

【例 2-6】 镁还原 $TiCl_4$ 制取海绵钛的产物除 Ti 外，还有过量的 Mg 和 $MgCl_2$。请根据热力学数据表画出 $TiCl_4$、Mg、$MgCl_2$ 和 Ti 四种物质的 $(H_T^{\ominus} - H_{298}^{\ominus}) = f(T)$ 的关系图。

【解】 查表得：

温度/K	$H_T^{\ominus} - H_{298}^{\ominus}$/cal · mol^{-1}			
	$TiCl_4$	Mg	$MgCl_2$	Ti
298	0	0	0	0
400	2403	624	1803	628
$TiCl_4$ 的 T_B {409(l) 409(g)	3867 12417 (ΔH_B = 8550)			
500	13993	1262	3653	1267
600	15876	1927	5553	1931

续表

温度/K	$H_T^\ominus - H_{298}^\ominus$/cal · mol^{-1}			
	$TiCl_4$	Mg	$MgCl_2$	Ti
700	18384	2617	7486	2619
800	20908	3331	9446	3332
900	23444	4071	11428	4069
Mg 的 T_M {923(s) 923(l)		4245 6385 (ΔH_M = 2140)		
$MgCl_2$ 的 T_M {987(s) 987(l)			13169 23469 (ΔH_M = 10300)	
1000	25987	6969	23755	4831
1100	28537	7729	25965	5617
Ti 的 T_{tr} {1155(α-Ti) 1155(β-Ti)				6060 7050 (ΔH_{tr} = 990)
1200	31091	8489	28175	7364
1300	33650	9249	30385	8074
Mg 的 T_B {1378(l) 1378(g)		9842 40342 (ΔH_B = 30500)		
1400	36212	40451	32595	8803
1500	38777	40947	34805	9551
1600	41344	41443	37015	10318
$MgCl_2$ 的 T_B {1691(l) 1691(g)			39026 76366 (ΔH_B = 37340)	
1800	46486	42435	77876	11909
Ti 的 T_M {1933(l) 1933(g)				13008 17458 (ΔH_M = 4450)
2000	51636	43427	80649	18027

根据表中数据绘出图 2-3。

【例 2-7】 试计算 $TiCl_{4(液)}$ 和 $TiCl_{4(气)}$ 在下列温度时的摩尔相对焓：(1)400K 和 409K；(2)1000K；(3)2000K。

【解】 从手册[8]中(本书附录Ⅵ中表Ⅵ-48 和表Ⅵ-49)查得：

		A_1	A_2	A_3	A_4	A_5	温度范围/K
$C_{p,m}$	液	34.12	2.08	−0.04	0	0	298 ~ 409
	气	25.61	0.11	−2.52	0	0	298 ~ 2000

(1) 对于液体 $TiCl_4$：

$$(H_T^{\ominus} - H_{298}^{\ominus})_{TiCl_4(l)} = \int_{298}^{T}(34.12 + 2.08 \times 10^{-3}T - 0.04 \times 10^5 T^{-2})\,dT$$

$$= 34.12 \times (T - 298) + \frac{2.08}{2} \times 10^{-3} \times (T^2 - 298^2) + 0.04 \times 10^5 \times \left(\frac{1}{T} - \frac{1}{298}\right)$$

$$= 34.12T - 10167.76 + 1.04 \times 10^{-3}T^2 - 92.356 + 0.04 \times 10^5 \times \frac{1}{T} - 13.423$$

$$= 34.12T + 1.04 \times 10^{-3}T^2 + 0.04 \times 10^5 T^{-1} - 10273.539$$

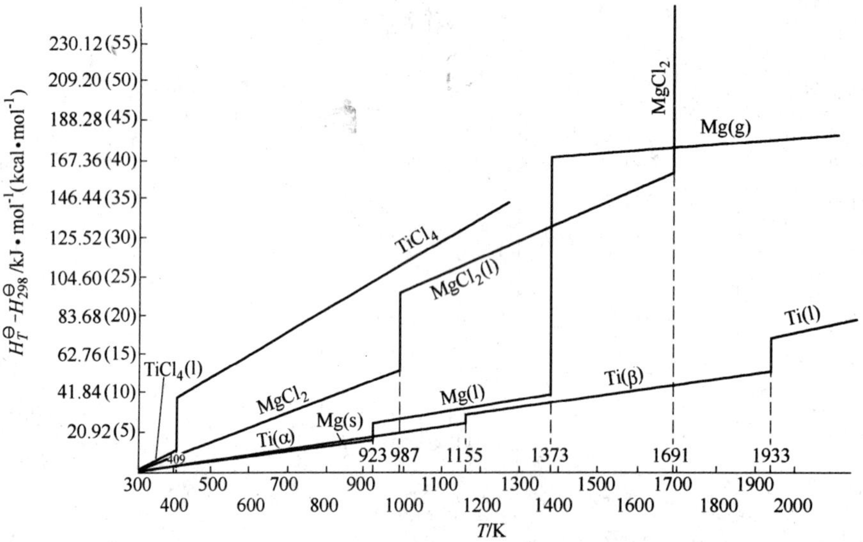

图 2-3　$TiCl_4$、Mg、$MgCl_2$ 和 Ti 的 $H_T^{\ominus} - H_{298}^{\ominus}$ 随 T 的变化

400K 时，$(H_T^{\ominus} - H_{298}^{\ominus})_{TiCl_4(l)} = 3550.861\text{cal/mol} = 14.86\text{kJ/mol}$

409K 时，$(H_T^{\ominus} - H_{298}^{\ominus})_{TiCl_4(l)} = 3865.293\text{cal/mol} = 16.17\text{kJ/mol}$

（2）对于气体 $TiCl_4$：

$$(H_T^{\ominus} - H_{298}^{\ominus})_{TiCl_4(g)} = \int_{298}^{T}(25.61 + 0.11 \times 10^{-3}T - 2.52 \times 10^5 T^{-2})\,dT$$

$$= 25.61 \times (T - 298) + \frac{0.11}{2} \times 10^{-3} \times (T^2 - 298^2) + 2.52 \times 10^5 \times \left(\frac{1}{T} - \frac{1}{298}\right) = 25.61T - 7631.78 + 0.055 \times 10^{-3}T^2 - 4.884 + 2.52 \times 10^5 T^{-1} - 845.638 = 25.61T + 0.055 \times 10^{-3}T^2 + 2.52 \times 10^5 T^{-1} - 8482.302$$

400K 时，$(H_T^{\ominus} - H_{298}^{\ominus})_{TiCl_4(g)} = 2400.5\text{cal/mol} = 10.04\text{kJ/mol}$

409K 时，$(H_T^{\ominus} - H_{298}^{\ominus})_{TiCl_4(g)} = 2617.5\text{cal/mol} = 10.95\text{kJ/mol}$

1000K 时，$(H_T^{\ominus} - H_{298}^{\ominus})_{TiCl_4(g)} = 17434.7\text{cal/mol} = 72.95\text{kJ/mol}$

2000K 时，$(H_T^{\ominus} - H_{298}^{\ominus})_{TiCl_4(g)} = 43083.7\text{cal/mol} = 180.26\text{kJ/mol}$

计算结果与从表中直接读出的相对焓数据是一致的。

2.4 摩尔焓 $H_i^{\ominus}(T)$

I. Barin 和 O. Knacke 于 1973 年出版了一本名为《Thermochemical Properties of Inorganic Substances》的著作。后来，他们又和 O. Kubaschewski 一起于 1977 年出版了该著作的补充版(Supplement)。在补充版本中补充了大约 800 种无机物的热化学数据和函数。此外并对第一版中的大约 250 种纯物质的数据做了修正。这些修正使之与最新发表的数据更为一致。两个版本从众多文献中共收集了 1800 种左右纯物质的热化学数据。

这里按原著介绍一下纯物质摩尔焓(the molar enthalpy of a pure substance i)$H_i^{\ominus}(T)$的概念。因为它提供了一种计算化学反应热效应的迅速、简便且准确的方法。

纯物质 i 在 101325Pa(1atm)和温度 T 时的摩尔焓 $H_i^{\ominus}(T)$被定义为：

$$H_i^{\ominus}(T) = \Delta H_i^{f} + \int_{298}^{T} dH_i^{\ominus} \tag{2-19}$$

式中 ΔH_i^{f}——在 298.15K 下由稳定状态的元素生成物质的焓，即标准生成焓(热)。稳定状态元素的生成焓定义为 0。

式中积分限 298K 是 298.15K 的简化。

物质焓与温度的关系习惯上用摩尔定压热容 $C_{p,i,m}(T)$ 来表示：

$$C_{p,i,m}(T) = dH_i^{\ominus}/dT \tag{2-20}$$

当物质在 T_{tr}温度下发生相态转变(包括晶型转变和物态变化)的情况下，考虑到相变焓，并将 $dH_i^{\ominus} = C_i(T)dT$ 关系式代入式 2-19，得到：

$$H_i^{\ominus}(T) = \Delta H_i^{f} + \int_{298}^{T} C_{p,i,m}(T)dT + \sum \Delta H_i^{tr} \tag{2-21}$$

式中，求和项包括 298.15 ~ T(K)之间的全部相变热。

式 2-21 实际上就是第 1 章中的式 1-44。

对式 2-19 和式 2-21 分析可知，纯物质 i 的摩尔焓由两部分构成：一部分是该物质在 298K 时的标准摩尔生成焓(热) ΔH_i^{f}；另一部分是该物质的摩尔相对焓 $H_T^{\ominus} - H_{298}^{\ominus}$。对于稳定状态的元素物质，在 298K 时，由于其 $\Delta H_i^{f} = 0$，$\int_{298}^{T} dH_i^{\ominus} = 0$，所以，其摩尔焓也为 0，即 $H_i^{\ominus}(298)$(元素) = 0；在高于 298K 时，元素的摩尔焓 $H_i^{\ominus}(T)$ 等于其摩尔相对焓 $H_T^{\ominus} - H_{298}^{\ominus}$。

对于纯化合物，在 298K 时，相对焓为 0，因此化合物在 298K 时的摩尔焓就是其标准摩尔生成焓(热)，即 $H_i^{\ominus}(298)_{(化合物)} = \Delta H_i^{f}(298)$；在高于 298K 时，化合物摩尔焓按式 2-19 或式 2-21 计算。

随着温度升高，元素的摩尔焓总是正值增大，即 $H_i^{\ominus}(T)_{元素} > 0$；化合物的摩尔焓，大多数是负值减小。有的升到一定温度后变成正值而后正值再增大；少数化合物在 298K 时的标准生成焓(热)是正值，即摩尔焓是正值，随着温度升高，摩尔焓正值增大，如 Ga_2S(g)就是这种情况。

【例 2-8】 试求金属 Mg 在 800K、1200K 和 1500K 时的摩尔焓 $H_i^{\ominus}(T)$ 值。

【解】 从文献[9]的表中查得：

		A	B	C	D	温度范围/K
SOL	$C_{p,\mathrm{m}}$	5.112	2.815			298 ~ 922
LIQ	$C_{p,\mathrm{m}}$	7.8				922 ~ 1363
GAS	$C_{p,\mathrm{m}}$	4.968				1363 ~ 2000

又 $$C_{p,\mathrm{m}} = A + B\times10^{-3}T + C\times10^{5}T^{-2} + D\times10^{-6}T^{2}$$

922K 时的熔化潜热：$\Delta H_{\mathrm{M}} = 2.14\mathrm{kcal/mol} = 2140\mathrm{cal/mol}$

1363K 时的气化潜热：$\Delta H_{\mathrm{B}} = 30.449\mathrm{kcal/mol} = 30449\mathrm{cal/mol}$

对于元素物质，其 $H_i^{\ominus}(T) = H_T^{\ominus} - H_{298}^{\ominus}$，根据式 2-21：

$$(1)\ H_i^{\ominus}(T)_{\mathrm{Mg(s)}} = (H_T^{\ominus} - H_{298}^{\ominus})_{\mathrm{Mg(s)}} = \int_{298}^{T}(5.112 + 2.815\times10^{-3}T)\mathrm{d}T$$

$$= 5.112\times(T-298) + \frac{2.815}{2}\times10^{-3}\times(T^2\text{-}298^2)$$

$$= -1648.368 + 5.112T + 1.4075\times10^{-3}T^2$$

800K 时，$H_i^{\ominus}(800\mathrm{K}) = (H_{800}^{\ominus} - H_{298}^{\ominus})_{\mathrm{Mg(s)}} = 3342\mathrm{cal/mol} = 13.983\mathrm{kJ/mol}$

922K(熔点)时，$H_i^{\ominus}(922\mathrm{K}) = (H_{922}^{\ominus} - H_{298}^{\ominus})_{\mathrm{Mg(s)}} = 4261.389\mathrm{cal/mol} = 17.828\mathrm{kJ/mol}$

$$(2)\ H_i^{\ominus}(T)_{\mathrm{Mg(l)}} = (H_T^{\ominus} - H_{298}^{\ominus})_{\mathrm{Mg(l)}}$$

$$= \int_{298}^{922}(5.112 + 2.815\times10^{-3}T)\mathrm{d}T + 2140 + \int_{922}^{T}7.8\mathrm{d}T$$

$$= 4261.389 + 2140 + 7.8\times(T-922)$$

$$= -790.211 + 7.8T$$

1200K 时，$H_i^{\ominus}(1200\mathrm{K})_{\mathrm{Mg(l)}} = (H_{1200}^{\ominus} - H_{298}^{\ominus})_{\mathrm{Mg(l)}} = 8569.79\mathrm{cal/mol} = 35.853\mathrm{kJ/mol}$

1363K 时，$H_i^{\ominus}(1363\mathrm{K})_{\mathrm{Mg(l)}} = (H_{1363}^{\ominus} - H_{298}^{\ominus})_{\mathrm{Mg(l)}} = 9841.19\mathrm{cal/mol} = 41.171\mathrm{kJ/mol}$

$$(3)\ H_i^{\ominus}(T)_{\mathrm{Mg(g)}} = (H_T^{\ominus} - H_{298}^{\ominus})_{\mathrm{Mg(g)}}$$

$$= \int_{298}^{922}(5.112 + 2.815\times10^{-3}T)\mathrm{d}T + 2140 + \int_{922}^{1363}7.8\mathrm{d}T + 30449$$

$$+ \int_{1363}^{T}4.968\mathrm{d}T = 3189.888 + 1071.502 + 2140 + 3439.8 + 30449$$

$$+ 4968\times(T-1363)$$

$$= 33518.806 + 4.968T$$

1500K 时，$H_i^{\ominus}(1500\mathrm{K})_{\mathrm{Mg(g)}} = (H_{1500}^{\ominus} - H_{298}^{\ominus})_{\mathrm{Mg(g)}} = 40970.806\mathrm{cal/mol} = 171.418\mathrm{kJ/mol}$

计算结果与所查表中列出的 Mg 的摩尔焓数据完全一致。

2.5　化学反应的热效应

一个化学反应的发生，往往伴随着吸热或放热现象，因为反应物和反应产物的分子结构不同，从而它们所具有的能量也不同。例如，由于分子结构不同，如果一个反应的反应产物所具有的能量大于反应物所具有的能量，要实现这一反应，环境就必须供给反应体系能量。从而反应吸热，反应的焓变 $\Delta H>0$。

一个化学反应，当生成物的温度与反应物的温度相同，且在化学反应过程中只做膨胀功，不做其他功时，化学反应所吸收或放出的热量，称为此化学反应在该温度下的热效应，通常又称为反应热。

因为热是非状态函数，它与过程途径有关，有恒压反应热与恒容反应热之别。

2.5.1 恒温恒压反应热与恒温恒容反应热之间的关系

虽然常用的反应热数据是恒压反应热，但在热量测定中测得的反应热数据往往是恒容反应热，二者之间的关系是前述的式 2-5：

$$\Delta H_p = \Delta U_V + p\Delta V$$

或

$$Q_p = Q_V + p\Delta V$$

$p\Delta V$ 项是恒温恒压反应时物系与环境交换的膨胀功。如反应物和生成物皆为理想气体，则：

$$p\Delta V = p(V_{生成物} - V_{反应物}) = n_{生} RT - n_{反} RT = (n_{生} - n_{反})RT = \Delta nRT$$

于是，式 2-5a 和式 2-5b 可改写成：

$$\Delta H_p = \Delta U_V + \Delta nRT \tag{2-22a}$$

$$Q_p = Q_V + \Delta nRT \tag{2-22b}$$

如反应体系均为凝聚态物质，因在恒压条件下反应前后凝聚物质的体积变化很小，可忽略不计，故 $p\Delta V \approx 0$，则：

$$\Delta H_p \approx \Delta U_V \tag{2-23a}$$

$$Q_p \approx Q_V \tag{2-23b}$$

如果反应体系中既有理想气体，也有凝聚物质，则恒温恒压反应过程中体系所做功 $p\Delta V$，实际上只是因为气体生成物与气体反应物摩尔数的变化所引起，此时在使用式 2-22a 和式 2-22b 时，式中 Δn 仅为气体生成物与气体反应物摩尔数之差。

2.5.2 标准反应热与标准生成热

因为可能进行的化学反应很多，且每一反应又可在各种各样的情况下发生。在特定情况下发生的每一反应，就有其特定的热效应。要列出众多化学反应的所有可能的热效应值，那是一项无法完成的任务。因此，必须要有能够根据某些标准情况发生的特定类型反应的数据计算任何反应热效应的方法。这样的方法所要求的数据应该减少到最低程度。

一个反应的热效应与反应物及反应产物的温度有关。为了在处理反应热效应上有一致的标准，规定反应热为反应产物回复到反应物的温度这种特定过程的热效应。

为了数据列表，有必要定义一种标准反应热。由于 ΔH 是状态函数，反应热的标准值只取决于对反应物和反应产物所规定的标准态。按惯例，反应产物和反应物的标准态都必须在同一温度下。因此，把标准反应热定义为在同一温度下反应产物在其标准状态的焓和反应物在其标准状态的焓之差值。在此限定以内，对特定反应物或反应产物的标准态的选择，只是一个是否方便的问题。一般，对于气体，标准态取 101325Pa(1atm)理想气体状态的纯气体。对于液体和固体，标准态通常取 101325Pa(1atm)的纯液体或纯固体。虽然其他的状态也能够作为标准态(如在溶液热力学中，还有摩尔分数 1% 或质量分数 1% 标准态等)，但其用途不及上述标准态广泛。标准态的值用上标“$\ominus$”表示。

应当注意，对于气体所选定的标准态是一种假想态，因为在 101325Pa(1atm)下的实际气体并不是理想气体(要零压状态的实际气体才能看作理想气体)。但它们和理想气体的偏差很小，而且在大多数情况下，101325Pa(1atm)下的理想气体状态实际上可以看成是在大气压力下气体的实际状态。

即使只限于标准反应热，仍然不可能表列出许许多多可能反应的反应热数据。但是，如果已知参与反应的各化合物的生成热时，便能够计算出任何反应的标准反应热。生成反应定义为由元素生成化合物的反应。

由于只要知道一个温度下的反应热就能够通过基尔戈夫方程式计算任何温度下的反应热，数据的列表便简化成只是编排某一温度下的标准生成热了。这个温度通常选定为25℃(298K)。25℃时化合物的标准生成热用 $\Delta H^{\ominus}_{f,298}$ 表示。各种物质的 $\Delta H^{\ominus}_{f,298}$ 可从有关的手册和专著中查得。

这里，要着重强调的是：

(1) 物质的标准状态只规定了压力，而没有规定温度。所以反应热是温度的函数。

(2) 在一个反应式中，反应产物与反应物规定在同一温度下，即恒温下进行的反应。

(3) 通常由表列化合物的标准生成热 $\Delta H^{\ominus}_{f,298}$ 是25℃的标准生成热，通过式2-24可以求得25℃时的标准反应热：

$$\Delta H^{\ominus}_{\text{反应},298} = \left(\sum n_j \Delta H^{\ominus}_{f,298}\right)_{\text{产物}} - \left(\sum n_i \Delta H^{\ominus}_{f,298}\right)_{\text{反应物}} \tag{2-24}$$

要求高于298K下反应的标准反应热需通过基尔戈夫方程式1-42计算：

$$\Delta H^{\ominus}_{T} = \Delta H^{\ominus}_{298} + \int_{298}^{T} \Delta C_p \mathrm{d}T$$

(4) 由于在通常的冶金反应中，压力对焓的影响可以不予考虑，所以标准反应热可以当作其他压力下的反应热。

2.5.3　温度对标准反应热的影响——基尔戈夫方程式

前已述及，冶金过程大多在恒温恒压下进行。一个在298K的恒定温度下进行的反应，可以方便地根据参与反应的各物质的标准生成热数据计算其标准反应热。但是，冶金反应特别是火法冶金反应(如钛渣熔炼、钛渣氯化、$TiCl_4$ 的镁热还原等)，一般不是在常温下进行的。因为低温下反应速度太慢，甚至不能察觉，而不具有实际价值。因此，计算在较高温度下反应的恒压反应热即焓变就显得很必要了。根据热力学第一定律，可以导出定压反应热与温度的关系式——基尔戈夫(Kirchhoff)方程式：

(1)微分形式：

$$\left(\frac{\partial \Delta H^{\ominus}}{\partial T}\right)_p = \Delta C_p = \left(\sum C_p\right)_{\text{产物}} - \left(\sum C_p\right)_{\text{反应物}} \tag{2-25}$$

(2)定积分形式：

$$\Delta H^{\ominus}_{T_2} = \Delta H^{\ominus}_{T_1} + \int_{T_1}^{T_2} \Delta C_p \mathrm{d}T = \Delta H^{\ominus}_{T_1} + \Delta a(T_2 - T_1) + \frac{1}{2}\Delta b(T_2^2 - T_1^2) + \frac{1}{3}\Delta c(T_2^3 - T_1^3)$$

或
$$= \Delta H^{\ominus}_{T_1} + \Delta a(T_2 - T_1) + \frac{1}{2}\Delta b(T_2^2 - T_1^2) - \Delta c'\left(\frac{1}{T_2} - \frac{1}{T_1}\right)$$

$$= \Delta H^{\ominus}_{T_1} + \Delta a(T_2 - T_1) + \frac{1}{2}\Delta b(T_2^2 - T_1^2) + \Delta c'\left(\frac{T_2 - T_1}{T_2 T_1}\right)$$

当 $T_1=298\text{K}$ 时，用 T 代替 T_2，则有：

$$\Delta H_T^{\ominus}=\Delta H_{298}^{\ominus}+\Delta a(T-298)+\frac{1}{2}\Delta b(T^2-298^2)+\frac{1}{3}\Delta c(T^3-298^3)$$

或
$$=\Delta H_{298}^{\ominus}+\Delta a(T-298)+\frac{1}{2}\Delta b(T^2-298^2)+\Delta c'\left(\frac{T-298}{298T}\right) \quad (2\text{-}26)$$

(3)不定积分形式：

$$\Delta H_T^{\ominus}=\Delta H_0+\int\Delta C_p\mathrm{d}T=\Delta H_0+\Delta aT+\frac{1}{2}\Delta bT^2+\frac{\Delta c}{3}T^3$$

或
$$=\Delta H_0+\Delta aT+\frac{1}{2}\Delta bT^2-\Delta c'T^{-1} \quad (2\text{-}27)$$

式2-25~式2~27适用于参与反应的物质无相变和状态变化的情形。在一些火法冶金反应中，由于反应温度比较高，往往有物质发生相态和状态变化，此时应采用式2-28。

(4)有相变和状态变化时的基尔戈夫方程式：

$$\Delta H_T^{\ominus}=\Delta H_{298}^{\ominus}+\int_{298}^{T_{\text{tr}}}\Delta C_{p,\text{m}}\mathrm{d}T+\int_{T_{\text{tr}}}^{T_{\text{M}}}\Delta C'_{p,\text{m}}\mathrm{d}T$$
$$+\int_{T_{\text{M}}}^{T_{\text{B}}}\Delta C''_{p,\text{m}}\mathrm{d}T+\int_{T_{\text{B}}}^{T}\Delta C'''_{p,\text{m}}\mathrm{d}T+\sum\Delta H_{\text{相变}} \quad (2\text{-}28)$$

以上各式中：

$$C_p=a+bT+cT^2$$

或
$$=a+bT+c'T^{-2}$$

$$\Delta C_p=\Delta a+\Delta b+\Delta cT^2$$

或
$$=\Delta a+\Delta bT+\Delta c'T^{-2}$$

式中，$\Delta H_{298}^{\ominus}$ 为298K时的标准反应热，按式2-24计算；ΔH_0 为积分常数：

$$\Delta H_0=\Delta H_{298}^{\ominus}-298\Delta a-\frac{298^2}{2}\Delta b-\frac{298^3}{3}\Delta c$$

或
$$=\Delta H_{298}^{\ominus}-298\Delta a-\frac{298^2}{2}\Delta b-\frac{\Delta c'}{298}$$

式中，T_{tr}，T_{M}，T_{B} 分别为晶型转变温度、熔点和沸点，K；$\sum\Delta H_{\text{相变}}$ 为298K~T 间各物质的相变热之和，生成物取正号，反应物取负号；$\Delta C_{p,\text{m}}$，$\Delta C'_{p,\text{m}}$，$\Delta C''_{p,\text{m}}$，$\Delta C'''_{p,\text{m}}$ 分别为晶型转变前、后固态及液态和气态时的摩尔定压热容。

(5)基尔戈夫方程式与摩尔相对焓 $H_T^{\ominus}-H_{298}^{\ominus}$ 的关系：

$$\Delta H_T^{\ominus}=\Delta H_{298}^{\ominus}+\left[\sum n_j(H_T^{\ominus}-H_{298}^{\ominus})_{\text{产物}}-\sum n_i(H_T^{\ominus}-H_{298}^{\ominus})_{\text{反应物}}\right] \quad (2\text{-}29)$$

式中 n_j——第 j 种产物的摩尔数；

n_i——第 i 种反应物的摩尔数；

$H_T^{\ominus}-H_{298}^{\ominus}$——物质的摩尔相对焓。

利用相对焓数据计算焓变即定压反应热是非常方便的一种方法。各种纯物质在不同温度下的摩尔相对焓数值可查本书附录Ⅵ。

(6)基尔戈夫方程式与物质摩尔焓 $H_i^{\ominus}(T)$ 的关系：

$$\Delta H_T^{\ominus}=\sum n_jH_j^{\ominus}(T)-\sum n_iH_i^{\ominus}(T) \quad (2\text{-}30)$$

即反应热等于产物的摩尔数与其摩尔焓相乘积之和减去反应物的摩尔数与其摩尔焓相乘积之和。

这是计算反应热的最简便而又最为迅速准确的方法。当然，进行这种计算时，必须有相应的摩尔焓数据表相配合。数据表可在文献[9]中找到。

【例 2-9】　在镁钛联合企业中，镁电解车间 $MgCl_2$ 的电解是在 720℃(993K)左右的三元素或四元素电解质熔盐中进行的。试计算在 720℃下 $MgCl_2$ 的分解热。

【解】　查表得：Mg 的熔点 $T_{M,Mg}=923K$，$MgCl_2$ 的熔点的 $T_{M,MgCl_2}=987K$。

物　质	摩尔相对焓 $H_T^{\ominus}-H_{298}^{\ominus}$/cal · mol^{-1}			摩尔焓 $H_i(T)$/kcal · mol^{-1}		
	$H_T^{\ominus}-H_{298}^{\ominus}$	$H_{1000}^{\ominus}-H_{298}^{\ominus}$	$H_{993}^{\ominus}-H_{298}^{\ominus}$	$H_i(T)$	$H_i(1000)$	$H_i(993)$
$MgCl_2$(l)	$H_{987}^{\ominus}-H_{298}^{\ominus}$ = 23469	23755	23601	$H_{MgCl_2}(987)$ = −129.834	−129.547	−129.702
Mg(l)	$H_{923}^{\ominus}-H_{298}^{\ominus}$ = 6385	6969	6916	$H_{Mg}(923)$ = 6.382	6.967	6.914
Cl_2	5179	6059	5997	$H_{Cl_2}(900)$ = 5.177	6.058	5.996

电解反应：　$MgCl_2 \xrightarrow{电解} Mg + Cl_2$

$\Delta H_{f,298}^{\ominus}$(kcal/mol)　　−153.30　　0　　0

(1)按式 2-29 计算：

$$\Delta H_T^{\ominus} = \Delta H_{993}^{\ominus} = [0-(-153.30\times10^3)]+(6916+5997-23601)$$

$$=142612\text{cal/mol} = 596.689\text{kJ/mol}$$

(2)按式 2-30 计算：

$$\Delta H_{993}^{\ominus} = 5.996+6.914-(-129.702) = 142.612\text{kcal/mol } MgCl_2$$

$$=596.689\text{kJ/mol } MgCl_2$$

两种方法计算的结果完全一致，但以第二种方法最为简便。

2.5.4　几个问题的讨论

(1) 使用基尔戈夫方程式时必须知道的原始条件有两个：

1) 参与反应各物质在 298K 时的标准生成热 $\Delta H_{f,298}^{\ominus}$；

2) 各物质的摩尔定压热容与温度的函数关系式 $C_{p,m}=f(T)$。

在同一个反应式中，各物质的 $C_p=f(T)$ 最好采用同一种函数形式，这样 $\Delta C_p=f(T)$ 式中一般为三项。但有时不得不采用不同的 $C_p=f(T)$ 形式时，$\Delta C_p=f(T)$ 式中就会出现四项：

$$\Delta C_p = \Delta a + \Delta bT + \Delta cT^2 + \Delta c'T^{-2}$$

相应的， $\Delta H_T^{\ominus} = \Delta H_0 + \Delta aT + \frac{1}{2}\Delta bT^2 + \frac{1}{3}\Delta cT^3 - \Delta c'T^{-1}$

另外，在取用原始数据时，应尽可能取同一来源的数据。这是因为，由于实验测定方法和数据处理方法在不同文献中可能不同，因而误差会不一样。同时，要注意摩尔定压热容方程式适用的温度范围。

(2) 从式2-25可以看出，一个化学反应的热效应之所以随温度而变化，是由于产物和反应物的热容不同而引起的。如果产物的热容之和与反应物的热容之和相同，则恒压反应热就不随温度改变。具体说来，可能有下面几种情况：

$\left(\frac{\partial \Delta H}{\partial T}\right)_p = \Delta C_p$

1) $\Delta C_p < 0$。产物热容小于反应物热容，温度升高时恒压反应热要减小。
如反应为放热反应，温度升高会放出更多的热量；
如反应为吸热反应，温度升高会吸收较少的热量。
如 $\Delta C_p < 0$，且为常数，则 $\Delta H_T^{\ominus}$-T 呈直线关系；
如 $\Delta C_p < 0$，且不为常数，则 $\Delta H_T^{\ominus}$-T 呈曲线关系。

2) $\Delta C_p > 0$。产物热容大于反应物热容，温度升高时反应热要增大。
如反应为放热反应，温度升高放出的热量要减少；
如反应为吸热反应，温度升高会吸收更多热量。
如 $\Delta C_p > 0$，且为常数，则 $\Delta H_T^{\ominus}$-T 呈直线关系；
如 $\Delta C_p > 0$，且不为常数，则 $\Delta H_T^{\ominus}$-T 呈曲线关系。

3) $\Delta C_p = 0$。$\Delta H_T^{\ominus}$ 与温度无关。$\Delta H_T^{\ominus} = \Delta H_{298}^{\ominus} =$ 常数。

以上变化规律如图2-4所示。

(3) 关于 $\Delta H_T^{\ominus} = f(T)$ 的近似解法。在做准确计算时，应使用基尔戈夫方程式。但在某些情况下，不要求很精确时，可做适当简化，以便迅速做出估算。

1) 在方程式 $C_{p(1)} = a + bT + cT^2$ 和 $C_{p(2)} = a + bT + c'T^{-2}$ 中，末项在不同温度下所占的比例并不一样。当 T 值较小时，cT^2 项可忽略(因 c 值很小)；当 T 值很大时，$c'T^{-2}$ 可忽略。所以，在低温时，最好采用 $C_{p(1)} = a + bT$ 式做简化计算；在高温时，最好采用 $C_{p(2)} = a + bT$ 做简化计算。这样，近似计算值的误差可以减小。相应的

$$\Delta H_T = \Delta H_0 + \Delta aT + \frac{1}{2}\Delta bT^2$$

注意，在 $C_{p(1)}$ 和 $C_{p(2)}$ 中 a、b 值是不相同的。

但如果需要在很广的温度范围内求 ΔH_T 值，则不可做上述简化，否则会使计算值造成很大误差。

2) 气体在比较小的温度间隔内，固体和液体在相当大的温度间隔内均可认为 $\Delta C_p \approx$ 常数，以做近似计算。此时可得直线方程式：

$$\Delta H_T^{\ominus} = \Delta H_0 + \Delta aT = \Delta H_0 + \Delta C_{p,298}T$$

此时，Δa 可以合适地采用 $\Delta C_{p,298}$ 代替，即 $\Delta a = \Delta C_{p,298}$。因为大多数最重要物质的 $C_{p,298}$ 值容易找到，并且有高度的准确度。

3) 如果 $\Delta H_{298}^{\ominus}$ 的绝对值很大(绝对值为几十到几百千卡左右)，则在许多情况下，甚至可认为 $\Delta C_p \approx 0$。即在无物态变化时：

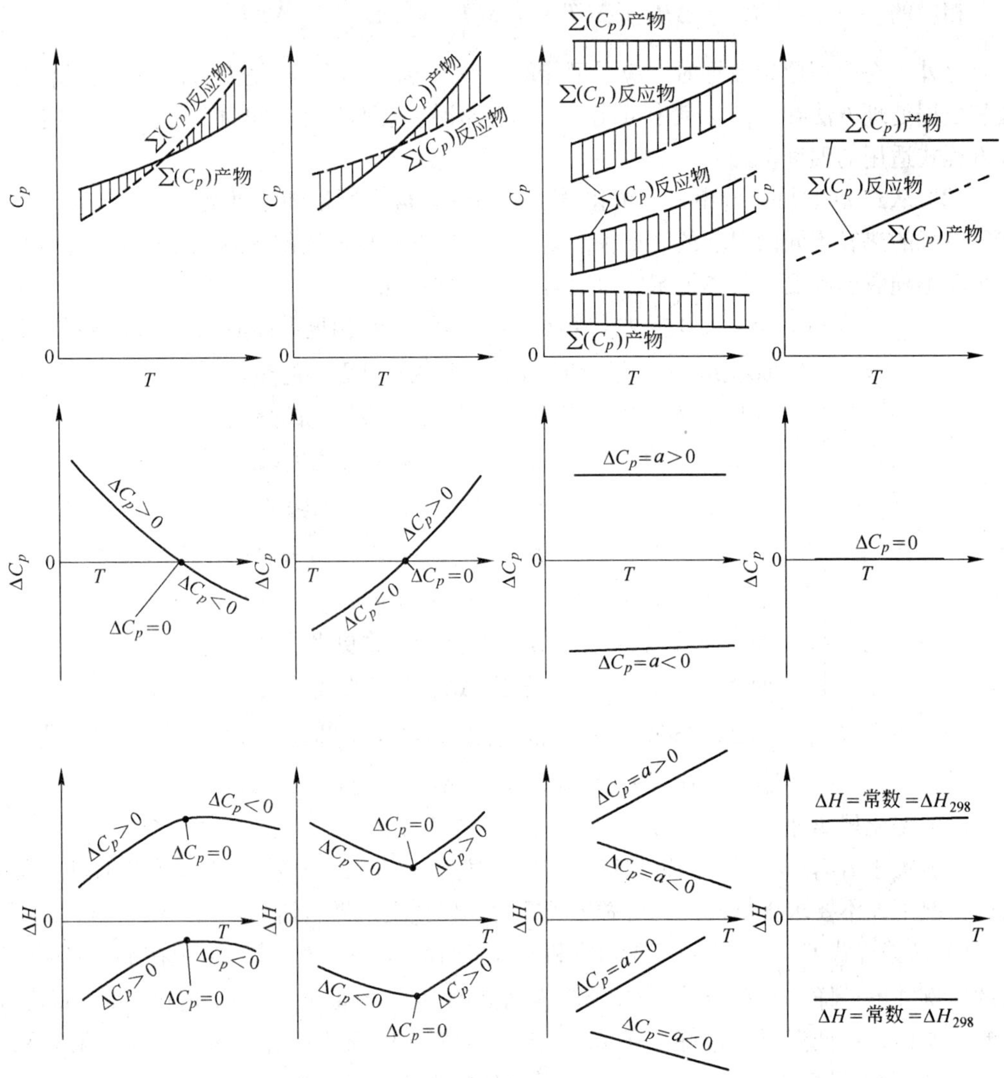

图 2-4　物质的 C_p、反应的 ΔC_p 和 ΔH 与温度的关系示意图

$$\Delta H_T^{\ominus} \approx \Delta H_{298}^{\ominus} = 常数$$

有物态变化时：

$$\Delta H_T^{\ominus} \approx \Delta H_{298}^{\ominus} + \left[\left(\sum \Delta H_{\mathrm{M}} \right)_{产物} - \left(\sum \Delta H_{\mathrm{M}} \right)_{反应物} \right] + \left[\left(\sum \Delta H_{\mathrm{B}} \right)_{产物} - \left(\sum \Delta H_{\mathrm{B}} \right)_{反应物} \right]$$

即可以不考虑显热部分，不会带来多大的误差。有机化合物的燃烧反应和一些强吸热、放热的冶金反应就属于这种情况。

4）如果 C_p 采用在已知温度间隔内的平均热容值 $\overline{C}_p$，则基尔戈夫方程式可改写为：

$$\Delta H_{T_2}^{\ominus} = \Delta H_{T_1}^{\ominus} + (\Delta \overline{C}_p)_{T_1 \sim T_2}(T_2 - T_1)$$

或

$$\Delta H_T^{\ominus} = \Delta H_{298}^{\ominus} + (\Delta \overline{C}_p)_{298 \sim T}(T - 298)$$

利用此式，即使在很大的温度间隔内也能得出很满意的结果。这样可使计算大大简化，而当有平均热容的图表可以利用时，这个方法也是相当方便的。

2.5.5 基尔戈夫方程式的用途

基尔戈夫方程式可用来求算任意指定温度下的定压反应热。这对于了解反应条件下的热量关系和做热平衡计算都很重要。

在计算反应的标准自由焓变化和平衡常数时也必须用到基尔戈夫方程式。

此外，还可利用基尔戈夫方程式来计算物质发生物态变化时潜热(如汽化热、升华热、熔化热等)与温度的关系。

最后，要强调指出的是，直接应用基尔戈夫公式计算非298K温度下的恒温反应热时，需注意，所有参加反应物质的聚集状态应与反应方程式中相应物质的聚集状态相同。并且要求反应是在恒温下进行，即反应物与生成物处于相同温度。否则不能直接代入基尔戈夫公式计算。

2.6 非恒温反应热效应的计算——理论热平衡问题

前面讨论的，是恒温恒压下反应的标准热效应计算问题。但是，在一个实际的冶金过程中，不仅反应很少在标准态条件下进行，而且反应物可能不是按化学式计量的比例出现，反应也可能进行不完全，最终温度也可能和初始温度不一样。此外，还可能有惰性组分存在，也可能有几个反应同时进行。总之，实际的工业过程往往比较复杂。

在工程设计计算和生产查核性计算中，热量平衡计算是一个重要方面。一个实际的热平衡计算是以理论热平衡计算为基础的。下面就来讨论这些问题。

2.6.1 实际热平衡计算与理论热平衡计算的关系

图2-5是实际热平衡示意图。实际热平衡是把反应物系与反应器一起作为衡算体系的，而理论热平衡只考虑反应物系本身，它不包括反应器在内。所以理论热平衡是实际热平衡的一部分。

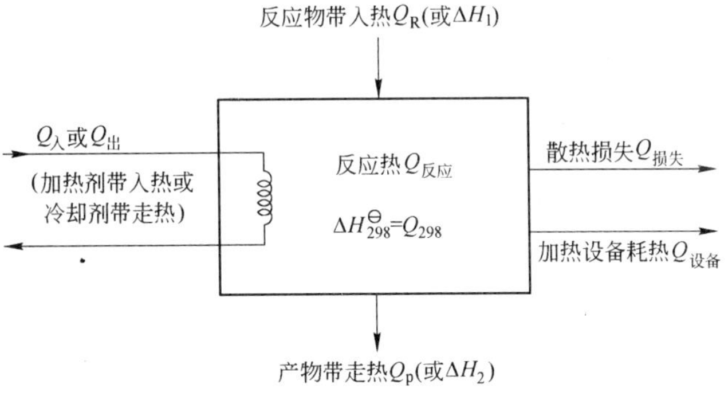

图2-5 实际热平衡示意图

根据能量守恒原理，凡引入设备之热量总和必等于从设备中输出热量的总和。据图2-5可写出实际热平衡方程式(设为放热反应)：

$$Q_{入} + Q_R + Q_{298} = Q_p + Q_{设备} + Q_{损失} \qquad (2\text{-}31)$$

式中，Q_R、Q_{298}和Q_p分别代表反应物料带入反应器的显热，298K下的标准反应热，以及反应产物带走热。

$$Q_R + Q_{298} - Q_p = Q_{总} \tag{2-32}$$

即物系在非恒温条件下反应的放热量。以上是工程设计中常用的衡算方法和代表符号。如果换写为热力学常用的符号制度，即是：

$$\Delta H = \Delta H_1 + \Delta H_{298} + \Delta H_2 \tag{2-33}$$

这样式 2-31 变成：

$$Q_{入} + Q_{总}(\Delta H) = Q_{设备} + Q_{损失} \tag{2-34}$$

显然，如果物系的理论热平衡量，即物系在非恒温条件下的热效应 $\Delta H(Q_{总})$ 刚好能补偿加热设备本身和设备向环境散热量的总和，则反应能自热进行，$Q_{入}$（或 $Q_{出}$）=0，即不需向反应器供热和导出热量。如果物系的变温热效应 ΔH 补偿不了设备热损失及加热设备所需热量总和，则需向设备供热，$Q_{入}>0$。若是物系的变温反应热 ΔH 除抵偿 $Q_{设备}+Q_{损失}$外，还有富余，则为了维持反应的工艺温度，必须从反应器中导出热量，此时 $Q_{入}<0$（或 $Q_{出}>0$）。

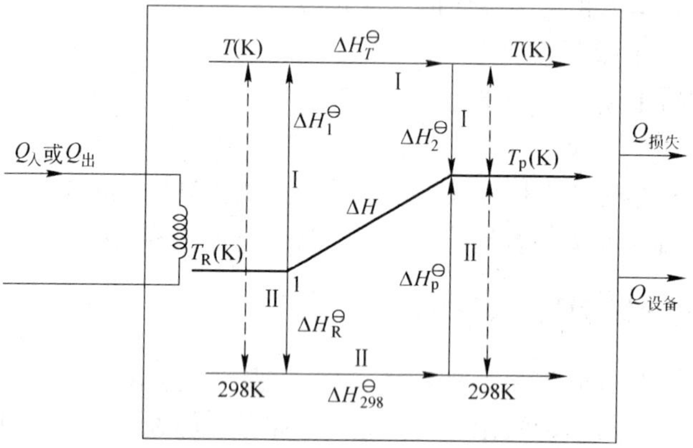

图 2-6　实际热平衡与理论热平衡关系示意图

实际热平衡与理论热平衡之间的关系可用示意图 2-6 来说明。

2.6.2　理论热平衡——物系变温热效应计算

从图 2-6 可以看出，在变温条件下的反应热计算，可用如下的理论热平衡方程式表示：

$$\Delta H = [\sum n_i(H_{298}^\ominus - H_{T_1}^\ominus)_i + \Delta H_{298}^\ominus] + \sum n_j(H_{T_2}^\ominus - H_{298}^\ominus)_j$$

或

$$= [\Delta H_{298}^\ominus - \sum n_i(H_{T_1}^\ominus - H_{298}^\ominus)_i] + \sum n_j(H_{T_2}^\ominus - H_{298}^\ominus)_j \tag{2-35}$$

式中　i——反应物；

j——反应产物。

式 2-35 表示反应物料预热至 T_1 后入反应器，而反应产物在 T_2 温度下出反应器的情形。如果反应物料不经预热而在 25℃的常温下入反应器，也就不带入显热，或者说其相对焓为零，于是式 2-35 变成式 2-36：

$$\Delta H = \Delta H_{298}^\ominus + \sum n_j(H_{T_2}^\ominus - H_{298}^\ominus)_j \tag{2-36}$$

这些方程式的应用可通过下面的一些例题来理解。

【例 2-10】 试对 TiO_2 加 C 氯化的理论热平衡做出估算。

【解】 TiO_2 加 C 氯化时的化学反应为：

$$TiO_2+2C+2Cl_2 = TiCl_{4(g)}+2CO \quad (1)$$

$$TiO_2+C+2Cl_2 = TiCl_{4(g)}+CO_2 \quad (2)$$

今以 1mol TiO_2 作基准。设若按反应式(1)反应的 TiO_2 摩尔分数为 η。则按反应(2)反应的 TiO_2 摩尔分数为 $(1-\eta)$。于是可写出氯化反应的总方程式为：

$$\eta TiO_2+2\eta C+2\eta Cl_2 = \eta TiCl_4+2\eta CO \quad (3)$$

$$+(1-\eta)TiO_2+(1-\eta)C+2(1-\eta)Cl_2 = (1-\eta)TiCl_4+(1-\eta)CO_2 \quad (4)$$

$$\text{总反应式：}TiO_2+(1+\eta)C+2Cl_2 = TiCl_4+2\eta CO+(1-\eta)CO_2 \quad (5)$$

基本数据有：

（1）查表得反应体系中各物质的摩尔生成热如下：

物质	TiO_2	$TiCl_4(1)$	CO_2	CO
$\Delta H_{f,298}$/kcal · mol^{-1}	-225.5	-192.20	-94.05	-26.4

（2）$TiCl_4$ 的沸点：136℃(409K)。

$TiCl_4$ 的蒸发潜热：

$$TiCl_4(1) \xlongequal{409K} TiCl_{4(g)} \quad \Delta H_B=8.55\text{kcal/mol}$$

（3）反应系中各物质的 $C_{p,m}=f(T)$（cal/(mol · K)）：

$$C_{p,m,TiCl_4(1)}=35.7$$

$$C_{p,m,TiCl_4(g)}=25.45+0.24\times10^{-3}T-2.36\times10^5T^{-2}$$

$$C_{p,m,CO}=6.79+0.98\times10^{-3}T-0.11\times10^5T^{-2}$$

$$C_{p,m,CO_2}=10.55+2.16\times10^{-3}T-2.04\times10^5T^{-2}$$

$$C_{p,m,TiO_2}=17.97+0.28\times10^{-3}T-4.35\times10^5T^{-2}$$

$$C_{p,m,Cl_2}=8.82+0.06\times10^{-3}T-0.68\times10^5T^{-2}$$

$$C_{p,m,C(\text{石墨})}=4.10+1.02\times10^{-3}T-2.10\times10^5T^{-2}$$

计算过程如下：

这是一个变温状态下的焓变问题。现不考虑设备的散热，因而是一个理论热平衡问题。

如下图所示，ΔH 可循着两条路径计算，其结果皆一样。

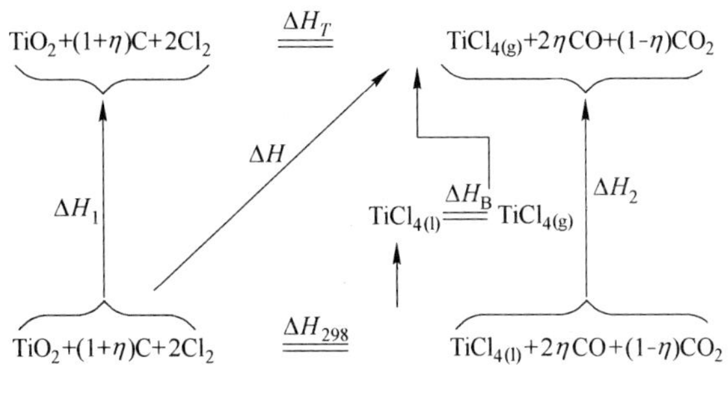

（1）　$\Delta H = \Delta H_1 + \Delta H_T$

（2）　$\Delta H = \Delta H_{298} + \Delta H_2$

计算方法中，以第(2)种方法最为简便。但第(1)种方法也有其优点，因为它代表了实际过程，可以分别看出加热反应物料至反应温度所需的热量和化学反应的实际放热量。

先沿第一种途径计算如下：

（1）ΔH_1 的计算：

$$\Delta H_1 = \int_{298}^{T} [C_{p,TiO_2} + (1+\eta)C_{p,C} + 2C_{p,Cl_2}]dT$$

式中，η 是随温度变化的，通过气相平衡组成的计算，可以求出不同温度下的 η 值。

$T=800K$ 时，$\eta=0.07$，$\Delta H_1 = \int_{298}^{800}(39.997 + 1.49\times10^{-3}T - 7.96\times10^5T^{-2})dT$

$= 18.81kcal/mol\ TiO_2$

$T=900K$ 时，$\eta=0.26$，$\Delta H_1=23.27kcal$

$T=1000K$ 时，$\eta=0.62$，$\Delta H_1=28.45kcal$

$T=1100K$ 时，$\eta=0.89$，$\Delta H_1=33.71kcal$

$T=1200K$ 时，$\eta=0.965$，$\Delta H_1=38.53kcal$

计算结果如下：

温度/K	800	900	1000	1100	1200
η	0.07	0.26	0.62	0.89	0.965
ΔH_1/kcal	18.81	23.27	28.45	33.71	38.53

（2）$\Delta H^\ominus_{298}$的计算（在这种情况下，$\Delta H^\ominus_{298}$是与反应摩尔分数 η 有关的）：

$\Delta H^\ominus_{298} = \Delta H^\ominus_{f,298}(TiCl_4) + 2\eta\Delta H^\ominus_{f,298}(CO) + (1-\eta)\Delta H^\ominus_{f,298}(CO_2) - \Delta H^\ominus_{f,298}(TiO_2)$

将不同温度下的 η 值代入上式计算，结果如下：

温度/K	800	900	1000	1100	1200
η	0.07	0.26	0.62	0.89	0.965
$\Delta H^\ominus_{298}$/kcal	-56.06	-48.23	-33.38	-22.24	-19.30

（3）反应产物 $TiCl_4$ 的焓变计算：

$$\begin{array}{ccc} & TiCl_{4(g)} \longrightarrow & TiCl_{4(g)} \\ & 409K & T(K) \\ & \uparrow \Delta H_B & \\ TiCl_{4(l)} \longrightarrow & TiCl_{4(l)} & \\ 298K & 409K & \end{array}$$

$$\Delta H_{TiCl_4} = \int_{298}^{409} C_{p,TiCl_4(l)}dT + \Delta H_B + \int_{409}^{T} C_{p,TiCl_4(g)}dT$$

$$= 12512.7 + \left[25.45\times(T-409) + \frac{0.24}{2}\times10^{-3}\times(T^2-409^2) + 2.36\times10^5\times\left(\frac{1}{T}-\frac{1}{409}\right)\right]$$

各个温度下的 ΔH_{TiCl_4} 值如下：

温度/K	800	900	1000	1100	1200
ΔH_{TiCl_4}/kcal	22.24	24.77	27.31	29.86	32.42

（4）反应产物 CO 和 CO_2 的焓变计算：

$$\Delta H_{CO+CO_2} = \int_{298}^{T} [2\eta C_{p,CO} + (1-\eta) C_{p,CO_2}] dT$$

计算结果如下：

温度/K	800	900	1000	1100	1200
ΔH_{CO+CO_2}/kcal	5.60	7.23	9.44	11.69	13.41

于是，$\Delta H_2 = \Delta H_{CO+CO_2} + \Delta H_{TiCl_4}$ 如下：

温度/K	800	900	1000	1100	1200
ΔH_2/kcal	27.84	32.00	36.75	41.55	45.83

（5）高温(实际反应温度下)的化学反应热计算：

$$\Delta H_T = \Delta H_{298} + \Delta H_2 - \Delta H_1$$

$$\Delta H_{800K} = -56.06 + 27.84 - 18.81 = -47.03\text{kcal}$$

$$\Delta H_{900K} = -48.23 + 32.00 - 23.27 = -39.50\text{kcal}$$

$$\Delta H_{1000K} = -33.38 + 36.75 - 28.45 = -25.08\text{kcal}$$

$$\Delta H_{1100K} = -22.24 + 41.55 - 33.71 = -14.40\text{kcal}$$

$$\Delta H_{1200K} = -19.30 + 45.82 - 38.53 = -12.00\text{kcal}$$

（6）变温过程中的余热量：$\Delta H = \Delta H_1 + \Delta H_T$

TiO_2 加碳氯化反应理论热平衡表(以 1mol TiO_2 为基准)如下：

温度/K	800	900	1000	1100	1200
ΔH_1/kcal	18.81	23.27	28.45	33.71	38.53
ΔH_T/kcal	-47.03	-39.50	-25.08	-14.40	-12.00
ΔH/kcal	-28.22	-16.23	3.37	19.31	26.53

实际上，如沿路径(2)计算，就简便多了，结果如下：

温度/K	800	900	1000	1100	1200
$\Delta H_{298}^{\ominus}$/kcal	-56.06	-48.23	-33.38	-22.24	-19.30
ΔH_2/kcal	27.84	32.00	36.75	41.55	45.83
$\Delta H = \Delta H_{298}^{\ominus} + \Delta H_2$	-28.22	-16.23	3.37	19.31	26.53

沿两条路径计算结果完全一致。

这里，再按相对焓数据计算如下：

（1）不同温度下的 $\Delta H_{298}^{\ominus}$ 值前面已计算出：

温度/K	800	900	1000	1100	1200
η	0.07	0.26	0.62	0.89	0.965
$\Delta H_{298}^{\ominus}$/kcal	-56.06	-48.23	-33.38	-22.24	-19.30

（2）不同温度下各物质的相对焓计算如下。

从本书附录Ⅵ中查得各产物的摩尔相对焓 $H_T^{\ominus}-H_{298}^{\ominus}$ 数值如下：

物质	$H_{800}^{\ominus}-H_{298}^{\ominus}$	$H_{900}^{\ominus}-H_{298}^{\ominus}$	$H_{1000}^{\ominus}-H_{298}^{\ominus}$	$H_{1100}^{\ominus}-H_{298}^{\ominus}$	$H_{1200}^{\ominus}-H_{298}^{\ominus}$
$TiCl_4$(g)	12358	14894	17437	19987	22541
CO	3655	4416	5187	5968	6759
CO_2	5463	6673	7911	9174	10462

注意，在(1)项中标准反应热计算，$TiCl_4$ 是 $TiCl_4$(l)，而这里相对焓表中 $TiCl_4$ 是 $TiCl_4$(g)。故要考虑298K时 $TiCl_4$ 的摩尔蒸发热：

$$TiCl_4(l)\xrightarrow{\Delta H_{B,298}}TiCl_4(g)$$

$$\Delta H_{B,298}=\Delta H_{f,298,TiCl_4(g)}^{\ominus}-\Delta H_{f,298,TiCl_4(l)}^{\ominus}$$

$$=-182.40-(-192.20)=9.80\text{kcal/mol}$$

$$\Delta H_2=\sum n_j(H_T^{\ominus}-H_{298}^{\ominus})_j$$

$$=(H_T^{\ominus}-H_{298}^{\ominus})_{TiCl_4}+2\eta(H_T^{\ominus}-H_{298}^{\ominus})_{CO}+(1-\eta)(H_T^{\ominus}-H_{298}^{\ominus})_{CO_2}$$

计算结果如下：

温度/K	800	900	1000	1100	1200
η	0.07	0.26	0.62	0.89	0.965
$(H_T^{\ominus}-H_{298}^{\ominus})_{TiCl_4}$	12358	14984	17437	19987	22541
$2\eta(H_T^{\ominus}-H_{298}^{\ominus})_{CO}$	511.7	2296.32	6431.88	10623.04	13044.87
$(1-\eta)(H_T^{\ominus}-H_{298}^{\ominus})_{CO_2}$	5080.59	4938.02	3006.18	1009.14	366.17
ΔH_2/cal	17950	22218	26875	31619	35952

$$\Delta H=\Delta H_{298}^{\ominus}+\Delta H_{B,TiCl_4(298)}+\Delta H_2$$

计算结果（以1mol $TiCl_4$ 为基准）如下：

温度/K	800	900	1000	1100	1200
$\Delta H_{298}^{\ominus}$/kcal	-56.06	-48.23	-33.38	-22.24	-19.30
$\Delta H_{B,TiCl_4(298)}$/kcal	9.80	9.80	9.80	9.80	9.80
ΔH_2/kcal	17.95	22.22	26.88	31.62	35.95
ΔH/kcal	-28.31	-16.21	3.30	19.18	26.45

计算结果与前面的计算完全一致。

2.6.3　冶金反应理论最高温度的计算——绝热反应体系的计算

对于放热反应，可以计算其所能达到的最高理论温度。在燃料燃烧反应的情况下，又称为最高火焰温度。计算的原则是：假定反应在绝热条件下发生，且反应物100%按化学式计量发生反应，因此所放出的热量全部用于加热生成物。因为绝热过程是恒焓过程，即 $Q_p=\Delta H=0$，如果反应物不预热而在常温下加入反应器，并在25℃下发生反应，则有如下的热平衡方程式：

$$\Delta H = \Delta H_{298}^{\ominus} + \sum n_j(H_T^{\ominus} - H_{298}^{\ominus})_{j,生成物} = 0$$

或
$$\sum n_j(H_T^{\ominus} - H_{298}^{\ominus})_{j,生成物} = -\Delta H_{298}^{\ominus} \tag{2-37}$$

如果反应物全部预热至 T(K)，再加入反应器发生反应，则有：

$$\left[\sum n_i(H_{298}^{\ominus} - H_T^{\ominus})_{i,反应物} + \Delta H_{298}^{\ominus}\right] + \sum n_j(H_T^{\ominus} - H_{298}^{\ominus})_{j,生成物} = 0$$

或
$$\sum n_j(H_T^{\ominus} - H_{298}^{\ominus})_{j,生成物} = \sum n_i(H_T^{\ominus} - H_{298}^{\ominus})_{i,反应物} - \Delta H_{298}^{\ominus} \tag{2-38}$$

式2-38和式2-39表示，反应物带入的显热与298K时放出的反应热，在绝热条件下全部为产物所吸收，从而提高了产物的温度。

【例2-11】 镁热还原 $TiCl_4$ 制取海绵钛的反应：

$$TiCl_{4(g)} + 2Mg_{(l)} = Ti_{(s)} + 2MgCl_{2(l)}$$

是一个强放热反应。假定 $TiCl_4$ 和 Mg 均预热至1000K，再使它们接触以引发反应。试问，在绝热条件下进行该还原反应，可能达到的理论最高温度为多少。

【解】 由本书附录Ⅵ中查得各物质的 $\Delta H_{f,298}^{\ominus}$(kcal/mol)和 $H_T^{\ominus} - H_{298}^{\ominus}$(cal/mol)值如下：

物质	$\Delta H_{f,298}^{\ominus}$	$H_{1000}^{\ominus} - H_{298}^{\ominus}$	$H_{1600}^{\ominus} - H_{298}^{\ominus}$	$H_{1691}^{\ominus} - H_{298}^{\ominus}$	$H_{1700}^{\ominus} - H_{298}^{\ominus}$
$TiCl_4$(g)	-182.40	17437			
Mg(l)	0	6969			
Ti(s)	0		10318	11033	11104
$MgCl_2$(l)	-153.30		37015	39026	
$MgCl_2$(g)				76366	76491

计算示意图如下图所示：

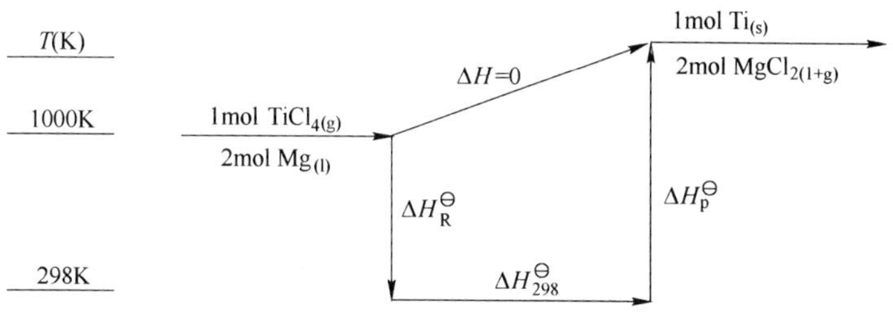

(1) $\Delta H_{298}^{\ominus} = 2\Delta H_{f,298(MgCl_2)}^{\ominus} - \Delta H_{f,298(TiCl_4)}^{\ominus}$

$$= 2 \times (-153.30) - (-182.40) = -124.2\text{kcal} = -124200\text{cal}$$

(2) $\Delta H_R^{\ominus} = \sum n_i(H_{298}^{\ominus} - H_{1000}^{\ominus})_i = -\sum n_i(H_{1000}^{\ominus} - H_{298}^{\ominus})_i$

$$= -\left[(H_{1000}^{\ominus} - H_{298}^{\ominus})_{TiCl_4}\right] + 2\left[(H_{1000}^{\ominus} - H_{298}^{\ominus})_{Mg}\right]$$

$$= -(17437 + 2 \times 6969) = -31375\text{cal}$$

(3) 因为 $\Delta H = \Delta H_R^{\ominus} + \Delta H_{298}^{\ominus} + \Delta H_p^{\ominus} = 0$，所以

$$\Delta H_p^{\ominus} = -\Delta H_{298}^{\ominus} - \Delta H_R^{\ominus} = 124200 + 31375 = 155575\text{cal}$$

而 $\Delta H_p^{\ominus} = \sum n_j(H_T^{\ominus} - H_{298}^{\ominus})_j = (H_T^{\ominus} - H_{298}^{\ominus})_{Ti} + 2(H_T^{\ominus} - H_{298}^{\ominus})_{MgCl_2}$

即 $(H_T^{\ominus} - H_{298}^{\ominus})_{Ti} + 2(H_T^{\ominus} - H_{298}^{\ominus})_{MgCl_2} = 155575\text{cal}$

下面，用试算法求出产物所能达到的理论最高温度。

设 $T = 1600\text{K}$，则：

$(H_{1600}^{\ominus} - H_{298}^{\ominus})_{Ti(s)} + 2(H_{1600}^{\ominus} - H_{298}^{\ominus})_{MgCl_2(l)} = 10318 + 2 \times 37015 = 84348\text{cal}$

此值小于155575cal，说明所设温度低了。

又设 $T = 1700\text{K}$，则：

$(H_{1700}^{\ominus} - H_{298}^{\ominus})_{Ti(s)} + 2(H_{1700}^{\ominus} - H_{298}^{\ominus})_{MgCl_2(l)} = 11104 + 2 \times 76491 = 164086\text{cal}$

此值大于155575cal，说明所设温度高了。因此，$T_{理}$ 必在1600～1700K之间。

要注意的是，因 $MgCl_2$ 的沸点 $T_B = 1691\text{K}$，在1600～1700K之间。蒸发摩尔潜热 $\Delta H_B = 37340\text{cal/mol}$。故 $(H_{1700}^{\ominus} - H_{298}^{\ominus})_{MgCl_2(g)}$ 中包含了 $MgCl_2$ 在1691K时的蒸发潜热，故而比 $(H_{1600}^{\ominus} - H_{298}^{\ominus})_{MgCl_2(l)}$ 的数值几乎增加了1倍，从而使得 $\Delta H_p^{\ominus}$ 值也几乎增加了1倍。

究竟 $T_{理}$ 在1600～1700K之间的哪一个温度呢？要当心，因 $MgCl_2$ 的沸点在这个温度区间，故不能在这个温度范围内简单地进行内插。因这个温度区间产物相对焓总和有个突变，而不呈线性关系。$T_{理}$ 有可能小于 $T_{B,MgCl_2}$ 或大于 $T_{B,MgCl_2}$，也可能恰好等于 $T_{B,MgCl_2}$。

先用内插法求出Ti(s)在1691K时的 $H_{1691}^{\ominus} - H_{298}^{\ominus}$ 值：

$$(H_{1691}^{\ominus} - H_{298}^{\ominus})_{Ti} = \frac{11104 - 10318}{1700 - 1600} \times (1691 - 1600) + 10318 = 11033\text{cal}$$

当1691K，$MgCl_2$ 呈液态时：

$$(H_{1691}^{\ominus} - H_{298}^{\ominus})_{Ti(s)} + 2(H_{1691}^{\ominus} - H_{298}^{\ominus})_{MgCl_2(l)} = 11033 + 2 \times 76366 = 163765\text{cal}$$

此值大于155575cal。故所求 $T_{理} = 1691\text{K}$。此时 $MgCl_2$ 液态、气态共存，蒸发了大部分，而又未完全蒸发。

这就是说，当 $TiCl_4$ 和Mg都预热至1000K再引发反应，如不及时排除余热，反应所能达到的理论最高温度为1691K(1418℃)，这已达到 $MgCl_2$ 的沸点，并已大大超过Mg的沸点(1378K)，这样，将会发生反应物之间以气态进行反应，且生成的产物 $MgCl_2$ 也部分呈气态，这就会使得还原罐中压力骤升，破坏工艺制度，反应不能顺行。而且在这样高的温度下，还会生成Ti-Fe合金，破坏还原设备，沾污海绵钛产品。所以，在工厂生产中，最初加热启动反应后，则需用吹风冷却的办法排除余热，以使反应正常进行。

【例2-12】 实际上，工厂生产中 $TiCl_4$ 是在25℃(298K)下加入还原反应罐的，因此 $TiCl_4$ 带入的物理热为零。试按此实际情况重新计算。

【解】 (1) $\Delta H_{298}^{\ominus} = -124200\text{cal}$ 不变；

(2) $\Delta H_R^{\ominus} = -2(H_{1000}^{\ominus} - H_{298}^{\ominus})_{Mg} = -2 \times 6969 = -13938\text{cal}$；

(3) $\Delta H_p^{\ominus} = -\Delta H_{298}^{\ominus} - \Delta H_R^{\ominus} = 124200 + 13938 = 138138\text{cal}$，即 $(H_T^{\ominus} - H_{298}^{\ominus})_{Ti} + 2(H_T^{\ominus} - H_{298}^{\ominus})_{MgCl_2} = 138138\text{cal}$。

下面，用试算法求出产物所能达到的理论最高温度。

同样，当 $T = 1600$ 时，产物 Ti 和 $MgCl_2$ 的相对焓之和：

$$(H_{1600}^{\ominus} - H_{298}^{\ominus})_{Ti(s)} + 2(H_{1600}^{\ominus} - H_{298}^{\ominus})_{MgCl_2(l)} = 84348\text{cal}$$

此值小于 138138cal，所设温度低了。

又设 $T = 1700\text{K}$，则

$$(H_{1700}^{\ominus} - H_{298}^{\ominus})_{Ti(s)} + 2(H_{1700}^{\ominus} - H_{298}^{\ominus})_{MgCl_2(g)} = 164086\text{cal}$$

此值大于 138138cal，所设温度高了。因此，$T_{理}$ 必在 1600～1700K 之间。同样，可证明 $T_{理} = 1691\text{K}$。此时 $MgCl_2$ 有部分蒸发汽化。

【例 2-13】 试对在熔炼 40000t/a 钛渣的圆形密闭电炉内发生的熔炼反应做理论热平衡计算。已知：

精矿组成如下：

组　分	TiO_2	FeO	Fe_2O_3	SiO_2	Al_2O_3	MgO	CaO	MnO	V_2O_5
质量分数/%	50.6	36.2	7.9	1.9	1.6	0.7	0.2	0.7	0.2

无烟煤组成如下：

组　分	固定碳	灰分[1]	挥发分	水分
质量分数/%	88.0	8.0	2.5	1.5

精矿中各组分在熔炼产品中的分布情况(质量分数/%)：

产　品	TiO_2	FeO	Fe_2O_3	SiO_2	Al_2O_3	MgO	CaO	MnO	V_2O_5
钛　渣	94.5	7.0		92.0	99.0	98.5	99.0	93.0	49.5
生铁和磁性部分	3.0	92.0	99.0	7.5				6.0	48.0
粉　尘	2.5	1.0	1.0	0.5	1.0	1.5	1.0	1.0	2.5

采用自焙电极，电极糊和底糊平均成分(质量分数/%)：

组　分	固定碳	挥发分	灰分
质量分数	80	14	6

熔炼 1t 钛渣消耗自焙电极 40kg。

钛渣熔炼的物料平衡见表 2-3。

理论热平衡计算(计算基准：时间 1h，温度 298K(25℃))：

按表 2-3，1000kg 钛精矿熔炼产出商品钛渣 517.67kg。20000kV · A 电炉炉产能 125t/d = 125/24 = 5.21t/h 钛渣。年工作日 330d，则 125 × 330 = 4.125 万 t/a，能完成 4 万 t/a 的生产任务。

[1] 灰分组成(质量分数)：35.0% Fe_2O_3，45.0% SiO_2，20.0% Al_2O_3。

表 2-3　钛渣熔炼作业的物料平衡(基准：1000kg 钛精矿)

收　入

收入项目	数量和组成	
	质量/kg	质量分数/%
(1) 精矿	1000.0	100.0
其中：TiO_2	506.0	50.6
FeO	362.0	36.2
Fe_2O_3	79.0	7.9
SiO_2	19.0	1.9
Al_2O_3	16.0	1.6
MgO	7.0	0.7
CaO	2.0	0.2
MnO	7.0	0.7
V_2O_5	2.0	0.2
(2) 无烟煤	126.0	100.0
其中：C	110.88	88.0
挥发分	3.15	2.5
水分	1.89	1.5
灰分	10.08	8.0
灰分的组成		
Fe_2O_3	3.53	2.8
SiO_2	4.53	3.6
Al_2O_3	2.02	1.6
(3) 电极	15.69	100.0
其中：C	12.55	80.0
挥发分	2.20	14.0
灰分	0.94	6.0
(4) 空气	100.13	100.0
其中：N_2	76.80	77.0
O_2	23.33	23.0
合　计	1241.82	

支　出

支出项目	数量和组成	
	质量/kg	质量分数/%
(1) 生铁和磁性部分	331.498	100.0
其中：Fe	313.18	94.5
Mn	0.317	0.09
Ti	9.01	2.71
Si	2.24	0.67
C	6.207	1.87
V	0.535	0.16
(2) 生铁和磁性部分的损失	3.341	100.0
其中：Fe	3.16	94.5
Mn	0.003	0.09
Ti	0.09	2.71
Si	0.02	0.67
C	0.063	1.87
V	0.005	0.16
(3) 钛渣	517.67	100.0
其中：Ti_3O_5	440.94	85.18
SiO_2	17.27	3.34
Al_2O_3	17.64	3.41
V_2O_5	0.98	0.19
MnO	6.43	1.24
MgO	6.82	1.32
CaO	1.96	0.38
FeO	24.7	4.78
灰分	0.929	0.18
(4) 钛渣损失	6.28	100.0
其中：Ti_3O_5	5.35	85.18
SiO_2	0.21	3.34
Al_2O_3	0.22	3.41
V_2O_5	0.01	0.19
MnO	0.08	1.24
MgO	0.08	1.32
CaO	0.02	0.38
FeO	0.30	4.78
灰分	0.011	0.18
(5) 粉尘	19.08	100.0
其中：SiO_2	1.28	6.7
TiO_2	12.65	66.4
MgO	0.1	0.5
FeO	3.96	20.7
Fe_2O_3	0.79	4.1
Al_2O_3	0.16	0.8
MnO	0.07	0.4
CaO	0.02	0.1
V_2O_5	0.05	0.3
(6) 炉气	361.27	100.0
其中：CO	277.63	75.1
H_2O	6.84	2.4
N_2	76.80	22.5
合　计	1241.82	

1h 应熔炼处理钛精矿的量为：

$$\frac{1000}{517.67}\times 5.21 = 10.064\text{t} = 10064\text{kg}$$

热收入项目：

（1）炉料进炉温度为常温 25℃（298K），带入物理热为 0；

（2）空气温度亦为 298K，带入物理热亦为 0；

（3）自焙电极燃烧放热量：

① 反应 $$C + \frac{1}{2}O_2 = CO \quad (1)$$

$\Delta H^{\ominus}_{f,298}$ (kcal/mol)　　0　　0　　-26.42

$$\Delta H^{\ominus}_{r,298} = \Delta H^{\ominus}_{f,298} = -26.42\text{kcal/mol} = \frac{-26.42\times 4.184\times 10^2}{12} = -9211.77\text{kJ/kg C}$$

② 反应 $$CH_4 + \frac{3}{2}O_2 = CO + 2H_2O(g) \quad (2)$$

$\Delta H^{\ominus}_{f,298}$ (kcal/mol)　　-17.88　　0　　-26.42　-57.95

$$\Delta H^{\ominus}_{r,298} = (-26.42 - 57.95\times 2) - (-17.88) = -124.44\text{kcal/mol}$$

$$= \frac{-124.44\times 4.184\times 10^3}{16} = -32541.06\text{kJ/kg } CH_4$$

处理 1t 钛精矿燃烧 CH_4（还原剂无烟煤中 3.15kg，电极中 2.20kg）5.35kg：

$$\Delta H^{\ominus}_{r,(2)} = \frac{5.35}{1000}\times 10064\times 32541.06 = 1752089\text{kJ/h}$$

热收入总计：

$$Q_{总收入} = 1165330 + 1752089 = 2917419\text{kJ/h}$$

热支出项目：

（1）各组分碳还原反应的吸热量。

③ 反应 $$TiO_2 + 2C = Ti + 2CO \quad (3)$$

$\Delta H^{\ominus}_{f,298}$ (kcal/mol)　　-223.00　　　　-26.42

$$\Delta H^{\ominus}_{r,298} = (-26.42\times 2) - (-223.00) = 170.16\text{kcal/mol}$$

$$= \frac{170.16\times 4.184\times 10^3}{79.9} = 8910.51\text{kJ/kg } TiO_2$$

1t 钛精矿中有 506 × 0.03 = 15.18kg TiO_2 被还原成金属 Ti，则小时吸热量：

$$\Delta H^{\ominus}_{r,(3)} = \frac{15.18}{1000}\times 10064\times 8910.51 = 1361272.16\text{kJ}$$

④ 反应 $$FeO + C = Fe + CO \quad (4)$$

$\Delta H^{\ominus}_{f,298}$ (kcal/mol)　　-65.02　　　　-26.42

$$\Delta H^{\ominus}_{r,298} = (-26.42) - (-65.02) = 38.6\text{kcal/mol}$$

$$= \frac{38.6\times 4.184\times 10^3}{71.85}$$

$$= 2247.77\text{kJ/kg FeO}$$

1000kg 钛精矿中有 362 ×0.92 =333.04kg FeO 被还原成金属 Fe，则小时吸热量：

$$\Delta H^{\ominus}_{r,(4)} = \frac{333.04}{1000} \times 10064 \times 2247.77 = 7533883.44\text{kJ}$$

⑤ 反应　　$Fe_2O_3 + 3C \xlongequal{} 2Fe + 3CO$　　(5)

$\Delta H^{\ominus}_{f,298}$(kcal/mol)　　−197.30　　−26.42

$$\Delta H^{\ominus}_{r,298} = (-26.42 \times 3) - (-197.30) = 118.04\text{kcal/mol}$$

$$= \frac{118.04 \times 4.184 \times 10^3}{159.7} = 3092.54\text{kJ/kg } Fe_2O_3$$

1000kg 钛精矿中有 79 ×0.99 =78.21kg Fe_2O_3 被还原成金属 Fe，则小时吸热量：

$$\Delta H^{\ominus}_{r,(5)} = \frac{78.21}{1000} \times 10064 \times 3092.54 = 2434155.06\text{kJ}$$

⑥ 反应　　$SiO_2 + 2C \xlongequal{} Si + 2CO$　　(6)

$\Delta H^{\ominus}_{f,298}$(kcal/mol)　　−217.70　　−26.42

$$\Delta H^{\ominus}_{r,298} = (-26.42 \times 2) - (-217.70) = 164.86\text{ kcal/mol}$$

$$= \frac{164.86 \times 4.184 \times 10^3}{60.1} = 11477.11\ \text{kJ/kg } SiO_2$$

1000kg 精矿中有 19 ×0.075 =1.425kg SiO_2 被还原成金属 Si，则小时吸热量：

$$\Delta H^{\ominus}_{r,(6)} = \frac{1.425}{1000} \times 10064 \times 11477.11 = 164695.53\text{kJ}$$

⑦ 反应　　$MnO + C \xlongequal{} Mn + CO$　　(7)

$\Delta H^{\ominus}_{f,298}$(kcal/mol)　　−92.00　　−26.42

$$\Delta H^{\ominus}_{r,298} = (-26.42) - (-92.20) = 65.58\text{kcal/mol}$$

$$= \frac{65.58 \times 4.184 \times 10^3}{70.94} = 3867.87\text{kJ/kg MnO}$$

1000kg 钛精矿中有 7 ×0.06 =0.42kg MnO 被还原成金属 Mn，则小时吸热量为：

$$\Delta H^{\ominus}_{r,(7)} = \frac{0.42}{1000} \times 10064 \times 3867.87 = 16349.02\text{kJ}$$

⑧ 反应　　$V_2O_5 + 5C \xlongequal{} 2V + 5CO$　　(8)

$\Delta H^{\ominus}_{f,298}$(kcal/mol)　　−372.30　　−26.42

$$\Delta H^{\ominus}_{r,298} = (-26.42 \times 5) - (-372.30) = 240.20\text{ kcal/mol}$$

$$= \frac{240.20 \times 4.184 \times 10^3}{181.88} = 5525.60\text{kJ/kg } V_2O_5$$

1000kg 钛精矿中有 2 ×0.48 =0.96kg V_2O_5 被还原成金属 V，则小时吸热量为：

$$\Delta H^{\ominus}_{r,(8)} = \frac{0.96}{1000} \times 10064 \times 5525.60 = 53385.25\text{kJ}$$

⑨ 反应　　$3TiO_2 + C \xlongequal{} Ti_3O_5 + CO$　　(9)

$\Delta H^{\ominus}_{f,298}$(kcal/mol)　　−223.00　　−587.75　−26.42

$$\Delta H^{\ominus}_{r,298} = (-26.42 - 587.75) - (-223.00 \times 3) = 54.83\text{kcal/mol}$$

$$= \frac{54.83 \times 4.184 \times 10^3}{3 \times 79.9} = 957.07\text{kJ/kg } TiO_2$$

1000kg 钛精矿中有 506 ×0.945 =478.17kg TiO_2 被还原成 Ti_3O_5，则小时吸热量为：

$$\Delta H^{\ominus}_{r,(9)} = \frac{478.17}{1000} \times 10064 \times 957.07 = 4605710.72\ \text{kJ}$$

另外，无烟煤的灰分中 SiO_2 有 4.53 ×0.75 =3.40 kg 被还原成 Si：

⑩ 反应 $SiO_2 + 2C = Si + 2CO$ (10)

$\Delta H^{\ominus}_{f,298}$(kcal/mol) −217.70 −26.42

$$\Delta H^{\ominus}_{r,298} = (-26.42 \times 2) - (-217.70) = 164.86\ \text{kcal/mol}$$

$$= \frac{164.86 \times 4.184 \times 10^3}{60.1} = 11477.11\text{kJ/kg } SiO_2$$

则小时吸热量：

$$\Delta H^{\ominus}_{r,(10)} = \frac{3.40}{1000} \times 10064 \times 11477.11 = 392719.16\ \text{kJ}$$

⑪ 由前面第⑤项计算知，Fe_2O_3 被 C 还原成 Fe 反应的

$$\Delta H^{\ominus}_{r,298} = 3092.54\text{kJ/kg } Fe_2O_3 \quad (11)$$

处理 1000kg 钛精矿时，灰分中有 3.53kg Fe_2O_3 被还原成金属 Fe，则小时吸热量：

$$\Delta H^{\ominus}_{r,(11)} = \frac{3.53}{1000} \times 10064 \times 3092.54 = 109865.33\text{kJ}$$

由于发生碳还原反应而吸收热量的总和：

$$Q_{还吸} = \sum_{i=3}^{11} \Delta H^{\ominus}_{r,(i)}$$

$$= 1361272.16 + 7533883.44 + 2434155.06 + 164695.53 + 16349.02 + 53385.25 + 4605710.72 + 392719.16 + 109865.33$$

$$= 16672035.67\text{kJ/h}$$

(2) 钛渣带走的物理热(出炉温度设为 2000K)。熔炼处理 1000kg 钛精矿生成的钛渣成分及焓值如下：

组分	质量/kg	$H^{\ominus}_{2000} - H^{\ominus}_{298}$/kcal · kmol^{-1}	$H^{\ominus}_{2000} - H^{\ominus}_{298}$/kJ · kg^{-1}	$\Delta H^{\ominus}_j$/kJ
Ti_3O_5	446.29	89223	1668.79	744764.29
SiO_2	17.48	28300	1970.17	34438.57
Al_2O_3	17.86	55538	2278.15	40687.76
V_2O_5	0.99	89224	2050.52	2030.01
MnO	6.51	22453	1324.26	8620.93
MgO	6.90	20601	2138.82	14757.86
CaO	1.98	21825	1630.64	3228.67
FeO	25.00	30364	1768.17	44204.25
合计	523.01			892732.34

1h 熔炼处理钛精矿量为 10064kg，则 1h 钛渣带走物理热为：

$$Q_{钛渣} = \frac{892732.34}{1000} \times 10064 = 8984458.27\text{kJ}$$

(3) 生铁及磁性部分带走的物理热(设出炉温度为 2000K)。熔炼处理 1000kg 钛精矿产生的生铁及磁性部分的成分及焓值如下：

组分	质量/kg	$H^{\ominus}_{2000}-H^{\ominus}_{298}$/kcal · kmol^{-1}	$H^{\ominus}_{2000}-H^{\ominus}_{298}$/kJ · kg^{-1}	$\Delta H^{\ominus}_{j}$/kJ
Fe	316.34	18953	1419.86	449158.51
Mn	0.32	20782	1582.67	506.45
Ti	9.10	18027	1574.63	14329.13
Si	2.26	22641	3371.17	7618.84
C	6.27	8428	2938.56	18424.77
V	0.54	13443	1104.15	596.24
合计	338.77			490633.94

1h 熔炼处理钛精矿 10064kg，则 1h 生铁及磁性部分带走物理热：

$$Q_{生铁}=\frac{490633.94}{1000}\times 10064=4937739.97\text{kJ}$$

（4）排出炉气带走的物理热（设气体出炉温度为 900K（627℃））。熔炼处理 1000kg 钛精矿产生的炉气组成及焓值如下：

组分	质量/kg	$H^{\ominus}_{900}-H^{\ominus}_{298}$/kcal · kmol^{-1}	$H^{\ominus}_{900}-H^{\ominus}_{298}$/kJ · kg^{-1}	$\Delta H^{\ominus}_{j}$/kJ
CO	277.63	4416	659.88	183202.48
H_2O	6.84	5258	1222.19	8359.78
N_2	76.80	4378	654.20	50242.56
合计	361.27			241804.82

1h 熔炼处理钛精矿 10064kg，因此 1h 炉气带走物理热：

$$Q_{炉气}=\frac{241804.82}{1000}\times 10064=2433523.71\text{kJ}$$

1h 熔炼产物带走物理热总和为：

$$Q_{物理}=8984458.27+4937739.97+2433523.71=16355722\ \text{kJ}$$

还原吸热：

$$Q_{还吸}=16672036\ \text{kJ/h}$$

$$Q_{总支出}=16672036+16355722=33027758\text{kJ/h}$$

总热收入：

$$Q_{总收入}=2917419\text{kJ/h}$$

这个差额要靠电能供热：

$$\Delta H=Q_{总支出}-Q_{总收入}=33027758-2917419=30110339\text{kJ/h}$$

上面计算结果是理论热平衡，实际生产中把加热设备本身及炉子散热量考虑进去，耗热量及电能耗量将更大。

2.7　相变过程热效应

相变热是一种基础热化学数据，许多纯物质在正常相变点时的相变热可从有关手册、著作中查到。相变热是温度和压力的函数，但由于压力的影响很小，可以略去不计，因此，相变热可视为只随温度的变化而变化。

设若单组元气—液相平衡的相变反应在温度 T_1 时的相变热为 ΔH_{T_1}

$$A_{(l)} \xrightarrow{\Delta H_{T_1}} A_{(g)}$$

根据状态函数法，可以导出其在 T_2 温度下的相变热 ΔH_{T_2}：

定积分式 $$\Delta H_{T_2} = \Delta H_{T_1} + \int_{T_1}^{T_2} (C_{p(g)} - C_{p(l)})\mathrm{d}T$$

不定积分式 $$\Delta H_T = \int \Delta C_p \mathrm{d}T + \Delta H_0 = \int (C_{p(g)} - C_{p(l)})\mathrm{d}T + \Delta H_0$$

式中，ΔH_0 为积分常数。

【例 2-14】 试推导出以下 5 种物质的摩尔汽化潜热 ΔH_B 与温度 T 的关系式：(1) $TiCl_4$；(2) $SiCl_4$；(3) $VOCl_3$；(4) Mg；(5) $MgCl_2$。

【解】 查本书附录Ⅶ得 $C_{p,m} = f(T)$ 公式中的系数：

物质	A	B	C	D	适用温度范围/K
$TiCl_4$(l)	34.127	2.082	−0.039		298 ~ 409
$TiCl_4$(g)	25.616	0.113	−2.522		298 ~ 2000
$SiCl_4$(l)	33.5				298 ~ 331
$SiCl_4$(g)	25.391	0.230	−3.529		298 ~ 2000
$VOCl_3$(l)	36				298 ~ 400
$VOCl_3$(g)	25.8		−2.0		298 ~ 1000
Mg(l)	7.6				923 ~ 1378
Mg(g)	4.968				298 ~ 2000
$MgCl_2$(l)	22.10				987 ~ 1691
$MgCl_2$(g)	13.771	0.073	−1.268		298 ~ 2000

$$C_{p,m} = A + B \times 10^{-3}T + C \times 10^5 T^{-2} + D \times 10^{-6}T^2,\ \mathrm{cal/(mol \cdot K)}$$

$$\Delta C_{p,m} = C_{p(g),m} - C_{p(l),m} = \Delta A + \Delta B \times 10^{-3}T + \Delta C \times 10^5 T^{-2},\ \mathrm{cal/(mol \cdot K)}$$

$$\begin{aligned}\Delta H_B &= \int \Delta C_{p,m}\mathrm{d}T + \Delta H_0 \\ &= \int (\Delta A + \Delta B \times 10^{-3}T + \Delta C \times 10^5 T^{-2})\mathrm{d}T + \Delta H_0 \\ &= \int \Delta A \mathrm{d}T + \int \Delta B \times 10^{-3} T\mathrm{d}T + \int \Delta C \times 10^5 T^{-2}\mathrm{d}T + \Delta H_0 \\ &= \Delta A T + \frac{\Delta B \times 10^{-3}}{2}T^2 + \Delta C \times 10^5\left(-\frac{1}{T}\right) + \Delta H_0 \\ &= \Delta A T + \frac{\Delta B}{2} \times 10^{-3}T^2 - \Delta C \times 10^5\ \frac{1}{T} + \Delta H_0\end{aligned}$$

式中，ΔH_0 为积分常数。因为各种物质在正常沸点下的蒸发潜热是容易从手册中查得的，代入上式便可求出积分常数 ΔH_0。

(1)对于 $TiCl_4$:

$$\Delta A = 25.616 - 34.127 = -8.511$$
$$\Delta B = 0.113 - 2.082 = -1.969$$
$$\Delta C = (-2.522) - (-0.039) = -2.483$$

因此，$\Delta H_{B,TiCl_4} = -8.511T + \left(-\frac{1.969}{2} \times 10^{-3}\right)T^2 - (-2.483 \times 10^5)\frac{1}{T} + \Delta H_0$

$$= -8.511T - 0.9845 \times 10^{-3}T^2 + 2.483 \times 10^5 \frac{1}{T} + \Delta H_0$$

$TiCl_4$ 在正常沸点 409K 时的摩尔汽化潜热 $\Delta H_B = 8550$cal/mol，代入上式：

$$8550 = -8.511 \times 409 - 0.9845 \times 10^{-3} \times 409^2 + 2.483 \times 10^5 \times \frac{1}{409} + \Delta H_0$$
$$= -3480.999 - 164.688 + 607.090 + \Delta H_0$$

$\Delta H_0 = 8550 + 3480.999 + 164.688 - 607.090 = 11588.597$

这样，$TiCl_4$ 的摩尔蒸发潜热与温度的关系式为：

$\Delta H_{B,TiCl_4} = 11588.597 - 8.511T - 0.9845 \times 10^{-3}T^2 + 2.483 \times 10^5 \frac{1}{T}$，cal/mol

(2)对于 $SiCl_4$:

$$\Delta A = 25.391 - 33.5 = -8.109$$
$$\Delta B = 0.230$$
$$\Delta C = -3.529$$

因此，$\Delta H_{B,SiCl_4} = -8.109T + \frac{0.230}{2} \times 10^{-3}T^2 - (-3.529) \times 10^5 T^{-1} + \Delta H_0$

$$= -8.109T + 0.115 \times 10^{-3}T^2 + 3.529 \times 10^5 T^{-1} + \Delta H_0$$

将 $SiCl_4$ 在正常沸点 $T_{B,SiCl_4} = 331$K 时的摩尔汽化潜热 $\Delta H_{B,SiCl_4} = 6800$cal/mol 代入上式，求得积分常数 ΔH_0:

$$6800 = -8.109 \times 331 + 0.115 \times 10^{-3} \times 331^2 + 3.529 \times 10^5 \times 331^{-1} + \Delta H_0$$
$$= -2684.079 + 12.600 + 1066.163 + \Delta H_0$$

$\Delta H_0 = 6800 + 2684.079 - 12.600 - 1066.163 = 8405.316$

这样，$SiCl_4$ 的摩尔蒸发潜热与温度的关系式为：

$\Delta H_{B,SiCl_4} = -8.109T + 0.115 \times 10^{-3}T^2 + 3.529 \times 10^5 T^{-1} + 8405.316$，cal/mol

(3) 对于 $VOCl_3$:

$$\Delta A = 25.8 - 36 = -10.2$$
$$\Delta B = 0$$
$$\Delta C = -2.0$$

因此，$\Delta H_{B,VOCl_3} = -10.2T - (-2.0 \times 10^5)T^{-1} + \Delta H_0 = -10.2T + 2.0 \times 10^5 T^{-1} + \Delta H_0$

$VOCl_3$ 在正常沸点 $T_{B,VOCl_3} = 400$K 时的摩尔汽化潜热 $\Delta H_{B,VOCl_3} = 8000$cal/mol 代入上式，求得积分常数 ΔH_0:

$$8000 = -10.2 \times 400 + 2.0 \times 10^5 \times 400^{-1} + \Delta H_0$$
$$= -4080 + 500 + \Delta H_0$$
$$\Delta H_0 = 11580$$

因此，$VOCl_3$ 的摩尔蒸发潜热与温度的关系式应为：

$$\Delta H_{B,VOCl_3} = -10.2T - (-2.0\times10^5)T^{-1} + 11580$$

$$= -10.2T + 2.0\times10^5T^{-1} + 11580,\ \text{cal/mol}$$

（4）对于 Mg：

$$\Delta A = 4.968 - 7.6 = -2.632$$

$$\Delta B = 0$$

$$\Delta C = 0$$

因此，$\Delta H_{B,Mg} = -2.632T + \Delta H_0$

Mg 在正常沸点 $T_{B,Mg} = 1378K$ 时的摩尔汽化潜热 $\Delta H_{B,Mg} = 30500cal/mol$ 代入上式：

$$30500 = -2.632\times1378 + \Delta H_0 = -3626.896 + \Delta H_0$$

积分常数：$\Delta H_0 = 30500 + 3626.896 = 34126.896$

因此，Mg 的摩尔蒸发潜热与温度的关系式为：

$$\Delta H_{B,Mg} = -2.362T + 34126.896,\ \text{cal/mol}$$

（5）对于 $MgCl_2$：

$$\Delta A = 13.771 - 22.10 = -8.329$$

$$\Delta B = 0.073$$

$$\Delta C = -1.268$$

因此，$\Delta H_{B,MgCl_2} = \Delta AT + \dfrac{\Delta B}{2}\times10^{-3}T^2 - \Delta C\times10^5T^{-1} + \Delta H_0$

$$= -8.329T + \frac{0.073}{2}\times10^{-3}T^2 - (-1.268\times10^5)T^{-1} + \Delta H_0$$

$$= -8.329T + 0.0365\times10^{-3}T^2 - (-1.268\times10^5)T^{-1} + \Delta H_0$$

将 $MgCl_2$ 在正常沸点 $T_{B,MgCl_2} = 1691K$ 时的摩尔蒸发潜热 $\Delta H_{B,MgCl_2} = 37340cal/mol$ 代入上式：

$$37340 = -8.329\times1691 + 0.0365\times10^{-3}\times1691^2 + 126800\times1691^{-1} + \Delta H_0$$

$$= -14083.339 + 104.371 + 74.985 + \Delta H_0$$

$$\Delta H_0 = 37340 + 14083.339 - 104.371 - 74.985 = 51243.983$$

因此，$MgCl_2$ 的摩尔蒸发潜热与温度的关系式应为：

$$\Delta H_{B,MgCl_2} = -8.329T + 0.0365\times10^{-3}T^2 + 1.268\times10^5T^{-1} + 51243.983,\ \text{cal/mol}$$

3　吉布斯自由能计算

第2章讨论了冶金过程中的热效应问题。它只说明，一个过程在某种条件下如果发生，则伴随该过程应吸收或放出多少热量。该过程在指定条件下是否真的能够发生，热效应计算不能做出判断。

由物系的熵变可判断过程的变化方向，但不方便。因为熵判据只适用于隔离体系。然而，一个实际的冶金过程多半是在恒温恒压条件下发生的，这种体系是一种封闭体系而非隔离体系。对于这种体系，若用熵判据判断其过程的方向性，则必须把与之紧密联系的环境熵变一起考虑在内作为隔离体系的熵变进行判断。这显然是不方便的。

实际上常用物质的吉布斯自由能变化来判断恒温恒压过程变化的方向性。所以，热力学分析的重要任务之一是吉布斯自由能计算。

影响过程吉布斯自由能变化的因素有：温度、浓度(或活度)、压力、添加剂。这些因素体现在 Van't Hoff 等温方程式中：

$$\Delta G = -RT\ln K_p + RT\ln Q_p = \Delta G^{\ominus} + RT\ln Q_p$$

或

$$= -RT\ln K_a + RT\ln Q_a = \Delta G^{\ominus} + RT\ln Q_a \qquad (3\text{-}1)$$

所以，计算反应在指定条件下的吉布斯自由能变化，首先必须知道反应的标准吉布斯自由能变化 $\Delta G^{\ominus}$。

$\Delta G^{\ominus}$是一个非常重要的热力学量，它在化学变化和物理变化中有着很重要的作用。除上述计算 ΔG 要用到它外，还有下面一些最常见的应用。

(1) 计算平衡常数：

$$\Delta G^{\ominus} = -RT\ln K^{\ominus} \qquad (3\text{-}2)$$

(2) 间接计算平衡常数。和某一反应的反应热 ΔH 可以通过其他已知反应的反应热来计算一样，某一反应的标准吉布斯自由能变化 $\Delta G^{\ominus}$，也可以通过其他已知反应的标准吉布斯自由能变化来计算，从而一反应的平衡常数也可通过其他已知反应的平衡常数来计算。

【例3-1】 已知：

$$2H_2O_{(g)} \xlongequal{} 2H_{2(g)} + O_{2(g)}$$

$$\Delta G^{\ominus}_{298(1)} = 109.3\text{kcal} = 457.31\text{kJ} \qquad (1)$$

$$CO_{2(g)} + H_{2(g)} \xlongequal{} H_2O_{(g)} + CO_{(g)} \qquad (2)$$

$$\Delta G^{\ominus}_{298(2)} = 6.8\text{kcal} = 28.45\text{kJ}$$

则(1) +2×(2)得：

$$2CO_{2(g)} \xlongequal{} 2CO_{(g)} + O_{2(g)} \qquad (3)$$

$$\Delta G^{\ominus}_{298(3)} = \Delta G^{\ominus}_{298(1)} + 2\Delta G^{\ominus}_{298(2)}$$

$$= 109.3 + 2 \times 6.8 = 122.9\text{kcal} = 514.21\text{kJ}$$

因为 $\Delta G^{\ominus}$ 和平衡常数是对数关系，$\Delta G^{\ominus}$ 相加就是平衡常数相乘。因为：

$$\begin{aligned} -RT\ln K_{p(3)} &= -RT\ln K_{p(1)} - 2RT\ln K_{p(2)} \\ &= -RT\ln K_{p(1)} - RT\ln K_{p(2)}^2 \end{aligned}$$

所以：

$$K_{p(3)} = K_{p(1)} K_{p(2)}^2$$

(3) 估计反应的可能性：大家知道，ΔG 是决定反应方向的热力学量，它是反应自发性的普遍适用的判据；而 $\Delta G^{\ominus}$ 是决定反应限度的热力学量，它不能普遍地用来判断反应的方向。

但在特殊情况下，即当 $\Delta G^{\ominus}$ 的绝对值很大时，它也可以用来判别反应的方向。因为在这种情况下要调节 Q_p 或 Q_a 的数值来改变 ΔG 的符号是难以办到的，因而 $\Delta G^{\ominus}$ 不仅代表了标准状态下反应的方向性，而且在绝对值很大的情况下也代表了在一般条件下反应的方向性。

那么，究竟 $\Delta G^{\ominus}$ 的数值负到多大，反应能自发进行，正到多大，反应就不能自发进行了呢？这没有一定的标准。一般说来，大约以 40kJ(约 10kcal) 为界限，即 $\Delta G^{\ominus} < 40$kJ(约 10kcal)时，反应可能自发进行；$\Delta G^{\ominus} > 40$kJ(约 10kcal)时，反应不能自发进行。应注意，这里只是说“大约”，不是一定如此。

这就是我们看到在冶金热力学中，对一些 $\Delta G^{\ominus}$ 绝对值很大的反应，常常用 $\Delta G^{\ominus}$，而没有用 ΔG 判断反应自发性的道理。

但要强调指出，在 $\Delta G^{\ominus}$ 绝对值不是很大时，就不能直接用来判别反应的方向，而必须用 ΔG，因为在这种情况下，可以通过 Q_p(或 Q_a)数值的调节，使反应向所希望的方向进行。

从以上的讨论可知，反应的标准吉布斯自由能变化 $\Delta G^{\ominus}$ 有很重要的意义。现在的问题是如何计算 $\Delta G^{\ominus}$。

一般求反应的 $\Delta G^{\ominus}$ 的方法有以下几种：

(1)通过测定反应的平衡常数来计算；

(2)用已知反应的 $\Delta G^{\ominus}$ 计算所研究反应的 $\Delta G^{\ominus}$，已如前述；

(3)通过电池反应的标准电动势 $E^{\ominus}$ 来计算：

$$\Delta G^{\ominus} = -nFE^{\ominus}$$

(4)通过反应的 $\Delta S^{\ominus}$、$\Delta H^{\ominus}$ 及 $\Delta G^{\ominus}_{f,298}$，用经典方法或自由焓函数法来计算。

这就是在本章所要讨论的重要内容。

3.1　纯物质的绝对熵及过程熵变的计算

计算物质的熵和过程熵变的方法有几种，如：由 C_p 值来计算物质的熵、利用原电池电动势计算电池反应的熵变、利用反应的平衡常数计算反应的熵变等。在海绵钛冶金中最常用的方法是由 C_p 计算熵和熵变。

对于一个化学反应，从 298K 至某一温度 T，如参与反应的物质没有发生相变化，则其熵变按式 3-3 计算：

$$\Delta S_T^{\ominus} = \Delta S_{298}^{\ominus} + \int_{298}^{T} \frac{\Delta C_p}{T} \mathrm{d}T \tag{3-3}$$

如在 298 ~ T(K)温度范围内，反应物和产物有相变发生，则其熵按式 3-4 计算：

$$\Delta S_T^{\ominus} = \Delta S_{298}^{\ominus} + \int_{298}^{T_1} \frac{\Delta C_{p_1}}{T} dT + \frac{\Delta H_1}{T_1} + \int_{T_1}^{T_2} \frac{\Delta C_{p_2}}{T} dT + \frac{\Delta H_2}{T_2} + \int_{T_2}^{T_3} \frac{\Delta C_{p_3}}{T} dT$$

$$+ \cdots + \frac{\Delta H_{i-1}}{T_{i-1}} + \int_{T_{i-1}}^{T} \frac{C_{pi}}{T} dT \tag{3-4}$$

式中　T_1，…，T_{i-1}——表示参加反应物质的相变温度。

ΔH_1，…，ΔH_{i-1}——表示物质在各个相变点时的相变热，产物取正号，反应物取负号。

【例 3-2】　在电炉中熔炼钛渣时，钛铁精矿中的 SiO_2 部分地被还原成单质金属硅进入半钢中。试计算反应 $SiO_2 + 2C_{(s)} = Si + 2CO_{(g)}$ 的摩尔熵变。

【解】　从本书附录Ⅵ中查得参与反应各物质在 298K 时的标准摩尔熵如下：

物　　质	CO	Si	C	SiO_2
298K 时的标准摩尔熵 $S_{298}^{\ominus}$/cal·(mol·K)$^{-1}$	47.21	4.50	1.37	9.91
298K 时的标准摩尔熵 $S_{298}^{\ominus}$/J·(mol·K)$^{-1}$	197.527	18.828	5.732	41.463

物质的摩尔定压热容 $C_{p,i,m}$(J/(mol·K))：

$$C_{p,CO_{(g)},m} = 26.54 + 7.68 \times 10^{-3} T - 0.46 \times 10^5 T^{-2} (298 \sim 2500K)$$

$$C_{p,Si_{(s)},m} = 23.225 + 3.68 \times 10^{-3} T - 3.80 \times 10^5 T^{-2} (298 \sim 1685K)$$

$$C_{p,Si_{(l)},m} = 25.066 (1685 \sim 1873K)$$

$$C_{p,C_{(s)},m} = 17.15 + 4.27 \times 10^{-3} T - 8.79 \times 10^5 T^{-2} (298 \sim 2300K)$$

$$C_{p,SiO_{2(\alpha\text{-石英})},m} = 46.94 + 34.31 \times 10^{-3} T - 11.30 \times 10^5 T^{-2} (298 \sim 848K)$$

$$C_{p,SiO_{2(\beta\text{-石英})},m} = 58.91 + 10.04 \times 10^{-3} T (848 \sim 1746K)$$

(1) $SiO_{2(\alpha\text{-石英})} \longrightarrow SiO_{2(\beta\text{-石英})}$ 的晶型转变温度为 848K，反应：

$$SiO_{2(\alpha\text{-石英})} + 2C = Si_{(s)} + 2CO_{(g)} \tag{1}$$

$$\Delta S_{298}^{\ominus} = (2S_{298,CO}^{\ominus} + S_{298,Si}^{\ominus}) - (2S_{298,C}^{\ominus} + S_{298,SiO_{2(\alpha\text{-石英})}}^{\ominus})$$

$$= (2 \times 197.527 + 18.828) - (2 \times 5.732 + 41.463) = 360.941 J/(mol \cdot K)$$

$$\Delta C_{p,m} = (2C_{p,CO,m} + C_{p,Si(s),m}) - (2C_{p,C,m} + C_{p,SiO_2(\alpha\text{-石英}),m})$$

$$= -4.935 - 23.81 \times 10^{-3} T + 24.16 \times 10^5 T^{-2}, \ J/(mol \cdot K) (298 \sim 848K)$$

$$\Delta S_{848}^{\ominus} = \Delta S_{298}^{\ominus} + \int_{298}^{848} \frac{\Delta C_{p,m}}{T} dT$$

$$= 360.941 + \int_{298}^{848} (-4.935 - 23.81 \times 10^{-3} T + 24.16 \times 10^5 T^{-2}) \frac{dT}{T}$$

$$= 360.941 - 6.335 = 354.606 J/(mol \cdot K)$$

(2)在 848K 时 SiO_2 发生 α-石英⟶β-石英的晶型转变的摩尔相变熵：

$$SiO_2(\alpha) \longrightarrow SiO_2(\beta)$$

24.83　　　25.03 cal/(mol·K)

$$\Delta S^{\ominus}_{\alpha\to\beta,SiO_2}=25.03-24.83=0.2\text{cal/(mol·K)}=0.8368\text{J/(mol·K)} \quad (2)$$

反应式(1) - 反应式(2) = 反应式(3)：

$$SiO_{2(\beta\text{-石英})}+2C_{(s)}=\!=\!=Si_{(s)}+2CO_{(g)} \quad (3)$$

因此，反应(3)在 848K 时的摩尔熵变为：

$354.606-0.8368=353.769\text{J/(mol·K)}$

而 $\Delta C_{p,m}=(2C_{p,CO,m}+C_{p,Si,m})-(2C_{p,C,m}+C_{p,SiO_2(\beta\text{-石英}),m})$

$=-16.905+0.46\times10^{-3}T+12.86\times10^{5}T^{-2}$，J/(mol·K) (848 ~ 1685K)

于是：

$$\Delta S^{\ominus}_{1685}=353.769+\int_{848}^{1685}(-16.905+0.46\times{}^{-3}T+12.86\times10^{5}T^{-2})\frac{dT}{T}$$

$=353.769-10.61=343.159\text{J/(mol·K)}$

即反应 $SiO_{2(\beta\text{-石英})}+2C_{(s)}=Si_{(s)}+2CO_{(g)}$ 在 1685K 时的摩尔熵变为 343.159J/(mol·K)。

(3) 在 1685K 时，$Si_{(s)}\longrightarrow Si_{(l)}$ (4)

14.76 21.88 cal/(mol·K)

其摩尔熔化熵为：

$\Delta S^{\ominus}_{M}=21.88-14.76=7.12\text{cal/(mol·K)}\times4.184=29.79\text{J/(mol·K)}$

因为反应式(3) + 反应式(4) = 反应式(5)：

$$SiO_{2(\beta\text{-石英})}+2C_{(s)}=\!=\!=Si_{(l)}+2CO_{(g)} \quad (5)$$

所以反应(5)在 1685K 时的摩尔熵变为：

$343.159+29.79=372.95\text{J/(mol·K)}$

而 $\Delta C_{p,m}=(2C_{p,CO,m}+C_{p,Si(l),m})-(2C_{p,C,m}+C_{p,SiO_2(\beta\text{-石英}),m})$

$=-15.064-3.22\times10^{-3}T+16.66\times10^{5}T^{-2}$，J/(mol·K)(1685 ~ 1746K)

于是：

$$\Delta S^{\ominus}_{1746}=372.95+\int_{1685}^{1746}(-15.064-3.22\times10^{-3}T+16.66\times10^{5}T^{-2})\frac{dT}{T}$$

$=372.95-2.131=370.819\text{J/(mol·K)}$

(4) 在 1746K 时，β-石英发生晶型转变，β-石英⟶β-白硅石，其摩尔相变熵为：

β-石英⟶β-白硅石 (6)

$\Delta S^{\ominus}_{\beta\text{-石英}\to\beta\text{-白硅石}}=3.56\text{J/(mol·K)}$

因此，反应式(5) - 反应式(6) = 反应式(7)：

$$SiO_{2(\beta\text{-白硅石})}+2C_{(s)}=\!=\!=Si_{(l)}+2CO_{(g)} \quad (7)$$

此反应在 1746K 时的摩尔熵变为：

$370.819-3.56=367.259\text{J/(mol·K)}$

而 $\Delta C_{p,m}=(2C_{p,CO,m}+C_{p,Si(l),m})-(2C_{p,C,m}+C_{p,SiO_2(\beta\text{-白硅石}),m})$

$=-21.38-2.22\times10^{-3}T+54.18\times10^{5}T^{-2}$，J/(mol·K)(1746 ~ 1990K)

$$\Delta S^{\ominus}_{1990}=367.259+\int_{1746}^{1990}(-21.38-2.22\times10^{-3}T+54.18\times10^{5}T^{-2})\frac{dT}{T}$$

$=367.259-1.639=365.62\text{J/(mol·K)}$

3.2　化合物标准生成吉布斯自由能及化学反应的标准吉布斯自由能变化

3.2.1　应用反应热效应计算法(不定积分法)

利用这个方法求化合物的标准生成吉布斯自由能 $\Delta G_f^\ominus$ 或化学反应的标准吉布斯自由能变化 $\Delta G^\ominus$，必须已知下列数据：

(1) 反应物及产物的 $C_p = f(T)$；

(2) 一个温度的 $\Delta H^\ominus$ 及一个温度的 $\Delta G^\ominus$；或两个温度的 $\Delta G^\ominus$；或参加反应各物质的 $\Delta H_{f,298}^\ominus$ 和 $\Delta G_{f,298}^\ominus$。

根据吉布斯-亥姆霍兹(Gibbs-Helmholtz)方程式：

$$\Delta H^\ominus = \Delta G^\ominus + T\Delta S^\ominus = \Delta G^\ominus - T\left(\frac{\partial \Delta G^\ominus}{\partial T}\right)_p$$

两端乘以 $-\frac{1}{T^2}$，并移项：

$$-\frac{\Delta G^\ominus}{T^2} + \frac{1}{T}\left(\frac{\partial \Delta G^\ominus}{\partial T}\right)_p = -\frac{\Delta H^\ominus}{T^2}$$

于是得：

$$\left[\frac{\partial\left(\frac{\Delta G^\ominus}{T}\right)}{\partial T}\right]_p = -\frac{\Delta H^\ominus}{T^2}$$

由于压力的影响可以忽略不计，因此可写成微分式：

$$\frac{d}{dT}\left(\frac{\Delta G^\ominus}{T}\right) = -\frac{\Delta H^\ominus}{T^2} \qquad (3\text{-}5)$$

将式 2-27：

$$\Delta H_T^\ominus = \Delta H_0 + \Delta aT + \frac{\Delta b}{2}T^2 + \frac{\Delta c}{3}T^3 - \Delta c'T^{-1}$$

代入式 3-5，作不定积分，得：

$$\Delta G_T^\ominus = \Delta H_0 - \Delta aT\ln T - \frac{\Delta b}{2}T^2 - \frac{\Delta c}{6}T^3 - \frac{\Delta c'}{2}T^{-1} + IT \qquad (3\text{-}6)$$

【例 3-3】 用吉布斯-亥姆霍兹经典方程式 $\Delta G_T^\ominus = \Delta H_T^\ominus - T\Delta S_T^\ominus$ 和摩尔吉布斯自由能法计算 $MgCl_{2(l)} \xlongequal{720℃} Mg_{(l)} + Cl_{2(g)}$ 电解反应的 $\Delta G_T^\ominus$ 值，并做比较。

【解】 镁电解反应：

$$MgCl_{2(l)} \xlongequal[993K]{720℃} Mg_{(l)} + Cl_{2(g)}$$

(1) 用 $\Delta G_{993}^\ominus = \Delta H_{993}^\ominus - 993\Delta S_{993}^\ominus$ 公式计算。

在[例 2-9]中，已计算得 $\Delta H_{993}^\ominus = 596689J/mol\ MgCl_2$，查表并用内插法求得：

$$S_{993,Mg}^\ominus = 18.19cal/(mol \cdot K)$$

$$S_{993,Cl_2}^\ominus = 63.60cal/(mol \cdot K)$$

$$S_{993,MgCl_2}^\ominus = 54.53cal/(mol \cdot K)$$

于是：$\Delta S_{993}^\ominus = (18.19 + 63.60) - 54.53 = 27.26cal/(mol \cdot K) \times 4.184 = 114.056J/(mol \cdot K)$

$$\Delta G_{993}^{\ominus}=\Delta H_{993}^{\ominus}-993\Delta S_{993}^{\ominus}=596689-993\times114.056$$
$$=483431.392\text{J/mol}=483.43\text{kJ/mol MgCl}_2$$

(2)查表(本书附录Ⅶ)并用插值法求得各物质的摩尔吉布斯自由能值:

$$G_{\text{Mg}}^{\ominus}(993)=-11.147\ \text{kcal/mol}$$
$$G_{\text{Cl}_2}^{\ominus}(993)=-57.167\ \text{kcal/mol}$$
$$G_{\text{MgCl}_2}^{\ominus}(993)=-183.840\ \text{kcal/mol}$$

因此,

$$\Delta G_{993}^{\ominus}=(-11.147-57.167)-(-183.840)$$
$$=115.526\text{kcal/mol}\times4.184=483.36\text{kJ/mol MgCl}_2$$

两种方法的结果完全一致。$\Delta G_{993}^{\ominus}$为正值，说明 $MgCl_2$ 不能自发分解成 Mg 和 Cl_2，必须消耗外功即电能，才能使之分解得 Mg 和 Cl_2。

【例 3-4】 计算 Ti 和 O_2 在 1000K(727℃)时生成 TiO_2(金红石型)的标准摩尔吉布斯自由能。

【解】查得反应: $Ti_{(s)}+O_{2(g)}=\!=\!=TiO_{2(s,金红石)}$

	$Ti_{(s)}$	$O_{2(g)}$	$TiO_{2(s,金红石)}$
$\Delta H_{f,298}^{\ominus}$(kcal/mol)	0	0	−225.80
$S_{298}^{\ominus}$(cal/mol)	7.325	49.005	12.03

$$C_{p,\text{TiO}_2,\text{m}}=15.023+2.715\times10^{-3}T-2.380\times10^{5}T^{-2}\ (298\sim2143\text{K})$$
$$C_{p,\text{Ti},\text{m}}=5.296+2.458\times10^{-3}T\ (298\sim1155\text{K})$$
$$C_{p,\text{O}_2,\text{m}}=7.16+1.00\times10^{-3}T-0.40\times10^{5}T^{-2}\ (298\sim3000\text{K})$$

于是,

$$\Delta C_{p,\text{m}}=C_{p,\text{TiO}_2,\text{m}}-C_{p,\text{Ti},\text{m}}-C_{p,\text{O}_2,\text{m}}$$
$$=\underset{\Delta a_0}{\underline{2.567}}+\underset{\Delta a_1}{\underline{(-0.743)\times10^{-3}}}T+\underset{\Delta a_{-2}}{\underline{(-1.98)\times10^{5}}}T^{-2},\ \text{cal/(mol·K)}$$

$$\Delta H_{298}^{\ominus}=\Delta H_{f,298,\text{TiO}_2}^{\ominus}=-225800\text{cal/mol}$$
$$\Delta S_{298}^{\ominus}=S_{298,\text{TiO}_2}^{\ominus}-S_{298,\text{Ti}}^{\ominus}-S_{298,\text{O}_2}^{\ominus}=12.03-7.325-49.005=-44.3\text{cal/(mol·K)}$$
$$\Delta G_{298}^{\ominus}=\Delta H_{298}^{\ominus}-298\Delta S_{298}^{\ominus}=-225800-298\times(-44.3)=-212599\text{cal/mol}$$

$$\Delta H_T^{\ominus}=\Delta H_0+\Delta a_0T+\frac{\Delta a_1}{2}T^2-\Delta a_{-2}T^{-1}$$
$$=\Delta H_0+2.567T+\left(\frac{-0.743}{2}\right)\times10^{-3}T^2-(-1.98)\times10^{5}T^{-1}$$
$$=\Delta H_0+2.567T-0.3715\times10^{-3}T^2+1.98\times10^{5}T^{-1}$$

将 $T=298$K 时 $\Delta H_{298}^{\ominus}=-225800$ 代入上式，求出积分常数:

$$\Delta H_0=227196.406$$

这样:

$$\Delta G_T^{\ominus}=\Delta H_0-\Delta a_0T\ln T-\frac{\Delta a_1}{2}T^2-\frac{\Delta a_{-2}}{2}T^{-1}+IT$$
$$=-227196.406-2.567T\ln T-\left(\frac{-0.743}{2}\right)\times10^{-3}T^2-\left(\frac{-1.98}{2}\right)\times10^{5}T^{-1}+IT$$

将 $\Delta G_{298}^{\ominus} = -212599$ 代入上式，求出积分常数 I：

$$I = 62.384$$

因此：

$$\Delta G_T^{\ominus} = -227196.406 - 2.567T\ln T + 0.3715\times10^{-3}T^2 + 0.99\times10^5T^{-2} + 62.384T$$

在 $T = 1000\text{K}$ 时，

$$\begin{aligned}\Delta G_T^{\ominus} &= -227196.406 - 2.567\times1000\ln1000 + 0.3715\times10^{-3}\times1000^2 \\ &\quad + 0.99\times10^5\times(1000)^{-1} + 62.384\times1000 \\ &= -227196.406 - 17732.208 + 371.5 + 99 + 62384 \\ &= -182074.114\text{cal/mol} = -182.074\text{kcal/mol} = -761.798\text{kJ/mol}\end{aligned}$$

【例 3-5】 计算说明 TiO_2 为什么不能直接氯化。

【解】 没有还原剂 C 存在时，TiO_2 直接氯化的反应为：

	$TiO_{2(s)}$	+ $2Cl_{2(g)}$ ═══	$TiCl_{4(g)}$	+ $O_{2(g)}$
$\Delta H_{f,298}^{\ominus}$(kcal/mol)	−225.80	0	−182.40	0
$S_{298}^{\ominus}$(cal/(mol·K))	12.03	53.30	84.80	49.00

$$C_{p,TiO_2,m} = 15.02 + 2.71\times10^{-3}T - 2.83\times10^5T^{-2}\ (298\sim2143\text{K})$$

$$C_{p,Cl_2,m} = 8.82 + 0.06\times10^{-3}T - 0.68\times10^5T^{-2}\ (298\sim3000\text{K})$$

$$C_{p,TiCl_4,m} = 25.61 + 0.11\times10^{-3}T - 2.52\times10^5T^{-2}\ (298\sim2000\text{K})$$

$$C_{p,O_2,m} = 7.16 + 1.00\times10^{-3}T - 0.40\times10^5T^{-2}\ (298\sim3000\text{K})$$

于是：

$$\begin{aligned}\Delta H_{298}^{\ominus} &= \Delta H_{f,298,TiCl_4}^{\ominus} - \Delta H_{f,298,TiO_2}^{\ominus} = -182.40 - (-225.80) \\ &= 43.40\text{kcal/mol} = 43400\text{cal/mol}\end{aligned}$$

$$\begin{aligned}\Delta S_{298}^{\ominus} &= S_{298,TiCl_4}^{\ominus} + S_{298,O_2}^{\ominus} - S_{298,TiO_2}^{\ominus} - 2S_{298,Cl_2}^{\ominus} \\ &= 84.80 + 49.00 - 12.03 - 2\times53.30 = 15.17\text{cal/(mol·K)}\end{aligned}$$

$$\Delta G_{298}^{\ominus} = \Delta H_{298}^{\ominus} - 298\Delta S_{298}^{\ominus} = 43400 - 298\times15.17 = 38879.34\text{cal/mol}$$

$$\begin{aligned}\Delta C_{p,m} &= (C_{p,TiCl_4,m} + C_{p,O_2,m}) - (C_{p,TiO_2,m} + 2C_{p,Cl_2,m}) \\ &= \underbrace{0.11}_{\Delta a_0} - \underbrace{1.72\times10^{-3}}_{\Delta a_1}T + \underbrace{0.82\times10^5}_{\Delta a_{-2}}T^{-2}\end{aligned}$$

$$\begin{aligned}\Delta H_T^{\ominus} &= \Delta H_0 + \Delta a_0T + \frac{\Delta a_1}{2}T^2 - \Delta a_{-2}T^{-1} \\ &= \Delta H_0 + 0.11T + \frac{(-1.72)}{2}\times10^{-3}T^2 - 0.82\times10^5T^{-1}\end{aligned}$$

将 $T = 298\text{K}$ 和 $\Delta H_{298}^{\ominus} = 43400$ 代入上式，求出积分常数：

$$\Delta H_0 = 43718.76$$

这样：

$$\begin{aligned}\Delta G_T^{\ominus} &= \Delta H_0 - \Delta a_0T\ln T - \frac{\Delta a_1}{2}T^2 - \frac{\Delta a_{-2}}{2}T^{-1} + IT \\ &= 43718.76 - 0.11T\ln T - \frac{(-1.72)}{2}\times10^{-3}T^2 - \frac{0.82}{2}\times10^5T^{-1} + IT \\ &= 43718.76 - 0.11T\ln T + 0.86\times10^{-3}T^2 - 0.41\times10^5T^{-1} + IT\end{aligned}$$

将 $T=298\text{K}$ 和 $\Delta G_{298}^{\ominus}=38879.34$ 代入上式，求得积分常数：

$$I=-15.41$$

因此：

$$\Delta G_T^{\ominus}=43718.76-0.11T\ln T+0.86\times10^{-3}T^2-0.41\times10^5T^{-1}-15.41T$$

通常氯化反应在 800～900℃下进行。现设 $T=850℃(1123\text{K})$，则：

$$\begin{aligned}\Delta G_{1123}^{\ominus}&=43718.76-0.11\times1123\times\ln1123+0.86\times10^{-3}\times1123^2-0.41\\&\quad\times10^5\times1123^{-1}-15.41\times1123\\&=43718.76-867.645+1084.57-36.509-17305.43\\&=26593.747\text{cal/mol}=26.6\text{kcal/mol}=111.3\text{kJ/mol}\end{aligned}$$

因为在 850℃温度下，$\Delta G_{1123}^{\ominus}$ 为正值，而且远大于 40kJ/mol（约 10kcal/mol），因此，不论在标准状态下或非标准状态下，氯化反应都难以进行，要使氯化反应能够进行，必须在还原剂碳存在下进行氯化反应。

3.2.2 应用反应熵和热效应计算法（定积分法）

3.2.2.1 参加反应的物质无相变化的情况

利用此法，需知下列原始数据：

（1）化合物的 $\Delta H_{\text{f},298}^{\ominus}$；

（2）反应物及产物在 25℃时的标准熵 $S_{298}^{\ominus}$；

（3）反应物及产物的摩尔定压热容 $C_{p,\text{m}}=f(T)$。

根据基尔戈夫（Kirchhoff）公式：

$$\frac{\text{d}\Delta H_T^{\ominus}}{\text{d}T}=\Delta C_p$$

得

$$\Delta H_T^{\ominus}=\Delta H_{298}^{\ominus}+\int_{298}^{T}\Delta C_p\text{d}T$$

同样由

$$\frac{\text{d}\Delta S_T^{\ominus}}{\text{d}T}=\frac{\Delta C_p}{T}$$

得

$$\Delta S_T^{\ominus}=\Delta S_{298}^{\ominus}+\int_{298}^{T}\frac{\Delta C_p}{T}\text{d}T$$

$$\Delta G_T^{\ominus}=\Delta H_T^{\ominus}-T\Delta S_T^{\ominus}=\Delta H_{298}^{\ominus}-T\Delta S_{298}^{\ominus}+\int_{298}^{T}\Delta C_p\text{d}T-T\int_{298}^{T}\frac{\Delta C_p}{T}\text{d}T \tag{3-7}$$

将 $\Delta C_p=\Delta a+\Delta bT+\Delta cT^2+\Delta c'T^{-2}$ 代入式 3-7 中积分，即可得 $\Delta G_T^{\ominus}$ 与 T 的关系式。

文献中常用分部积分法将式 3-7 改写为如下两式的形式：

$$\Delta G_T^{\ominus}=\Delta H_{298}^{\ominus}-T\Delta S_{298}^{\ominus}-T\int_{298}^{T}\frac{\text{d}T}{T^2}\int_{298}^{T}\Delta C_p\text{d}T \tag{3-8}$$

或

$$\Delta G_T^{\ominus}=\Delta H_{298}^{\ominus}-T\Delta S_{298}^{\ominus}-\int_{298}^{T}\frac{\Delta C_p}{T}\text{d}T \tag{3-9}$$

3.2.2.2 相变的影响

式 3-7～式 3-9 只适用于参加反应的物质不发生相变化的情况。如果参加反应的物质在所研究的温度范围内有相变发生，就应考虑它们的相变热和相变熵。

由于相变前后的物态或相态发生了变化，它们的热容温度关系式也就不相同，因此要分段计算反应中物质在各温度段的 ΔC_p。首先根据式 2-28 及式 3-10 分别计算相应的 $\Delta H_T^\ominus$ 及 $\Delta S_T^\ominus$：

$$\Delta H_T^\ominus = \Delta H_{298}^\ominus + \int_{298}^{T_{tr}} \Delta C_p \mathrm{d}T + \left[\left(\sum \Delta H_{tr}^\ominus \right)_{产物} - \left(\sum \Delta H_{tr}^\ominus \right)_{反应物} \right] + \int_{T_{tr}}^{T_M} \Delta C'_p \mathrm{d}T + \left[\left(\sum \Delta H_M^\ominus \right)_{产物} - \left(\sum \Delta H_M^\ominus \right)_{反应物} \right] + \int_{T_M}^{T_B} \Delta C''_p \mathrm{d}T + \left[\left(\sum \Delta H_B^\ominus \right)_{产物} - \left(\sum \Delta H_B^\ominus \right)_{反应物} \right] + \int_{T_B}^{T} \Delta C'''_p \mathrm{d}T$$

$$\Delta S_T^\ominus = \Delta S_{298}^\ominus + \int_{298}^{T_{tr}} \frac{\Delta C_p}{T} \mathrm{d}T + \left[\left(\sum \frac{\Delta H_{tr}^\ominus}{T_{tr}} \right)_{产物} - \left(\sum \frac{\Delta H_{tr}^\ominus}{T_{tr}} \right)_{反应物} \right] + \int_{T_{tr}}^{T_M} \frac{\Delta C'_p}{T} \mathrm{d}T + \left[\sum \frac{\Delta H_M^\ominus}{T_M} \right)_{产物} - \left(\sum \frac{\Delta H_M^\ominus}{T_M} \right)_{反应物} \right] + \int_{T_M}^{T_B} \frac{\Delta C''_p}{T} \mathrm{d}T + \left[\left(\sum \frac{\Delta H_B^\ominus}{T_B} \right)_{产物} - \left(\sum \frac{\Delta H_B^\ominus}{T_B} \right)_{反应物} \right] + \int_{T_B}^{T} \frac{\Delta C'''_p}{T} \mathrm{d}T \quad (3\text{-}10)$$

然后根据吉布斯-亥姆霍兹方程式求 $\Delta G_T^\ominus$：

$$\Delta G_T^\ominus = \Delta H_T^\ominus - T\Delta S_T^\ominus \quad (3\text{-}11)$$

或者直接由式 3-12 计算 $\Delta G_T^\ominus$：

$$\Delta G_T^\ominus = \Delta H_{298}^\ominus + \int_{298}^{T_{tr}} \Delta C_p \mathrm{d}T \pm \Delta H_{tr}^\ominus + \int_{T_{tr}}^{T_M} \Delta C'_p \mathrm{d}T \pm \Delta H_M^\ominus + \int_{T_M}^{T_B} \Delta C''_p \mathrm{d}T \pm H_B^\ominus + \int_{T_B}^{T} \Delta C'''_p \mathrm{d}T - T(S_{298}^\ominus + \int_{298}^{T_{tr}} \frac{\Delta C_p}{T} \mathrm{d}T \pm \frac{\Delta H_{tr}^\ominus}{T_{tr}} + \int_{T_{tr}}^{T_M} \frac{\Delta C'_p}{T} \mathrm{d}T \pm \frac{\Delta H_M^\ominus}{T_M} + \int_{T_M}^{T_B} \frac{\Delta C''_p}{T} \mathrm{d}T \pm \frac{\Delta H_B^\ominus}{T_B} + \int \frac{\Delta C'''_p}{T} \mathrm{d}T) \quad (3\text{-}12)$$

对于生成物，式中相变焓和相变熵取正号；对于反应物，相变焓和相变熵取负号。

3.2.2.3　捷姆金-师华兹曼(Темкин-Шварцман)速算法

从前面的讨论可以看出，用式 3-7 ~ 式 3-12 计算反应的 $\Delta G_T^\ominus$ 时，需要进行烦琐的积分运算，颇为费时。在 1948 年，莫斯科大学 Темкин 和 Шварцман 教授提出了利用分部积分法将式 3-7 加以简化，以便能用查表法进行计算的方法，简称 Темкин-Шварцман 速算法。

由式 3-7：

$$\Delta G_T^\ominus = \Delta H_{298}^\ominus - T\Delta S_{298}^\ominus + \int_{298}^{T} \Delta C_p \mathrm{d}T - T\int_{298}^{T} \frac{\Delta C_p}{T} \mathrm{d}T$$

后两项可做如下简化：

$$\int \Delta C_p \mathrm{d}T - T\int \frac{\Delta C_p}{T} \mathrm{d}T = -T\left(-\frac{1}{T}\int \Delta C_p \mathrm{d}T + \int \frac{\Delta C_p}{T} \mathrm{d}T \right)$$

利用高等数学中的分部积分法公式：

$$\int u \mathrm{d}v = uv - \int v \mathrm{d}u$$

令 $u=\int \Delta C_p \mathrm{d}T$，则 $\mathrm{d}u=\Delta C_p \mathrm{d}T$；

令 $v=-\frac{1}{T}$,则 $\mathrm{d}v=\frac{1}{T^2}\mathrm{d}T$。于是：

$$\int \Delta C_p \mathrm{d}T - T\int \frac{\Delta C_p}{T}\mathrm{d}T = -T\frac{[-\frac{1}{T}}{(V)}\frac{\int \Delta C_p \mathrm{d}T}{(u)} - \frac{\int\left(-\frac{1}{T}\right)}{(V)}\frac{\Delta C_p \mathrm{d}T]}{(\mathrm{d}u)}$$

$$= -T\int \frac{(\int \Delta C_p \mathrm{d}T)}{(u)}\frac{\left(\frac{\mathrm{d}T}{T^2}\right)}{(\mathrm{d}v)} = -T\int \frac{\int \Delta C_p \mathrm{d}T}{T^2}\mathrm{d}T = -T\int \frac{\mathrm{d}T}{T^2}\int \Delta C_p \mathrm{d}T$$

故
$$\Delta G_T^{\ominus} = \Delta H_{298}^{\ominus} - T\Delta S_{298}^{\ominus} - T\int_{298}^{T}\frac{\mathrm{d}T}{T^2}\int_{298}^{T}\Delta C_p \mathrm{d}T$$

这就是前面的式 3-8。

代入
$$\Delta C_p = \Delta a_0 + \Delta a_1 T + \Delta a_2 T^2 + \Delta a_{-2}T^{-2}$$

则：

$$\Delta G_T^{\ominus} = \Delta H_{298}^{\ominus} - T\Delta S_{298}^{\ominus} - T\left(\int_{298}^{T}\frac{\mathrm{d}T}{T^2}\int_{298}^{T}\Delta a_0 \mathrm{d}T + \int_{298}^{T}\frac{\mathrm{d}T}{T^2}\int_{298}^{T}\Delta a_1 T\mathrm{d}T + \int_{298}^{T}\frac{\mathrm{d}T}{T^2}\int_{298}^{T}\Delta a_2 T^2\mathrm{d}T + \int_{298}^{T}\frac{\mathrm{d}T}{T^2}\int_{298}^{T}\Delta a_{-2}T^{-2}\mathrm{d}T\right)$$

式中
$$\int_{298}^{T}\frac{\mathrm{d}T}{T^2}\int_{298}^{T}\Delta a_0 \mathrm{d}T = \Delta a_0\left(\ln\frac{T}{298}+\frac{298}{T}-1\right)$$

$$\int_{298}^{T}\frac{\mathrm{d}T}{T^2}\int_{298}^{T}\Delta a_1 T\mathrm{d}T = \Delta a_1\frac{(T-298)^2}{2T}$$

$$\int_{298}^{T}\frac{\mathrm{d}T}{T^2}\int_{298}^{T}\Delta a_2 T^2\mathrm{d}T = \Delta a_2\left(\frac{T^2}{6}+\frac{298^2}{3T}-\frac{298^2}{2}\right)$$

$$\int_{298}^{T}\frac{\mathrm{d}T}{T^2}\int_{298}^{T}\Delta a_{-2}T^{-2}\mathrm{d}T = \Delta a_{-2}\frac{\left(\frac{1}{298}-\frac{1}{T}\right)^2}{2}$$

用 M_0、M_1、M_2 及 M_{-2} 分别代表上列诸函数。

即
$$M_0 = \ln\frac{T}{298}+\frac{298}{T}-1$$

$$M_1 = \frac{1}{2T}(T-298)^2$$

$$M_2 = \frac{T^2}{6}+\frac{298^3}{3T}-\frac{298^2}{2}$$

$$M_{-2} = \frac{1}{2}\left(\frac{1}{298}-\frac{1}{T}\right)^2$$

于是：

$$\Delta G_T^{\ominus} = \Delta H_{298}^{\ominus} - T\Delta S_{298}^{\ominus} - T(\Delta a_0 M_0 + \Delta a_1 M_1 + \Delta a_2 M_2 + \Delta a_{-2}M_{-2}) \quad (3\text{-}13)$$

显然，M_0、M_1、M_2、M_{-2}都只是温度的函数，可由表查出值(见表 3-1)或直接计算。

如反应所在的温度范围内物质有相变发生，或式 3-13 可改写为：

$$\Delta G_T^{\ominus} = \Delta H_{298}^{\ominus} \pm \sum_{j=1}^{n}\Delta H_{相}^{\ominus} - T\left(\Delta S_{298}^{\ominus} \pm \sum_{j=1}^{n}\frac{\Delta H_{相}^{\ominus}}{T_{相}} + \sum_{i=1}^{-2}\Delta a_i M_i + \sum_{i=1}^{-2}\sum_{j=1}^{n}\Delta b_{ij}\Delta M_{ij}\right) \quad (3\text{-}14)$$

式中　Δa_i——298K 到第一相变温度反应的 $\Delta C_p = f(T)$ 式中各项的系数；

Δb_{ij}——相变温度之间反应的 $\Delta C_p = f(T)$ 式中各项的系数；

M_i——298K 到第一相变温度的 M 值；

ΔM_{ij}——相邻两相变温度之间及最后相变温度到指定温度的 M 之差；$\Delta M_{ij} = M_{ij} - M_{ij-1}$，因为在这种计算中，积分下限都是 298K，后一温度的 M 已将前一相邻相变温度的 M 计算在内了，所以要依次加以扣除；

n——相变次数。

Темкин-Шварцман 公式在前苏联文献中用得较多。其优点是避免了麻烦的积分运算，而只需进行简单的代数运算就行了。用式 3-13 计算无相变的反应过程，这个优点比较明显，但用式 3-14 计算有相变的过程时，这个优点并不十分突出。

表 3-1　Темкин-Шварцман 方程式中的系数 M_0、M_1、M_2 和 M_{-2}

T/K	M_0	$M_1 \times 10^{-3}$	$M_2 \times 10^{-6}$	$M_{-2} \times 10^5$
300	0.0000	0.0000	0.0000	0.0000
400	0.0392	0.0130	0.0043	0.0364
500	0.1133	0.0407	0.0149	0.0916
600	0.1962	0.0759	0.0303	0.1423
700	0.2794	0.1153	0.0498	0.1853
800	0.3579	0.1574	0.0733	0.2213
900	0.4361	0.2012	0.1004	0.2521
1000	0.5088	0.2463	0.1134	0.2183
1100	0.5765	0.2922	0.1652	0.2988
1200	0.6410	0.3389	0.2029	0.3176
1300	0.7019	0.3860	0.2440	0.3340
1400	0.7595	0.4336	0.2886	0.3484
1500	0.8144	0.4814	0.3362	0.3610
1600	0.8665	0.5296	0.3877	0.3723
1700	0.9162	0.5780	0.4424	0.3824
1800	0.9635	0.6265	0.5005	0.3915
1900	1.0090	0.6752	0.5619	0.3998
2000	1.0520	0.7240	0.6265	0.4072
2100	1.0940	0.7730	0.6948	0.4140
2200	1.1340	0.8220	0.7662	0.4203
2300	1.1730	0.8711	0.8411	0.4260
2400	1.2108	0.9203	0.9192	0.4313
2500	1.2460	0.9696	1.0008	0.4363

【例 3-6】　试按熵法全项式及 Темкин-Шварцман 公式计算 Ti 和 O_2 在 1000K(727℃)下生成 TiO_2(金红石型)的标准吉布斯自由能变化。

【解】 反应 $Ti_{(s)} + O_{2(g)} = TiO_{2(s,金红石)}$

$\Delta H^{\ominus}_{f,298}$ (kcal/mol) 0 0 −225.80

$S^{\ominus}_{298}$ (cal/(mol·K)) 7.325 49.005 12.03

$$C_{p,TiO_2,m} = 15.023 + 2.715 \times 10^{-3}T - 2.380 \times 10^5 T^{-2} (298 \sim 2143K)$$

$$C_{p,Ti,m} = 5.296 + 2.458 \times 10^{-3}T (298 \sim 1155K)$$

$$C_{p,O_2,m} = 7.16 + 1.00 \times 10^{-3}T - 0.40 \times 10^5 T^{-2} (298 \sim 3000K)$$

这样，

$$\Delta C_{p,m} = \underbrace{2.567}_{\Delta a_0} + \underbrace{(-0.743 \times 10^{-3})}_{\Delta a_1} T + \underbrace{(-1.98 \times 10^5)}_{\Delta a_{-2}} T^{-2}, \quad cal/(mol \cdot K)$$

$\Delta H^{\ominus}_{298} = -225800cal/mol$；$\Delta S^{\ominus}_{298} = 12.03 - 7.325 - 49.005 = -44.3cal/(mol \cdot K)$

（1）按熵法全项式计算：

$$\Delta H^{\ominus}_{1000} = \Delta H^{\ominus}_{298} + \int_{298}^{1000} \Delta C_{p,m} dT$$

$$= -225800 + \int_{298}^{1000} 2.567 dT + \int_{298}^{1000} (-0.743 \times 10^{-3}) T dT + \int_{298}^{1000} (-1.98 \times 10^5) T^{-2} dT$$

$$= -225800 + 2.567 \times (1000 - 298) - \frac{0.743 \times 10^{-3}}{2} \times (1000^2 - 298^2)$$

$$+ 1.98 \times 10^5 \times \left(\frac{298 - 1000}{1000 \times 298}\right)$$

$$= -225800 + 1802.034 - 338.509 - 466.430$$

$$= -224802.905cal/mol = -224.802kcal/mol = -940.575kJ/mol$$

又 $\Delta S^{\ominus}_{1000} = \Delta S^{\ominus}_{298} + \int_{298}^{1000} \frac{\Delta C_{p,m}}{T} dT$

$$= -44.3 + \int_{298}^{1000} (2.567T^{-1} - 0.743 \times 10^{-3}T - 1.98 \times 10^5 T^{-3}) dT$$

$$= -44.3 + 2.567 \times (\ln 1000 - \ln 298) - 0.743 \times 10^{-3}$$

$$\times (1000 - 298) + \frac{1.98 \times 10^5}{2} \times \left(\frac{1}{1000^2} - \frac{1}{298^2}\right)$$

$$= -44.3 + 3.108 - 0.522 - 1.016 = 42.73cal/(mol \cdot K)$$

于是，$\Delta G^{\ominus}_{1000} = \Delta H^{\ominus}_{1000} - 1000\Delta S^{\ominus}_{1000} = -224802.905 - 1000(-42.73)$

$$= -182072.905cal/mol = -182.073kcal/mol = -761.789kJ/mol$$

计算结果与[例 3-4]完全一致。

(2)下面再用 Темкин 公式计算：

从上面计算，已知 $\Delta H^{\ominus}_{298} = -225800cal/mol$，$\Delta S^{\ominus}_{298} = -44.3cal/(mol \cdot K)$；$\Delta a_0 = 2.567$，$\Delta a_1 = -0.743 \times 10^{-3}$，$\Delta a_{-2} = -1.98 \times 10^5$，这样：

$$M_0 = \ln\frac{T}{298} + \frac{298}{T} - 1 = \ln\frac{1000}{298} + \frac{298}{1000} - 1 = 1.21 + 0.298 - 1 = 0.508$$

$$M_1 = \frac{(T - 298)^2}{2T} = \frac{(1000 - 298)^2}{2 \times 1000} = 246.402$$

$$M_{-2}=\frac{(T-298)^2}{2\times298^2T^2}=\frac{(1000-298)^2}{2\times298^2\times1000^2}=2.775\times10^{-6}$$

于是，$\Delta G_T^{\ominus}=\Delta H_{298}^{\ominus}-T\Delta S_{298}^{\ominus}-T(\Delta a_0M_0+\Delta a_1M_1+\Delta a_{-2}M_{-2})$

$$\begin{aligned}&=-225800-1000\times(-44.3)-1000\times(2.567\times0.508-0.743\times10^{-3}\\&\quad\times246.402-1.98\times10^5\times2.775\times10^{-6})\\&=-225800+44300-1000\times(1.304-0.183-0.549)\\&=-225800+44300-572\\&=-182072\text{cal/mol}=-182.072\text{kcal/mol}=-761.79\text{kJ/mol}\end{aligned}$$

计算结果与[例3-4]吻合。

3.2.2.4 熵法近似计算法

A Yних(Ulich)熵法第一近似式

当 $\Delta C_p=0$ 时，$\Delta H_T^{\ominus}=\Delta H_{298}^{\ominus}=$常数，$\Delta S_T^{\ominus}=\Delta S_{298}^{\ominus}=$常数，因而有：

$$\Delta G_T^{\ominus}=\Delta H_{298}^{\ominus}-T\Delta S_{298}^{\ominus}\tag{3-15a}$$

在有相变情况下，应用式3-15b：

$$\Delta G_T^{\ominus}=\Delta H_{298}^{\ominus}\pm\sum_{j=1}^{n}\Delta H_{\text{相}}^{\ominus}-T\left(\Delta S_{298}^{\ominus}\pm\sum_{j=1}^{n}\frac{\Delta H_{\text{相}}^{\ominus}}{T}\right)\tag{3-15b}$$

B Yних(Ulich)熵法第二近似式

当 $\Delta C_p=$常数时，有：

$$\Delta G_T^{\ominus}=\Delta H_{298}^{\ominus}-T\Delta S_{298}^{\ominus}-\Delta a_0T\left(\ln\frac{T}{298}+\frac{298}{T}-1\right)$$

此时 Δa_0 可近似用 $\Delta C_{p,298}$代替，于是：

$$\Delta G_T^{\ominus}=\Delta H_{298}^{\ominus}-T\Delta S_{298}^{\ominus}-\Delta C_{p,298}T\left(\ln\frac{T}{298}+\frac{298}{T}-1\right)\tag{3-16}$$

当反应的 $\Delta H_{298}^{\ominus}$绝对值不很大时，式3-15和式3-16计算值与 $\Delta G_T^{\ominus}$ 真实值间误差较大。但由于它们计算迅速，有时用来粗略估计反应的 $\Delta G_T^{\ominus}$。如果反应的 $\Delta H_{298}^{\ominus}$绝对值很大时，用近似式计算 $\Delta G_T^{\ominus}$ 的误差不会太大。

例如，前面[例3-4]现按式3-15计算：

$$\begin{aligned}\Delta G_{1000}^{\ominus}&=\Delta H_{298}^{\ominus}-T\Delta S_{298}^{\ominus}=-225800-1000\times(-44.3)\\&=-181500\text{cal/mol}=-759.4\text{kJ/mol}\end{aligned}$$

与真实值间的误差：

$$\frac{(-761.79)-(-759.4)}{-761.79}\times100\%=0.31\%$$

如按式3-16计算：

$$\begin{aligned}\Delta G_{1000}^{\ominus}&=\Delta H_{298}^{\ominus}-T\Delta S_{298}^{\ominus}-\Delta a_0T\left(\ln\frac{T}{298}+\frac{298}{T}-1\right)\\&=-181500-2.567\times1000\times0.508\\&=-181500-1304.036=-182804.036\text{cal/mol}\\&=-182.804\text{kcal/mol}=-764.852\text{kJ/mol}\end{aligned}$$

与真实值间的误差：

$$\frac{(-761.79)-(-764.852)}{-761.79}\times 100\% = -0.4\%$$

3.2.3 由平衡常数 K 求反应的标准吉布斯自由能变化

任何一个化学反应都有一个 $\Delta G_T^{\ominus}$ 和 T 的关系式。在一定温度下，此反应的 $\Delta G_T^{\ominus}$ 有一定值。由于该数值与该反应在该温度下达到平衡时的平衡常数 K 有联系，即 $\Delta G_T^{\ominus} = -RT\ln K$，只要知道了反应的 $\Delta G_T^{\ominus}$ 值，就可以计算此反应的平衡常数，既然 K 是代表一个反应进行的限度，所以 $\Delta G^{\ominus}$ 也是决定反应限度的热力学量。

这就提供了一个方法，即可以利用某反应在几个温度下测定的平衡常数 K 求该反应的 $\Delta G_T^{\ominus}$ 与 T 的关系式。

【例 3-7】 在有碳参与的还原反应（如钛渣熔炼、钛渣的氯化）中，布多尔反应起着重要作用。对于布氏反应：

$$C_{(s)} + CO_2 = 2CO$$

可在不同温度下测定其平衡常数 K，其结果如下：

700℃（973K）　　$K = 0.8445$

800℃（1073K）　　$K = 6.04$

900℃（1173K）　　$K = 30.9$

试求该反应的 $\Delta G_T^{\ominus}$。

【解】 在许多情况下，$\lg K$ 与 $\frac{1}{T}$ 呈直线关系：

$$\lg K = \frac{A}{T} + B$$

式中，A 和 B 为两个待求的常数。

将有关数据代入，得：

$$-0.0734 = \frac{A}{973} + B \quad (1)$$

$$0.781 = \frac{A}{1073} + B \quad (2)$$

$$1.49 = \frac{A}{1173} + B \quad (3)$$

简化后，得：

$$-71.4 = A + 973B \quad (4)$$

$$837 = A + 1073B \quad (5)$$

$$1750 = A + 1173B \quad (6)$$

由式(4) - 式(5)得：$B = 9.08$，$A = -8906$

由式(5) - 式(6)得：$B = 9.13$，$A = -8959$

计算平均值，得：$B = 9.10$，$A = -8932$，所以

$$\lg K = -\frac{8932}{T} + 9.10$$

$$\Delta G_T^{\ominus} = -4.575T\left(-\frac{8932}{T} + 9.10\right) = 40860 - 41.63T$$

如果测定的数据较多，可用回归分析方法求出 lg$K$ 对$\frac{1}{T}$的关系式，再求出 $\Delta G_T^{\ominus}$ 与 T 的关系式。

3.2.4　由电化学反应的标准电动势求反应的标准吉布斯自由能变化

根据热力学推导：

$$\Delta G^{\ominus} = -nFE^{\ominus} \tag{3-17}$$

式中　n——电化学反应中传递的电子数目；

$E^{\ominus}$——电化学反应的标准电动势；

F——法拉第常数，96500J/V 或 23061cal/V。

根据测定的电池反应的 $E^{\ominus}$，可通过式 3－17 求反应的 $\Delta G^{\ominus}$。

3.2.5　自由焓函数法求化学反应的标准吉布斯自由能变化

在前述各种求反应标准吉布斯自由能的方法中，Темкин-Шварцман 速算式3-13比较简便。但该式有一定局限性，它只适用于在参加反应的物质不发生相变的情况下使用比较方便；速算式 3-14 可用于参加反应的物质有相变的情形，但使用起来仍不够方便。熵法第一和第二近似式虽简捷但不准确，只能用作粗略估计。定积分法和不定积分法导出的多项式准确但不简便。那么，有没有更简单而又准确且不受相变过程限制的计算反应标准吉布斯自由能变化的方法呢？回答是：有。这就是本节所要讨论的“自由焓函数法”和以后将要讨论的“摩尔自由焓”法以及由多项式简化成的二项式求标准吉布斯自由能变化法。

为了寻求准确而简便的标准吉布斯自由能计算方法，1955 年 Margrave 提出了自由焓函数的概念。1956 年 Stull 和 Sinke 在其著作中提供了 92 种元素的自由焓函数。1960 年在 Я. И. Герасимов 等人的热力学著作中出现了若干物质的 Φ' 函数和摩尔相对焓 $H_T^{\ominus} - H_{298}^{\ominus}$ 数据表。近年来，国内一些物理化学教科书和热力学著作及冶金原理教材中都对此法有较简单的介绍。1977 年以来叶大伦在几篇文章中竭力推荐此种计算方法，并于 1981 年出版了《实用无机物热力学数据手册》，收集了一千多种纯物质的热化学数据，并按物质自由焓函数法的需要计算了各种物质在不同温度下的自由焓函数值 Φ_T'。

物质的自由焓函数定义为：

$$\Phi'_T = -\frac{(G_T^{\ominus} + H_{298}^{\ominus})}{T} = -\left(\frac{H_T^{\ominus} - H_{298}^{\ominus}}{T}\right) + S_T^{\ominus}$$

“自由焓函数法”计算反应标准吉布斯自由能的公式为：

$$R\ln K = \Delta\Phi'_T - \frac{\Delta H_{298}^{\ominus}}{T} \tag{3-18}$$

$$\Delta G_T^{\ominus} = -RT\ln K = \Delta H_{298}^{\ominus} - T\Delta\Phi'_T \tag{3-19}$$

式中，i，j 分别代表反应物和产物；$\Delta\Phi'_T = \sum(\nu_j\Phi'_{T,j}) - \sum(\nu_i\Phi'_{T,i})$。

这个计算方法的优点在于不需要知道物质的热容，同时也不用知道与相变有关的能量变化，因为在表列纯物质的 Φ'_T值时，已将它们包括进去了。计算方法简单，而其结果与经典计算方法同样准确。

从前面的公式可以看出，Φ'_T和$\Delta\Phi'_T$都是温度的函数，通常它们在不包含相变的温度段内随温度的变化而缓慢变化。因为按式 3-19 计算反应的标准自由焓变化时，查出某温度下参加反应各物质的 Φ'_T，从而计算出该温度下的 $\Delta\Phi'_T$值，只能计算该温度下相应的一个 $\Delta G_T^{\ominus}$ 值。如需列出反应标准吉布斯自由能变化的近似方程，则可在适用温度段内取缓慢变化的反应自由焓函数的算术平均值 $\Delta\Phi'_{T,平}$，代入式 3-19，即可得到 $\Delta G_T^{\ominus}=A+BT$，在此二项式中，$B=-\Delta\Phi'_{T,平}$，$A=\Delta H_{298}^{\ominus}$。如 $\Delta\Phi'_{T,平}$是所在温度段内 10 个以上 $\Delta\Phi'_T$数值的平均值，则所得近似方程还是相当准确的：

$$\Delta G_T^{\ominus}=A+BT=\Delta H_{298}^{\ominus}-\Delta\Phi'_{T,平}T \tag{3-20}$$

另外，也可通过回归分析的方法求出更为准确的二项式。

【例 3-8】 试用自由焓函数法（Φ'_T函数法）计算 Ti 和 O_2 在 1000K 时生成 TiO_2（金红石型）的标准吉布斯自由能变化。

【解】

反应	$Ti_{(s)}$ +	$O_{2(g)}$ ══	$TiO_{2(s,金红石)}$
$\Delta H_{f,298}^{\ominus}$(kcal/mol)	0	0	−225.80
Φ'_{1000}(cal/(mol·K))	10.62	52.81	19.68

这样：

$$\Delta H_{298}^{\ominus}=\Delta H_{f,298}^{\ominus}=-225800\text{cal/mol}$$

$$\Delta\Phi'_{1000}=\Phi'_{1000,TiO_2}-\Phi'_{1000,Ti}-\Phi'_{1000,O_2}=19.68-10.62-52.81=-43.75\text{cal/(mol·K)}$$

因此：

$$\begin{aligned}\Delta G_{1000}^{\ominus}&=\Delta H_{298}^{\ominus}-T\Delta\Phi'_{1000}=-225800-1000\times(-43.75)\\&=-182050\text{cal/mol}=-182.05\text{kcal/mol}=-761.70\text{kJ/mol}\end{aligned}$$

计算结果与前面[例 3-4]和[例 3-6]完全相同。而此法十分简便快捷。

3.2.6 由纯物质的摩尔吉布斯自由能 $G_i^{\ominus}(T)$ 计算反应的标准吉布斯自由能变化 $\Delta G_T^{\ominus}$

在第 2 章中，介绍了纯物质 i 摩尔焓 $H_i^{\ominus}(T)$ 的概念，并用以计算反应的标准热效应。这里，再介绍一下关于摩尔绝对熵 $S_i^{\ominus}(T)$ 和摩尔吉布斯自由能 $G_i^{\ominus}(T)$ 的概念。

摩尔绝对熵与摩尔焓之间存在下列关系：

$$\mathrm{d}S_i^{\ominus}(T)=\frac{\mathrm{d}H_i^{\ominus}(T)}{T} \tag{3-21}$$

将 $\mathrm{d}H_i^{\ominus}(T)=C_{p,i,\mathrm{m}}\mathrm{d}T$ 代入式 3-21，并积分：

$$S_i^{\ominus}(T)=S_{i,298}^{\ominus}+\int_{298}^{T}\frac{C_{p,i,\mathrm{m}}}{T}\mathrm{d}T \tag{3-22a}$$

若有相变发生，需考虑相变熵：

$$S_i^{\ominus}(T)=S_{i,298}^{\ominus}+\int_{298}^{T}\frac{C_{p,i,\mathrm{m}}}{T}\mathrm{d}T+\sum\frac{\Delta H_{\mathrm{tr},i}}{T_{\mathrm{tr}}} \tag{3-22b}$$

显然，在 298K 时，第二项以后各项为零，其摩尔绝对熵也就是标准熵。

由式 3-21 或式 3-22a 和式 3-22b 算出纯物质的摩尔焓 $H_i^{\ominus}(T)$ 和摩尔绝对熵 $S_i^{\ominus}(T)$ 之后，可按式 3-23 计算纯物质的摩尔吉布斯自由能 $G_i^{\ominus}(T)$：

$$G_i^{\ominus}(T)=H_i^{\ominus}(T)-TS_i^{\ominus}(T) \tag{3-23}$$

文献[9]数据表中 $G_i^{\ominus}(T)$ 值就是按式 3-23 算出的。要注意，对元素来讲，在 298K 时，虽然摩尔焓 $H_i^{\ominus}(298)=0$，但摩尔绝对熵(即标准熵) $S_i^{\ominus}(298)\neq 0$，因此，$G_i^{\ominus}(298)\neq 0$。对化合物来说，虽然在 298K 时，$H_i^{\ominus}(298)=\Delta H_{f,i}^{\ominus}$，但因为 $S_i^{\ominus}(298)$ 只是该化合物的标准熵，而不是生成该化合物的化学反应熵，所以，文献数据表中 298K 时的摩尔吉布斯自由能 $G_i(298)$ 并不是该化合物在 298K 时的标准生成吉布斯自由能，即化合物的 $G_i^{\ominus}(298)\neq \Delta G_{f,i}^{\ominus}(298)$。

有了纯物质的摩尔吉布斯自由能 $G_i^{\ominus}(T)$，对无溶液参与的纯物质化学反应的标准吉布斯自由能 $\Delta G_T^{\ominus}$ 便可按式 3-24 计算：

$$\Delta G_T^{\ominus} = \sum [n_i G_i^{\ominus}(T)]_{产物} - \sum [n_i G_i^{\ominus}(T)]_{反应物} \tag{3-24}$$

这样，就把复杂的积分计算化为简单的四则运算，简单而迅速。

3.2.7　由 $\Delta G_T^{\ominus}=f(T)$ 的多项式求二项式

从前面的讨论中可以看出，用经典热力学方法计算出来的任何反应的 $\Delta G_T^{\ominus}=f(T)$ 关系式皆为多项式，这种多项式使用起来有诸多不便，比较复杂而麻烦。人们喜欢采用 $\Delta G_T^{\ominus}=f(T)$ 的二项式，特别是在计算“最低还原温度”或“氧化转化温度”时，用二项式显得更为方便。又在“自由焓函数法”求反应的 $\Delta G_T^{\ominus}=f(T)$ 二项式时，以及测定 K_p 取得若干个温度下的实验值后，要整理出 $\lg K_p=\frac{A}{T}+B$ 形式的二项式时，都有一个求二项式的问题。

$\Delta G_T^{\ominus}=f(T)$ 的项数虽然较多，但如果将多项式的计算结果作图，得出的 $\Delta G_T^{\ominus}$-T 关系曲线几乎是一条直线。这种直线化的现象表明 $G_T^{\ominus}$ 的复杂函数关系可用简单的二项式代替：

$$\Delta G_T^{\ominus}=\alpha+\beta T$$

式中，α 和 β 分别为二项式的常数项和系数。

为了确定 α 和 β，要用数理统计的最小二乘法回归分析进行计算，计算公式如下：

$$y=\alpha+\beta x \tag{3-25}$$

根据回归分析的推导，得到：

$$\beta=\frac{\sum[(x-\bar{x})(y-\bar{y})]}{\sum(x-\bar{x})^2} \tag{3-26}$$

$$\alpha=\bar{y}-\beta\bar{x} \tag{3-27}$$

式中，$\bar{x}$，$\bar{y}$ 分别为 x、y 的平均值。

相关系数 r 为：

$$r=\frac{\sum[(x-\bar{x})(y-\bar{y})]}{\sqrt{\sum(x-\bar{x})^2\sum(y-\bar{y})^2}} \tag{3-28}$$

【例 3-9】　利用后面[例 3－11]中反应式 3-Ⅱ：

$$FeO\cdot TiO_2+C = Fe+TiO_2+CO$$

在不同温度下的 $\Delta G_T^{\ominus}$ 值求 $\Delta G_T^{\ominus}=f(T)$ 关系的二项式。

【解】　用回归分析法处理数据，设 x 代表 T，y 代表 $\Delta G_T^{\ominus}$。将有关数据列在表3-2 中。

表 3-2 对反应式 3-Ⅱ进行回归分析的有关数据

$x(T)$	$x-\bar{x}$	$y(\Delta G_T^{\ominus})$	$y-\bar{y}$	$(x-\bar{x})^2$	$(x-\bar{x})(y-\bar{y})$	$(y-\bar{y})^2$
1000	-500	30.547	75.651	250000	-37825.5	5723.074
1200	-300	-1.188	43.916	90000	-13174.8	1928.615
1400	-100	-32.698	12.406	10000	-1240.6	153.909
1600	100	-63.714	-18.61	10000	-1861.0	346.332
1800	300	-91.425	-46.321	90000	-13896.3	2145.635
2000	500	-112.148	-67.044	250000	-33522.0	4494.898
$\sum x=9000$		$\sum y=-270.626$			$\sum[(x-\bar{x})(y-\bar{y})]$ $=-101520.2$	$\sum(y-\bar{y})^2$ $=14792.463$
$\bar{x}=1500$		$\bar{y}=-45.104$		$\sum(x-\bar{x})^2=700000$		

将表 3-2 中有关数据代入式 3-26 和式 3-27，得：

$$\beta=\frac{\sum[(x-\bar{x})(y-\bar{y})]}{\sum(x-\bar{x})^2}=\frac{-101520.2}{700000}=-0.145$$

$$\alpha=\bar{y}-\beta\bar{x}=-45.104-(-0.145)\times1500=172.396$$

所求二项式为：

$$\Delta G_T^{\ominus}=172.396-0.145T,\mathrm{kJ/mol}$$

相关系数：

$$\gamma=\frac{\sum[(x-\bar{x})(y-\bar{y})]}{\sqrt{\sum(x-\bar{x})^2\sum(y-\bar{y})^2}}=\frac{-101520.2}{\sqrt{700000\times14792.463}}=\frac{-101520.2}{101758.1648}=-0.998$$

3.3 非标准状态下的吉布斯自由能计算——Van't Hoff 等温方程式及其应用

前面几节讨论了各种过程的标准吉布斯自由能计算，化合物生成吉布斯自由能和纯物质间化学反应的标准吉布斯自由能计算。在许多情况下，冶金反应常常不是在标准状态下进行的，就是说固、液体不是纯物质，气体不是 101325Pa(1 个大气压)。这时候的吉布斯自由能变化就不是标准吉布斯自由能变化，而必须进行压力或活度的校正，也就是说，非标准状态下的吉布斯自由能计算应当用 Van't Hoff 等温方程式：

$$\Delta G=\Delta G_T^{\ominus}+RT\ln Q_p$$

或

$$=\Delta G_T^{\ominus}+RT\ln Q_a$$

这个方程式使用非常广泛，在学习"冶金原理"时经常用它来分析冶金过程，这是大家都很熟悉的。例如，"最低还原温度"和"氧化转化温度"的讨论，就是通过控制和改变温度来影响反应的方向性。海绵钛生产中，还原产物的真空蒸馏乃是通过改变压力来改变反应的方向性；钛物料的加碳氯化就是通过添加剂碳来改变反应的方向；有人研究用碳还原 Al_2O_3 和 TiO_2，使生成 Al-Ti 合金，而后从合金中分离金属铝和钛，就是通过改变活度来影响反应方向性的问题，所有这些过程都可以通过等温方程式进行热力学分析，并指导生产和科研实践。

需要强调的是，在用化学反应等温式来判断化学反应进行的方向时，严格地说，在计算 ΔG 时，假设反应体系的起始浓度保持不变(如 Van't Hoff 平衡箱)，ΔG 才会保持定值，这就要求这个反应体系是一个无限大量的体系，使在其中进行了一个单位的化学反应之后，整个体系的状态(加各物质的浓度或分压)基本上保持不变。这样的体系实际上是存在的，如大气中的O_2、N_2、CO_2可认为是无限大量的体系，在反应中可认为它们的分压力不变。又如，对一个连续操作的流动体系而言，像高钛渣的氯化，炉内氯气在不断消耗，而同时又从炉底不断通入氯气，实际上就构成了一个 Van't Hoff 平衡箱。再如，矿石的浸出反应，如果少量矿石用大量浸出剂在搅拌槽中间歇操作，或矿石与浸出剂连续逆流浸出，也可认为过程中浸出剂浓度维持不变。从而整个反应过程中Q_p(或Q_a)基本上保持恒定，因此，ΔG就不随时间变更，因而始终保持着较大的推动力。

然而，对于有限量的体系来说，随着反应的进行，体系的分压或浓度将发生变化，从而Q_p(或Q_a)也就随时间变化。欲知每个时刻的推动力ΔG，就需根据过程中每个时刻的压力或浓度进行计算。否则，ΔG的含义只是从体系始态中计算得来的热力学量，作为判断体系处在起始状态时的反应倾向，并不代表反应真正进行过程中始、终态之间吉氏函数的增量，这是需要明确的。

3.4　关于冶金还原反应的热力学限制步骤

在冶金和化学反应中，人们习惯于动力学上的速度控制步骤。其实，在一些冶金还原反应中，也有一个热力学限制步骤问题。有的著作由于对此问题疏忽，因而在确定还原反应的热力学条件时得出了错误的结论。本节拟对金属氧化物还原反应的热力学限制步骤这一问题进行讨论。

3.4.1　热力学原理

大家知道，许多金属由于具有变价特性，往往有几种价态，相应的便有几种氧化物，有的还会形成金属-氧[Me(O)]固溶体(或高温液熔体)。如铁就有Fe_2O_3、Fe_3O_4、FeO、Fe(O)固溶体等；铌有Nb_2O_5、NbO_2、NbO、Nb(O)固溶体等；钛则有TiO_2、Ti_3O_5、Ti_2O_3、TiO、α-Ti(O)、β-Ti(O)固溶体等。

按照巴依科夫(Байков)顺序转变原则，变价元素的氧化及其氧化物的脱氧是逐级进行的。比如钛：

$$Ti \leftrightarrows \beta-Ti(O) \leftrightarrows \alpha-Ti(O) \leftrightarrows TiO \leftrightarrows Ti_2O_3 \leftrightarrows Ti_3O_5 \leftrightarrows TiO_2$$

而且，愈是低价的氧化物，其离解压愈小，氧位愈低，吉布斯自由能变化值愈负，热力学稳定性愈大，还原脱氧愈困难。在有 Me(O)固溶体(或高温熔液)形成的情况下，含氧量很低的固溶体(或液熔体)还原脱氧就更加困难。因此，为获得纯金属，在选择还原剂和确定还原反应的热力学条件时，必须按低价氧化物和金属-氧固溶体(或液熔体)Me(O)来考虑。因为这一步还原最困难，因而是热力学限制步骤。如按高价氧化物一步还原成金属的总反应式考虑是不恰当的。从变价元素的氧化和离解压-温度关系图(见图 3-1)，可清楚地看出高价氧化物与金属之间根本就没有直接的平衡关系存在，而只有低价氧化物与金属之间才存在着直接的平衡关系。

3.4.2　计算实例

【例 3-10】　试计算 1000℃ 时 Ti-O 系的离解压和标准吉布斯自由能变化$\Delta G_T^{\ominus}$，并

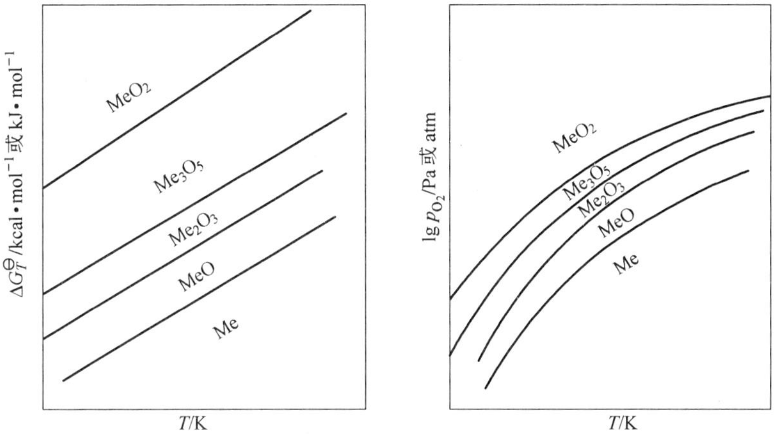

图 3-1 变价金属氧化物的 $\Delta G_T^\ominus$-T 图及 lg p_{O_2}-T 关系图

作图。

由热力学数据表查出基本热力学数据，为便于比较，所有反应都以 1mol O_2 为基准，并按通常的符号表示习惯，将氧化物离解反应改写成生成反应的形式：

$$2Ti_3O_{5(s)} + O_{2(g)} \longrightarrow 6TiO_{2(s)} \quad (1)$$

$$\Delta G_{(1)}^\ominus = -146000 + 46.0T,\ \text{cal/mol } O_2$$
$$= -610864 + 192.464T,\ \text{J/mol}O_2 \quad (298 \sim 2123\text{K})$$

$$6Ti_2O_{3(s)} + O_{2(g)} \longrightarrow 4Ti_3O_5 \quad (2)$$

$$\Delta G_{(2)}^\ominus = -177000 + 39.4T,\ \text{cal/mol } O_2$$
$$= -740568 + 164.85T,\ \text{J/mol}O_2 \quad (700 \sim 2000\text{K})$$

$$4TiO_{(s)} + O_{2(g)} \longrightarrow 2Ti_2O_{3(s)} \quad (3)$$

$$\Delta G_{(3)}^\ominus = -228300 + 38.1T,\ \text{cal/mol } O_2$$
$$= -955207.2 + 159.41T,\ \text{J/mol}O_2 \quad (298 \sim 2000\text{K})$$

$$2Ti_{(s)} + O_{2(g)} \longrightarrow 2TiO_{(s)} \quad (4)$$

$$\Delta G_{(4)}^\ominus = -244600 + 42.6T,\ \text{cal/mol } O_2$$
$$= -1023406.4 + 178.24T,\ \text{J/mol}O_2 \quad (600 \sim 2000\text{K})$$

$$2Ca_{(l)} + O_{2(g)} \longrightarrow 2CaO_{(s)} \quad (5)$$

$$\Delta G_{(5)}^\ominus = -307100 + 51.28T,\ \text{cal/mol } O_2$$
$$= -1284906.4 + 214.56T,\ \text{J/mol}O_2 \quad (1124 \sim 1760\text{K})$$

$$2Mg_{(l)} + O_{2(g)} \longrightarrow 2MgO_{(s)} \quad (6)$$

$$\Delta G_{(6)}^\ominus = -290700 - 0.48T\ \lg T + 53.90T,\ \text{cal/mol}O_2$$
$$= -1216288.8 - 2.0T\ \lg T + 225.52T,\ \text{J/mol}O_2$$
$$(923 \sim 1380\text{K})$$

$$\frac{4}{3}Al_{(l)} + O_{2(g)} = \frac{2}{3}Al_2O_{3(s)} \quad (7)$$

$$\Delta G_{(7)}^\ominus = -270506.67 - 2.5T\ \lg T + 61.48T,\ \text{cal/mol } O_2$$
$$= -1131799.9 - 10.46T\ \lg T + 257.23T,\ \text{J/mol } O_2$$
$$(923 \sim 1800\text{K})$$

根据热力学推导，对于稳定氧化物，以 1mol O_2 为基准，其生成反应的标准吉布斯自由能变化 $\Delta G_T^{\ominus}$ 与离解压 p_{O_2} 的关系式为：

$$\Delta G_T^{\ominus} = RT\ln p_{O_2} = 4.576\lg p_{O_2},\ \text{cal} = 19.146T\lg p_{O_2},\ \text{J} \tag{8}$$

对于金属-氧固溶体 Me(O) 上方的平衡氧分压 $\bar{p}_{O_2}$ 及固溶体生成吉布斯自由能变化 $\Delta\bar{G}$ 的计算公式如下：

$$\bar{p}_{O_2} = (p_{O_2})_{MeO} \times \left[\frac{N[O]}{N[O]_{最大}}\right]^2,\ \text{atm} \tag{9}$$

$$\lg\bar{p}_{O_2} = \lg(p_{O_2})_{MeO} + 2\lg\left[\frac{N[O]}{N[O]_{最大}}\right] \tag{10}$$

$$\Delta\bar{G} = RT\ln\bar{p}_{O_2} = 4.576T\left\{\lg(p_{O_2})_{MeO} + 2\lg\left[\frac{N[O]}{N[O]_{最大}}\right]\right\},\ \text{cal} \tag{11}$$

$$= 19.146T\left\{\lg(p_{O_2})_{MeO} + 2\lg\left[\frac{N[O]}{N[O]_{最大}}\right]\right\},\ \text{J}$$

以上各式中　$(p_{O_2})_{MeO}$——低价氧化物 MeO 的离解压，atm，(1atm = 101325Pa)；

$\bar{p}_{O_2}$——金属-氧固溶体 Me(O) 上方的平衡氧分压，即固溶体的离解压，atm(1atm = 101325Pa)；

$N[O]$——金属中的摩尔分数,%；

$N[O]_{最大}$——金属中的饱和浓度，即溶解度(摩尔分数)，它可由溶解度方程式或从 Me-O 状态图获得。

从 Ti-O 系状态图(见图 3-2)可以看出，在 1000℃(1273K)温度下，TiO_2、Ti_3O_5、

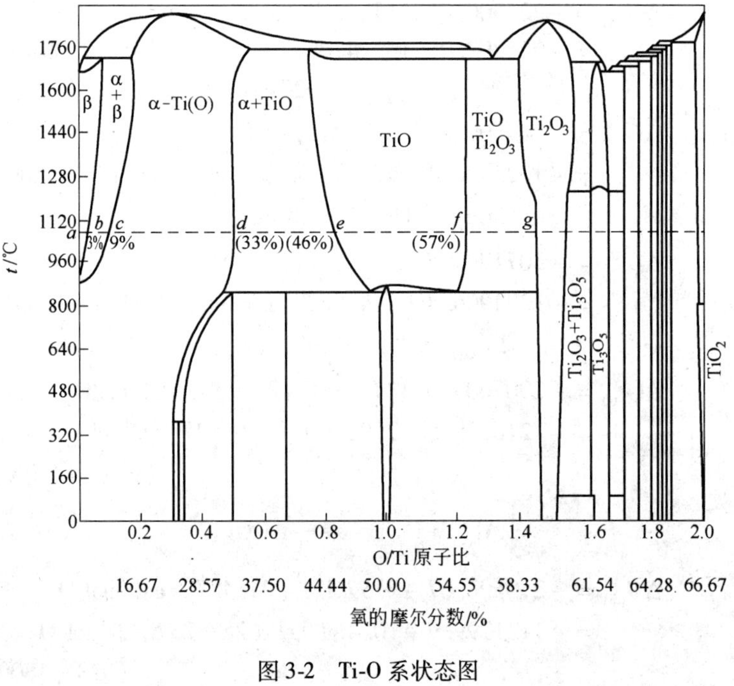

图 3-2　Ti-O 系状态图

Ti_2O_3 和 TiO 实际上是含氧量有一定波动范围的固溶体，但因 Ti_3O_5 和 Ti_3O_3 氧含量范围比较狭窄，可近似地视为定组成化合物进行计算，对 p_{O_2} 和 $\Delta G_T^{\ominus}$ 值影响不大。TiO 含氧量浓动范围较大，在计算中视为 TiO 在 Ti 中的固溶体可能更符合实际情况。

现将计算结果列于表 3-3 中，并作图，如图 3-3 所示。

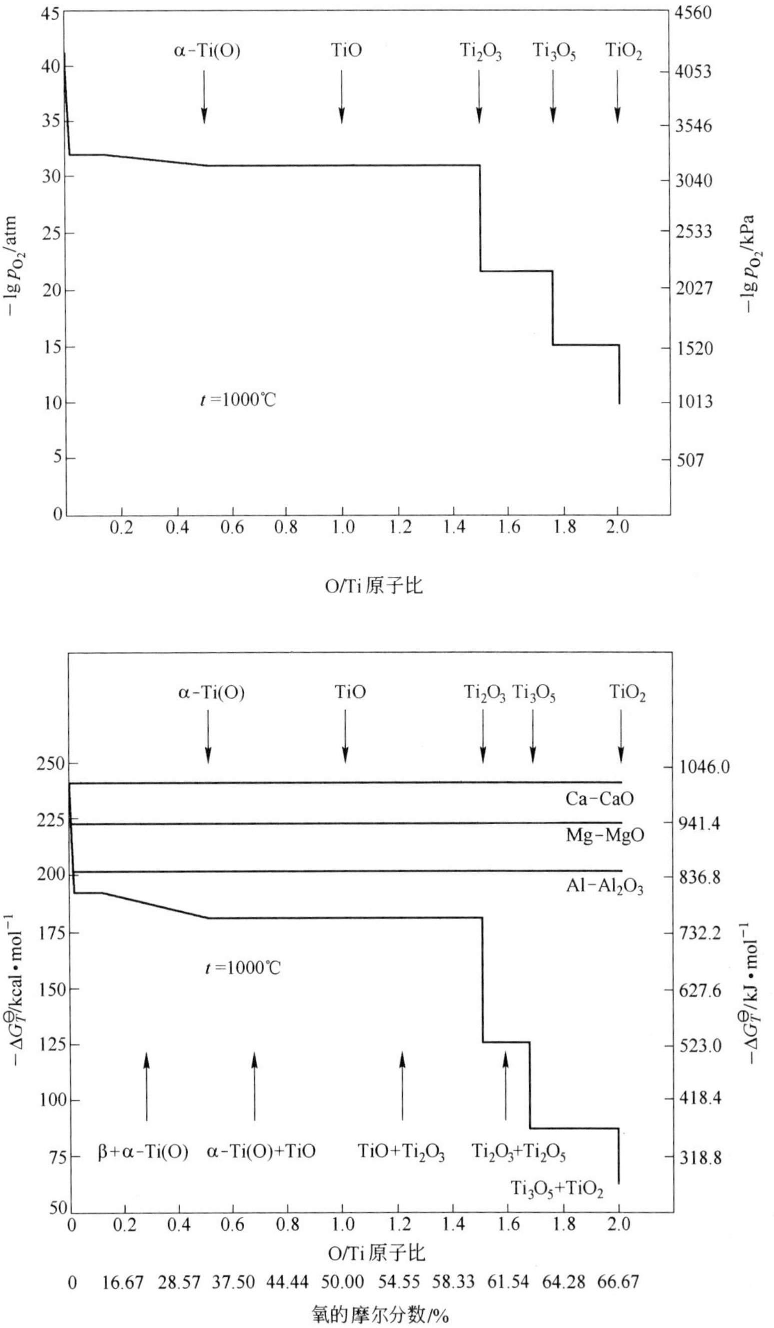

图 3-3 在 1000℃温度下 Ti-O 系的 $\Delta G_T^{\ominus}$-组成图及离解压—组成图

表 3-3　$\bar{p}_{O_2}$及 $\Delta\bar{G}^{\ominus}$计算结果(1000℃)

平衡凝聚相	状态图上位置(括号内数据为含氧量(摩尔分数))	$\Delta G^{\ominus}$ 或 $\Delta\bar{G}$		$\lg\bar{p}_{O_2}$/atm
		kcal/molO_2	kJ/molO_2	
TiO_2、Ti_2O_3		-87	-364	-15
Ti_3O_5、Ti_2O_3		-127	-531.37	-21.77
Ti_2O_3、TiO	*g*—*f*(61.5%～57%)	-180	-753.12	-30.86
TiO	*f*—*e*(57%～46%)	-180→-181	-753.12→-757.3	-30.86→-31
TiO、α-Ti(O)	*e*—*d*(46%～33%)	-181	-753.12	-31
α-Ti(O)	*d*—*c*(33%～9%)	-181→-188	-757.3→-786.59	-31→-32.13
α-Ti(O)、β-Ti(O)	*c*—*b*(9%～3%)	-188	-786.59	-32.13
β-Ti(O)	*b*—*a*(<3%):			
	N[O]=1%	-193	-807.51	-33.08
	N[O]=0.1%	-205	-857.72	-35.08
	N[O]=0.01%	-216	-903.74	-37.03
	N[O]=0.001%	-228	-953.95	-39.08
	N[O]=0.0001%	-240	-1004.16	-41.08
Ca—2CaO		-242	-1012.53	-41.51
Mg—2MgO		-224	-937.22	-38.45
Al—$\frac{2}{3}Al_2O_3$		-202	-845.17	-34.70

注：1atm=101325Pa。

从前面的计算，可做出对冶金理论和实践都有意义的结论：

(1) 愈是低价的氧化物，其热力学稳定性愈大，还原愈加困难。在形成固溶体或高温液熔体情况下，就更难还原。且金属中氧的浓度愈小，则熔液(或固溶体)中氧与金属的结合愈牢固；如氧的浓度趋于零时，则氧和金属的结合便趋于无穷牢固。所以，低价氧化物和固溶体(或冶金熔液)便是氧化物还原反应的热力学限制步骤。在选择还原剂和确定热力学条件时，应充分注意到这一点。

(2) 从图 3-3 可以看出，Al、Mg 不可能从 Ti(O) 固溶体中彻底脱氧，得到的是含有较多量氧的固溶体。即便是对氧亲和力最大的钙也不能彻底还原 Ti(O) 固溶体。因此，用 TiO_2 作原料，得不到纯金属钛，只能得到 Ti(O) 固溶体。就是说，用 TiO_2 作原料，找不到合适的还原剂。如果要彻底脱除金属 Ti 中的杂质氧(固溶氧)，单用金属热还原的方法是不行的，通常是用电弧熔炼(真空冶金)、电子束熔炼、区域熔炼等手段来脱除氧获得纯金属钛。在大规模海绵钛生产中，则是转换原料形态，如用不生成固溶体的 $TiCl_4$ 作原料，用容易找到合适的金属还原剂镁、钠的方法来生产金属钛。

3.5　计算实例

现对海绵钛冶金过程中钛渣熔炼、氯化、$TiCl_4$ 镁还原等几个重要作业步骤的 $\Delta G_T^{\ominus}$ 进行计算，并作出 $\Delta G_T^{\ominus}$-*T* 关系曲线图。

【例 3-11】 钛铁精矿高温碳还原熔炼钛渣时，可能发生以下一些反应：

$$FeO + C \longrightarrow Fe + CO \quad (3\text{-}Ⅰ)$$

$$FeO \cdot TiO_2 + C \longrightarrow Fe + TiO_2 + CO \quad (3\text{-}Ⅱ)$$

$$\frac{3}{4}(FeO \cdot TiO_2) + C \longrightarrow \frac{3}{4}Fe + \frac{1}{4}Ti_3O_5 + CO \quad (3\text{-}Ⅲ)$$

$$\frac{2}{3}(FeO \cdot TiO_2) + C \longrightarrow \frac{2}{3}Fe + \frac{1}{3}Ti_2O_3 + CO \quad (3\text{-}Ⅳ)$$

$$\frac{1}{2}(FeO \cdot TiO_2) + C \longrightarrow \frac{1}{2}Fe + \frac{1}{2}TiO + CO \quad (3\text{-}Ⅴ)$$

$$\frac{1}{4}(FeO \cdot TiO_2) + C \longrightarrow \frac{1}{4}Fe + \frac{1}{4}TiC + \frac{3}{4}CO \quad (3\text{-}Ⅵ)$$

$$\frac{1}{3}(FeO \cdot TiO_2) + C \longrightarrow \frac{1}{3}Fe + \frac{1}{3}Ti + CO \quad (3\text{-}Ⅶ)$$

计算以上各反应在1000K、1200K、1400K、1600K、1800K和2000K时的标准吉布斯自由能变化。

从本书附录Ⅶ查出各物质的摩尔吉布斯自由能 $G_i^{\ominus}$ 值，按摩尔吉布斯自由能法计算。

【解】 反应式3-Ⅰ $FeO + C \longrightarrow Fe + CO$

温度/K	$G_i^{\ominus}$/kcal · mol^{-1}				$\Delta G^{\ominus}_{T,(1)}$
	FeO	C	Fe	CO	/kcal · mol^{-1} C
1000	-86.000	-3.035	-10.073	-77.298	1.664
1200	-92.319	-4.305	-13.587	-88.658	-5.625
1400	-99.124	-5.757	-17.451	-100.284	-12.854
1600	-106.359	-7.369	-21.554	-112.144	-19.97
1800	-114.508	-9.124	-25.908	-124.213	-26.489
2000	-123.192	-11.008	-30.408	-136.473	-32.681

反应式3-Ⅱ $FeO \cdot TiO_2 + C \longrightarrow Fe + TiO_2 + CO$

温度/K	$G_i^{\ominus}$/kcal · mol^{-1}					$\Delta G^{\ominus}_{T,(2)}$
	$FeO \cdot TiO_2$	C	Fe	TiO_2	CO	/kcal · mol^{-1} C
1000	-337.113	-3.035	-10.073	-245.476	-77.298	7.301
1200	-349.643	-4.305	-13.587	-251.987	-88.658	-0.284
1400	-363.268	-5.757	-17.451	-259.105	-100.284	-7.815
1600	-377.860	-7.369	-21.554	-266.759	-112.144	-15.228
1800	-394.041	-9.124	-25.908	-274.895	-124.213	-21.851
2000	-412.987	-11.008	-30.408	-283.473	-136.473	-26.359

反应式3-Ⅲ $\frac{3}{4}(FeO \cdot TiO_2) + C \longrightarrow \frac{3}{4}Fe + \frac{1}{4}Ti_3O_5 + CO$

温度/K	$G_i^{\ominus}$/kcal · mol^{-1}					$\Delta G_{T,(3)}^{\ominus}$ /kcal · mol^{-1} C
	$FeO \cdot TiO_2$	C	Fe	Ti_3O_5	CO	
1000	-337. 113	-3. 035	-10. 073	-644. 536	-77. 298	9. 883
1200	-349. 643	-4. 305	-13. 587	-663. 915	-88. 658	1. 71
1400	-363. 268	-5. 757	-17. 451	-685. 015	-100. 284	-6. 428
1600	-377. 860	-7. 369	-21. 554	-707. 635	-112. 144	-14. 455
1800	-394. 041	-9. 124	-25. 908	-731. 624	-124. 213	-21. 895
2000	-412. 987	-11. 008	-30. 408	-756. 865	-136. 473	-27. 747

反应式 3-Ⅳ　$\frac{2}{3}(FeO \cdot TiO_2) + C = \frac{2}{3}Fe + \frac{1}{3}Ti_2O_3 + CO$

温度/K	$G_i^{\ominus}$/kcal · mol^{-1}					$\Delta G_{T,(4)}^{\ominus}$ /kcal · mol^{-1} C
	$FeO \cdot TiO_2$	C	Fe	Ti_2O_3	CO	
1000	-337. 113	-3. 035	-10. 073	-397. 666	-77. 298	11. 209
1200	-349. 643	-4. 305	-13. 587	-409. 711	-88. 658	3. 114
1400	-363. 268	-5. 757	-17. 451	-422. 945	-100. 284	-4. 964
1600	-377. 860	-7. 369	-21. 554	-437. 211	-112. 144	-12. 974
1800	-394. 041	-9. 124	-25. 908	-452. 387	-124. 213	-20. 476
2000	-412. 987	-11. 008	-30. 408	-468. 381	-136. 473	-26. 539

反应式 3-Ⅴ　$\frac{1}{2}(FeO \cdot TiO_2) + C = \frac{1}{2}Fe + \frac{1}{2}TiO + CO$

温度/K	$G_i^{\ominus}$/kcal · mol^{-1}					$\Delta G_{T,(5)}^{\ominus}$ /kcal · mol^{-1} C
	$FeO \cdot TiO_2$	C	Fe	TiO	CO	
1000	-337. 113	-3. 035	-10. 073	-142. 134	-77. 298	18. 190
1200	-349. 643	-4. 305	-13. 587	-147. 715	-88. 658	9. 817
1400	-363. 268	-5. 757	-17. 451	-153. 884	-100. 284	1. 439
1600	-377. 860	-7. 369	-21. 554	-160. 561	-112. 144	-6. 903
1800	-394. 041	-9. 124	-25. 908	-167. 656	-124. 213	-14. 850
2000	-412. 987	-11. 008	-30. 408	-175. 131	-136. 473	-21. 741

反应式 3-Ⅵ　$\frac{1}{4}(FeO \cdot TiO_2) + C = \frac{1}{4}Fe + \frac{1}{4}TiC + \frac{3}{4}CO$

温度/K	$G_i^{\ominus}$/kcal · mol^{-1}					$\Delta G_{T,(6)}^{\ominus}$ /kcal · mol^{-1} C
	$FeO \cdot TiO_2$	C	Fe	TiC	CO	
1000	-337. 113	-3. 035	-10. 073	-54. 997	-77. 298	13. 072
1200	-349. 643	-4. 305	-13. 587	-58. 989	-88. 658	7. 078
1400	-363. 268	-5. 757	-17. 451	-63. 404	-100. 284	1. 147
1600	-377. 860	-7. 369	-21. 554	-68. 191	-112. 144	-4. 711
1800	-394. 041	-9. 124	-25. 908	-73. 311	-124. 213	-10. 331
2000	-412. 987	-11. 008	-30. 408	-78. 737	-136. 473	-15. 386

反应式 3-Ⅶ $\frac{1}{3}(FeO \cdot TiO_2) + C = \frac{1}{3}Fe + \frac{1}{3}Ti + CO$

温度/K	$G_i^{\ominus}$/kcal · mol^{-1}					$\Delta G_{T,(7)}^{\ominus}$
	$FeO \cdot TiO_2$	C	Fe	Ti	CO	/kcal · mol^{-1} C
1000	-337.113	-3.035	-10.073	-10.622	-77.298	31.209
1200	-349.643	-4.305	-13.587	-13.900	-88.658	23.033
1400	-363.268	-5.757	-17.451	-17.559	-100.284	14.890
1600	-377.860	-7.369	-21.554	-21.428	-112.144	6.850
1800	-394.041	-9.124	-25.908	-25.493	-124.213	-0.876
2000	-412.987	-11.008	-30.408	-29.893	-136.473	-7.903

以上计算结果列在表 3-4 中，并作图如图 3-4 所示。

表 3-4 钛铁精矿还原熔炼钛渣时各反应的 $\Delta G_T^{\ominus}$ 值

反应式号	$\Delta G_T^{\ominus}$ 值						
	单 位	1000K	1200K	1400K	1600K	1800K	2000K
(3-Ⅰ)	kcal/mol	1.664	-5.625	-12.854	-19.97	-26.489	-32.681
	kJ/mol	6.962	-23.535	-53.781	-83.554	-110.830	-136.737
(3-Ⅱ)	kcal/mol	7.301	-0.284	-7.815	-15.228	-21.851	-26.804
	kJ/mol	30.547	-1.188	-32.698	-63.714	-91.425	-112.148
(3-Ⅲ)	kcal/mol	9.883	1.71	-6.418	-14.455	-21.895	-27.747
	kJ/mol	41.350	7.155	-26.853	-60.480	-91.609	-116.093
(3-Ⅳ)	kcal/mol	11.209	3.114	-4.964	-12.974	-20.476	-26.539
	kJ/mol	46.898	13.029	-20.769	-54.283	-85.672	-111.039
(3-Ⅴ)	kcal/mol	18.190	9.817	1.439	-6.903	-14.850	-21.741
	kJ/mol	76.107	41.074	6.021	-28.882	-62.132	-90.964
(3-Ⅵ)	kcal/mol	13.072	7.078	1.147	-4.711	-10.331	-15.386
	kJ/mol	54.693	29.614	4.799	-19.711	-43.225	-64.375
(3-Ⅶ)	kcal/mol	31.209	23.033	14.890	6.850	-0.876	-7.903
	kJ/mol	130.578	96.370	62.300	28.660	-3.665	-33.066

【例 3-12】 无碳存在时钛的氧化物、碳化物和氮化物氯化反应的 $\Delta G_T^{\ominus}$ 值计算。

【解】 直接氯化反应有以下一些：

$$\frac{1}{2}TiO_2 + Cl_2 = \frac{1}{2}TiCl_4 + \frac{1}{2}O_2 \tag{3-Ⅷ}$$

$$\frac{1}{6}Ti_3O_5 + Cl_2 = \frac{1}{2}TiCl_4 + \frac{5}{12}O_2 \tag{3-Ⅸ}$$

$$\frac{1}{4}Ti_2O_3 + Cl_2 = \frac{1}{2}TiCl_4 + \frac{3}{8}O_2 \tag{3-Ⅹ}$$

$$\frac{1}{2}TiO + Cl_2 = \frac{1}{2}TiCl_4 + \frac{1}{4}O_2 \tag{3-Ⅺ}$$

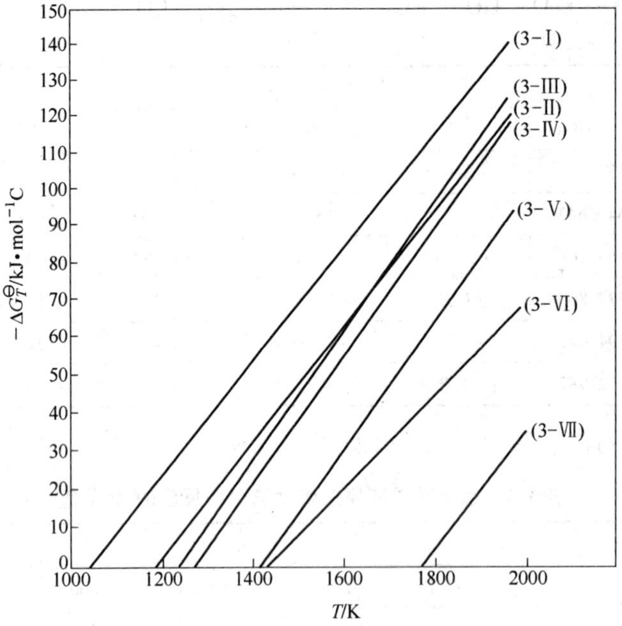

图 3-4　钛铁精矿还原熔炼钛渣的 $\Delta G_T^{\ominus}$-T 关系图

$$Ti_3O_5 + Cl_2 = \frac{1}{2}TiCl_4 + \frac{5}{2}TiO_2 \qquad (3\text{-}Ⅻ)$$

$$Ti_2O_3 + Cl_2 = \frac{1}{2}TiCl_4 + \frac{3}{2}TiO_2 \qquad (3\text{-}ⅩⅢ)$$

$$TiO + Cl_2 = \frac{1}{2}TiCl_4 + \frac{1}{2}TiO_2 \qquad (3\text{-}ⅩⅣ)$$

$$\frac{1}{2}TiC + Cl_2 = \frac{1}{2}TiCl_4 + \frac{1}{2}C \qquad (3\text{-}ⅩⅤ)$$

$$\frac{1}{2}TiN + Cl_2 = \frac{1}{2}TiCl_4 + \frac{1}{4}N_2 \qquad (3\text{-}ⅩⅥ)$$

现按各化合物的标准生成吉布斯自由能 $\Delta G_{f,T}^{\ominus} = A + BT$ 二项式来求以上各反应的标准摩尔吉布斯自由能变化与温度的关系。

查得：

$$\Delta G_{f,T,TiO_2}^{\ominus} = -941000 + 177.57T,\ J/mol \qquad (298 \sim 1943K)$$

$$\Delta G_{f,T,Ti_3O_5}^{\ominus} = -2435100 + 420.49T,\ J/mol \qquad (298 \sim 1943K)$$

$$\Delta G_{f,T,Ti_2O_3}^{\ominus} = -1502100 + 258.07T,\ J/mol \qquad (298 \sim 1943K)$$

$$\Delta G_{f,T,TiO}^{\ominus} = -514600 + 74.06T,\ J/mol \qquad (298 \sim 1943K)$$

$$\Delta G_{f,T,TiC}^{\ominus} = -184800 + 12.55T,\ J/mol \qquad (298 \sim 1943K)$$

$$\Delta G_{f,T,TiN}^{\ominus} = -336300 + 93.26T,\ J/mol \qquad (298 \sim 1943K)$$

$$\Delta G_{T,TiCl_4}^{\ominus} = -746000 + 121.46T,\ J/mol \qquad (298 \sim 1670K)$$

对于反应式 3-Ⅷ：

$$\Delta G^{\ominus}_{T,(8)} = \frac{1}{2}\Delta G^{\ominus}_{f,T,TiCl_4} - \frac{1}{2}\Delta G^{\ominus}_{f,T,TiO_2}$$

$$= \frac{1}{2}\times(-746000 + 121.46T) - \frac{1}{2}\times(-941000 + 177.57T)$$

$$= 97500 - 28.055T$$

对于反应式 3-Ⅸ：

$$\Delta G^{\ominus}_{T,(9)} = \frac{1}{2}\Delta G^{\ominus}_{f,T,TiCl_4} - \frac{1}{6}\Delta G^{\ominus}_{f,T,Ti_3O_5}$$

$$= \frac{1}{2}\times(-746000 + 121.46T) - \frac{1}{6}\times(-2435100 + 420.49T)$$

$$= -373000 + 60.73T + 405850 - 70.08T = 32850 - 9.35T$$

对于反应式 3-Ⅹ：

$$\Delta G^{\ominus}_{T,(10)} = \frac{1}{2}\Delta G^{\ominus}_{f,T,TiCl_4} - \frac{1}{4}\Delta G^{\ominus}_{f,T,Ti_2O_3}$$

$$= -373000 + 60.73T - \frac{1}{4}\times(-1502100 + 258.07T)$$

$$= -373000 + 60.73T + 375525 - 64.518T = 2525 - 3.79T$$

对于反应式 3-Ⅺ：

$$\Delta G^{\ominus}_{T,(11)} = \frac{1}{2}\Delta G^{\ominus}_{f,T,TiCl_4} - \frac{1}{2}\Delta G^{\ominus}_{f,T,TiO}$$

$$= -373000 + 60.73T - \frac{1}{2}\times(-514600 + 74.06T)$$

$$= -373000 + 60.73T + 257300 - 37.03T = -115700 + 23.70T$$

对于反应式 3-Ⅻ：

$$\Delta G^{\ominus}_{T,(12)} = \frac{1}{2}\Delta G^{\ominus}_{f,T,TiCl_4} + \frac{5}{2}\Delta G^{\ominus}_{f,T,TiO_2} - \Delta G^{\ominus}_{f,T,Ti_3O_5}$$

$$= -373000 + 60.73T + \frac{5}{2}(-941000 + 177.57T) - (-2435100 + 420.49T)$$

$$= -373000 + 60.73T - 2352500 + 443.925T + 2435100 - 420.49T$$

$$= -290400 + 84.165T$$

对于反应式 3-ⅩⅢ：

$$\Delta G^{\ominus}_{T,(13)} = \frac{1}{2}\Delta G^{\ominus}_{f,T,TiCl_4} + \frac{3}{2}\Delta G^{\ominus}_{f,T,TiO_2} - \Delta G^{\ominus}_{f,T,Ti_2O_3}$$

$$= -373000 + 60.73T + \frac{3}{2}\times(-941000 + 177.57T) - (-1502100 + 258.07T)$$

$$= -373000 + 60.73T - 1411500 + 266.355T + 1502100 - 258.07T$$

$$= -282400 + 69.015T$$

对于反应式 3-ⅩⅣ：

$$\Delta G^{\ominus}_{T,(14)} = \frac{1}{2}\Delta G^{\ominus}_{f,T,TiCl_4} + \frac{1}{2}\Delta G^{\ominus}_{f,T,TiO_2} - \Delta G^{\ominus}_{f,T,TiO}$$

$$= -373000 + 60.73T + \frac{1}{2}\times(-941000 + 177.57T) - (-514600 + 74.06T)$$

$$= -373000 + 60.73T - 470500 + 88.785T + 514600 - 74.06T$$
$$= -328900 + 75.455T$$

对于反应式 3-XV：

$$\Delta G^{\ominus}_{T,(15)} = \frac{1}{2}\Delta G^{\ominus}_{f,T,TiCl_4} - \frac{1}{2}\Delta G^{\ominus}_{f,T,TiC}$$
$$= -373000 + 60.73T - \frac{1}{2} \times (-184800 + 12.55T)$$
$$= -373000 + 60.73T + 92400 - 6.275T$$
$$= -280600 + 54.455T$$

对于反应式 3-XVI：

$$\Delta G^{\ominus}_{T,(16)} = \frac{1}{2}\Delta G^{\ominus}_{f,T,TiCl_4} - \frac{1}{2}\Delta G^{\ominus}_{f,T,TiN}$$
$$= -373000 + 60.73T - \frac{1}{2} \times (-336300 + 93.26T)$$
$$= -373000 + 60.73T + 168150 - 46.63T$$
$$= -204850 + 14.1T$$

以上计算结果列在表 3-5 中，并作图如图 3-5 所示。

表 3-5　钛化合物直接氯化的 $\Delta G^{\ominus}_T$ 计算值

反应式号	$\Delta G^{\ominus}_T$ 值/kJ · mol^{-1} Cl_2				
	900K	1000K	1100K	1200K	1300K
(3-Ⅷ)	72.250	69.445	66.640	63.834	61.029
(3-Ⅸ)	24.435	23.500	22.565	21.630	20.695
(3-Ⅹ)	-0.886	-1.265	-1.644	-2.023	-2.402
(3-Ⅺ)	-94.370	-92.000	-89.630	-87.260	-84.890
(3-Ⅻ)	-214.652	-206.235	-197.819	-189.402	-180.986
(3-XIII)	-220.287	-213.385	-206.484	-199.582	-192.681
(3-XIV)	-260.991	-253.445	-245.900	-238.354	-230.809
(3-XV)	-231.591	-226.145	-220.700	-215.254	-209.809
(3-XVI)	-192.160	-190.750	-189.340	-187.930	-186.520

下面再按物质的摩尔吉布斯自由能 $G^{\ominus}_i(T)$ 值计算：

反应式 3-Ⅷ	$\frac{1}{2}TiO_2 + Cl_2 = \frac{1}{2}TiCl_4 + \frac{1}{2}O_2$				
温度/K	摩尔吉布斯自由能值 $G^{\ominus}_i(T)$/kcal · mol^{-1}				$\Delta G^{\ominus}_{T,(8)}$/kcal · mol^{-1} Cl_2
	TiO_2	Cl_2	$TiCl_4$	O_2	
900	-242.476	-51.288	-268.223	-47.005	14.911
1000	-245.476	-57.610	-279.550	-52.780	14.183
1100	-248.650	-64.019	-291.132	-58.636	13.458
1200	-251.987	-70.509	-302.946	-64.567	12.746
1300	-255.475	-77.072	-314.974	-70.568	12.039
1400	-259.105	-83.704	-327.199	-76.633	11.340

续表

反应式 3-Ⅸ	$\frac{1}{6}Ti_3O_5 + Cl_2 = \frac{1}{2}TiCl_4 + \frac{5}{12}O_2$				
温度/K	摩尔吉布斯自由能值 $G_i^{\ominus}(T)$/kcal·mol⁻¹				$\Delta G_{T,(9)}^{\ominus}$/kcal·mol⁻¹ Cl_2
	Ti_3O_5	Cl_2	$TiCl_4$	O_2	
900	-635.575	-51.288	-268.223	-47.005	3.520
1000	-644.536	-57.610	-279.550	-52.780	3.266
1100	-653.995	-64.019	-291.132	-58.636	3.018
1200	-663.915	-70.509	-302.946	-64.567	2.786
1300	-674.264	-77.072	-314.974	-70.568	2.559
1400	-685.015	-83.704	-327.199	-76.633	2.343

反应式 3-Ⅹ	$\frac{1}{4}Ti_2O_3 + Cl_2 = \frac{1}{2}TiCl_4 + \frac{3}{8}O_2$				
温度/K	摩尔吉布斯自由能值 $G_i^{\ominus}(T)$/kcal·mol⁻¹				$\Delta G_{T,(10)}^{\ominus}$/kcal·mol⁻¹ Cl_2
	Ti_2O_3	Cl_2	$TiCl_4$	O_2	
900	-392.154	-51.288	-268.223	-47.005	-2.412
1000	-397.666	-57.610	-279.550	-52.780	-2.541
1100	-403.528	-64.019	-291.132	-58.636	-2.656
1200	-409.711	-70.509	-302.946	-64.567	-2.749
1300	-416.190	-77.072	-314.974	-70.568	-2.830
1400	-422.945	-83.704	-327.199	-76.733	-2.935

反应式 3-Ⅺ	$\frac{1}{2}TiO + Cl_2 = \frac{1}{2}TiCl_4 + \frac{1}{4}O_2$				
温度/K	摩尔吉布斯自由能值 $G_i^{\ominus}(T)$/kcal·mol⁻¹				$\Delta G_{T,(11)}^{\ominus}$/kcal·mol⁻¹ Cl_2
	TiO	Cl_2	$TiCl_4$	O_2	
900	-139.549	-51.288	-268.223	-47.005	-24.800
1000	-142.134	-57.610	-279.550	-52.780	-24.293
1100	-144.859	-64.019	-291.132	-58.636	-23.778
1200	-147.715	-70.509	-302.946	-64.567	-23.248
1300	-150.717	-77.072	-314.974	-70.568	-22.698
1400	-153.884	-83.704	-327.199	-76.733	-22.137

反应式 3-Ⅻ	$Ti_3O_5 + Cl_2 = \frac{1}{2}TiCl_4 + \frac{5}{2}TiO_2$				
温度/K	摩尔吉布斯自由能值 $G_i^{\ominus}(T)$/kcal·mol⁻¹				$\Delta G_{T,(12)}^{\ominus}$/kcal·mol⁻¹ Cl_2
	Ti_3O_5	Cl_2	$TiCl_4$	TiO_2	
900	-635.575	-51.288	-268.223	-242.476	-53.439
1000	-644.536	-57.610	-279.550	-245.476	-51.910
1100	-653.995	-64.019	-291.132	-248.650	-49.179
1200	-663.915	-70.509	-302.946	-251.987	-47.015
1300	-674.264	-77.072	-314.974	-255.475	-44.839
1400	-685.015	-83.704	-327.199	-259.105	-42.644

续表

反应式 3-XIII	$Ti_2O_3 + Cl_2 \xlongequal{} \frac{1}{2}TiCl_4 + \frac{3}{2}TiO_2$				
温度/K	摩尔吉布斯自由能值 $G_i^{\ominus}(T)$/kcal · mol^{-1}				$\Delta G_{T,(13)}^{\ominus}$/kcal · mol^{-1} Cl_2
	Ti_2O_3	Cl_2	$TiCl_4$	TiO_2	
900	-392.154	-51.288	-268.223	-242.476	-54.384
1000	-397.666	-57.610	-279.550	-245.476	-52.713
1100	-403.528	-64.019	-291.132	-248.650	-51.000
1200	-409.711	-70.509	-302.946	-251.987	-49.234
1300	-416.190	-77.072	-314.974	-255.475	-47.438
1400	-422.945	-83.704	-327.199	-259.105	-45.609

反应式 3-XIV	$TiO + Cl_2 \xlongequal{} \frac{1}{2}TiCl_4 + \frac{1}{2}TiO_2$				
温度/K	摩尔吉布斯自由能值 $G_i^{\ominus}(T)$/kcal · mol^{-1}				$\Delta G_{T,(14)}^{\ominus}$/kcal · mol^{-1} Cl_2
	TiO	Cl_2	$TiCl_4$	TiO_2	
900	-139.549	-51.288	-268.223	242.476	-64.513
1000	-142.134	-57.610	-279.550	-245.476	-62.769
1100	-144.859	-64.019	-291.132	-248.650	-61.015
1200	-147.715	-70.509	-302.946	-251.987	-59.243
1300	-150.717	-77.072	-314.974	-255.475	-57.436
1400	-153.884	-83.704	-327.199	-259.105	-55.565

反应式 3-XV	$\frac{1}{2}TiC + Cl_2 \xlongequal{} \frac{1}{2}TiCl_4 + \frac{1}{2}C$				
温度/K	摩尔吉布斯自由能值 $G_i^{\ominus}(T)$/kcal · mol^{-1}				$\Delta G_{T,(15)}^{\ominus}$/kcal · mol^{-1} Cl_2
	TiC	Cl_2	$TiCl_4$	C	
900	-53.180	-51.288	-268.223	-2.475	-57.472
1000	-54.997	-57.610	-279.550	-3.035	-56.184
1100	-56.937	-64.019	-291.132	-3.646	-54.903
1200	-58.989	-70.509	-302.946	-4.305	-53.622
1300	-61.148	-77.072	-314.974	-5.010	-52.346
1400	-63.404	-83.704	-327.199	-5.757	-51.073

反应式 3-XVI	$\frac{1}{2}TiN + Cl_2 \xlongequal{} \frac{1}{2}TiCl_4 + \frac{1}{4}N_2$				
温度/K	摩尔吉布斯自由能值 $G_i^{\ominus}(T)$/kcal · mol^{-1}				$\Delta G_{T,(16)}^{\ominus}$/kcal · mol^{-1} Cl_2
	TiN	Cl_2	$TiCl_4$	N_2	
900	-91.440	-51.288	-268.223	-43.992	-48.102
1000	-93.455	-57.610	-279.550	-49.407	-47.789
1100	-95.596	-64.019	-291.132	-54.898	-47.476
1200	-97.852	-70.509	-302.946	-60.461	-47.153
1300	-100.215	-77.072	-314.974	-66.090	-46.830
1400	-102.678	-83.704	-327.199	-71.780	-46.502

将以上计算结果汇总在表3-6中。

表3-6 钛的氧化物和碳化物、氮化物直接氯化反应的 $\Delta G_T^{\ominus}$ 值

反应式号	$\Delta G_T^{\ominus}$ 值						
	单 位	900K	1000K	1100K	1200K	1300K	1400K
(3-Ⅷ)	kcal/mol	14.911	14.183	13.485	12.746	12.039	11.340
	kJ/mol	62.388	59.342	56.421	53.329	50.371	47.447
(3-Ⅸ)	kcal/mol	3.520	3.266	3.018	2.786	2.559	2.343
	kJ/mol	14.728	13.665	12.627	11.657	10.707	9.803
(3-Ⅹ)	kcal/mol	-2.412	-2.541	-2.656	-2.749	-2.830	-2.935
	kJ/mol	-10.092	-10.632	-11.113	-11.502	-11.841	-12.280
(3-Ⅺ)	kcal/mol	-24.800	-24.293	-23.778	-23.248	-22.698	-22.137
	kJ/mol	-103.763	-101.642	-99.487	-97.270	-94.968	-92.621
(3-Ⅻ)	kcal/mol	-53.439	-51.910	-49.179	-47.015	-44.839	-42.644
	kJ/mol	-223.589	-217.191	-205.765	-196.711	-187.606	-178.422
(3-XIII)	kcal/mol	-54.384	-52.713	-51.000	-49.234	-47.438	-45.609
	kJ/mol	-227.543	-220.551	-213.384	-205.995	-198.481	-190.828
(3-XIV)	kcal/mol	-64.513	-62.769	-61.015	-59.243	-57.436	-55.565
	kJ/mol	-269.922	-262.625	-255.287	-247.873	-240.312	-232.484
(3-XV)	kcal/mol	-57.472	-56.184	-54.903	-53.622	-52.346	-51.073
	kJ/mol	-240.463	-235.074	-229.714	-224.354	-219.016	-213.689
(3-XVI)	kcal/mol	-48.102	-47.789	-47.476	-47.153	-46.830	-46.502
	kJ/mol	-201.259	-199.949	-189.640	-197.288	-195.937	-194.564

【例3-13】 钛渣沸腾氯化时，钛的氧化物可能发生以下反应：

$$\frac{1}{2}TiO_2 + C + Cl_2 = \frac{1}{2}TiCl_4 + CO \quad (3\text{-XVII})$$

$$\frac{1}{2}TiO_2 + \frac{1}{2}C + Cl_2 = \frac{1}{2}TiCl_4 + \frac{1}{2}CO_2 \quad (3\text{-XVIII})$$

$$\frac{1}{2}TiO_2 + CO + Cl_2 = \frac{1}{2}TiCl_4 + CO_2 \quad (3\text{-XIX})$$

$$\frac{1}{6}Ti_3O_5 + \frac{5}{6}C + Cl_2 = \frac{1}{2}TiCl_4 + \frac{5}{6}CO \quad (3\text{-XX})$$

$$\frac{1}{6}Ti_3O_5 + \frac{5}{12}C + Cl_2 = \frac{1}{2}TiCl_4 + \frac{5}{12}CO_2 \quad (3\text{-XXI})$$

$$\frac{1}{4}Ti_2O_3 + \frac{3}{4}C + Cl_2 = \frac{1}{2}TiCl_4 + \frac{3}{4}CO \quad (3\text{-XXII})$$

$$\frac{1}{4}Ti_2O_3 + \frac{3}{8}C + Cl_2 = \frac{1}{2}TiCl_4 + \frac{3}{8}CO_2 \quad (3\text{-XXIII})$$

$$\frac{1}{2}TiO + \frac{1}{2}C + Cl_2 = \frac{1}{2}TiCl_4 + \frac{1}{2}CO \quad (3\text{-XXIV})$$

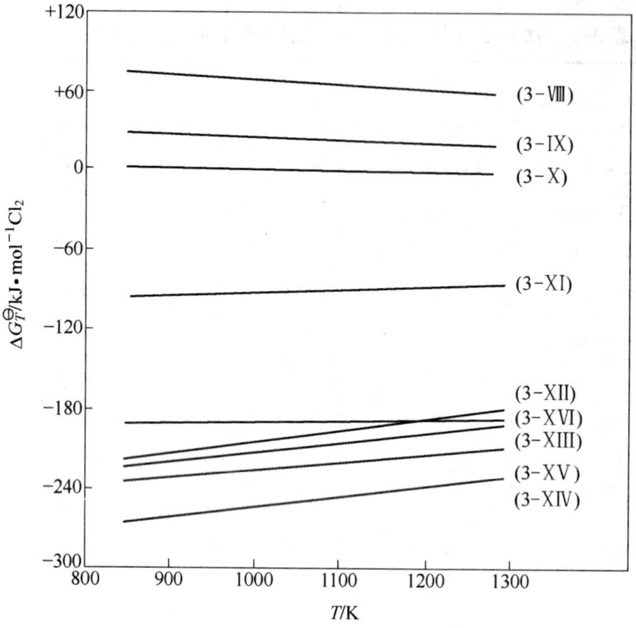

图 3-5 钛的氧化物、碳化物和氮化物直接氯化的 $\Delta G_T^{\ominus}$-T 关系曲线

$$\frac{1}{2}TiO + \frac{1}{4}C + Cl_2 \longrightarrow \frac{1}{2}TiCl_4 + \frac{1}{4}CO_2 \qquad (3\text{-XXV})$$

根据各化合物的标准生成吉布斯自由能 $\Delta G_{f,T}^{\ominus} = A + BT$ 二项式，求以上各反应的标准摩尔吉布斯自由能变化与温度 T 的二项式并作图。

【解】 查出：

$$\Delta G_{f,T,TiO_2}^{\ominus} = -941000 + 177.57T, \quad J/mol \quad (298 \sim 1943K)$$

$$\Delta G_{f,T,Ti_3O_5}^{\ominus} = -2435100 + 420.49T, \quad J/mol \quad (298 \sim 1943K)$$

$$\Delta G_{f,T,Ti_2O_3}^{\ominus} = -1502100 + 258.07T, \quad J/mol \quad (298 \sim 1943K)$$

$$\Delta G_{f,T,TiO}^{\ominus} = -514600 + 74.06T, \quad J/mol \quad (298 \sim 1943K)$$

$$\Delta G_{f,T,TiCl_4}^{\ominus} = -746000 + 121.46T, \quad J/mol \quad (298 \sim 1943K)$$

$$\Delta G_{f,T,CO}^{\ominus} = -114400 - 85.77T, \quad J/mol \quad (773 - 2273K)$$

$$\Delta G_{f,T,CO_2}^{\ominus} = -395300 - 0.54T, \quad J/mol \quad (773 \sim 2273K)$$

对于反应式 3-XⅦ：

$$\Delta G_{T,(17)}^{\ominus} = \frac{1}{2}\Delta G_{f,T,TiCl_4}^{\ominus} + \Delta G_{f,T,CO}^{\ominus} - \frac{1}{2}\Delta G_{f,T,TiO_2}^{\ominus}$$

$$= \frac{1}{2} \times (-746000 + 121.46T) + (-114400 - 85.77T)$$

$$- \frac{1}{2} \times (-941000 + 177.57T)$$

$$= -16900 - 113.825T$$

对于反应式 3-XVIII：

$$\Delta G^{\ominus}_{T,(18)} = \frac{1}{2}\Delta G^{\ominus}_{f,T,TiCl_4} + \frac{1}{2}\Delta G^{\ominus}_{f,T,CO_2} - \frac{1}{2}\Delta G^{\ominus}_{f,T,TiO_2}$$

$$= \frac{1}{2} \times (-746000 + 121.46T) + \frac{1}{2} \times (-395300 - 0.54T)$$

$$- \frac{1}{2} \times (-941000 + 177.57T)$$

$$= -100150 - 28.325T$$

对于反应式 3-XIX：

$$\Delta G^{\ominus}_{T,(19)} = \frac{1}{2}\Delta G^{\ominus}_{f,T,TiCl_4} + \Delta G^{\ominus}_{f,T,CO_2} - \frac{1}{2}\Delta G^{\ominus}_{f,T,TiO_2} - \Delta G^{\ominus}_{f,T,CO}$$

$$= \frac{1}{2} \times (-746000 + 121.46T) + (-395300 - 0.54T)$$

$$- \frac{1}{2} \times (-941000 + 177.57T) - (-114400 - 85.77T)$$

$$= -183400 + 57.175T$$

对于反应式 3-XX：

$$\Delta G^{\ominus}_{T,(20)} = \frac{1}{2}\Delta G^{\ominus}_{f,T,TiCl_4} + \frac{5}{6}\Delta G^{\ominus}_{f,T,CO_2} - \frac{1}{6}\Delta G^{\ominus}_{f,T,Ti_3O_5}$$

$$= \frac{1}{2} \times (-746000 + 121.46T) + \frac{5}{6} \times (-114400 - 85.77T)$$

$$- \frac{1}{6} \times (-2435100 + 420.49T)$$

$$= -62483.33 - 80.825T$$

对于反应式 3-XXI：

$$\Delta G^{\ominus}_{T,(21)} = \frac{1}{2}\Delta G^{\ominus}_{f,T,TiCl_4} + \frac{5}{12}\Delta G^{\ominus}_{f,T,CO_2} - \frac{1}{6}\Delta G^{\ominus}_{f,T,Ti_3O_5}$$

$$= \frac{1}{2} \times (-746000 + 121.46T) + \frac{5}{12} \times (-395300 - 0.54T)$$

$$- \frac{1}{6} \times (-2435100 + 420.49T)$$

$$= -131858.33 - 9.575T$$

对于反应式 3-XXII：

$$\Delta G^{\ominus}_{T,(22)} = \frac{1}{2}\Delta G^{\ominus}_{f,T,TiCl_4} + \frac{3}{4}\Delta G^{\ominus}_{f,T,CO} - \frac{1}{4}\Delta G^{\ominus}_{f,T,Ti_2O_3}$$

$$= \frac{1}{2} \times (-746000 + 121.46T) + \frac{3}{4} \times (-114400 - 85.71T)$$

$$- \frac{1}{4} \times (-1502100 + 258.07T)$$

$$= -83275 - 68.07T$$

对于反应式 3-XXIII：

$$\Delta G^{\ominus}_{T,(23)} = \frac{1}{2}\Delta G^{\ominus}_{f,T,TiCl_4} + \frac{3}{8}\Delta G^{\ominus}_{f,T,CO_2} - \frac{1}{4}\Delta G^{\ominus}_{f,T,Ti_2O_3}$$

$$= \frac{1}{2} \times (-746000 + 121.46T) + \frac{3}{8} \times (-395300 - 0.54T)$$

$$-\frac{1}{4}\times(-1502100+258.07T)$$

$$=-145712.5-3.99T$$

对于反应式 3-XXⅣ：

$$\Delta G^{\ominus}_{T,(24)}=\frac{1}{2}\Delta G^{\ominus}_{f,T,TiCl_4}+\frac{1}{2}\Delta G^{\ominus}_{f,T,CO}-\frac{1}{2}\Delta G^{\ominus}_{f,T,TiO}$$

$$=\frac{1}{2}\times(-746000+121.46T)+\frac{1}{2}\times(-114400-85.71T)$$

$$-\frac{1}{2}\times(-514600+74.06T)$$

$$=-172900-19.155T$$

对于反应式 3-XXⅤ：

$$\Delta G^{\ominus}_{T,(25)}=\frac{1}{2}\Delta G^{\ominus}_{f,T,TiCl_4}+\frac{1}{4}\Delta G^{\ominus}_{f,T,CO_2}-\frac{1}{2}\Delta G^{\ominus}_{f,T,TiO}$$

$$=\frac{1}{2}\times(-746000+121.46T)+\frac{1}{4}\times(-395300-0.54T)$$

$$-\frac{1}{2}\times(-514600+74.06T)$$

$$=-214525+23.565T$$

将以上各反应的 $\Delta G^{\ominus}_T$ 在不同温度下的计算值列在表 3-7 中，并作图如图 3-6 所示。

表 3-7　钛化合物沸腾氯化反应的 $\Delta G^{\ominus}_T$ 计算值

反应式号	$\Delta G^{\ominus}_T$/kJ · mol^{-1} Cl_2				
	900K	1000K	1100K	1200K	1300K
(3-XⅦ)	-119.34	-130.73	-142.11	-153.49	-164.87
(3-XⅧ)	-125.64	-128.48	-131.31	-134.14	-136.97
(3-XⅨ)	-131.94	-126.23	-120.51	-114.79	-109.07
(3-XX)	-135.23	-143.31	-151.39	-159.47	-167.56
(3-XXⅠ)	-140.48	-141.43	-142.39	-143.35	-144.31
(3-XXⅡ)	-144.54	-151.35	-158.15	-164.96	-171.77
(3-XXⅢ)	-149.30	-149.70	-150.10	-150.50	-150.90
(3-XXⅣ)	-190.14	-192.06	-193.97	-195.89	-197.80
(3-XXⅤ)	-193.32	-190.96	-188.60	-186.25	-183.89

【例 3-14】 计算钛渣中杂质氧化物加碳氯化反应的 $\Delta G^{\ominus}_T$ 值并作图。

【解】 这里用 Φ'_T 函数法求 $\Delta G^{\ominus}_T$ 值。

①反应　$\frac{2}{3}FeO_{(s)}+\frac{2}{3}C_{(s)}+Cl_{2(g)}=\frac{2}{3}FeCl_{3(g)}+\frac{2}{3}CO_{(g)}$　(3-XXⅥ)

$\Delta H^{\ominus}_{f,298}$(kcal/mol)　-65.02　　-60.50　-26.42

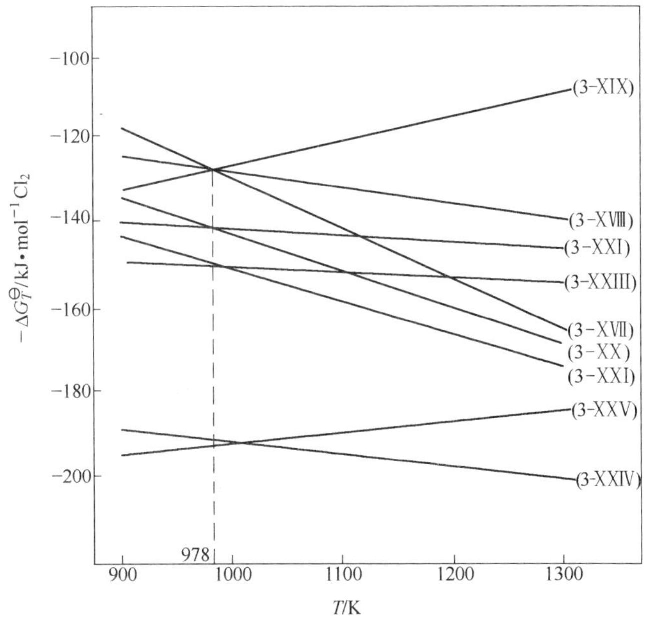

图 3-6 钛氧化物加碳氧化反应的 $\Delta G_T^{\ominus}$-T 关系

$$\Delta H_{298}^{\ominus} = \sum (\nu_i \Delta H_{f,298,i}^{\ominus})_{产物} - \sum (\nu_i \Delta H_{f,298,i}^{\ominus})_{反应物}$$

$$= \frac{2}{3} \times (-60.50) + \frac{2}{3} \times (-26.42) - \frac{2}{3} \times (-65.02)$$

$$= -40.33 - 17.61 + 43.35 = -14.59 \text{kcal/mol Cl}_2$$

$$\Delta \Phi'_T = \sum (\nu_i \Phi'_{T,i})_{产物} - \sum (\nu_i \Phi'_{T,i})_{反应物}$$

$$\Delta G_T^{\ominus} = \Delta H_{298}^{\ominus} - \Delta \Phi'_T T = -14590 - \Delta \Phi'_T T$$

温度/K	$\Phi'_{T,i}$值/cal·(mol·K)$^{-1}$					$\Delta\Phi'_T$	$\Delta G_T^{\ominus}$ ·
	FeO	C	Cl_2	$FeCl_3$	CO	/cal·(mol·K)$^{-1}$	/kcal·mol^{-1}Cl$_2$
900	20.05	2.77	56.98	90.62	50.35	21.78	-34.192
1000	21.00	3.05	57.61	92.03	50.88	21.63	-36.22
1100	21.90	3.33	58.20	93.36	51.38	21.47	-38.25
1200	22.77	3.61	58.75	94.61	51.86	21.30	-40.15
1300	23.59	3.88	59.28	95.80	52.32	21.15	-42.09

②反应 $$\frac{2}{3}FeO + \frac{2}{3}C + Cl_2 = \frac{2}{3}FeCl_3 + \frac{1}{3}CO_2 \qquad (3\text{-XXVII})$$

$\Delta H_{f,298}^{\ominus}$(kcal/mol)　　-65.02　　-60.50　-94.05

$$\Delta H_{298}^{\ominus} = \sum (\nu_i \Delta H_{f,298,i}^{\ominus})_{产物} - \sum (\nu_i \Delta H_{f,298,i}^{\ominus})_{反应物}$$

$$= \frac{2}{3} \times (-60.50) + \frac{1}{3} \times (-94.05) - \frac{2}{3} \times (-65.02)$$

$$= -40.33 - 31.35 + 43.35 = -28.33 \text{kcal/mol Cl}_2$$

$$\Delta \Phi'_T = \sum (\nu_i \Phi'_{T,i})_{产物} - \sum (\nu_i \Phi'_{T,i})_{反应物}$$

$$\Delta G_T^{\ominus} = \Delta H_{298}^{\ominus} - \Delta \Phi'_T T = -28330 - \Delta \Phi'_T T$$

温度/K	$\Phi'_{T,i}$值/cal·(mol·K)$^{-1}$					$\Delta\Phi'_T$	$\Delta G_T^{\ominus}$
	FeO	C	Cl_2	$FeCl_3$	CO_2	/cal·(mol·K)$^{-1}$	/kcal·mol^{-1} Cl_2
900	20.05	2.77	56.98	90.62	55.61	7.68	-35.24
1000	21.00	3.05	57.61	92.03	56.41	7.52	-35.85
1100	21.90	3.33	58.20	93.36	57.19	7.39	-36.46
1200	22.77	3.61	58.75	94.61	57.93	7.25	-37.03
1300	23.59	3.88	59.28	95.80	58.64	7.12	-37.59

③反应　　$FeO + C + Cl_2 = FeCl_2 + CO$　　(3-XXVIII)

$\Delta H_{f,298}^{\ominus}$(kcal/mol)　　-65.02　　-81.80　-26.42

$$\Delta H_{298}^{\ominus} = \sum(\nu_i \Delta H_{f,298,i}^{\ominus})_{产物} - \sum(\nu_i \Delta H_{f,298,i}^{\ominus})_{反应物}$$

$$= -81.80 - 26.42 - (-65.02) = -43.20\text{kcal/mol } Cl_2$$

$$\Delta\Phi'_T = \sum(\nu_i \Phi'_{T,i})_{产物} - \sum(\nu_i \Phi'_{T,i})_{反应物}$$

$$\Delta G_T^{\ominus} = \Delta H_{298}^{\ominus} - \Delta\Phi'_T T = -43200 - \Delta\Phi'_T T$$

温度/K	$\Phi'_{T,i}$值/cal·(mol·K)$^{-1}$					$\Delta\Phi'_T$	$\Delta G_T^{\ominus}$
	FeO	C	Cl_2	$FeCl_2$	CO	/cal·(mol·K)$^{-1}$	/kcal·mol^{-1} Cl_2
900	20.05	2.77	56.98	37.11	50.35	7.66	-50.09
1000	21.00	3.05	57.61	39.05	50.88	8.27	-51.47
1100	21.90	3.33	58.20	41.38	51.38	9.33	-53.46
1200	22.77	3.61	58.75	43.50	51.86	10.23	-55.48
1300	23.59	3.88	59.28	45.72	52.32	11.29	-57.88

④反应　　$FeO + \frac{1}{2}C + Cl_2 = FeCl_2 + \frac{1}{2}CO_2$　　(3-XXIX)

$\Delta H_{f,298}^{\ominus}$(kcal/mol)　　-65.02　　-81.80　-94.05

$$\Delta H_{298}^{\ominus} = \sum(\nu_i \Delta H_{f,298,i}^{\ominus})_{产物} - \sum(\nu_i \Delta H_{f,298,i}^{\ominus})_{反应物}$$

$$= -81.80 - \frac{1}{2} \times 94.05 - (-65.02)$$

$$= -63.805\text{kcal/mol } Cl_2$$

$$\Delta\Phi'_T = \sum(\nu_i \Phi'_{T,i})_{产物} - \sum(\nu_i \Phi'_{T,i})_{反应物}$$

$$\Delta G_T^{\ominus} = \Delta H_{298}^{\ominus} - \Delta\Phi'_T T = -63805 - \Delta\Phi'_T T$$

温度/K	$\Phi'_{T,i}$值/cal·(mol·K)$^{-1}$					$\Delta\Phi'_T$	$\Delta G_T^{\ominus}$
	FeO	C	Cl_2	$FeCl_2$	CO_2	/cal·(mol·K)$^{-1}$	/kcal·mol^{-1} Cl_2
900	20.05	2.77	56.98	37.11	55.61	-13.50	-51.66
1000	21.00	3.05	57.61	39.05	56.41	-12.88	-50.93
1100	21.90	3.33	58.20	41.38	57.19	-11.79	-50.84
1200	22.77	3.61	58.75	43.50	57.93	-10.86	-50.77
1300	23.59	3.88	59.28	45.72	58.64	-9.77	-51.10

⑤反应　　$\frac{1}{3}Fe_2O_3 + C + Cl_2 = \frac{2}{3}FeCl_3 + CO$　　(3-XXX)

$\Delta H_{f,298}^{\ominus}$(kcal/mol)　　-197.30　　-60.50　-26.42

$$\Delta H_{298}^{\ominus} = \sum (\nu_i \Delta H_{f,298,i}^{\ominus})_{产物} - \sum (\nu_i \Delta H_{f,298,i}^{\ominus})_{反应物}$$

$$= \frac{2}{3} \times (-60.50) - 26.42 - \frac{1}{3} \times (-197.30)$$

$$= -40.33 - 26.42 + 65.77 = -0.98\text{kcal/molCl}_2$$

$$\Delta \Phi'_T = \sum (\nu_i \Phi'_{T,i})_{产物} - \sum (\nu_i \Phi'_{T,i})_{反应物}$$

$$\Delta G_T^{\ominus} = \Delta H_{298}^{\ominus} - \Delta \Phi'_T T = -980 - \Delta \Phi'_T T$$

温度/K	$\Phi'_{T,i}$值/cal·(mol·K)$^{-1}$					$\Delta\Phi'_T$	$\Delta G_T^{\ominus}$
	Fe_2O_3	C	Cl_2	$FeCl_3$	CO	/cal·(mol·K)$^{-1}$	/kcal·mol^{-1}Cl_2
900	34.01	2.77	56.98	90.62	50.35	39.67	-36.68
1000	36.45	3.05	57.61	92.03	50.88	39.42	-40.40
1100	38.79	3.33	58.20	93.36	51.38	39.16	-44.06
1200	41.00	3.61	58.75	94.61	51.86	38.90	-47.66
1300	43.09	3.88	59.28	95.80	52.32	38.67	-51.25

⑥反应 $\frac{1}{3}Fe_2O_3 + \frac{1}{2}C + Cl_2 = \frac{2}{3}FeCl_3 + \frac{1}{2}CO_2$ (3-XXXI)

$\Delta H_{f,298}^{\ominus}$(kcal/mol) -197.30 -60.50 -94.05

$$\Delta H_{298}^{\ominus} = \sum (\nu_i \Delta H_{f,298,i}^{\ominus})_{产物} - \sum (\nu_i \Delta H_{f,298,i}^{\ominus})_{反应物}$$

$$= \frac{2}{3} \times (-60.50) + \frac{1}{2} \times (-94.05) - \frac{1}{3} \times (-197.30)$$

$$= -40.33 - 47.025 + 65.77 = -21.585\text{kcal/molCl}_2$$

$$\Delta \Phi'_T = \sum (\nu_i \Phi'_{T,i})_{产物} - \sum (\nu_i \Phi'_{T,i})_{反应物}$$

$$\Delta G_T^{\ominus} = \Delta H_{298}^{\ominus} - \Delta \Phi'_T T = -21585 - \Delta \Phi'_T T$$

温度/K	$\Phi'_{T,i}$值/cal·(mol·K)$^{-1}$					$\Delta\Phi'_T$	$\Delta G_T^{\ominus}$
	Fe_2O_3	C	Cl_2	$FeCl_3$	CO_2	/cal·(mol·K)$^{-1}$	/kcal·mol^{-1}Cl_2
900	34.01	2.77	56.98	90.62	55.61	18.51	-38.24
1000	36.45	3.05	57.61	92.03	56.41	18.27	-39.86
1100	38.79	3.33	58.20	93.36	57.19	18.04	-41.43
1200	41.00	3.61	58.75	94.61	57.93	17.81	-42.96
1300	43.09	3.88	59.28	95.80	58.64	17.61	-44.48

⑦反应 $CaO + C + Cl_2 = CaCl_2 + CO$ (3-XXXII)

$\Delta H_{f,298}^{\ominus}$(kcal/mol) -151.60 -191.40 -26.42

$$\Delta H_{298}^{\ominus} = \sum (\nu_i \Delta H_{f,298,i}^{\ominus})_{产物} - \sum (\nu_i \Delta H_{f,298,i}^{\ominus})_{反应物}$$

$$= (-191.40) + (-26.42) - (-151.60)$$

$$= -66.22\text{kcal/molCl}_2$$

$$\Delta \Phi'_T = \sum (\nu_i \Phi'_{T,i})_{产物} - \sum (\nu_i \Phi'_{T,i})_{反应物}$$

$$\Delta G_T^{\ominus} = \Delta H_{298}^{\ominus} - \Delta \Phi'_T T = -66220 - \Delta \Phi'_T T$$

温度/K	$\Phi'_{T,i}$值/cal·(mol·K)$^{-1}$					$\Delta\Phi'_T$	$\Delta G_T^{\ominus}$
	CaO	C	Cl_2	$CaCl_2$	CO	/cal·(mol·K)$^{-1}$	/kcal·mol^{-1}Cl_2
900	14.48	2.77	56.98	35.17	50.35	11.29	-76.38
1000	15.35	3.05	57.61	36.53	50.88	11.40	-77.62
1100	16.17	3.33	58.20	38.14	51.38	11.82	-79.22
1200	16.95	3.61	58.75	39.93	51.86	12.48	-81.20
1300	17.70	3.88	59.28	41.60	52.32	13.06	-83.20

⑧反应　　$CaO + \frac{1}{2}C + Cl_2 \xlongequal{} CaCl_2 + \frac{1}{2}CO_2$　　(3-XXXIII)

$\Delta H_{f,298}^{\ominus}$(kcal/mol)　　-151.60　　-191.40　-94.05

$$\Delta H_{298}^{\ominus} = \sum(\nu_i \Delta H_{f,298,i}^{\ominus})_{产物} - \sum(\nu_i \Delta H_{f,298,i}^{\ominus})_{反应物}$$

$$= -191.40 - \frac{1}{2}\times 94.05 - (-151.60)$$

$$= -191.40 - 47.025 + 151.60 = -86.825\text{kcal/molCl}_2$$

$$\Delta\Phi'_T = \sum(\nu_i \Phi'_{T,i})_{产物} - \sum(\nu_i \Phi'_{T,i})_{反应物}$$

$$\Delta G_T^{\ominus} = \Delta H_{298}^{\ominus} - \Delta\Phi'_T T = -86825 - \Delta\Phi'_T T$$

温度/K	$\Phi'_{T,i}$值/cal·(mol·K)$^{-1}$					$\Delta\Phi'_T$	$\Delta G_T^{\ominus}$
	CaO	C	Cl_2	$CaCl_2$	CO_2	/cal·(mol·K)$^{-1}$	/kcal·mol^{-1}Cl_2
900	14.48	2.77	56.98	35.17	55.61	-9.87	-77.94
1000	15.35	3.05	57.61	36.53	56.41	-9.75	-77.08
1100	16.17	3.33	58.20	38.14	57.19	-9.30	-76.60
1200	16.95	3.61	58.75	39.93	57.93	-8.61	-76.49
1300	17.70	3.88	59.28	41.60	58.64	-8.00	-76.43

⑨反应　　$MgO + C + Cl_2 \xlongequal{} MgCl_2 + CO$　　(3-XXXIV)

$\Delta H_{f,298}^{\ominus}$(kcal/mol)　　-143.70　　-153.30　-26.42

$$\Delta H_{298}^{\ominus} = \sum(\nu_i \Delta H_{f,298,i}^{\ominus})_{产物} - \sum(\nu_i \Delta H_{f,298,i}^{\ominus})_{反应物}$$

$$= -153.30 - 26.42 + 143.70 = -36.02\text{kcal/molCl}_2$$

$$\Delta\Phi'_T = \sum(\nu_i \Phi'_{T,i})_{产物} - \sum(\nu_i \Phi'_{T,i})_{反应物}$$

$$\Delta G_T^{\ominus} = \Delta H_{298}^{\ominus} - \Delta\Phi'_T T = -36020 - \Delta\Phi'_T T$$

温度/K	$\Phi'_{T,i}$值/cal·(mol·K)$^{-1}$					$\Delta\Phi'_T$	$\Delta G_T^{\ominus}$
	MgO	C	Cl_2	$MgCl_2$	CO	/cal·(mol·K)$^{-1}$	/kcal·mol^{-1}Cl_2
900	11.02	2.77	56.98	29.43	50.35	9.01	-44.13
1000	11.83	3.05	57.61	30.93	50.88	9.32	-45.34
1100	12.60	3.33	58.20	33.19	51.38	10.44	-47.50
1200	13.34	3.61	58.75	35.24	51.86	11.40	-47.70
1300	14.04	3.88	59.28	37.11	52.32	12.23	-51.92

⑩反应 $MgO + \frac{1}{2}C + Cl_2 \xlongequal{} MgCl_2 + \frac{1}{2}CO_2$ (3-XXXV)

$\Delta H^{\ominus}_{f,298}$(kcal/mol) -143.70 -153.30 -94.05

$$\Delta H^{\ominus}_{298} = \sum(\nu_i \Delta H^{\ominus}_{f,298,i})_{产物} - \sum(\nu_i \Delta H^{\ominus}_{f,298,i})_{反应物}$$

$$= -153.30 + \frac{1}{2}\times(-94.05) - (-143.70)$$

$$= -153.30 - 47.025 + 143.70 = -56.625 \text{kcal/molCl}_2$$

$$\Delta \Phi'_T = \sum(\nu_i \Phi'_{T,i})_{产物} - \sum(\nu_i \Phi'_{T,i})_{反应物}$$

$$\Delta G^{\ominus}_T = \Delta H^{\ominus}_{298} - \Delta \Phi'_T T = -56625 - \Delta \Phi'_T T$$

温度/K	$\Phi'_{T,i}$值/cal·(mol·K)$^{-1}$					$\Delta\Phi'_T$ /cal·(mol·K)$^{-1}$	$\Delta G^{\ominus}_T$ /kcal·mol^{-1}Cl$_2$
	MgO	C	Cl_2	$MgCl_2$	CO_2		
900	11.02	2.77	56.98	29.43	55.61	-12.15	-45.69
1000	11.83	3.05	57.61	30.93	56.41	-11.83	-44.80
1100	12.60	3.33	58.20	33.19	57.19	-10.68	-44.88
1200	13.34	3.61	58.75	35.24	57.93	-9.69	-45.00
1300	14.04	3.88	59.28	37.11	58.64	-8.81	-45.17

⑪反应 $MnO + C + Cl_2 \xlongequal{} MnCl_2 + CO$ (3-XXXVI)

$\Delta H^{\ominus}_{f,298}$(kcal/mol) -92.00 -115.20 -26.42

$$\Delta H^{\ominus}_{298} = \sum(\nu_i \Delta H^{\ominus}_{f,298,i})_{产物} - \sum(\nu_i \Delta H^{\ominus}_{f,298,i})_{反应物}$$

$$= -115.20 - 26.42 + 92.00 = -49.62 \text{kcal/molCl}_2$$

$$\Delta \Phi'_T = \sum(\nu_i \Phi'_{T,i})_{产物} - \sum(\nu_i \Phi'_{T,i})_{反应物}$$

$$\Delta G^{\ominus}_T = \Delta H^{\ominus}_{298} - \Delta \Phi'_T T = -49620 - \Delta \Phi'_T T$$

温度/K	$\Phi'_{T,i}$值/cal·(mol·K)$^{-1}$					$\Delta\Phi'_T$ /cal·(mol·K)$^{-1}$	$\Delta G^{\ominus}_T$ /kcal·mol^{-1}Cl$_2$
	MnO	C	Cl_2	$MnCl_2$	CO		
900	19.33	2.77	56.98	36.42	50.35	7.69	-56.54
1000	20.20	3.05	57.61	38.58	50.88	8.60	-58.22
1100	21.03	3.33	58.20	40.77	51.38	9.59	-60.17
1200	21.82	3.61	58.75	42.77	51.86	10.45	-62.16
1300	22.57	3.88	59.28	44.60	52.32	11.19	-64.17

⑫反应 $MnO + \frac{1}{2}C + Cl_2 \xlongequal{} MnCl_2 + \frac{1}{2}CO_2$ (3-XXXVII)

$\Delta H^{\ominus}_{f,298}$(kcal/mol) -92.00 -115.20 -94.05

$$\Delta H^{\ominus}_{298} = \sum(\nu_i \Delta H^{\ominus}_{f,298,i})_{产物} - \sum(\nu_i \Delta H^{\ominus}_{f,298,i})_{反应物}$$

$$= -115.20 - \frac{1}{2} \times 94.05 - (-92.00)$$

$$= -115.20 - 47.025 + 92.00 = -70.225\text{kcal/mol } Cl_2$$

$$\Delta\Phi'_T = \sum (\nu_i \Phi'_{T,i})_{产物} - \sum (\nu_i \Phi'_{T,i})_{反应物}$$

$$\Delta G_T^{\ominus} = \Delta H_{298}^{\ominus} - \Delta\Phi'_T T = -70225 - \Delta\Phi'_T T$$

温度/K	$\Phi'_{T,i}$值/cal·(mol·K)$^{-1}$					$\Delta\Phi'_T$	$\Delta G_T^{\ominus}$
	MnO	C	Cl_2	$MnCl_2$	CO_2	/cal·(mol·K)$^{-1}$	/kcal·mol$^{-1}Cl_2$
900	19.33	2.77	56.98	36.42	55.61	-13.47	-58.10
1000	20.20	3.05	57.61	38.58	56.41	-12.55	-57.68
1100	21.03	3.33	58.20	40.77	57.19	-11.53	-57.54
1200	21.82	3.61	58.75	42.77	57.93	-10.64	-57.46
1300	22.57	3.88	59.28	44.60	58.64	-9.85	-57.42

⑬反应 $\frac{1}{3}Al_2O_{3(s)} + C_{(s)} + Cl_{2(g)} = \frac{2}{3}AlCl_{3(g)} + CO_{(g)}$ (3-XXXⅧ)

$\Delta H_{f,298}^{\ominus}$(kcal/mol) -400.00 -139.70 -26.42

$$\Delta H_{298}^{\ominus} = \sum (\nu_i \Delta H_{f,298,i}^{\ominus})_{产物} - \sum (\nu_i \Delta H_{f,298,i}^{\ominus})_{反应物}$$

$$= \frac{2}{3} \times (-139.70) - 26.42 - \frac{1}{3} \times (-400.00)$$

$$= -93.13 - 26.42 + 133.33 = 13.78\text{kcal/mol } Cl_2$$

$$\Delta\Phi'_T = \sum (\nu_i \Phi'_{T,i})_{产物} - \sum (\nu_i \Phi'_{T,i})_{反应物}$$

$$\Delta G_T^{\ominus} = \Delta H_{298}^{\ominus} - \Delta\Phi'_T T = 13780 - \Delta\Phi'_T T$$

温度/K	$\Phi'_{T,i}$值/cal·(mol·K)$^{-1}$					$\Delta\Phi'_T$	$\Delta G_T^{\ominus}$
	Al_2O_3	C	Cl_2	$AlCl_2$	CO	/cal·(mol·K)$^{-1}$	/kcal·mol$^{-1}Cl_2$
900	22.65	2.77	56.98	82.61	50.35	38.12	-20.53
1000	24.55	3.05	57.61	83.97	50.88	38.02	-24.24
1100	26.38	3.33	58.20	85.26	51.38	37.90	-27.91
1200	28.13	3.61	58.75	86.49	51.86	37.78	-31.56
1300	29.90	3.88	59.28	87.65	52.32	37.62	-35.13

⑭反应 $\frac{1}{3}Al_2O_3 + \frac{1}{2}C + Cl_2 = \frac{2}{3}AlCl_3 + \frac{1}{2}CO_2$ (3-XXXⅨ)

$\Delta H_{f,298}^{\ominus}$(kcal/mol) -400.00 -139.70 -94.05

$$\Delta H_{298}^{\ominus} = \sum (\nu_i \Delta H_{f,298,i}^{\ominus})_{产物} - \sum (\nu_i \Delta H_{f,298,i}^{\ominus})_{反应物}$$

$$= \frac{2}{3} \times (-139.70) + \frac{1}{2} \times (-94.05) - \frac{1}{3} \times (-400.00)$$

$$= -93.13 - 47.025 + 133.33 = -6.825\text{kcal/mol } Cl_2$$

$$\Delta\Phi'_T = \sum (\nu_i \Phi'_{T,i})_{产物} - \sum (\nu_i \Phi'_{T,i})_{反应物}$$

$$\Delta G_T^{\ominus} = \Delta H_{298}^{\ominus} - \Delta\Phi'_T T = -6825 - \Delta\Phi'_T T$$

温度/K	$\Phi'_{T,i}$值/cal·(mol·K)$^{-1}$					$\Delta\Phi'_T$	$\Delta G_T^\ominus$
	Al_2O_3	C	Cl_2	$AlCl_3$	CO_2	/cal·(mol·K)$^{-1}$	/kcal·mol^{-1} Cl_2
900	22.65	2.77	56.98	82.61	55.61	16.96	-22.09
1000	24.55	3.05	57.61	83.97	56.41	16.87	-23.70
1100	26.38	3.33	58.20	85.26	57.19	16.78	-25.28
1200	28.13	3.61	58.75	86.49	57.93	16.69	-26.85
1300	29.90	3.88	59.28	87.65	58.64	16.56	-28.35

⑮反应 $$\frac{1}{2}SiO_2 + C + Cl_2 = \frac{1}{2}SiCl_4 + CO \qquad (3\text{-XXXX})$$

$\Delta H^\ominus_{f,298}$(kcal/mol) -217.7 -164.18 -26.42

$$\Delta H^\ominus_{298} = \sum(\nu_i \Delta H^\ominus_{f,298,i})_{产物} - \sum(\nu_i \Delta H^\ominus_{f,298,i})_{反应物}$$
$$= \frac{1}{2}\times(-164.18) - 26.42 - \frac{1}{2}\times(-217.7)$$
$$= -82.09 - 26.42 + 108.85 = 0.34\text{kcal/mol } Cl_2$$
$$\Delta\Phi'_T = \sum(\nu_i \Phi'_{T,i})_{产物} - \sum(\nu_i \Phi'_{T,i})_{反应物}$$
$$\Delta G^\ominus_T = \Delta H^\ominus_{298} - \Delta\Phi'_T T = 340 - \Delta\Phi'_T T$$

温度/K	$\Phi'_{T,i}$值/cal·(mol·K)$^{-1}$					$\Delta\Phi'_T$	$\Delta G_T^\ominus$
	SiO_2	C	Cl_2	$SiCl_4$	CO	/cal·(mol·K)$^{-1}$	/kcal·mol^{-1} Cl_2
900	15.78	2.77	56.98	81.70	50.35	23.56	-20.86
1000	16.89	3.05	57.61	84.25	50.88	23.90	-23.56
1100	17.95	3.33	58.20	86.57	51.38	24.16	-26.24
1200	18.96	3.61	58.75	88.69	51.86	24.365	-28.90
1300	19.92	3.88	59.28	90.65	52.32	24.525	-31.54

⑯反应 $$\frac{1}{2}SiO_2 + \frac{1}{2}C + Cl_2 = \frac{1}{2}SiCl_4 + \frac{1}{2}CO_2 \qquad (3\text{-XXXXI})$$

$\Delta H^\ominus_{f,298}$(kcal/mol) -217.7 -164.18 -94.05

$$\Delta H^\ominus_{298} = \sum(\nu_i \Delta H^\ominus_{f,298,i})_{产物} - \sum(\nu_i \Delta H^\ominus_{f,298,i})_{反应物}$$
$$= \frac{1}{2}\times(-164.18) + \frac{1}{2}\times(-94.05) - \frac{1}{2}\times(-217.7)$$
$$= -82.09 - 47.025 + 108.85 = -20.265\text{kcal/mol } Cl_2$$
$$\Delta\Phi'_T = \sum(\nu_i \Phi'_{T,i})_{产物} - \sum(\nu_i \Phi'_{T,i})_{反应物}$$
$$\Delta G^\ominus_T = \Delta H^\ominus_{298} - \Delta\Phi'_T T = -20265 - \Delta\Phi'_T T$$

温度/K	$\Phi'_{T,i}$值/cal·(mol·K)$^{-1}$					$\Delta\Phi'_T$	$\Delta G_T^\ominus$
	SiO_2	C	Cl_2	$SiCl_4$	CO_2	/cal·(mol·K)$^{-1}$	/kcal·mol^{-1} Cl_2
900	15.78	2.77	56.98	81.70	55.61	2.4	-22.43
1000	16.89	3.05	57.61	84.25	56.41	2.75	-23.02
1100	17.95	3.33	58.20	86.57	57.19	3.04	-23.61
1200	18.96	3.61	58.75	88.69	57.93	3.275	-24.20
1300	19.92	3.88	59.28	90.65	58.64	3.465	-24.77

将以上各反应式的计算结果列入表 3-8 中，作图如图 3-7 所示。

表 3-8　钛渣中杂质氧化物加碳氯化反应的 $\Delta G_T^{\ominus}$ 计算值

反应式号	单　位	$\Delta G_T^{\ominus}$				
		900K	1000K	1100K	1200K	1300K
(3-XXVI)	kcal/mol	-34.192	-36.22	-38.21	-40.15	-42.09
	kJ/mol	-143.059	-151.544	-159.871	-167.988	-176.105
(3-XXVII)	kcal/mol	-35.24	-35.85	-36.46	-37.03	-37.59
	kJ/mol	-147.444	-149.996	-152.549	-154.934	-157.277
(3-XXVIII)	kcal/mol	-50.09	-51.47	-53.46	-55.48	-57.88
	kJ/mol	-209.577	-215.350	-223.677	-232.128	-242.170
(3-XXIX)	kcal/mol	-51.66	-50.93	-50.84	-50.77	-51.10
	kJ/mol	-216.145	-213.091	-212.715	-212.422	-213.802
(3-XXX)	kcal/mol	-36.68	-40.40	-44.06	-47.66	-51.25
	kJ/mol	-153.469	-169.034	-184.347	-199.409	-214.43
(3-XXXI)	kcal/mol	-38.24	-39.86	-41.43	-42.96	-44.48
	kJ/mol	-159.996	-166.774	-173.343	-179.745	-186.104
(3-XXXII)	kcal/mol	-76.38	-77.62	-79.22	-81.20	-83.20
	kJ/mol	-319.574	-324.762	-331.456	-339.741	-348.109
(3-XXXIII)	kcal/mol	-77.94	-77.08	-76.60	-76.49	-76.43
	kJ/mol	-326.101	-322.503	-320.494	-320.034	-319.783
(3-XXXIV)	kcal/mol	-44.13	-45.34	-47.50	-47.70	-51.92
	kJ/mol	-184.640	-189.703	-198.740	-199.577	-217.233
(3-XXXV)	kcal/mol	-45.69	-44.80	-44.88	-45.00	-45.17
	kJ/mol	-191.167	-187.443	-187.778	-188.280	-188.991
(3-XXXVI)	kcal/mol	-56.54	-58.22	-60.17	-62.16	-64.17
	kJ/mol	-236.563	-243.592	-251.751	-260.077	-268.487
(3-XXXVII)	kcal/mol	-58.10	-57.68	-57.54	-57.46	-57.42
	kJ/mol	-243.09	-241.333	-240.747	-240.413	-240.245
(3-XXXVIII)	kcal/mol	-20.53	-24.24	-27.91	-31.56	-35.13
	kJ/mol	-85.898	-101.420	-116.775	-132.047	-146.984
(3-XXXIX)	kcal/mol	-22.09	-23.70	-25.28	-26.85	-28.35
	kJ/mol	-92.425	-99.161	-105.772	-112.340	-118.616
(3-XXXX)	kcal/mol	-20.86	-23.56	-26.24	-28.90	-31.54
	kJ/mol	-87.278	-98.575	-109.788	-120.918	-131.96
(3-XXXXI)	kcal/mol	-22.43	-23.02	-23.61	-24.20	-24.77
	kJ/mol	-93.847	-96.316	-98.784	-101.253	-103.638

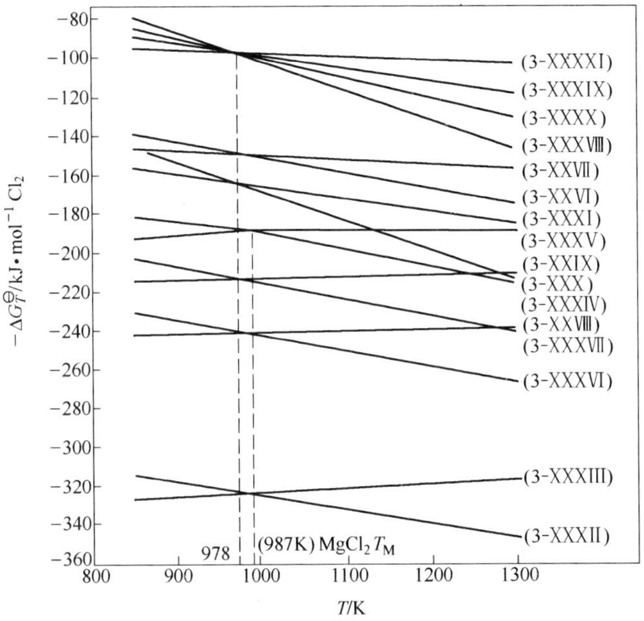

图 3-7 钛渣中氧化物杂质加碳氯化的 $\Delta G_T^{\ominus}$-T 关系曲线

【例 3-15】 镁还原 $TiCl_4$ 制取海绵钛时，可能发生以下一些还原反应：

$$\frac{1}{2}TiCl_4 + Mg = \frac{1}{2}Ti + MgCl_2 \qquad (3\text{-XXXXII})$$

$$2TiCl_4 + Mg = 2TiCl_3 + MgCl_2 \qquad (3\text{-XXXXIII})$$

$$TiCl_4 + Mg = TiCl_2 + MgCl_2 \qquad (3\text{-XXXXIV})$$

$$2TiCl_3 + Mg = 2TiCl_2 + MgCl_2 \qquad (3\text{-XXXXV})$$

$$\frac{2}{3}TiCl_3 + Mg = \frac{2}{3}Ti + MgCl_2 \qquad (3\text{-XXXXVI})$$

$$TiCl_2 + Mg = Ti + MgCl_2 \qquad (3\text{-XXXXVII})$$

试计算以上反应的 $\Delta G_T^{\ominus}$ 值。

【解】 这里按摩尔吉布斯自由能法计算。

反应式XXXXII $\quad \frac{1}{2}TiCl_4 + Mg = \frac{1}{2}Ti + MgCl_2$

温度/K	$G_{T,i}^{\ominus}$ 值/kcal·mol^{-1}				$\Delta G_T^{\ominus}$/kcal·mol^{-1} Mg
	$TiCl_4$	Mg	Ti	$MgCl_2$	
900	-268.223	-9.541	-9.116	-179.768	-40.673
1000	-279.550	-11.273	-10.622	-184.222	-38.485
1100	-293.132	-13.133	-12.206	-189.796	-36.200
1200	-302.946	-15.063	-13.900	-195.572	-35.986
1300	-314.974	-17.057	-15.702	-201.532	-34.839

反应式XXXXIII $\quad 2TiCl_4 + Mg = 2TiCl_3 + MgCl_2$

温度/K	$G^{\ominus}_{T,i}$值/kcal · mol^{-1}				$\Delta G^{\ominus}_T$/kcal · mol^{-1}Mg
	$TiCl_4$	Mg	$TiCl_3$	$MgCl_2$	
900	-268.223	-9.541	-211.929	-179.768	-57.639
1000	-279.550	-11.273	-218.073	-184.222	-49.995
1100	-293.132	-13.133	-224.472	-189.796	-38.769
1200	-302.946	-15.063	-234.532	-195.572	-43.681
1300	-314.974	-17.057	-244.910	-201.532	-44.345

反应式XXXXⅣ　$TiCl_4 + Mg = TiCl_2 + MgCl_2$

温度/K	$G^{\ominus}_{T,i}$值/kcal · mol^{-1}				$\Delta G^{\ominus}_T$/kcal · mol^{-1}Mg
	$TiCl_4$	Mg	$TiCl_2$	$MgCl_2$	
900	-268.223	-9.541	-148.998	-179.768	-51.002
1000	-279.550	-11.273	-153.217	-184.222	-46.616
1100	-293.132	-13.133	-157.643	-189.796	-41.174
1200	-302.946	-15.063	-162.260	-195.572	-39.823
1300	-314.974	-17.057	-167.031	-201.532	-36.532

反应式XXXXⅤ　$2TiCl_3 + Mg = 2TiCl_2 + MgCl_2$

温度/K	$G^{\ominus}_{T,i}$值/kcal · mol^{-1}				$\Delta G^{\ominus}_T$/kcal · mol^{-1}Mg
	$TiCl_3$	Mg	$TiCl_2$	$MgCl_2$	
900	-211.929	-9.541	-148.998	-179.768	-44.365
1000	-218.073	-11.273	-153.217	-184.222	-43.237
1100	-224.472	-13.133	-157.643	-189.796	-43.005
1200	-234.532	-15.063	-162.260	-195.572	-35.965
1300	-244.910	-17.057	-167.031	-201.532	-28.717

反应式XXXXⅥ　$\frac{2}{3}TiCl_3 + Mg = \frac{2}{3}Ti + MgCl_2$

温度/K	$G^{\ominus}_{T,i}$值/kcal · mol^{-1}				$\Delta G^{\ominus}_T$/kcal · mol^{-1}Mg
	$TiCl_3$	Mg	Ti	$MgCl_2$	
900	-211.929	-9.541	-9.116	-179.768	-35.018
1000	-218.073	-11.273	-10.622	-184.222	-34.648
1100	-224.472	-13.133	-12.206	-189.796	-35.152
1200	-234.532	-15.063	-13.900	-195.572	-33.421
1300	-244.910	-17.057	-15.702	-201.532	-31.670

反应式XXXXⅦ　$TiCl_2 + Mg = Ti + MgCl_2$

温度/K	$G^{\ominus}_{T,i}$值/kcal · mol^{-1}				$\Delta G^{\ominus}_T$/kcal · mol^{-1}Mg
	$TiCl_2$	Mg	Ti	$MgCl_2$	
900	-148.998	-9.541	-9.116	-179.768	-30.345
1000	-153.217	-11.273	-10.622	-184.222	-30.354
1100	-157.643	-13.133	-12.206	-189.796	-31.226
1200	-162.260	-15.063	-13.900	-195.572	-32.149
1300	-167.031	-17.057	-15.702	-201.532	-33.146

将以上计算结果列在表3-9中，并作图如图3-8所示。

表 3-9 镁还原 $TiCl_4$ 生产金属钛时各反应的 $\Delta G_T^{\ominus}$ 值

反应式号	单位	$\Delta G_T^{\ominus}$ 值				
		900K	1000K	1100K	1200K	1300K
(3-XXXXII)	kcal/mol	-40.673	-38.485	-36.200	-35.986	-34.839
	kJ/mol	-170.176	-161.021	-151.461	-150.565	-145.766
(3-XXXXIII)	kcal/mol	-57.639	-49.995	-38.769	-43.681	-44.345
	kJ/mol	-241.162	-209.179	-162.209	-182.761	-185.539
(3-XXXXIV)	kcal/mol	-51.002	-46.616	-41.174	-39.823	-36.532
	kJ/mol	-213.392	-195.041	-172.272	-166.619	-152.850
(3-XXXXV)	kcal/mol	-44.365	-43.237	-43.005	-35.965	-28.717
	kJ/mol	-185.623	-180.904	-179.933	-150.478	-120.152
(3-XXXXVI)	kcal/mol	-35.018	-34.648	-35.152	-33.421	-31.670
	kJ/mol	-146.515	-144.967	-147.076	-139.833	-132.507
(3-XXXXVII)	kcal/mol	-30.345	-30.354	-31.226	-32.149	-33.146
	kJ/mol	-126.963	-127.001	-130.650	-134.511	-138.683

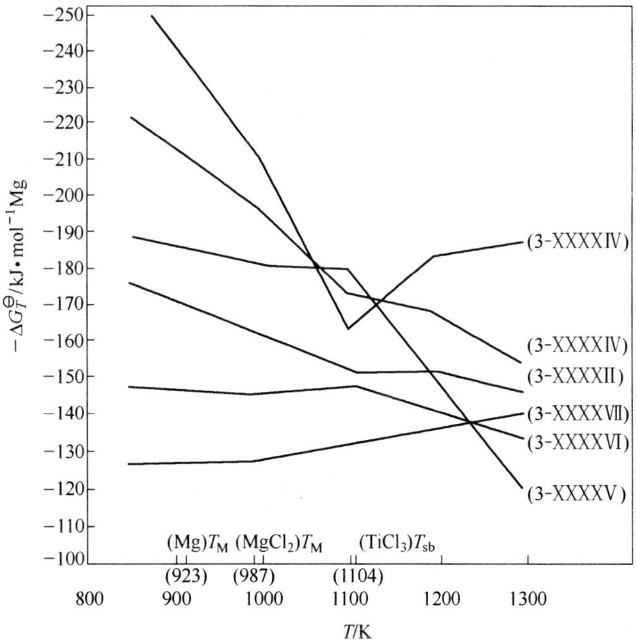

图 3-8 镁还原 $TiCl_4$ 生产海绵钛时可能发生的反应的 $\Delta G_T^{\ominus}$-T 关系曲线

4 化学平衡常数与平衡组成的计算

在前面两章中，先后讨论了恒温、恒压过程中化学能转变为热能的问题，重点在基尔戈夫方程式的应用与计算；讨论了反应的方向性问题，重点在标准吉布斯自由能的计算和等温方程式的应用，在本章将讨论反应的限度和最大产率问题，重点在平衡常数与平衡组成的计算和范特荷甫(Van't Hoff)等压方程式的应用。目的在于掌握化学热力学处理化学平衡的方法，了解各种因素对化学平衡的影响。

4.1 平衡常数及其计算

4.1.1 平衡常数表达式

4.1.1.1 平衡常数的定义

对于反应：

$$aA + bB = gG + hH \tag{4-Ⅰ}$$

平衡常数 K_a 定义为：

$$K_a = \frac{a_G^g a_H^h}{a_A^a a_B^b} \tag{4-1}$$

式中，a_G、a_H、a_A、a_B 分别为 G、H、A、B 在平衡混合物中的活度。

4.1.1.2 理想气体反应的平衡常数

$$K_p = \frac{p_G^g p_H^h}{p_A^a p_B^b} \tag{4-2}$$

还可用下面的表达式：

$$K_c = \frac{c_G^g c_H^h}{c_A^a c_B^b} \tag{4-3}$$

$$K_n = \frac{n_G^g n_H^h}{n_A^a n_B^b} \tag{4-4}$$

$$K_x = \frac{x_G^g x_H^h}{x_A^a x_B^b} \tag{4-5}$$

式中 c_i——组分 i 的平衡浓度(通常用摩尔浓度表示)；

n_i——组分 i 的平衡摩尔数；

x_i——组分 i 的摩尔分数。

K_p、K_x、K_c 和 K_n 之间的关系是：

$$K_p = K_x p^{\Delta\nu} = K_n\left(\frac{p}{\Sigma n_i}\right)^{\Delta\nu} = K_c(RT)^{\Delta\nu} \tag{4-6}$$

式中 T, p——分别为物质的温度和总压。

$$\Delta\nu = (g+h) - (a+b)$$

理想气体反应的 K_p、K_c 只是温度的函数，与物质的组成及总压无关。但平衡常数的数值与化学计量方程式的写法有关。

4.1.1.3 真实气体反应的平衡常数

$$K_f = \frac{f_G^g f_H^h}{f_A^a f_B^b} = \frac{\gamma_G^g \gamma_H^h}{\gamma_A^a \gamma_B^b} \cdot \frac{p_G^g p_H^h}{p_A^a p_B^b} = K_\gamma K_p \tag{4-7}$$

式中 f_i——组分 i 的逸度，$f_i = \gamma_i p_i$；

γ_i——组分 i 的逸度系数。

4.1.1.4 溶液中反应的平衡常数。

对溶液中发生的任一化学反应来说：

$$a\{A\} + b\{B\} = g\{G\} + h\{H\} \tag{4-Ⅱ}$$

平衡常数 K_a 按式 4-1 计算。理想溶液按式 4-5 计算 K_x。稀溶液按式 4-3 计算 K_c。

4.1.1.5 气体与纯凝聚相之间反应的平衡常数

纯固体或纯液体可作为标准状态，其活度等于 1。因此在平衡常数表达式中不写出纯液相或纯固相物质的活度，仅有气体的分压或浓度。式 4-6 中的 $\Delta\nu$ 也只包含气相组分，而不包含纯液相或纯固相组分的系数。

4.1.1.6 气体与凝聚相溶液之间反应的平衡常数

$$a(A) + b\{B\} = g(G) + h\{H\} \tag{4-Ⅲ}$$

$$K_a = \frac{a_G^g a_H^h}{a_A^a a_B^b} = \frac{f_G^g a_H^h}{f_A^a a_B^b} \tag{4-8}$$

若气体是理想气体，凝聚相是理想溶液，则式 4-8 可写成：

$$K = \frac{x_H^h p_G^g}{x_B^b p_A^a} \tag{4-9}$$

4.1.2 平衡常数 K_p 的计算：

（1）通过反应的标准吉布斯自由能变化 $\Delta G_T^\ominus$ 计算：

$$\ln K_p = -\frac{\Delta G_T^\ominus}{RT} \tag{4-10}$$

（2）Van't Hoff 等压方程式。

1）微分式：

$$\left(\frac{\partial \ln K_p}{\partial T}\right)_p = \frac{\Delta H_T}{RT^2} \tag{4-11}$$

压力对 K_p 和 ΔH 的影响忽略不计时，有：

$$\frac{d\ln K_p}{dT} = \frac{\Delta H_T}{RT^2} \tag{4-12}$$

2）积分式。

在某温度范围内 ΔH = 常数（$\Delta C_p = 0$）时，由微分式 4-12 得到：

不定积分式：

$$\ln K_p = -\frac{\Delta H}{RT} + 常数 \tag{4-13}$$

定积分式：

$$\ln\frac{K_{p_2}}{K_{p_1}} = -\frac{\Delta H}{R}\left(\frac{1}{T_2}-\frac{1}{T_1}\right) = \frac{\Delta H}{R}\left(\frac{T_2-T_1}{T_2T_1}\right) \tag{4-14}$$

当 ΔH_T 随温度的变化不能忽略时，得多项式：

不定积分式：

$$\ln K_p = -\frac{\Delta H_0}{RT} + \frac{\Delta a_0}{R}\ln T + \frac{\Delta a_1}{2R}T + \frac{\Delta a_2}{6R}T^2 + \frac{\Delta a_{-2}}{2R}T^{-2} + I \tag{4-15}$$

定积分式：

$$\ln K_p = -\frac{\Delta H^{\ominus}_{298}}{RT} + \frac{\Delta S^{\ominus}_{298}}{R} - \frac{1}{RT}\int_{298}^{T}\Delta C_p \mathrm{d}T + \frac{1}{R}\int_{298}^{T}\frac{\Delta C_p}{T}\mathrm{d}T \tag{4-16}$$

（3）利用自由焓函数（Φ'函数）法求 K_p。

$$R\ln K_p = \Delta\Phi'_T - \frac{\Delta H^{\ominus}_{298}}{T} \tag{4-17}$$

（4）利用 β 函数法求平衡常数 K_p。

因为 $\lg K_p = -\frac{\Delta G^{\ominus}_T}{RT\ln 10} = -\frac{\sum \nu_i G^{\ominus}_i}{RT\ln 10}$，如定义 $\beta_i(T) = -G^{\ominus}_i(T)/(RT\ln 10)$，称为 β 函数，则有：

$$\lg K_p = \sum \nu_i \beta_i(T) \tag{4-18}$$

在本书附录Ⅶ的数据表中，β 函数是以 BT 表示的。

（5）近似计算式。除熵法第一近似式 4-13 和式 4-14 外，当 $\Delta C_p = \Delta a =$ 常数时，得熵法第二近似式：

$$\ln K_p = -\frac{\Delta H^{\ominus}_{298}}{R} + \frac{\Delta S^{\ominus}_{298}}{T} + \frac{\Delta a}{R}\left(\ln\frac{T}{298} + \frac{298}{T} - 1\right) \tag{4-19}$$

Nernst 近似式：

$$\lg K_p = -\frac{\Delta H^{\ominus}_{298}}{4575T} + 1.75\Delta\nu\lg T + \Delta i \tag{4-20}$$

式中　　$\Delta\nu$ = 产物中气体计量系数和 − 反应物中气体计量系数和

Δi = 产物中气体的条件化学常数 − 反应物中气体的条件化学常数

$\Delta H^{\ominus}_{298}$的单位为 cal，1cal = 4.184J。一些气体的条件化学常数见表 4-1。

表 4-1　一些气体的条件化学常数

气 体	i	气 体	i	气 体	i	气 体	i
H_2	1.6	HCl	3.0	N_2O	3.3	CH_4	2.8
N_2	2.6	HBr	3.2	NH_3	3.3	C_2H_6	2.6
O_2	2.8	HI	3.4	H_2O	3.6	C_2H_4	2.8
Cl_2	3.1	CO	3.5	H_2S	3.0	C_2H_2	3.2
Br_2	3.2	CO_2	3.2	CS_2	3.1	C_6H_6	3.0
I_2	3.9	NO	3.5	SO_2	3.3	CCl_4	3.4

由 Nernst 近似式可以看出，对于同类型反应，如碳酸盐分解反应，氧化物分解反应，同类型化合物的还原反应等，式中 $\Delta\nu$ 及 Δi 都相同，因此，同类型反应的反应能力的大小，可近似地用标准反应焓 $\Delta H_{298}^{\ominus}$ 的大小迅速做出判断。另外，该式的意义还在于，对有气体参加的反应，当实际数据不全时，可用该式方便地估算 K_p 的近似值。

(6) 关于 Σ 函数法求平衡常数与温度的关系式。如将方程式 4-15 改写成：

$$-R\ln K_p + \Delta a_0 \ln T + \frac{1}{2}\Delta a_1 T + \frac{1}{6}\Delta a_2 T^2 + \frac{\Delta a_{-2}}{2T^2} = \Delta H^{\ominus} T^{-1} + I \tag{4-21}$$

上式左边通常用 Σ 表示，并称为"Σ 函数"：

$$\Sigma = -R\ln K_p + \Delta a_0 \ln T + \frac{1}{2}\Delta a_1 T + \frac{1}{6}\Delta a_2 T^2 + \frac{\Delta a_{-2}}{2T^2} \tag{4-22}$$

从而得到：

$$\Sigma = \Delta H_0 T^{-1} + I \tag{4-23}$$

可以看出，Σ 是 $\frac{1}{T}$ 的直线函数。

如果已知各物质的 C_p，即知道 ΔC_p，又知道两个温度下的 K_p 值，那么就可以求出两个温度下的 Σ 函数值，利用式 4-23 就可解出两个积分常数 ΔH_0 和 I，按式 4-15 或式 4-21 就可写出 $\ln K_p$ 与温度关系的多项式。

另外，也可用作图法，即用 Σ 对 $\frac{1}{T}$ 作图，所得直线的斜率即为 ΔH_0，与纵轴的截距则为 I。

从上面的讨论可以看出，对于任何一个反应，其 Σ 函数与 $\frac{1}{T}$ 呈直线关系：只有当 $\Delta C_p = 0$，$\Delta H_T^{\ominus}$ 不随温度变化时，$\lg K_p$ 才与 $\frac{1}{T}$ 呈直线关系，在这种特殊情况下，只要知道两个温度的 K_p 值，就可以求出以下形式的方程式：

$$\lg K_p = -\frac{\Delta H_0}{2.303RT} + T = -\frac{A}{T} + B$$

【例 4-1】 研究下列平衡：

$$H + \frac{1}{2}O_2 = H_2O_{(g)}$$

得出下列结果：

T	1325	1354	1393	1397	1433	1455
K_p	76.5×10^5	41.3×10^5	24.7×10^5	20.5×10^5	13.5×10^5	8.35×10^5
T	1474	1480	1531	1550	1561	1705
K_p	8.45×10^5	5.66×10^5	3.47×10^5	2.91×10^5	22.6×10^5	2.3×10^5
T	1783	1863	1968	2155	2257	
K_p	1.82×10^5	6.70×10^5	3.79×10^5	10.94×10^5	5.90×10^5	

试利用 Σ 函数法求出上述反应的 $\Delta G^{\ominus} = f(T)$ 方程式。

计算时可采用如下热容数据：

$C_{p,H_2O(g),m} = 8.22 + 0.15 \times 10^{-3}T + 1.34 \times 10^{-6}T^2$，cal／(mol · K)

$C_{p,H_2,m} = 6.2 + 0.81 \times 10^{-3}T$，cal／(mol · K)

$C_{p,O_2,m} = 6.26 + 2.746 \times 10^{-3}T - 0.770 \times 10^{-6}T^2$，cal／(mol · K)

【解】 因为 $\Delta C_p = -1.53 - 2.033 \times 10^{-3}T + 1.725 \times 10^{-6}T^2 = \Delta a_0 + \Delta a_1 T + \Delta a_2 T^2$

于是得：$\Sigma = -4.575\lg K_p - 3.524\lg T - 1.0165 \times 10^{-3}T + 0.2875 \times 10^{-6}T^2$

将题表中各个温度下的 K_p 值代入上式，计算出不同温度的 Σ 值如下表：

T	1325	1354	1393	1397	1433	1455
K_p	76.5×10^5	41.3×10^5	24.7×10^5	20.5×10^5	13.5×10^5	8.35×10^5
Σ	−43.34	−42.15	−40.19	−40.82	−40.04	−39.11
T	1474	1480	1531	1550	1561	1705
K_p	8.45×10^5	5.66×10^5	3.47×10^5	29.1×10^5	22.6×10^5	2.3×10^5
Σ	−39.17	−38.36	−37.46	−41.70	−41.21	−36.82
T	1783	1853	1968	2155	2257	
K_p	1.82×10^5	6.70×10^5	3.79×10^5	10.94×10^5	5.90×10^5	
Σ	−36.42	−39.07	−38.02	−40.23	−39.05	

以 Σ 为纵坐标，$\frac{1}{T}$为横坐标作图，如图 4-1 所示。将各点连成一直线，读出直线的斜率为 $\Delta H_0 = -57500$，在纵坐标上的截距是积分常数 $I = -0.10$（欲求 I 值，应将横轴延长至$\frac{1}{T}=0$，如图中右下角示意图所示）。有了 ΔH_0 和 I 值，便可写出如下方程式：

$$\lg K_p = \frac{57500}{4.575T} - \frac{1.53}{1.987}\lg T - \frac{2.033 \times 10^{-3}}{2 \times 2.303 \times 1.987}T + \frac{1.725 \times 10^{-6}}{6 \times 2.303 \times 1.987}T^2 - \frac{I}{4.575}$$

$$\Delta G_T^{\ominus} = -57500 + 3.524T\lg T + 1.065 \times 10^{-3}T^2 - 0.2875 \times 10^{-6}T^2 + 0.10T$$

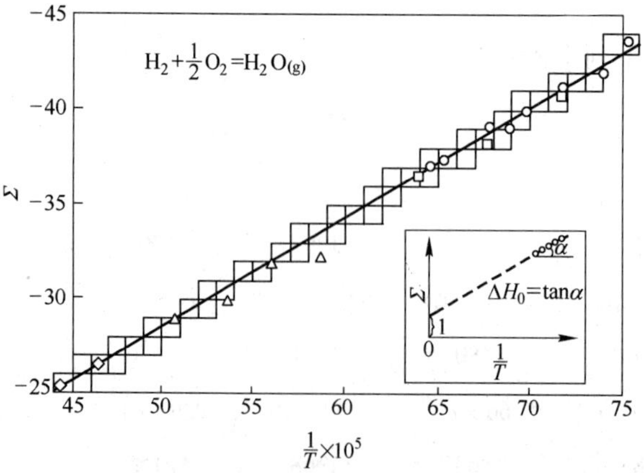

图 4-1　Σ-$\frac{1}{T}$的关系

【例 4-2】 试用 Nernst 近似式对布多尔反应在 298K 和 1000K 时的 K_p 值做出估计，并与准确计算值相比较。

【解】　$C + CO_2 = 2CO$

$\Delta H^{\ominus}_{f,298}$(kJ/mol)　　-393.51　　-110.52

$\Delta H^{\ominus}_{298} = 2 \times (-110.52) - (-393.51) = 172.47\text{kJ} = 172470\text{J}$

$\Delta\nu = 2 - 1 = 1$；$\Delta i = 2i_{CO} - i_{CO_2} = 2 \times 3.5 - 3.2 = 3.8$

据 Nernst 近似式：

$$\lg K_{p,298} = -\frac{\Delta H^{\ominus}_{298}}{19.147T} + 1.75\Delta\nu\lg T + \Delta i = -\frac{172470}{19.147 \times 298} + 1.75 \times 1 \times \lg 298 + 3.8 = -22.1$$

$K_{p,298} = 7.94 \times 10^{-2}$

$$\lg K_{p,1000} = -\frac{172470}{19.147 \times 1000} + 1.75 \times 1 \times \lg 1000 + 3.8 = 0.0423$$

$K_{p,1000} = 1.1$

布多尔反应的 $\Delta G^{\ominus}_T = 170707 - 174.46T$，J。由

$$\Delta G^{\ominus}_T = -RT\ln K_p = -19.147T\lg K_p$$

得

$$\lg K_p = -\frac{8915.60}{T} + 9.11$$

则：　$\lg K_{p,298} = -20.81$，$K_{p,298} = 1.55 \times 10^{-2}$

$\lg K_{p,1000} = 0.1944$，$K_{p,1000} = 1.56$

由以上计算可见，Nernst 近似式有一定误差，只能做近似估计。

【例 4-3】　用 β 函数法计算下列反应在 1000K 和 2000K 时的平衡常数值：

$$FeTiO_3 + C = Fe + TiO_2 + CO$$

【解】　从本书附录Ⅶ中查出：

	$FeTiO_3$ +	C	= Fe	+ TiO_2	+ CO
$BT(\beta_i)_{1000}$	73.686	0.663	2.202	53.656	16.896
$BT(\beta_i)_{2000}$	45.135	1.203	3.372	30.981	14.915

$\lg K_{p,1000} = (2.202 + 53.656 + 16.896) - (73.686 + 0.663) = -1.595$

$K_{p,1000} = 10^{-1.595} = 0.0254$

$\lg K_{p,2000} = (3.372 + 30.981 + 14.915) - (45.135 + 1.203) = 2.93$

$K_{p,2000} = 10^{2.93} = 851$

【例 4-4】　用 Φ' 函数法和 β 函数法求下列反应在 1700K 时的平衡常数：

$$TiO_{2(s)} + 2Cl_{2(g)} = TiCl_{4(g)} + O_{2(g)}$$

【解】　(1)

	$TiO_{2(s)}$	+ $2Cl_{2(g)}$ =	$TiCl_{4(g)}$	+ $O_{2(g)}$
$\Delta H^{\ominus}_{f,298}$(kcal/mol)	-225.80	0	-182.40	0
Φ'_{1700}(cal/(mol·K))	26.45	61.15	107.38	56.02

$\Delta H^{\ominus}_{298} = (-182.40) - (-225.80) = 43.40\text{kcal} = 43400\text{cal}$

$\Delta\Phi'_{1700} = (107.38 + 56.02) - (26.45 + 61.15 \times 2) = 14.65\text{cal/K}$

$$\lg K_p = \frac{\Delta\Phi'_{1700}}{4.575} - \frac{\Delta H^{\ominus}_{298}}{4.575T} = \frac{14.65}{4.575} - \frac{43400}{4.575 \times 1700} = 3.2 - 5.58 = -2.38$$

$K_p = 10^{-2.38} = 0.00417$

(2)　　$TiO_{2(s)} + 2Cl_{2(g)} \xlongequal{} TiCl_{4(g)} + O_{2(g)}$

BT，即$(\beta_i)_{1700}$　　34.814　13.367　46.921　12.238

$\lg K_p = \sum \nu_i \beta_i(T) = (46.921 + 12.238) - (34.814 + 13.367 \times 2) = -2.389$

$K_p = 10^{-2.389} = 0.00408$

两法计算结果非常接近，计算方法也很简单。

计算结果说明，即使在1700K高温下，TiO_2直接氯化反应(无还原剂C存在)的平衡常数是如此之小，以致反应实际上不能进行。

4.2　平衡气相组成的计算

在冶金反应中，有时需要知道反应的最大产率和最大转化率(如最大分解率、最大氯化率、最大还原率等)。因为反应的平衡产率和平衡转化率是最大产率和最大转化率，所以对于气相反应而言，实际上就是求平衡气相组成的问题。

所谓平衡转化率与平衡产率的定义如下：

$$\text{平衡(最大)转化率} = \frac{\text{平衡时某原料已转化数量}}{\text{某原料投入量}} \times 100\%$$

$$\text{平衡(最大)产率} = \frac{\text{平衡时产出某产品消耗某原料量}}{\text{进行反应某原料投入量}} \times 100\%$$

$$= \frac{\text{反应达平衡时产品产量}}{\text{按化学反应式计算的理论产量}} \times 100\%$$

当无副反应发生时，两者是相等的；当有副反应发生时，两者不相等，产率小于转化率。

4.2.1　求解平衡气相组成的方法简介

求算气—固相反应及气相反应的平衡气相组成时，可用不同的方法。这里简单介绍两种方法。

设有气相反应式4-Ⅰ：

$$aA + bB = gG + hH$$

(1)质量作用定律(见式4-2)：

$$K_p = \frac{p_G^g p_H^h}{p_A^a p_B^b}$$

(2)道尔顿定律：

$$p_{总} = p_A + p_B + p_G + p_H \tag{4-24}$$

$$p_i = \frac{n_i}{\Sigma n_i} p_{总} \tag{4-25}$$

(3)元素守恒原理(又称为“原子数不变规则”)：反应前后由于参加反应物质的分子

发生了改组，因而分子数可能不同，但原子数保持不变。对于具体的化学反应，按元素守恒原理可以列出若干个元素质量平衡方程式。

把它们联合起来，就可以求解平衡气相组成和平衡转化率。

4.2.2 利用反应进度的概念求平衡组成

这里，首先介绍一下关于“反应进度”的概念。

对于任何一个化学反应，其代数表达式可写为：

$$\nu_1 A_1 + \nu_2 A_2 + \nu_3 A_3 + \nu_4 A_4 + \cdots = 0 \tag{4-26}$$

或

$$\sum \nu_i A_i = 0 \tag{4-27}$$

式中，A_i 代表化学分子式；ν_i 称为化学计量数，其数值等于相应的化学计算系数。习惯上采用的符号：反应物的 ν_i 为负，产物的 ν_i 为正。对于化学反应方程式 4-26 的微分反应量，可以写出：

$$\frac{dn_2}{dn_1} = \frac{\nu_2}{\nu_1} \quad 或 \quad \frac{dn_2}{\nu_2} = \frac{dn_2}{\nu_1}$$

$$\frac{dn_3}{dn_1} = \frac{\nu_3}{\nu_1} \quad 或 \quad \frac{dn_3}{\nu_3} = \frac{dn_1}{\nu_1}$$

$$\vdots$$

因此有：

$$\frac{dn_1}{\nu_1} = \frac{dn_2}{\nu_2} = \frac{dn_3}{\nu_3} = \frac{dn_4}{\nu_4} = \cdots$$

这些式子中的每一项，都关联了一个由化学物质摩尔数的变化来表示的反应量。由于所有的项都是相等的，因此它们都共同地等于任意定义的一个变量 ε 来表示反应量。于是，$d\varepsilon$ 的定义由式 4-28 表示：

$$\frac{dn_1}{\nu_1} = \frac{dn_2}{\nu_2} = \frac{dn_3}{\nu_3} = \frac{dn_4}{\nu_4} = \cdots = d\varepsilon \tag{4-28}$$

所以，反应物的摩尔数的微分变化 dn_i 与 $d\varepsilon$ 的普遍关系式为：

$$dn_i = \nu_i d\varepsilon \tag{4-29}$$

此新变量 ε 称作反应进度，表征反应进行的程度。式 4-28、式 4-29 定义了相对于反应物摩尔数变化的 ε 的变化。ε 定义本身对每种应用都是完整的，但要规定一个 ε 为零的特定状态，通常就把反应物导进反应中去的初始态定为这种特定状态。其方法可从下面的例题中得到说明。

【例 4-5】 对下列反应：

$$CH_4 + H_2O = CO + 3H_2$$

假设最初为 CH_4 2mol、H_2O 1mol、CO 1mol 及 H_2 4mol。试将摩尔数 n_i 与摩尔分数 y_i 表示为 ε 的函数表达式。

【解】 对所给反应，由式 4-28 得：

$$\frac{dn_{CH_4}}{-1} = \frac{dn_{H_2O}}{-1} = \frac{dn_{CO}}{1} = \frac{dn_{H_2}}{3} = d\varepsilon$$

对关联 ε 与 n_i 的这 4 个公式中的每一个进行积分，积分限由 $\varepsilon = 0$ 的初态到平衡状态

时的 ε，便得到：

$$\int_2^{n_{CH_4}} dn_{CH_4} = -\int_0^{\varepsilon} d\varepsilon; \qquad n_{CH_4} = 2 - \varepsilon; \qquad y_{CH_4} = \frac{2-\varepsilon}{8+2\varepsilon}$$

$$\int_1^{n_{H_2O}} dn_{H_2O} = -\int_0^{\varepsilon} d\varepsilon; \qquad n_{H_2O} = 1 - \varepsilon; \qquad y_{H_2O} = \frac{1-\varepsilon}{8+2\varepsilon}$$

$$\int_1^{n_{CO}} dn_{CO} = \int_0^{\varepsilon} d\varepsilon; \qquad n_{CO} = 1 + \varepsilon; \qquad y_{CO} = \frac{1+\varepsilon}{8+2\varepsilon}$$

$$\int_4^{n_{H_2}} dn_{H_2} = 3\int_0^{\varepsilon} d\varepsilon; \qquad n_{H_2} = 4 + 3\varepsilon; \qquad y_{H_2} = \frac{4+3\varepsilon}{8+2\varepsilon};$$

$$\sum n_i = 8 + 2\varepsilon$$

可以看出，物系的组成是单一独立变量 ε 的函数。

很明显，式 4-29 中，ν_i 或 ε 必须有一个的单位为 mol，而另一变量必须是一纯粹的数量。选择是任意的。如果把 ε 考虑为无单位的变量，则化学计量数的单位为 mol。反之，如果把化学计量数取为纯粹的数，则 ε 的单位为 mol。后一种选择的优点在于可以把它说成是反应 mol，意味着 ε 是按一单位变化的。当 $\Delta\varepsilon = 1$，则反应进行到这样的程度，每种反应物有 $\nu_i$mol 消失，则每种反应产物有 $\nu_i$mol 生成。这就是反应 mol 的意义。

以上讨论的是反应物系只有一个独立反应的情形。当物系中有两个或多个独立反应同时进行时，则每个反应 j 都有一个该反应的反应进度 ε_j。现考虑 r 个独立反应。对每种物质和每个反应用 $\nu_{i,j}$ 表示物质 A_i 的化学计量数，其中 $i = 1$，2…，N，指反应物质；而 $j = 1$，2，…，r。对于这种独立反应数在 2 和 2 以上的物系中的每一个反应，式 4-27 可以写成：

$$\sum_i \nu_{i,j} A_i = 0 \quad (j = 1,2,\cdots,r)$$

而每一反应方程式都必须包括特定的一组物质(A_i)，但它不必包括物系内所有的物质。由于对于给定的一种物质的 mol 数会因不止一种反应而发生变化，故与式 4-29 类似的普遍方程式可写为：

$$dn_i = \sum_j \nu_{i,j} d\varepsilon_j \qquad (i = 1,2\cdots,N) \tag{4-30}$$

【例 4-6】 考虑发生下列反应：

$$CH_4 + H_2O = CO + 3H_2 \tag{1}$$

$$CH_4 + 2H_2O = CO_2 + 4H_2 \tag{2}$$

反应标号(1)和(2)表示式 4-30 中的 j。如果最初就有 2mol CH_4 和 3molH_2O，试将 n_i 与 y_i 表示成 ε_1 和 ε_2 的函数表达式。

【解】 化学计量数 $\nu_{i,j}$ 可排列如下：

j	CH_4	H_2O	CO	CO_2	H_2
1	−1	−1	1	0	3
2	−1	−2	0	1	4

对每个反应按式 4-28 确定其反应进度：

$$\frac{dn_{CH_4}}{-1}=\frac{dn_{H_2O}}{-1}=\frac{dn_{CO}}{1}=\frac{dn_{H_2}}{3}=d\varepsilon_1$$

$$\frac{dn_{CH_4}}{-1}=\frac{dn_{H_2O}}{-2}=\frac{dn_{CO_2}}{1}=\frac{dn_{H_2}}{4}=d\varepsilon_2$$

将方程式4-28应用于每种物质，并写成积分形式，得：

$$\int_2^{n_{CH_4}} dn_{CH_4} = -\int_0^{\varepsilon_1} d\varepsilon_1 - \int_0^{\varepsilon_2} d\varepsilon_2$$

$$\int_3^{n_{H_2O}} dn_{H_2O} = -\int_0^{\varepsilon_1} d\varepsilon_1 - 2\int_0^{\varepsilon_2} d\varepsilon_2$$

$$\int_0^{n_{CO}} dn_{CO} = \int_0^{\varepsilon_1} d\varepsilon_1$$

$$\int_0^{n_{CO_2}} dn_{CO_2} = \int_0^{\varepsilon_2} d\varepsilon_2$$

$$\int_0^{n_{H_2}} dn_{H_2} = 3\int_0^{\varepsilon_1} d\varepsilon_1 + 4\int_0^{\varepsilon_2} d\varepsilon_2$$

对 n_i 求解，上述方程变为：

$$n_{CH_4} = 2-\varepsilon_1-\varepsilon_2;\qquad y_{CH_4}=\frac{2-\varepsilon_1-\varepsilon_2}{5+2\varepsilon_1+2\varepsilon_2}$$

$$n_{H_2O} = 3-\varepsilon_1-2\varepsilon_2;\qquad y_{H_2O}=\frac{3-\varepsilon_1-2\varepsilon_2}{5+2\varepsilon_1+2\varepsilon_2}$$

$$n_{CO} = \varepsilon_1;\qquad y_{CO}=\frac{\varepsilon_1}{5+2\varepsilon_1+2\varepsilon_2}$$

$$n_{CO_2} = \varepsilon_2;\qquad y_{CO_2}=\frac{\varepsilon_2}{5+2\varepsilon_1+2\varepsilon_2}$$

$$\frac{n_{H_2} = 3\varepsilon_1+4\varepsilon_2}{\sum n_i = 5+2\varepsilon_1+2\varepsilon_2};\qquad y_{H_2}=\frac{3\varepsilon_1+4\varepsilon_2}{5+2\varepsilon_1+2\varepsilon_2}$$

因此，物系的组成为两个独立变量 ε_1 和 ε_2 的函数。如果知道两个反应的平衡常数，便可解出 ε_1 和 ε_2，从而求得平衡组成 n_i。

4.3 计算举例

4.3.1 单一反应平衡气相组成及平衡转化率的计算

如果单一反应是在均相系统中进行的，并已知其平衡常数，又如果该均一相是理想气体或理想溶液，其平衡组成的计算是很容易的。当其不作理想相的假设才合理时，对气相反应来说问题仍然是易于处理的，这可用状态方程式通过计算机求解。对于非均相体系，其中不止一个相存在，问题比较复杂，此时需要同时考虑相平衡判据。之所以如此，是因为在平衡时，无论是对相间传质或是化学反应来说，都不会有发生变化的倾向。主要通过下面的例题来介绍平衡计算所用的方法，首先是单相反应，其次为多相反应。

4.3.1.1 单相单一反应的情形

【例4-7】 对于水煤气反应：

$$CO_{(g)} + H_2O_{(g)} = CO_{2(g)} + H_{2(g)}$$

如果用等摩尔数的 $CO_{(g)}$ 和 $H_2O_{(g)}$ 作为起始物质，计算在 1000K 达到平衡时各气体的摩尔分数(%)。已知 $K_{1000}=1.39$。又设平衡时把水分从体系中除去，反应物的比例仍按反应式的计量系数，总压力为 101325Pa(1atm)，看平衡组成有什么变化。

【解】 (1) 解法Ⅰ：

由于此反应的 $\Delta\nu=0$，故

$$K_p=K_x=K_n=\frac{n_{CO_2}n_{H_2}}{n_{CO}n_{H_2O}}=1.39$$

因体系的起始条件是 CO 和 H_2O 的摩尔数相同，则达到平衡时，摩尔数也必相等，设为 n_1，则 $n_{CO}=n_{H_2O}=n_1$，CO_2 和 H_2 的摩尔数也必相等，设为 n_2，则 $n_{CO_2}=n_{H_2}=n_2$，于是

$$\frac{n_2^2}{n_1^2}=1.39$$

$$\frac{n_2}{n_1}=\sqrt{1.39}=1.18$$

所以平衡时，各物质的摩尔数之比为：

$$n_{CO_2}:n_{H_2}:n_{CO}:n_{H_2O}=1.18:1.18:1:1$$

$$\sum n_i=2\times1.18+2\times1=4.36$$

故平衡时各物质的摩尔分数(这里用 x_i 表示)为：

$$x_{CO_2}=x_{H_2}=\frac{1.18}{4.36}=0.271=27.1\%$$

$$x_{CO}=x_{H_2O}=\frac{1}{4.36}=0.229=22.9\%$$

如果把 $H_2O_{(g)}$ 除去，则干气体的总摩尔数为：

$$2\times1.18+1=3.36$$

则

$$x_{CO_2}=x_{H_2}=\frac{1.18}{3.36}=0.351=35.1\%$$

$$x_{CO}=\frac{1}{3.36}=0.298=29.8\%$$

$$x_{H_2O}=0$$

(2) 解法Ⅱ：

设达到平衡时，反应物 CO 的 $H_2O_{(g)}$ 反应掉了的摩尔数为 α，则：

	CO	$+H_2O$	$\longrightarrow CO_2$	$+H_2$
反应前	1	1	0	0
平衡时	$1-\alpha$	$1-\alpha$	α	α

平衡时总摩尔数

$$\sum n_i=2$$

$$K_p=K_n=\frac{\alpha\alpha}{(1-\alpha)(1-\alpha)}=\frac{\alpha^2}{(1-\alpha)^2}=1.39$$

解得

$$\alpha=0.542$$

因此

$$n_{CO_2}\cdots\alpha=0.542;\ x_{CO_2}=\frac{0.542}{2}=27.1\%$$

$$n_{H_2}\cdots\alpha=0.542;\qquad x_{H_2}=\frac{0.542}{2}=27.1\%$$

$$n_{CO}\cdots 1-\alpha=0.458;\qquad x_{CO}=\frac{0.458}{2}=22.9\%$$

$$n_{H_2O}\cdots 1-\alpha=0.458;\qquad x_{H_2O}=\frac{0.458}{2}=22.9\%$$

$$\sum n_i=2$$

CO 和 H_2O 的平衡转化率为 54.2%，CO_2 和 H_2 的平衡产率也为 54.2%。这是湿混合气体的组成。而除去水分后的干气组成为：

$$x_{CO_2}=\frac{0.542}{1.542}\times 100\%=35.1\%$$

$$x_{H_2}=\frac{0.542}{1.542}\times 100\%=35.1\%$$

$$x_{CO}=\frac{0.458}{1.542}\times 100\%=29.8\%$$

（3）解法Ⅲ：

根据式 4-28：

$$\frac{dn_{CO}}{-1}=\frac{dn_{H_2O}}{-1}=\frac{dn_{CO_2}}{1}=\frac{dn_{H_2}}{1}=d\varepsilon$$

由 $\varepsilon=0$ 至 $\varepsilon=\varepsilon_e$（e 表示平衡），积分式 4-28 得：

$$n_{CO}=1-\varepsilon_e;\quad y_{CO}=\frac{1-\varepsilon_e}{2}$$

$$n_{H_2O}=1-\varepsilon_e;\quad y_{H_2O}=\frac{1-\varepsilon_e}{2}$$

$$n_{CO_2}=\varepsilon_e;\qquad y_{CO_2}=\frac{\varepsilon_e}{2}$$

$$n_{H_2}=\varepsilon_e;\qquad y_{H_2}=\frac{\varepsilon_e}{2}$$

$$\sum n_i=2$$

将这些 y_i 值代入平衡常数表达式：

$$K_p=K_x=K_y=\frac{y_{H_2}y_{CO_2}}{y_{CO}y_{H_2O}}=1.39$$

得到：
$$\frac{\varepsilon_e^2}{(1-\varepsilon_e)^2}=1.39,\ 即\ \varepsilon_e=0.542$$

于是 $y_{CO}=y_{H_2O}=22.9\%$，$y_{CO_2}=y_{H_2}=27.1\%$。

三种解法结果完全一样，第(3)种解法中的反应进度 ε_e 相当于解法Ⅱ中的 α。但第(3)种解法完全数学化了。

上题是起始状态只有 CO 和 $H_2O_{(g)}$ 且是等摩尔数关系，如果起始条件不仅有反应物，而且也含有生成物，又不是等摩尔数关系，怎样计算平衡组成呢？这可通过下例说明。

4.3.1.2 多相单一反应的情形

【例 4-8】 试计算在 1700K 下气相氧化法制钛白粉反应的平衡气相组成。设 $TiCl_4$ 与

O_2 按等摩尔数通入反应器内，器内总压力为 101325Pa(1atm)。

【解】　　$TiCl_{4(g)} + O_{2(g)} = TiO_{2(s)} + 2Cl_{2(g)}$

	$TiCl_{4(g)}$	$O_{2(g)}$	$2Cl_{2(g)}$
起始量/mol	1	1	0
平衡时 n_i/mol	$1-\alpha$	$1-\alpha$	2α

$\sum n_i$/mol　　$(1-\alpha)+(1-\alpha)+2\alpha=2$

α 为平衡时已反应了的 $TiCl_4$ 摩尔数。

$$K_{p,1700}=245$$

$$K_p=K_n=K_x=\frac{n_{Cl_2}^2}{n_{TiCl_4}n_{O_2}}=\frac{(2\alpha)^2}{(1-\alpha)^2}=245$$

解得：

$$\alpha=0.8867\text{mol}$$

因此，平衡时，气相中各组分的摩尔分数(%)，也即体积分数(%)为：

$$x_{TiCl_4}=x_{O_2}=\frac{1-\alpha}{2}=\frac{1-0.8867}{2}=5.665\%$$

$$x_{Cl_2}=\frac{2\alpha}{2}=\alpha=0.8867=88.67\%$$

即在 1700K 下，反应物料起始配比为 $n_{TiCl_4}:n_{O_2}=1:1$ 的条件下，$TiCl_4$ 的平衡转化率和 TiO_2 的平衡产率为：

$$\frac{0.8867}{1}\times 100\%=88.67\%$$

下面再用反应进度法求解：

$$\frac{dn_{TiCl_4}}{-1}=\frac{dn_{O_2}}{-1}=\frac{dn_{Cl_2}}{2}=d\varepsilon$$

积分得：

$$\int_1^{n_{TiCl_4}}dn_{TiCl_4}=-\int_1^{\varepsilon_e}d\varepsilon;\quad n_{TiCl_4}=1-\varepsilon_e;\quad y_{TiCl_4}=\frac{1-\varepsilon_e}{2}$$

$$\int_1^{n_{O_2}}dn_{O_2}=-\int_0^{\varepsilon_e}d\varepsilon;\quad n_{O_2}=1-\varepsilon_e;\quad y_{O_2}=\frac{1-\varepsilon_e}{2}$$

$$\int_0^{n_{Cl_2}}dn_{Cl_2}=2\int_0^{\varepsilon_e}d\varepsilon;\quad n_{Cl_2}=2\varepsilon_e;\quad \sum n_i=2;\quad y_{Cl_2}=\frac{2\varepsilon_e}{2}=\varepsilon_e$$

将 y_i 代入平衡常数方程式中：

$$K_p=K_x=K_n=\frac{y_{Cl_2}^2}{y_{TiCl_4}y_{O_2}}=\frac{\varepsilon_e^2}{(\frac{1-\varepsilon_e}{2})^2}=245$$

$$\frac{2\varepsilon_e}{1-\varepsilon_e}=\sqrt{245}=15.65$$

解得：

$$\varepsilon_e=0.8867\text{mol}$$

求得：

$$y_{TiCl_4}=\frac{1-\varepsilon_e}{2}=\frac{1-0.8867}{2}=5.665\%$$

$$y_{O_2}=5.665\%$$

$$y_{Cl_2} = \varepsilon_e = 0.8867 = 88.67\%$$

1molTiCl$_4$ 转化了 0.8867mol，因此平衡转化率为 88.67%。TiO$_2$ 的产率也是 88.67%。两种方法解得的结果完全一样。

4.3.2 同时反应平衡组成的计算

物系中一种或几种组分同时参与两个以上的化学反应称为"同时反应"；当这些反应达到平衡时，称为"同时平衡"。在冶金中，如 TiO$_2$ 的加碳氯化，同时发生生成 CO 和 CO$_2$ 的反应，这就是同时反应。又如天然气的水蒸气转化：

$$CH_{4(g)} + H_2O_{(g)} = CO_{(g)} + 3H_{2(g)} \qquad K_{p(1)} \tag{1}$$

$$CO_{(g)} + H_2O_{(g)} = CO_{2(g)} + H_{2(g)} \qquad K_{p(2)} \tag{2}$$

水蒸气、一氧化碳、氢均参与这两个化学反应。

在同时平衡时，每一个化学反应均满足下列化学平衡条件和公式：

$$\sum \nu_i \mu_i = 0$$

$$\Delta G^{\ominus} = -RT\ln K_p$$

式中 ν_i——反应式中物质 i 的系数，对反应产物 ν_i 为正，对反应物 ν_i 为负；

μ_i——物质 i 的化学位。

但对于参与两个以上反应的组分来说，在同一物系中只有一个化学位、一个分压力（或浓度）。这一个分压力同时满足几个反应的平衡常数关系式。

关于计算同时反应平衡组成的步骤问题，首先要确定出独立反应数目有多少，并选定哪些反应作独立的化学反应。以甲烷转化反应为例，同时还可写出：

$$CH_{4(g)} + 2H_2O_{(g)} = CO_{2(g)} + 4H_{2(g)} \qquad K_{p,(3)} \tag{3}$$

$$CH_{4(g)} + CO_{2(g)} = 2CO_{(g)} + 2H_{2(g)} \qquad K_{p,(4)} \tag{4}$$

但这两个反应不是独立的。因为体系中有 C、H、O 3 个元素，$n=3$；物种数目有 CH$_4$、H$_2$O、CO、CO$_2$、H$_2$ 5 个，$m=5$；$m-n=5-3=2=$独立反应数目。很明显，反应式(3)＝反应式(1)＋反应式(2)；反应式(4)＝反应式(1)－反应式(2)。

在计算时不论选取哪两个反应作为独立反应，原则上都是可以的，但要考虑计算上的方便。

第二步是从起始组成设未知数，代入平衡常数关系中。有几个未知数，就要有几个独立方程式，这样才有确定解。这也就是第一步要找独立反应数的原因。

最后是解联立方程，求出平衡组成。

下面就以天然气的水蒸气转化为例来讨论同时平衡的计算，这个计算具有典型性，它不仅在合成氨、尿素生产中应用，而且在冶金中也是制取还原剂的一种方法，如气体炼铁中就用这个方法生产还原剂 CO＋H$_2$。当然，用途不同，具体生产条件也不同。

【例 4-9】 1∶5 的甲烷、水蒸气混合气体，在 600℃ 101325Pa（1atm）下通过催化剂，以生产氢气。

设：同时发生如下两个反应：

$$CH_{4(g)} + H_2O_{(g)} = CO_{(g)} + 3H_{2(g)} \qquad K_{p(1)} \tag{1}$$

$$CO_{(g)} + H_2O_{(g)} = CO_{2(g)} + H_{2(g)} \qquad K_{p(2)} \tag{2}$$

平衡常数分别为：　　$K_{p(1)}=0.574$，　$K_{p(2)}=2.21$

求平衡混合物的组成。

【解】 取6mol混合气体作计算基准。则起始条件为1molCH_4、5mol$H_2O_{(g)}$。

设平衡时CH_4反应掉了$x$mol，则还剩$(1-x)$mol，从反应看，同时必有$x$molCO产生，但CO在第(2)个反应中又被消耗，再设在第(2)反应中CO消耗掉y摩尔，因此平衡时CO的量为$(x-y)$mol，$H_2O(g)$在两个反应中分别消耗$x$mol和$y$mol，于是还剩余$(5-x-y)$mol。H_2在两个反应中分别生成$3x$mol和$y$mol，平衡时共生成$(3x+y)$mol，CO_2只在第(2)个反应中生成$y$mol。

平衡时总摩尔数：

$$\sum n_i=(1-x)+(5-x-y)+(x-y)+(3x+y)+y=6+2x$$

现总压为1atm(1atm = 101325Pa)，故各气体的分压力为(atm)：

$$p_{CH_4}=\frac{1-x}{6+2x};\ p_{H_2O}=\frac{5-x-y}{6+2x};\ p_{CO}=\frac{x-y}{6+2x};\ p_{H_2}=\frac{3x+y}{6+2x};\ p_{CO_2}=\frac{y}{6+2x}$$

代入平衡常数关系式中：

$$K_{p(1)}=\frac{p_{CO}p_{H_2}^3}{p_{CH_4}p_{H_2O}}=\frac{(x-y)(3x+y)^3}{(1-x)(5-x-y)(6+2x)^2}=0.574$$

$$K_{p(2)}=\frac{p_{CO_2}p_{H_2}}{p_{CO}p_{H_2O}}=\frac{y(3x+y)}{(x-y)(5-x-y)}=2.21$$

两个未知数，两个方程式，方程式数目等于未知数数目，x和y有确定解。解这种高次方程，用试差法比较方便。

因为已知$0<x<1$及$0<y<x$。给定一个x值，通过$K_{p(2)}$，可以解出一个y值来。把这一组x、y值代入$K_p(1)$，看结果等于多少(一般不等于0.574)。这样给出几个x值，就有几个对应的y值及$K_{p(1)}$值，将$K_{p(1)}$对x作图，找出$K_{p(1)}=0.574$时的x值即为所求。再计算出y值。

这里举一例：

$$\frac{y(3x+y)}{(x-y)(5-x-y)}=2.21$$

整理成　　$1.21y^2-(3x+11.05)y-2.21(x-5)=0$

若$x=0.900$，上式变成：

$$1.21y^2-13.75y+8.155=0$$

解得　　$y=0.628$

将$x=0.900$，$y=0.628$这一组数据代入：

$$K_{p(1)}=\frac{(x-y)(3x+y)^3}{(1-x)(5-x-y)(6+2x)^2}$$

得　　$K_{p(1)}=0.474<0.574$

又重设$x=0.905$，解得：

$$y=0.630,\ K_{p(1)}=0.513$$

如此计算几次，结果列于下表：

x	0.900	0.905	0.910	0.915	0.920	0.925
y	0.628	0.630	0.632	0.635	0.636	0.638
$K_{p(1)}$	0.474	0.513	0.555	0.603	0.657	0.718

可见，x 值应在 0.910 与 0.915 之间，作 $K_{p(1)}$-x 图（见图 4-2），找到相当于 $x_{p(1)}$ = 0.574 时的 x = 0.912，解得 y = 0.633。故气体组成（摩尔分数）：

$$CH_4 \text{ 的摩尔分数} = \frac{1-x}{6+2x} = \frac{0.088}{7.824} = 1.12\%$$

$$H_2O \text{ 的摩尔分数} = \frac{5-x-y}{6+2x} = \frac{3.455}{7.824} = 44.16\%$$

$$CO \text{ 的摩尔分数} = \frac{x-y}{6+2x} = \frac{0.279}{7.824} = 3.57\%$$

$$H_2 \text{ 的摩尔分数} = \frac{3x+y}{6+2x} = \frac{3.369}{7.824} = 43.06\%$$

$$CO_2 \text{ 的摩尔分数} = \frac{y}{6+2x} = \frac{0.633}{7.824} = 8.09\%$$

如果除湿后，气体组成（摩尔分数）如下：

$$CH_4 \text{ 的摩尔分数} = \frac{1.12}{55.84} \times 100\% = 2\%$$

$$CO \text{ 的摩尔分数} = \frac{3.57}{55.84} \times 100\% = 6.4\%$$

$$H_2 \text{ 的摩尔分数} = \frac{43.6}{55.84} \times 100\% = 77.1\%$$

$$CO_2 \text{ 的摩尔分数} = \frac{8.09}{55.84} \times 100\% = 14.5\%$$

$$CH_4 \text{ 的平衡转化率} = \frac{0.912}{1} \times 100\% = 91.2\%$$

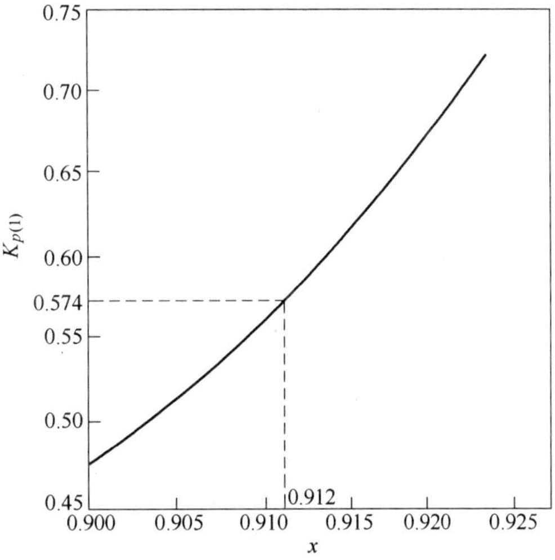

图 4-2 $K_{p(1)}$-x 关系图

上例用于合成氨和尿素生产中制取原料气氢气。在冶金中，则在更高温度和过量较少水蒸气的条件下，通过天然气的水蒸气转化生产燃料和还原剂 $CO + H_2$。

【例 4-10】 求 TiO_2 加碳氯化体系的平衡气相组成。

【解】 TiO_2 加碳氯化反应体系中可能存在下面 5 个反应：

$$\frac{1}{2}TiO_2 + C + Cl_2 = \frac{1}{2}TiCl_4 + CO \tag{1}$$

$$\frac{1}{2}TiO_2 + \frac{1}{2}C + Cl_2 = \frac{1}{2}TiCl_4 + \frac{1}{2}CO_2 \tag{2}$$

$$\frac{1}{2}TiO_2 + CO + Cl_2 = \frac{1}{2}TiCl_4 + CO_2 \tag{3}$$

$$CO_2 + C = 2CO \tag{4}$$

$$CO + Cl_2 \xlongequal{} COCl_2 \tag{5}$$

这5个反应中只有3个是独立的。因为在Ti-C-O-Cl四元体系中，元素数目$n=4$，物种数目有TiO_2、C、Cl_2、$TiCl_4$、CO、CO_2和$COCl_2$等7个，$m=7$，所以，独立反应数$=m-n=7-4=3$。今取式(2)、式(4)、式(5)为独立反应。设系统总压力为1atm，则可列出下面5个方程式：

$$K_{p(2)} = \frac{p_{TiCl_4}^{\frac{1}{2}} \cdot p_{CO_2}^{\frac{1}{2}}}{p_{Cl_2}}$$

$$K_{p(4)} = \frac{p_{CO}^2}{p_{CO_2}}$$

$$K_{p(5)} = \frac{p_{COCl_2}}{p_{CO} \cdot p_{Cl_2}}$$

$$p_{TiCl_4} = p_{CO_2} + \frac{1}{2}p_{CO} + \frac{1}{2}p_{COCl_2}$$

$$p_{总} = p_{TiCl_4} + p_{CO} + p_{CO_2} + p_{Cl_2} + p_{COCl_2} = 1$$

联立求解，即可算出各气体的平衡分压值，见表4-2。

表4-2　TiO_2加碳氯化的平衡气相组成

温度/K	平衡气相组成/atm				
	p_{CO}	p_{CO_2}	p_{TiCl_4}	p_{Cl_2}	p_{COCl_2}
800	0.067	0.450	0.484	1.06×10^{-9}	7.17×10^{-11}
900	0.238	0.321	0.440	5.12×10^{-9}	2.02×10^{-10}
1000	0.487	0.135	0.378	1.29×10^{-8}	2.48×10^{-10}
1100	0.621	0.0342	0.3447	2.03×10^{-8}	1.56×10^{-10}
1200	0.656	0.0081	0.3361	2.61×10^{-8}	8.06×10^{-11}

注：1atm = 101325Pa。

由表中数据可见，在各个温度下，氯化反应进行得很完全，氯气利用率很高。温度太低，反应速度会太慢，因此必须在较高温度下进行。在高温度下，氯气含量仍是较低的。

对于这种既生成CO又生成CO_2的反应体系，为求理论配碳比、炉气平衡组成等，可假定按反应式(1)进行的TiO_2比率为x，则按反应式(2)进行的比率为$(1-x)$，那么可把反应式(1)、(2)综合写成下列总反应式：

$$TiO_2 + (1+x)C + 2Cl_2 \xlongequal{} TiCl_4 + 2xCO + (1-x)CO_2$$

由反应式可见，1mol TiO_2所需理论配C量为$(1+x)$mol。由$\frac{p_{CO}}{p_{CO_2}} = \frac{2x}{1-x}$关系，根据上表中所列不同温度下体系中的平衡分压值$p_{CO}$和$p_{CO_2}$，便可解出$x$和$(1-x)$及$(1+x)$的值。计算结果见表4-3。

表 4-3 TiO_2 加碳氯化的计算结果

温度/K		800	900	1000	1100	1200
按反应式(1)生成 CO 的 TiO_2 的反应摩尔分数/%		7	26	62	89	96.5
按反应式(2)生成 CO_2 的 TiO_2 的反应摩尔分数/%		93	74	38	11	3.5
配碳比 $\frac{(1+x)\,molC}{1\,molTiO_2}$		1.07	1.26	1.62	1.89	1.965
炉气量，$\frac{(2+x)\,mol}{1\,molTiO_2}$		2.07	2.26	2.62	2.89	2.965
炉气组成（摩尔分数）	CO/%	6.76	23.01	54.87	61.59	65.09
	CO_2/%	44.93	32.74	14.50	3.81	1.18
	$TiCl_4$/%	48.3	44.25	38.17	34.60	33.73

将表 4-3 数据作图，如图 4-3 所示。

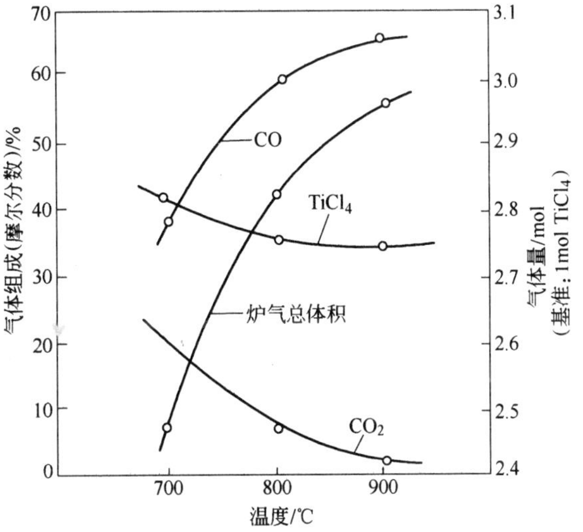

图 4-3 炉气组成随温度的变化关系

由于 $COCl_2$ 含量很微，可不予考虑，反应体积只考虑两个独立反应，现用反应进度概念求解 1000K 时的平衡气相组成：

$$TiO_2 + 2C + 2Cl_2 = TiCl_4 + 2CO$$

$$\Delta G_T^{\ominus} = -11500 - 539T;$$

$$\Delta G_{1000}^{\ominus} = -65400$$

$$\lg K_{p(1)} = \frac{65400}{4.575 \times 1000} = 14.295;$$

$$K_{p(1)} = 1.97 \times 10^{14}$$

$$TiO_2 + C + 2Cl_2 = TiCl_4 + CO_2$$

$$\Delta G_T^{\ominus} = -50400 - 13.8T;$$

$$\Delta G_{1000}^{\ominus} = -64200$$

$$\lg K_{p(2)} = \frac{64200}{4.575 \times 1000} = 14.033;\ K_{p(2)} = 1.08 \times 10^{14}$$

$$\frac{dn_{Cl_2}}{-2} = \frac{dn_{TiCl_4}}{1} = \frac{dn_{CO}}{2} = d\varepsilon_1$$

$$\frac{dn_{Cl_2}}{-2} = \frac{dn_{TiCl_4}}{1} = \frac{dn_{CO_2}}{1} = d\varepsilon_2$$

$$\int_2^{n_{Cl_2}} dn_{Cl_2} = -2\int_0^{\varepsilon_1} d\varepsilon_1 - 2\int_0^{\varepsilon_2} d\varepsilon_2$$

$$\int_0^{n_{TiCl_4}} dn_{TiCl_4} = \int_0^{\varepsilon_1} d\varepsilon_1 + \int_0^{\varepsilon_2} d\varepsilon_2$$

$$\int_0^{n_{CO}} dn_{CO} = 2\int_0^{\varepsilon_1} d\varepsilon_1$$

$$\int_0^{n_{CO_2}} dn_{CO_2} = \int_0^{\varepsilon_2} d\varepsilon_2$$

解得：

$$n_{Cl_2} = 2 - 2\varepsilon_1 - 2\varepsilon_2\text{；}\ y_{Cl_2} = \frac{2 - 2\varepsilon_1 - 2\varepsilon_2}{2 + \varepsilon_1}$$

$$n_{TiCl_4} = \varepsilon_1 + \varepsilon_2\text{；}\qquad y_{TiCl_4} = \frac{\varepsilon_1 + \varepsilon_2}{2 + \varepsilon_1}$$

$$n_{CO} = 2\varepsilon_1\text{；}\qquad y_{CO} = \frac{2\varepsilon_2}{2 + \varepsilon_1}$$

$$\frac{n_{CO_2} = \varepsilon_2}{\sum n_i = 2 + \varepsilon_1}\text{；}\qquad y_{CO_2} = \frac{\varepsilon_2}{2 + \varepsilon_1}$$

$$K_{p(1)} = 1.97 \times 10^{14} = \frac{n_{TiCl_4} n_{CO}^2}{n_{Cl_2}^2 \sum n_i} = \frac{(\varepsilon_1 + \varepsilon_2)\varepsilon_1^2}{[1 - (\varepsilon_1 + \varepsilon_3)]^2 (2 + \varepsilon_1)}$$

$$K_{p(2)} = 1.08 \times 10^{14} = \frac{n_{TiCl_4} n_{CO_2}}{n_{Cl_2}^2} = \frac{(\varepsilon_1 + \varepsilon_2)\varepsilon_2}{4[1 - (\varepsilon_1 + \varepsilon_2)]^2}$$

用试差法解出 ε_1 和 ε_2 后便可求得平衡气相组成。

4.3.3　各种因素对平衡的影响

4.3.3.1　温度对平衡常数的影响

由 Van't Hoff 等压方程式：

$$\left[\frac{\partial \ln K}{\partial T}\right]_p = \frac{\Delta H^{\ominus}}{RT^2}$$

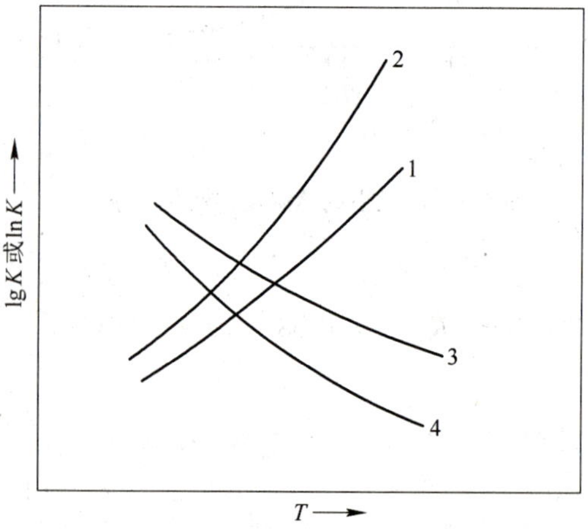

图 4-4　温度对平衡常数的影响

（一般情况下，$\Delta C_p \neq 0$，$\Delta H^{\ominus} \neq$ 常数）

可以看出：

（1）对于吸热反应，$\Delta H^{\ominus} > 0$，$\left[\frac{\partial \ln K}{\partial T}\right]_p > 0$，即 K 随温度的上升而增大，如图 4-4 中的曲线 1 所示。$\Delta H^{\ominus}$ 的绝对值越大，表示随着 T 的增加，K 增加越快，如图 4-4 中曲线 2 所示。因此升高温度对正向反应有利。

（2）对于放热反应，$\Delta H^{\ominus} < 0$，$\left[\frac{\partial \ln K}{\partial T}\right]_p < 0$，即 K 随温度的上升而减小，如图 4-4 中曲线 3 所示。$|\Delta H^{\ominus}|$ 越大，K 减小的程度也越大，如图 4-4 中曲线 4 所示。所以升高温度对正向反应不利。

关于 K 与温度的图像关系问题，一般说来，反应的 $\Delta C_p \neq 0$，$\Delta H^{\ominus} \neq$ 常数，因此 lg$K$-T（或 lg$K$-$\frac{1}{T}$）不呈直线关系，而是曲线。但如反应的 $\Delta C_p = 0$，$\Delta H =$ 常数时，如液体间的反应仍生成液体，温度间隔不大时，可认为符合直线关系。而在相当大的温度区间内，只有近似地假设 $\Delta C_p=0$，$\Delta H=$ 常数，反应的 $\lg K$ 与 $\frac{1}{T}$ 才呈直线关系，如图 4-5 所示。当然这是一种近似处理。但任何反应的 Σ 函数与 $\frac{1}{T}$ 皆呈直线关系，如图 4-1 所示。

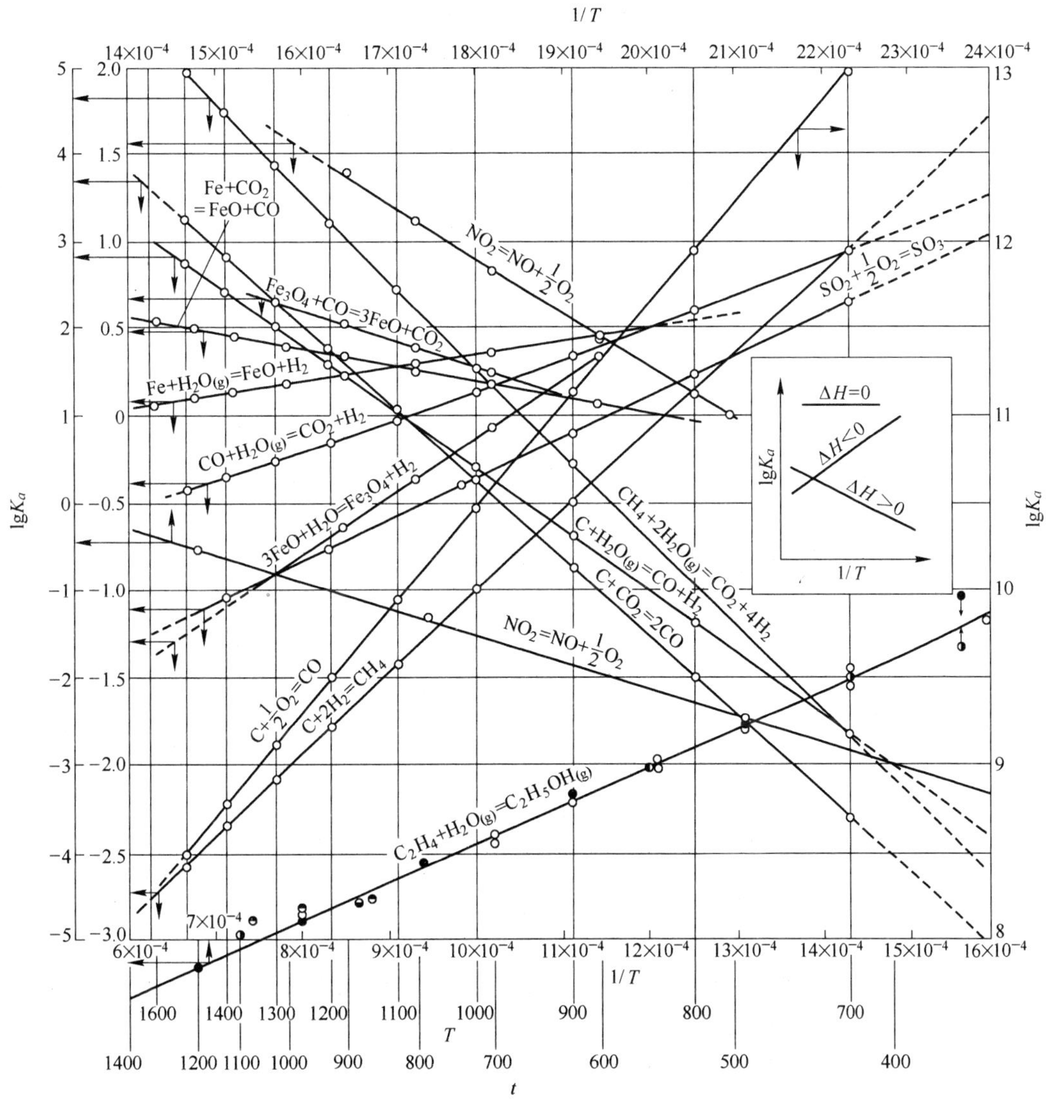

图 4-5 某些反应的 $\lg K_a$ 与 $\frac{1}{T}$ 之间的关系

【例 4-11】 若已知在 298K 时，变换反应（又叫水煤气反应）：

$$CO_{(g)}+H_2O_{(g)}=\!=\!=CO_{2(g)}+H_{2(g)}$$

的 $K_{p,298}=9.963\times10^4$。(1)试求 K_p 与温度的关系式；(2)试计算 1000K 时的 K_p 值。

【解】 (1) 查热力学数据表，得：

$$\Delta H^{\ominus}_{298,CO_2} = -393.514\text{kJ/mol}$$

$$\Delta H^{\ominus}_{298,CO} = -110.525\text{kJ/mol}$$

$$\Delta H^{\ominus}_{298,H_2O} = -241.827\text{kJ/mol}$$

$$\Delta H^{\ominus}_{298} = (-393514) - (-110525 - 241827) = -41162\text{J}$$

由于这是一个放热反应，可以预计升高温度，K_p 值要降低。

又　$C_{p,CO_2,m} = 44.14 + 9.04 \times 10^{-3}T$，J/(K · mol)

$C_{p,H_2,m} = 29.0658 - 0.8364 \times 10^{-3}T + 2.0117 \times 10^{-6}T^2$　J/(K · mol)

$C_{p,CO,m} = 28.41 + 4.10 \times 10^{-3}T$，J/(K · mol)

$C_{p,H_2O,m} = 30.00 + 10.71 \times 10^{-3}T$，J/(K · mol)

故 $\Delta C_p = 14.80 - 6.61 \times 10^{-3}T + 2.0117 \times 10^{-6}T^2$，J/K

因此：

$$\begin{aligned}\Delta H^{\ominus}_T &= \Delta H_0 + \Delta aT + \frac{1}{2}\Delta bT^2 + \frac{1}{3}\Delta cT^3 \\ &= \Delta H_0 + 14.80T - 3.305 \times 10^{-3}T^2 + 0.6706 \times 10^{-6}T^3\end{aligned}$$

将 $T = 298\text{K}$，$\Delta H^{\ominus}_{298} = -41162\text{J}$ 代入，求得积分常数 $\Delta H_0 = -45295\text{J}$。于是：

$$\Delta H^{\ominus}_T = -45295 + 14.80T - 3.305 \times 10^{-3}T^2 + 0.6706 \times 10^{-6}T^3$$

又根据：$\ln K_p = -\dfrac{\Delta H_0}{RT} + \dfrac{\Delta a}{R}\ln T + \dfrac{\Delta b}{2R}T + \dfrac{\Delta c}{6R}T^2 + I$

得　$\ln K_p = \dfrac{45295}{RT} + \dfrac{14.80}{R}\ln T - \dfrac{3.305 \times 10^{-3}}{R}T + \dfrac{0.3353 \times 10^{-6}}{R}T^2 + I$

将 $T = 298\text{K}$，$K_p = 9.963 \times 10^4$ 和 $R = 8.314$ 代入，得积分常数 $I = -16.80$。于是得 K_p 与 T 的关系式：

(1) $\ln K_p = \dfrac{5448}{T} + 1.780\ln T - 0.3975 \times 10^{-3}T + 0.0403 \times 10^{-6}T^2 - 16.80$

(2) $\ln K_{p,1000} = \dfrac{5448}{1000} + 1.780\ln 10^3 - 0.3975 \times 10^{-3} \times 10^3 + 0.0403 \times 10^{-6} \times 10^6 - 16.80 =$ 0.589

$$K_p = 1.80$$

可见，变换反应是一个放热反应。因为温度升高，平衡常数降低。

4.3.3.2　压力对平衡的影响

注意，这里的压力是指体系的总压力，不是指某个作用物的压力。作用物压力的改变对平衡的影响包括在浓度对平衡的影响里。在低压下，压力对气相反应的平衡影响比较显著。对凝聚相的反应，一般压力对平衡的影响不大。因此，这里只讨论压力对理想气体反应体系的影响。

在一定温度下，对气相反应：

$$a\text{A} + b\text{B} = g\text{G} + h\text{H}$$

$$K_p = \frac{p_G^g p_H^h}{p_A^a p_B^b} = K_c(RT)^{\Delta n} = K_x p^{\Delta n} = K_n\left(\frac{p}{\sum n_i}\right)^{\Delta n}$$

因为在一定温度下 K_p = 常数，故：

（1）当 $\Delta n>0$ 时，若 p 增大，则 K_x 减小，对正反应不利；

（2）当 $\Delta n<0$ 时，若 p 增大，则 K_x 增大，对正反应有利；

（3）当 $\Delta n=0$ 时，若 p 改变，则 K_x 不变，对平衡无影响。

【例 4-12】 试计算布多尔反应的平衡等压曲线。

【解】 布多尔反应：

$$CO_2 + C \Longleftrightarrow 2CO$$

$$\Delta G_T^{\ominus} = 40800 - 41.70T, \text{ cal}$$

这是一个增容反应，$\Delta\nu = 2 - 1 = 1 > 0$，降低压力有利于正反应进行。

$$\lg K_p = -\frac{\Delta G_T^{\ominus}}{4.575T} = -\frac{8920}{T} + 9.12$$

平衡时，设 CO 的摩尔分数为 x，则 CO_2 为 $1-x$，那么：

$$K_p = K_x p^{\Delta n} = \frac{x^2}{1-x}p$$

于是得

$$\lg\left(\frac{x^2}{1-x}\right)p = -\frac{8920}{T} + 9.12$$

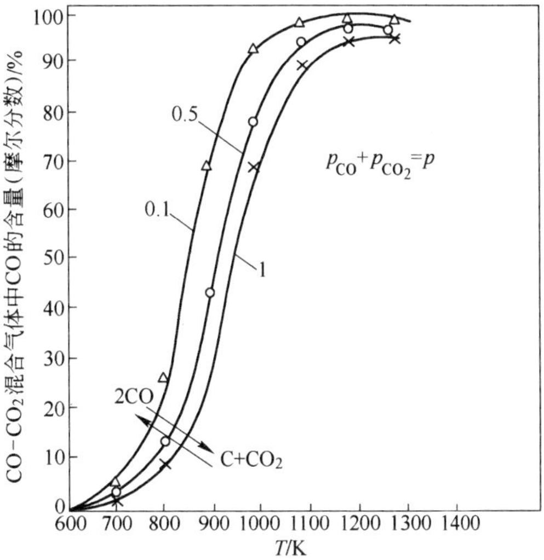

图 4-6 布多尔反应的平衡等压曲线

将不同压力下的计算结果分别列在表 4-4 ~ 表 4-6 中并作图，如图 4-6 所示。

表 4-4 当 $p=1$atm 时，CO 含量随温度的变化

温度/K	700	800	900	1000	1100	1200	1300
$\lg\left(\frac{x^2}{1-x}\right)$	-3.62	-2.03	-0.79	0.20	1.01	1.687	2.258
$\frac{x^2}{1-x}$	2.4×10^{-4}	9.33×10^{-8}	0.162	1.585	10.23	48.64	181.13
x	0.0155	0.0918	0.3296	0.693	0.9176	0.9802	0.9945
CO 含量(摩尔分数)/%	1.55	9.18	32.96	69.3	91.76	98.02	99.45
$1-x$	0.9845	0.9082	0.6704	0.307	0.0824	0.0198	0.0055
CO_2 含量(摩尔分数)/%	98.45	90.82	67.04	30.7	8.24	1.98	0.55

注：1atm = 101325Pa。

表 4-5 当 $p=0.5$atm 时，CO 含量随温度的变化

温度/K	700	800	900	1000	1100	1200	1300
$\lg\left(\frac{x^2}{1-x}\right)$	-3.319	-1.729	-0.489	0.501	1.311	1.988	2.559
$\frac{x^2}{1-x}$	4.8×10^{-4}	0.0187	0.324	3.17	20.46	97.27	362.24
x	0.022	0.137	0.43	0.780	0.955	0.9899	0.9973
CO 含量(摩尔分数)/%	2.2	13.7	43.0	78.0	95.5	98.99	99.73

续表 4-5

温度/K	700	800	900	1000	1100	1200	1300
$1-x$	0.978	0.863	0.57	0.22	0.045	0.0101	0.0027
CO_2 含量(摩尔分数)/%	97.8	86.3	57.0	22.0	4.5	1.01	0.27

注：1atm = 101325Pa。

表 4-6　当 $p=0.1$atm 时，CO 含量随温度的变化

温度/K	700	800	900	1000	1100	1200	1300
$\lg\left(\frac{x^2}{1-x}\right)$	-2.62	-1.03	0.21	1.20	2.01	2.687	3.258
$\frac{x^2}{1-x}$	2.4×10^{-3}	0.0933	1.62	15.85	102.33	486.41	1811.34
x	0.048	0.2623	0.6987	0.9438	0.9904	0.9980	0.9995
CO 含量(摩尔分数)/%	4.8	26.23	69.87	94.38	99.04	99.8	99.95
$1-x$	0.952	0.7377	0.3013	0.0562	0.0096	0.0020	0.0005
CO_2 含量(摩尔分数)/%	95.2	73.77	30.13	5.62	0.96	0.2	0.05

4.3.3.3　浓度(或分压)对平衡的影响

这里所说的浓度是广义的。在气相反应中，浓度的含义是分压。

由公式 $K_c=\frac{c_G^g c_H^h}{c_A^a c_B^b}$ 和 $K_p=\frac{p_G^g p_H^h}{p_A^a p_B^b}$ 可以看出，若反应物浓度或分压增大，则产物的浓度或分压也必然增大，平衡向生成产物的方向移动。

【例 4-13】 在[例 4-8]中，当 $TiCl_4$ 与 O_2 配比按 1∶1 的理论量时，在 1700K $TiCl_4$ 的平衡转化率只有 88.67%。为了提高 $TiCl_4$ 的转化率，应加入过量的 O_2。试计算 $TiCl_4$ 与 O_2 按 1∶1.5 的配比(摩尔比)加入反应器时 $TiCl_4$ 的平衡转化率，温度仍是 1700K。

【解】　　$TiCl_{4(g)}+O_{2(g)}=\!=\!=TiO_{2(s)}+2Cl_{2(g)}$

	$TiCl_{4(g)}$	$O_{2(g)}$	$2Cl_{2(g)}$
起始量/mol	1	1.5	0
平衡时 n_i/mol	$1-\alpha$	$1.5-\alpha$	2α

$\sum n_i$/mol　　$(1-\alpha)+(1.5-\alpha)+2\alpha=2.5$

由于反应前后气体摩尔数相等。故：

$$K_p=K_x=K_n=\frac{n_{Cl_2}^2}{n_{TiCl_4}n_{O_2}}=\frac{(2\alpha)^2}{(1-\alpha)(1.5-\alpha)}=245$$

解得　　$\alpha=0.97$

$TiCl_4$ 的平衡转化率提高到 97%。

此题如用反应进度法求解，步骤如下：

$$\frac{dn_{TiCl_4}}{-1}=\frac{dn_{O_2}}{-1}=\frac{dn_{Cl_2}}{2}=d\varepsilon$$

积分得：

$$n_{TiCl_4}=1-\varepsilon_e;\qquad y_{TiCl_4}=\frac{1-\varepsilon_e}{2.5}$$

$$n_{O_2}=1.5-\varepsilon_e;\qquad y_{O_2}=\frac{1.5-\varepsilon_e}{2.5}$$

$$\frac{n_{Cl_2}=2\varepsilon_e}{\sum n_i=2.5};\qquad y_{Cl_2}=\frac{2\varepsilon_e}{2.5}$$

将 y_i 代入平衡常数方程式中：

$$K_p=K_n=K_x=\frac{y_{Cl_2}^2}{y_{TiCl_4}y_{O_2}}=\frac{n_{Cl_2}^2}{n_{TiCl_4}n_{O_2}}=\frac{(2\varepsilon_e)^2}{(1-\varepsilon_e)(1.5-\varepsilon_e)}=245$$

解得 $\varepsilon_e=0.97$，即 $TiCl_4$ 平衡转化率为97%。

4.3.3.4 惰性气体对平衡的影响

所谓惰性气体，是指在反应体系中不参加反应的气体物质，在体系的总压固定时，惰性气体的存在使体系中各物质的分压降低了，但反应物与产物分压降低的程度并不相同，因而这种稀释效应的效果与降低体系压力的效果是相同的。这从公式：$K_p=K_xp^{\Delta n}=K_n\left(\frac{p}{\sum n_i}\right)^{\Delta n}$ 中也可得出同样的结论。

在反应体系中，加入惰性气体来冲稀时，当 $\Delta n>0$，则有利于正向反应；当 $\Delta n<0$，则不利于正向反应。

【例4-14】 求反应 $C+CO_2=2CO$ 在总压为1atm(1atm=101325Pa)，温度大于600℃时用纯氧和普通空气送风两种情况下的平衡气相组成。

【解】 (1) 在鼓入纯氧的情况下：

$$C+CO_2 = 2CO$$

$$\Delta G_T^{\ominus}=170707-174.46T,\ \mathrm{J}$$

$$\lg K_p=-\frac{\Delta G_T^{\ominus}}{19.147T}=-\frac{8915.6}{T}+9.11$$

$$\lg K_{p,873}=-\frac{8915.6}{873}+9.11=-1.1$$

$$K_{p,873}=0.0794$$

$$K_p=\frac{p_{CO}^2}{p_{CO_2}}=K_xp=\frac{x^2}{1-x}p=0.0794$$

因为 $p=1\mathrm{atm}$，解得 $x=0.245$，$1-x=0.755$，即CO的摩尔分数为24.5%，CO_2 的摩尔分数为75.5%。

(2) 生产中鼓入炉内的不是纯氧，而是空气。体系中多了一个组元 N_2，变成了C-O-N系。这时自由度

$$f=k-\phi+2=3-2+2=3$$

比鼓入纯氧时的C-O二组元系多了1个自由度，所以要描述体系的平衡态，计算平衡气相组成，在 T、p、CO、CO_2 和 N_2 的摩尔分数等变量中，除 T、p 外，还需要知道一个气体的平衡成分。通常这是不可能的，可能知道的是原始气相成分，例如鼓入普通空气，则原始气相成分(摩尔分数)为21% O_2 和79% N_2。所以原始气相中氧原子和氮原子的摩尔数

之比为：

$$\frac{n_O}{n_N}=\frac{21}{79}$$

其中氧燃烧后，一部分转变为 CO，另一部分转变为 CO_2，而且 1mol 氧原子转变为 1mol CO 分子，所以：

$$n_O=n_{CO}$$

而 2mol 氧原子才能转变为 1molCO_2 分子，所以：

$$n_O=2n_{CO_2}$$

氮原子和氮分子摩尔数的关系为：

$$n_N=2n_{N_2}$$

因此平衡气相中氧原子和氮原子的摩尔数之比：

$$\frac{n_O}{n_N}=\frac{n_{CO}+2n_{CO_2}}{2n_{N_2}}=\frac{p_{CO}+2p_{CO_2}}{2p_{N_2}}\left(因为\ n_i=\frac{p_iV}{RT}\right)$$

由以上两式找到平衡气相与原始气相之间的关系：

$$\frac{p_{CO}+2p_{CO_2}}{2p_{N_2}}=\frac{21}{79} \tag{1}$$

又

$$p_{CO}+p_{CO_2}+p_{N_2}=1 \tag{2}$$

及

$$\frac{p_{CO}^2}{p_{CO_2}}=K_{p,873}=0.0794 \tag{3}$$

联解式(1)、(2)、(3)，所得结果见表 4-7。

表 4-7　1atm、600℃时用氧和普通空气送风两种情况下布多尔反应的平衡气相组成(摩尔分数)

C-O 系		C-O-N 系				
CO/%	CO_2/%	CO/%	CO_2/%	N_2/%	$\frac{CO}{CO+CO_2}$/%	$\frac{CO_2}{CO+CO_2}$/%
24.5	75.5	16.9	10.8	72.3	61.0	39.0

注：1atm = 101325Pa。

由表 4-7 可见，引入氮后，冲淡了 CO 和 CO_2，它们的平衡成分(平衡分压)显然会减少，但是 CO_2 减少的程度更大，如果以 CO + CO_2 为 100% 计算摩尔分数，CO 的平衡浓度反而增加，这是因为总压仍为 1atm(1atm = 101325Pa)，$p_{CO}+p_{CO_2}$之和不到 1atm，根据反应式，压力下降，向 CO 生成的方向移动，CO 的平衡浓度增加。所以当体系中有 N_2 存在时，$\frac{CO}{CO_2}$比值将增大。

5　纯物质的蒸气压

——双克方程式在海绵钛冶金中的应用

双克方程式1-49和式1-50，对一切单元物系的两相平衡，包括固液相间的熔化和凝固、液气相间的蒸发和冷凝、固气相间的升华和结晶以及固相中发生的晶型转变等，都是适用的。双克方程式在液气平衡中的应用十分重要，在化工、冶金中它可以指导化工单元操作——蒸馏和精馏。在海绵钛的冶金过程中，如粗 $TiCl_4$ 的精制提纯，涉及 $TiCl_4$、$SiCl_4$、$VOCl_3$ 的蒸气压，它们之间差别的大小，对分离方法的选择至关重要。从图5-1可以看出，$VOCl_3$ 的蒸气压与 $TiCl_4$ 很接近，因而 $VOCl_3$ 对 $TiCl_4$ 的相对挥发度 α(又称分离系数)很小，在较宽的温度范围内，只有1.2～1.3左右。如采用精馏的物理分离方法，则精馏塔的塔板数非常之多，显然是不合理的。因此工业生产中都是采用还原除钒的化学方法，而不采用物理的精馏方法。但 $SiCl_4$ 的蒸气压曲线离 $TiCl_4$ 的蒸气压曲线要远一些，它们的相对挥发度比较大，平均分离系数达9～10左右，因而宜于采用精馏的方法精制除硅。

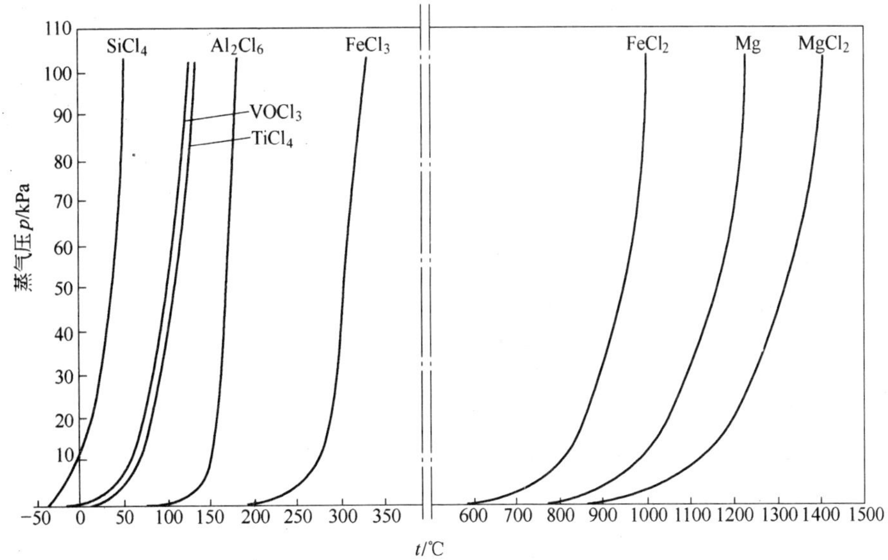

图5-1　精制提纯 $TiCl_4$ 时所涉及氯化物的蒸气压—温度关系曲线

又如，在真空蒸馏法从还原产物中将Mg和 $MgCl_2$ 与海绵钛进行分离时，就是利用了Mg和 $MgCl_2$ 在高温下有较大的蒸气压，而金属Ti蒸气压很小，这种蒸气压之间的差别，就构成了真空蒸馏分离提纯海绵钛的理论基础。如图5-2所示。

鉴于蒸气压问题在精制提纯 $TiCl_4$ 以及真空蒸馏提纯海绵钛中的重要性，有必要详细地讨论单元物系的液气平衡和蒸气压问题。

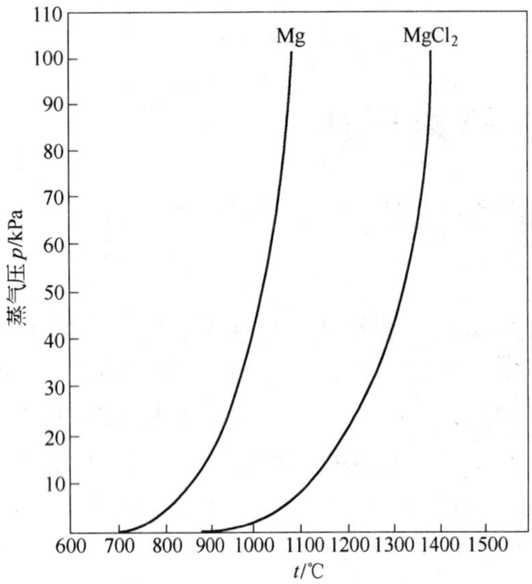

图 5-2　还原—蒸馏车间真空蒸馏净化提纯海绵钛时 Mg 和 $MgCl_2$ 的蒸气压—温度关系曲线

蒸气压是物质的一项重要物性参数，其在化工热力学及化工计算，在冶金热力学和冶金计算中的重要性是不言而喻的。蒸气压数据很多，且随温度变化很大，因此不便于内插，也不便于制表。更方便的是用关联式来表达不同温度时的 p 值。这些关联式可由 C_p 通过双克方程式得到。也可由实测 p 数据拟合成关联式。

5.1　将蒸发潜热 ΔH_V 视为常数时的蒸气压

对于液气平衡而言，式 1-50 中的 $\frac{dp}{dT}$ 表示液体的饱和蒸气压随温度的变化。当物质为 1mol 时，ΔH 是指液体的摩尔汽化潜热，可用符号 ΔH_V 或 $\tilde{L}_V$ 表示。ΔV 用 $\Delta\tilde{V}$ 表示，$\Delta\tilde{V}=\tilde{V}_{气}-\tilde{V}_{液}$，即气液两相的摩尔体积之差。因在距离临界温度较远时的通常温度下，$\tilde{V}_{气}\gg\tilde{V}_{液}$，故 $\tilde{V}_{液}$ 可忽略不计。再假设饱和蒸气服从理想气体定律，于是，式 1-50 可写成：

$$\frac{dp}{dT}=\frac{\Delta H}{T\Delta V}=\frac{\Delta H_V}{T\tilde{V}_{气}}=\frac{\Delta H_V}{T\frac{RT}{p}}=\frac{\Delta H_V p}{RT^2} \tag{5-1a}$$

或

$$\frac{dp}{p}=\frac{\Delta H_V}{R}\frac{dT}{T^2} \tag{5-1b}$$

当温度变化范围不大时，ΔH_V 可近似地看作一常数，即 ΔH_V 不随温度变化。将式 5-1b积分，便得到：

$$\lg p=-\frac{\Delta H_V}{2.303RT}+C=-\frac{\Delta H_V}{4.575T}+C \tag{5-2}$$

式中，C 为积分常数。如将 $\lg p$ 对 $\frac{1}{T}$ 作图，应得一直线，其斜率为 $-\frac{\Delta H_V}{4.575}$，截距为 C。显然，由直线的斜率可求出液体的汽化潜热 ΔH_V。

如将式 5-1b 在温度区间 $T_1\sim T_2$ 之间定积分，则可得：

$$\lg\frac{p_2}{p_1}=\frac{\Delta H_V(T_2-T_1)}{4.575T_1T_2} \tag{5-3}$$

由式 5-3 可以看出，只要知道液体的摩尔汽化潜热 ΔH_V，就可根据纯物质在某一温度 T_1 时其液体的饱和蒸气压 p_1，计算另一温度 T_2 时液体的饱和蒸气压 p_2。如果液体的摩尔汽化潜热 ΔH_V 数据缺乏时，有时可用一些经验性的近似规则进行估计。例如，对于正常液体(即非极性液体，液体分子不缔合)，其正常沸点时的摩尔汽化潜热与正常沸点之比为一常数，这一常数的数值大约是21。即：

$$\frac{\Delta H_V}{T_B} \approx 21\text{cal/(mol·K)} \tag{5-4}$$

式中 ΔH_V——液体在标准沸点下的摩尔蒸发潜热，cal/mol；

T_B——标准沸点，即1atm下的沸点，K。

这个近似规则就是著名的特鲁顿(Trouton)规则。

【例5-1】 已知水在100℃(373K)的正常沸点时，其饱和蒸气压为760mmHg(1mmHg=133.3224Pa)，汽化潜热为540cal/g(1cal=4.184J)。请计算：(1) 水在95℃(368K)时的饱和蒸气压；(2) 在800mmHg下水的沸点为多少？

【解】 (1)

$$\lg\frac{p_2}{760} = \frac{540\times18\times(368-373)}{4.575\times368\times373}$$

$$\lg p_2 = -0.0774+\lg760 = -0.0774+2.8808 = 2.8034$$

$$p_2 = 635.9\text{mmHg} = 635.9\times133.322 = 84779.46\text{Pa} = 84.78\text{kPa}$$

(2)

$$\lg\frac{800}{760} = \frac{540\times18\times(T_2-373)}{4.575\times373T_2}$$

$$T_2 = 374.4\text{K} = 101.4℃$$

【例5-2】 在2227℃(2500K)下液体Ti的蒸气压为1.503mmHg(200.383Pa)。钛在标准沸点下的蒸发潜热为104kcal/mol(435.14kJ/mol)。试计算钛的标准沸点。

【解】 设钛的标准沸点为 T_B。在此温度下的蒸气压等于1atm或760mmHg。将相应数值代入式5-3：

$$\lg\frac{760}{1.503} = \frac{-104000}{4.575}\times\left(\frac{1}{T_B}-\frac{1}{2500}\right)$$

求得：

$$T_B = 3558\text{K} = 3285℃$$

因此，钛的标准沸点为3285℃(3558K)。

5.2 当 ΔH_V 是温度的函数时的蒸气压计算

5.1节的讨论是把 ΔH 视为常数。事实上，ΔH_V 是温度的函数，特别是在较宽广的温度范围内，如将其看作常数积分，将会产生较大误差。在对式5-1积分时，如果：

$$\Delta C_p = C_{p,气} - C_{p,液} = \Delta a + \Delta bT,\ \text{cal/(mol·K)}$$

则 $$\Delta H_V = \Delta H_0 + \int\Delta C_p\mathrm{d}T = \Delta H_0 + \int(\Delta a+\Delta bT)\mathrm{d}T = \Delta H_0 + \Delta aT + \frac{\Delta b}{2}T^2$$

式中 ΔH_0——积分常数。

所以：

$$\int\frac{\mathrm{d}p}{p} = \int\frac{\Delta H_V}{RT^2}\mathrm{d}T = \int\frac{1}{R}\left(\frac{\Delta H_0}{T^2}+\frac{\Delta a}{T}+\frac{\Delta b}{2}\right)\mathrm{d}T$$

$$\ln p = \frac{-\Delta H_0}{RT} + \frac{\Delta a}{R}\ln T + \frac{\Delta b}{2R}T + I$$

式中 I——另一积分常数。

将上式改写为常用对数形式：

$$\lg p = -\frac{\Delta H_0}{4.575T} + \frac{\Delta a}{R}\lg T + \frac{\Delta b}{4.575}T + \frac{I}{2.303}$$

如令 $A=-\frac{\Delta H_0}{4.575}$；$B=\frac{\Delta a}{R}$；$C=\frac{\Delta b}{4.575}$；$D=\frac{I}{2.303}$，于是：

$$\lg p=\frac{A}{T}+B\lg T+CT+D$$

又如若 $\Delta C_p=C_{p,\text{气}}-C_{p,\text{液}}=\Delta a+\Delta bT+\Delta CT^{-2}$，cal/（mol · K）

则　$$\Delta H_V=\Delta H_0+\int\Delta C_p\mathrm{d}T=\Delta H_0+\int(\Delta a+\Delta bT+\Delta cT^{-2})\mathrm{d}T$$

$$=\Delta H_0+\Delta aT+\frac{\Delta b}{2}T^2-\Delta cT^{-1}$$

所以：

$$\int\frac{\mathrm{d}p}{p}=\int\frac{\Delta H_V}{RT^2}\mathrm{d}T=\int\frac{1}{R}\left(\frac{\Delta H_0}{T^2}+\frac{\Delta a}{T}+\frac{\Delta b}{2}-\Delta cT^{-3}\right)\mathrm{d}T$$

$$\ln p=-\frac{\Delta H_0}{RT}+\frac{\Delta a}{R}\ln T+\frac{\Delta b}{2R}T+\frac{\Delta c}{2R}T^{-2}+I$$

同样，令 $A=-\frac{\Delta H_0}{4.575}$；$B=\frac{\Delta a}{R}$；$C=\frac{\Delta b}{2\times4.575}$；$D=\frac{\Delta c}{2\times4.575}$；$E=\frac{I}{2.303}$，于是得：

$$\lg p=\frac{A}{T}+B\lg T+CT+DT^{-2}+E$$

可见，纯物质的蒸气压方程式之所以是多项式的根本原因，在于其汽化潜热实际上随温度而变化，这种变化本质上又是由于 C_p 和 ΔC_p 的温度关系式是多项式所引起的。

以上蒸气压方程式中的常数 A、B、C、D 和 E 称为蒸发常数。纯物质的蒸发常数可从热力学数据手册中查得。本书附录Ⅴ收集汇总了不同作者提出的一些物质的蒸气压方程式，供参考。由物质的蒸气压方程式可以方便地求得高温下各种物质的蒸气压。蒸气压不仅是精制净化 $TiCl_4$ 所需要的基本数据，而且也是真空蒸馏分离除去 Mg 和 $MgCl_2$，从而提纯海绵钛坨的非常重要的数据，有价金属的挥发损失及有害杂质的蒸发除去等都与蒸气压有关。这可从下面的例题得到证明。

【例 5-3】 试推导 $TiCl_4$、$SiCl_4$、$VOCl_3$、Mg 和 $MgCl_2$ 五种物质的蒸气压与温度的关系式。

【解】 将蒸发潜热与温度的关系式：

$$\Delta H_B=\Delta AT+\frac{\Delta B}{2}\times10^{-3}T^2-\Delta C\times10^5T^{-1}+\Delta H_0$$

代入式 $\lg p=\int\frac{\Delta H_B}{4.575T^2}\mathrm{d}T$ 得：

$$\lg p=\int\frac{\left(\Delta AT+\frac{\Delta B}{2}\times10^{-3}T^2-\Delta C\times10^5T^{-1}+\Delta H_0\right)}{4.575T^2}\mathrm{d}T+\frac{I}{2.303}$$

$$=-\frac{\Delta H_0}{4.575}T^{-1}+\frac{\Delta A}{4.575}\ln T+\frac{\Delta B}{2\times4.575}\times10^{-3}T+\frac{\Delta C}{2\times4.575}\times10^5T^{-2}+\frac{I}{2.303}$$

式中　ΔH_0，I——积分常数。

根据【例 2-14】的计算：

（1）对于 $TiCl_4$，$\Delta H_0=11588.597$，$\Delta A=-8.511$，$\Delta B=-1.969$，$\Delta C=-2.483$，代

入上式，得：

$$\lg p_{TiCl_4} = -\frac{11588.597}{4.575}T^{-1} + \frac{-8.511}{4.575}\ln T + \frac{-1.969}{2\times 4.575}\times 10^{-3}T + \frac{-2.483}{2\times 4.575}\times 10^5 T^{-2} + E$$

$$= -2533.023T^{-1} + (-4.283)\lg T + (-0.215\times 10^{-3})T + (-0.271\times 10^5)T^{-2} + E$$

将正常沸点 $T_{B,TiCl_4}=409\text{K}$ 时的正常蒸气压 $p_{TiCl_4}=760\text{mmHg}$ 代入上式，求出积分常数 E：

$$\lg 760 = -2533.023\times 409^{-1} + (-4.283)\times \lg 409 + (-0.215\times 10^{-3})\times 409 + (-0.271\times 10^5)\times 409^{-2} + E$$

$$= -6.193 - 11.186 - 0.087935 - 0.162 + E$$

$$E = 20.51$$

于是得

$$\lg p_{TiCl_4} = A\times 10^3 T^{-1} + B\lg T + C\times 10^{-3}T + D\times 10^5 T^{-2} + E$$

$$= -2.533\times 10^3 T^{-1} + (-4.283)\lg T + (-0.215\times 10^{-3})T + (-0.271\times 10^5)T^{-2} + 20.51$$

式中，$A=-2.533$；$B=-4.283$；$C=-0.215$；$D=-0.271$；$E=20.51$。

（2）对于 $SiCl_4$，$\Delta H_0=8405.316$，$\Delta A=-8.109$，$\Delta B=0.230$，$\Delta C=-3.529$，代入下式：

$$\lg p_{SiCl_4} = -\frac{\Delta H_0}{4.575}T^{-1} + \frac{\Delta A}{4.575}\ln T + \frac{\Delta B}{2\times 4.575}\times 10^{-3}T + \frac{\Delta C}{2\times 4.575}\times 10^5 T^{-2} + \frac{I}{2.303}$$

得

$$\lg p_{SiCl_4} = -\frac{8405.316}{4.575}T^{-1} + \frac{-8.109}{4.575}\ln T + \frac{0.230}{2\times 4.575}\times 10^{-3}T + \frac{-3.529}{2\times 4.575}\times 10^5 T^{-2} + \frac{I}{2.303}$$

$$= -1837.228T^{-1} + (-4.081)\lg T + 0.025\times 10^{-3}T + (-0.386\times 10^5)T^{-2} + \frac{I}{2.303}$$

将正常沸点 $T_{B,SiCl_4}=331\text{K}$ 时的正常蒸气压 $p_{SiCl_4}=760\text{mmHg}$ 代入上式，求出积分常数 E：

$$\lg 760 = -1837.228\times 331^{-1} - 4.081\times \lg 331 + 0.025\times 10^{-3}\times 331 - 0.386\times 10^5\times 331^{-2} + \frac{I}{2.303}$$

$$= -5.551 - 10.283 + 0.00828 - 0.352 + \frac{I}{2.303}$$

$$E = \frac{I}{2.303} = 2.881 + 5.551 + 10.283 - 0.00828 + 0.352 = 19.059$$

因此，$SiCl_4$ 的蒸气压与温度的函数关系为：

$$\lg p_{SiCl_4} = A\times 10^3 T^{-1} + B\lg T + C\times 10^{-3}T + D\times 10^5 T^{-2} + E$$

$$= -1.837\times 10^3 T^{-1} - 4.081\lg T + 0.025\times 10^{-3}T - 0.386\times 10^5 T^{-2} + 19.059$$

式中，$A=-1.837$；$B=-4.081$；$C=0.025$；$D=-0.386$；$E=19.059$。

（3）对于 $VOCl_3$，将 $\Delta H_0=11580$，$\Delta A=-10.2$，$\Delta B=0$，$\Delta C=-2.0$ 代入下式：

$$\lg p_{VOCl_3} = -\frac{\Delta H_0}{4.575}T^{-1} + \frac{\Delta A}{4.575}\ln T + \frac{\Delta C}{2\times 4.575}\times 10^5 T^{-2} + \frac{I}{2.303}$$

$$= -\frac{11580}{4.575}T^{-1} + \frac{-10.2}{4.575}\ln T + \frac{-2.0}{2\times 4.575}\times 10^5 T^{-2} + \frac{I}{2.303}$$

$$= -2531T^{-1} + (-5.133)\lg T + (-0.2186\times 10^5)T^{-2} + \frac{I}{2.303}$$

将 $VOCl_3$ 正常沸点 $T_{B,VOCl_3} = 400K$ 时的正常蒸气压 $p_{VOCl_3} = 760mmHg$ 代入上式，求得积分常数 E：

$$\lg 760 = -2531\times 400^{-1} - 5.133\lg 400 - 21860\times 400^{-2} + E$$

$$= -6.3275 - 13.356 - 0.137 + E$$

积分常数　$E = 2.881 + 6.3275 + 13.356 + 0.137 = 22.702$

于是，$VOCl_3$ 的蒸气压与温度的函数关系为：

$$\lg p_{VOCl_3} = A\times 10^3 T^{-1} + B\lg T + D\times 10^5 T^{-2} + E$$

$$= -2.531\times 10^3 T^{-1} + (-5.133)\lg T + (-0.2186\times 10^5)T^{-2} + 22.702$$

$$= -2.531\times 10^3 T^{-1} - 5.133\lg T - 0.2186\times 10^5 T^{-2} + 22.702$$

式中，$A = -2.531$；$B = -5.133$；$D = -0.2186$；$E = 22.702$。

（4）对于 Mg，将 $\Delta H_0 = 34126.896$，$\Delta A = -2.632$，$\Delta B = 0$，$\Delta C = 0$ 代入下式：

$$\lg p_{Mg} = -\frac{\Delta H_0}{4.575}T^{-1} + \frac{\Delta A}{4.575}\ln T + \frac{I}{2.303}$$

$$= -\frac{34126.896}{4.575}T^{-1} + \frac{-2.632}{4.575}\lg T + \frac{I}{2.303}$$

$$= -7459.431T^{-1} + (-1.3246)\lg T + \frac{I}{2.303}$$

将 Mg 在正常沸点 $T_{B,Mg} = 1378K$ 时的蒸气压 $p_{Mg} = 760mmHg$ 代入上式，求得积分常数 E：

$$\lg 760 = -7459.431\times 1378^{-1} - 1.3246\times \lg 1378 + E$$

$$= -5.413 - 4.158 + E$$

$$E = \frac{I}{2.303} = 2.881 + 5.413 + 4.158 = 12.452$$

这样，Mg 的蒸气压与温度的函数关系为：

$$\lg p_{Mg} = A\times 10^3 T^{-1} + B\lg T + 12.452 = -7.459\times 10^3 T^{-1} + (-1.3246)\lg T + 12.452$$

$$= -7.459\times 10^3 T^{-1} - 1.3246\lg T + 12.452$$

式中，$A = -7.459$；$B = -1.3246$；$E = 12.452$。

（5）对于 $MgCl_2$，将 $\Delta H_0 = 51243.983$，$\Delta A = -8.329$，$\Delta B = 0.073$，$\Delta C = -1.268$ 代入下式：

$$\lg p_{MgCl_2} = -\frac{\Delta H_0}{4.575}T^{-1} + \frac{\Delta A}{4.575}\ln T + \frac{\Delta B}{2\times 4.575}\times 10^{-3}T + \frac{\Delta C}{2\times 4.575}\times 10^5 T^{-2} + \frac{I}{2.303}$$

$$= -\frac{51243.983}{4.575}T^{-1} + \frac{-8.329}{4.575}\ln T + \frac{0.073}{2\times4.575}\times10^{-3}T + \frac{-1.268}{2\times4.575}\times10^{5}T^{-2} + \frac{I}{2.303}$$

$$= -11200.871T^{-1} + (-4.192)\lg T + 0.00798\times10^{-3}T + (-0.139\times10^{5})T^{-2} + \frac{I}{2.303}$$

将正常沸点 $T_{B,MgCl_2}=1691K$ 时的蒸气压 $p_{MgCl_2}=760mmHg$ 代入上式，求得积分常数 E：

$$\lg760 = -11200.871\times1691^{-1} - 4.192\lg1691 + 0.00798\times10^{-3}\times1691 - 0.139\times10^{5}\times1691^{-2} + E$$

$$= -6.624 - 13.532 + 0.0135 - 0.00486 + E$$

$$E = \frac{I}{2.303} = 2.881 + 6.624 + 13.532 - 0.0135 + 0.00486 = 23.028$$

于是，$MgCl_2$ 的蒸气压与温度的函数关系应为：

$$\lg p_{MgCl_2} = A\times10^{3}T^{-1} + B\lg T + C\times10^{-3}T + D\times10^{5}T^{-2} + E$$

$$= -11.2\times10^{3}T^{-1} + (-4.192)\lg T + 0.00798\times10^{-3}T + (-0.139\times10^{5})T^{-2} + 23.028$$

$$= -11.2\times10^{3}T^{-1} - 4.192\lg T + 0.00798\times10^{-3}T - 0.139\times10^{5}T^{-2} + 23.028$$

式中，$A=-11.2$；$B=-4.192$；$C=0.00798$；$D=-0.139$；$E=23.028$。

【例 5-4】 根据【例 5-3】中求出的 $TiCl_4$、$SiCl_4$、$VOCl_3$、Mg 和 $MgCl_2$ 的蒸气压方程式及直接从手册中查得的 Al_2Cl_6、$FeCl_3$、$FeCl_2$ 和 $MnCl_2$ 的蒸气压方程式计算出这些物质在若干个温度下的蒸气压数值，并绘出它们的蒸气压-温度关系曲线图。

【解】 已知：

$$\lg p_{SiCl_4} = -1.837\times10^{3}T^{-1} - 4.081\times\lg T + 0.025\times10^{-3}T - 0.386\times10^{5}T^{-2} + 19.059$$

$$\lg p_{VOCl_3} = -2.531\times10^{3}T^{-1} - 5.133\times\lg T - 0.2186\times10^{5}T^{-2} + 22.702$$

$$\lg p_{TiCl_4} = -2.533\times10^{3}T^{-1} - 4.283\times\lg T - 0.215\times10^{-3}T - 0.271\times10^{5}T^{-2} + 20.51$$

$$\lg p_{Al_2Cl_6} = -6.36\times10^{3}T^{-1} + 3.77\times\lg T - 6.12\times10^{-3}T + 9.66$$

$$\lg p_{FeCl_3(s)} = -7.200\times10^{3}T^{-1} + 15.152$$

$$\lg p_{FeCl_3(l)} = -2.578\times10^{3}T^{-1} + 7.142$$

$$\lg p_{FeCl_2} = -9.475\times10^{3}T^{-1} - 5.23\times\lg T + 26.53$$

$$\lg p_{MnCl_2} = -10.606\times10^{3}T^{-1} - 4.33\times\lg T + 23.68$$

$$\lg p_{MgCl_2} = -11.2\times10^{3}T^{-1} - 4.192\times\lg T + 0.00798\times10^{-3}T - 0.139\times10^{5}T^{-2} + 23.028$$

$$\lg p_{Mg} = -7.459\times10^{3}T^{-1} - 1.3246\times\lg T + 12.452$$

以上公式中，饱和蒸气压 P 的单位为 mmHg（1mmHg = 133.3224Pa）。

有关物质在不同温度下的蒸气压见表 5-1。

表 5-1 有关物质在不同温度下的蒸气压

物质	摄氏温度/℃	-20	-10	0	10	20	30	40	50	58	60	70	80	90	100	110	120	127	130	136
物质	热力学温度/K	253	263	273	283	293	303	313	323	331	333	343	353	363	373	383	393	400	403	409
$SiCl_4$	mmHg	24.793	44.318	75.306	122.202	190.252	286.141	416.706	588.952	762.590										
$SiCl_4$	kPa	3.305	5.909	10.040	16.292	25.365	38.149	55.556	78.520	101.667										
$VOCl_3$	mmHg	1.042	2.188	4.295	7.962	14.028	23.059	38.282	59.704		90.573	132.739	190.108	265.460	361.410	484.172	635.331	760.326		
$VOCl_3$	kPa	0.140	0.282	0.573	1.061	1.870	3.154	5.104	7.960		12.075	17.697	25.346	35.392	48.184	64.551	84.704	101.368		
$TiCl_4$	mmHg	0.5195	1.163	2.375	4.562	8.318	14.518	24.249	39.048		60.730	91.685	134.617	192.309	268.411	367.029	493.742		650.729	760.501
$TiCl_4$	kPa	0.0693	0.155	0.317	0.608	1.109	1.936	3.233	5.206		8.097	12.224	17.947	25.639	35.785	48.933	65.827		86.756	101.392

物质	项目											
Al_2Cl_6	摄氏温度/℃	50	100	110	120	130	140	150	160	170	180	190
Al_2Cl_6	热力学温度/K	323	373	383	393	403	413	423	433	443	453	463
Al_2Cl_6	mmHg	0.0284	1.050	2.812	7.129	17.140	39.264	86.497	182.810	370.680	720.106	1377.209
Al_2Cl_6	kPa	0.000378	0.140	0.375	0.950	2.285	5.235	11.532	24.373	49.420	96.806	183.612
$FeCl_{3(s)}$	摄氏温度/℃	210	220	230	240	250	260	270	280	290	300	304
$FeCl_{3(s)}$	热力学温度/K	483	493	503	513	523	533	543	553	563	573	577
$FeCl_{3(s)}$	mmHg	1.758	3.532	6.887	13.092	24.266	44.055	77.983	135.519	230.675	386.367	472.063
$FeCl_{3(s)}$	kPa	0.234	0.471	0.918	1.745	3.235	5.874	10.397	18.068	30.754	51.511	62.936
$FeCl_{3(l)}$	摄氏温度/℃	304	314	324	332							
$FeCl_{3(l)}$	热力学温度/K	577	587	597	605							
$FeCl_{3(l)}$	mmHg	472.063	562.341	666.807	760.326							
$FeCl_{3(l)}$	kPa	62.936	74.972	88.900	101.368							

续表 5-1

物质																				
物质	摄氏温度/℃	-20	-10	0	10	20	30	40	50	58	60	70	80	90	100	110	120	127	130	136
	热力学温度/K	253	263	273	283	293	303	313	323	331	333	343	353	363	373	383	393	400	403	409

物质												
$FeCl_2$	摄氏温度/℃	700	750	800	850	900	950	1012				
	热力学温度/K	973	1023	1073	1123	1173	1223	1285				
	mmHg	14.588	33.574	70.795	138.038	251.189	432.514	787.046				
	kPa	1.945	4.476	9.438	18.404	33.489	57.664	104.931				
$MgCl_2$	摄氏温度/℃	900	1000	1100	1200	1300	1400	1418				
	热力学温度/K	1173	1273	1373	1473	1573	1673	1691				
	mmHg	4.104	16.460	52.678	140.731	326.573	673.673	761.447				
	kPa	0.547	2.194	7.023	18.763	43.539	89.811	101.518				
$MnCl_2$	摄氏温度/℃	800	900	1000	1100	1200	1231	1250				
	热力学温度/K	1073	1173	1273	1373	1473	1504	1523				
	mmHg	4.721	22.284	80.353	233.884	578.069	743.019	860.990				
	kPa	0.629	2.971	10.713	31.182	77.073	99.061	114.789				
Mg	摄氏温度/℃	650	700	750	800	850	900	950	1000	1050	1105	
	热力学温度/K	923	973	1023	1073	1123	1173	1223	1273	1323	1378	
	mmHg	2.773	6.730	14.928	30.620	58.749	106.414	183.654	301.995	447.529	760.326	
	kPa	0.370	0.897	1.990	4.082	7.833	14.187	24.485	40.263	63.665	101.368	

在海绵钛冶金过程中，精制车间用精馏方法除去低沸点杂质（以 $SiCl_4$ 为代表）和高沸点杂质（如 $AlCl_3$、$FeCl_3$、$FeCl_2$、$MnCl_2$ 等）。图 5-1 绘制了这些物质的蒸气压-温度（p-t）关系曲线，从这些曲线之间的差别可以解释分离提纯 $TiCl_4$ 的原理。图 5-2 表示 Mg 和 $MgCl_2$ 的蒸气压-温度曲线，从这些曲线可以知道在还原—蒸馏车间真空蒸馏为什么在 900 ~ 1000℃ 温度下能从还原产物中分离出 Mg 和 $MgCl_2$，从而使海绵钛得以净化提纯。

附　　录

附录I　国际相对原子质量表

元素名称	元素符号	原子序数	相对原子质量	元素名称	元素符号	原子序数	相对原子质量
氢	H	1	1.00794	锰	Mn	25	54.9380
氦	He	2	4.00260	铁	Fe	26	55.847
锂	Li	3	6.941	钴	Co	27	58.9332
铍	Be	4	9.01218	镍	Ni	28	58.69
硼	B	5	10.81	铜	Cu	29	63.546
碳	C	6	12.011	锌	Zn	30	65.38
氮	N	7	10.0067	镓	Ga	31	69.72
氧	O	8	15.9994	锗	Ge	32	72.59
氟	F	9	18.998403	砷	As	33	74.9216
氖	Ne	10	20.179	硒	Se	34	78.96
钠	Na	11	22.98977	溴	Br	35	79.904
镁	Mg	12	24.305	氪	Kr	36	83.80
铝	Al	13	26.98154	铷	Rb	37	85.4678
硅	Si	14	28.0855	锶	Sr	38	87.62
磷	P	15	30.97376	钇	Y	39	88.9059
硫	S	16	32.06	锆	Zr	40	91.22
氯	Cl	17	35.453	铌	Nb	41	92.9064
氩	Ar	18	39.948	钼	Mo	42	95.94
钾	K	19	39.0983	锝	Tc	43	97^{α}, 99^{β}
钙	Ca	20	40.08	钌	Ru	44	101.07
钪	Sc	21	44.9559	铑	Rh	45	102.9055
钛	Ti	22	47.88	钯	Pd	46	106.42
钒	V	23	50.9415	银	Ag	47	107.8682
铬	Cr	24	51.996	镉	Cd	48	112.41

续表

元素名称	元素符号	原子序数	相对原子质量	元素名称	元素符号	原子序数	相对原子质量
铟	In	49	114.82	铱	Ir	77	192.22
锡	Sn	50	118.69	铂	Pt	78	195.08
锑	Sb	51	121.75	金	Au	79	196.9665
碲	Te	52	127.60	汞	Hg	80	200.59
碘	I	53	126.9045	铊	Tl	81	204.383
氙	Xe	54	131.29	铅	Pb	82	207.2
铯	Cs	55	132.9054	铋	Bi	83	208.9804
钡	Ba	56	137.33	钋	Po	84	209^{α}，210^{β}
镧	La	57	138.9055	砹	At	85	$210^{\alpha,\beta}$
铈	Ce	58	140.12	氡	Rn	86	222^{α}
镨	Pr	59	140.9077	钫	Fr	87	223^{β}
钕	Nd	60	144.24	镭	Ra	88	226^{α}
钷	Pm	61	—	锕	Ac	89	$227^{\beta,\alpha}$
钐	Sm	62	150.36	钍	Th	90	232.0381
铕	Eu	63	151.96	镤	Pa	91	231.0359
钆	Gd	64	157.25	铀	U	92	238.0289
铽	Tb	65	158.9254	镎	Np	93	237^{α}
镝	Dy	66	162.50	钚	Pu	94	239^{α}，$244^{\alpha,\phi}$
钬	Ho	67	164.9303	镅	Am	95	243^{α}
铒	Er	68	167.26	锔	Cm	96	247^{α}
铥	Tm	69	168.9342	锫	Bk	97	247^{α}
镱	Yb	70	173.04	锎	Cf	98	251^{α}
镥	Lu	71	174.967	锿	Es	99	252^{α}
铪	Hf	72	178.49	镄	Fm	100	$257^{\alpha,\phi}$
钽	Ta	73	180.9479	钔	Md	101	258^{α}
钨	W	74	183.85	锘	No	102	259^{α}
铼	Re	75	186.207	铹	Lr	103	260^{α}
锇	Os	76	190.2	铲	Rf	104	261^{α}
				钘	Ha	105	262^{α}

注：取自1989年国际原子质量表，以 $^{12}C = 12$ 为基准。

附录Ⅱ 一些单位的换算关系

（1）长度单位：

$1fm = 10^{-3}pm = 10^{-6}nm = 10^{-9}\mu m = 10^{-12}mm = 10^{-15}m$

$1Å = 100pm = 0.1nm = 10^{-10}m$

$1nm = 10Å = 10^{3}pm = 10^{-3}\mu m = 10^{-9}m$

$1pm = 10^{-2}Å = 10^{-3}nm = 10^{-6}\mu m = 10^{-9}mm = 10^{-12}m$

1 光年 $= 9.4605 \times 10^{15}m$

（2）质量单位：

$1t = 10^{3}kg = 10^{6}g$

$1g = 10^{3}mg = 10^{6}\mu g = 10^{9}ng$

（3）时间单位：

1d = 24h = 1440min = 86400s

1h = 60min = 3600s

（4）温度单位：

T（K） $= t$（℃） +273.15

t（℃） $= \frac{5}{9}$（t_F（℉） −32）；t_F（℉） $= \frac{9}{5}t$（℃） +32

式中 T——热力学温度，K；

t——摄氏温度,℃；

t_F——华氏温度,℉。

（5）力单位：

$1kgf = 9.80665N \approx 9.81N \approx 9.81 \times 10^{5}dyn$

$1N = 0.101972kgf \approx 0.102kgf \approx 1 \times 10^{5}dyn$（达因）

这里，kgf 为千克力，工程力学单位；N 为牛顿，是 SI 导出单位。

（6）压力（压强）、应力单位：

$1Pa = 1N/m^2 = 1kg/s^2m = 1.01972 \times 10^{-5}kgf/cm^2 \approx 1.02 \times 10^{-5}kgf/cm^2$

$1kgf/cm^2 = 98.0665 \times 10^{3}Pa = 98.0665kPa$

$1MPa = 10.2kgf/cm^2 \approx 10kgf/cm^2$（在 2% 误差范围内）

1at（工程大气压） $= 1kgf/cm^2 \approx 0.10MPa = 735.6mmHg = 10mH_2O$

1atm（物理标准大气压） $= 101325Pa = 0.101325MPa \approx 0.10MPa = 760mmHg$
$= 10.33mH_2O = 1.033kgf/cm^2$（1.033at）

$1mmHg = 1Torr = 133.322Pa \approx 133Pa$

$1mmH_2O = 1kgf/m^2$

正压时，绝对压力 = 1atm + 表压；

负压（真空）时，绝对压力 = 1atm − 真空度，真空度 = 1atm − 剩余压力。

（7）功、能、热量单位：

$1J = 1N \cdot m = 1kg \cdot m^2/s^2 = 4.184cal$（热化学卡） $= 10^{7}erg$（尔格）

$1kgf \cdot m = 9.80665N \cdot m = 9.80665J$

$1W \cdot h = 3600J = 3.6kJ$（W · h 在电学、电冶金中常用）

$1kW \cdot h = 3.6 \times 10^6 J = 3.67 \times 10^5 kgf \cdot m = 8.6 \times 10^5 cal$

$1eV = 1.60219 \times 10^{-19} J$（eV 在物质结构、电磁学中常用到）

（8）功率：

$1W = 1J/s = 0.101972kgf/s = 0.238846cal/s$

$1kgf \cdot m/s = 9.80665N \cdot m/s = 9.80665W$

1HP（马力）$= 75kgf \cdot m/s = 735.49875W$

（9）动力黏度 η：

1P（泊）$= 1dyn \cdot s/cm^2 = 0.1N \cdot s/m^2 = 0.1Pa \cdot s = 100cP$（厘泊）

$1Pa \cdot s = 10P = 10^3 cP$（$1cP = 10^{-3} Pa \cdot s$）

$1kgf \cdot s/m^2 = 9.80665Pa \cdot s$

（10）表面张力：

$1J/m^2 = 1N/m = 10^3 dyn/cm$

$1dyn/cm = 10^{-3} N/m$

（11）电阻和电阻率，电导和电导率：

电阻：$1\Omega = 1m^2 \cdot kg/(s^3 \cdot A^2)$

电阻率：$1\Omega \cdot m = 100\Omega \cdot cm = 1m^3 \cdot kg/(s^3 \cdot A^2)$

电导：1S（西门子）$= \frac{1}{\Omega} = 1 \cdot s^3 \cdot A^2/(m^2 \cdot kg)$

电导率：$1S/m = \frac{1}{\Omega \cdot m} = 1s^3 \cdot A^2/(m^3 \cdot kg)$

电流的热效应：$Q = 0.24I^2Rt$（cal）$= I^2Rt$（J）

式中　I——电流，A；

R——电阻，Ω；

t——通电时间，s。

（12）其他：

线膨胀系数 α_l 单位的国际符号 K^{-1}（读作“每开尔文”）；

体膨胀系数 α_V 单位的国际符号 K^{-1}；

比定压热容 c_p 单位的国际符号 J/（kg · K）；

摩尔定压热容 $c_{p,m}$ 单位的国际符号 J/（mol · K）；

焓 H 单位的国际符号 J；

内能 U、吉布斯自由能 G 单位的国际符号 J；

热导率（导热系数）λ 单位的国际符号 W/(m · K)，$1kcal/(m \cdot K \cdot h) = 1.163W/(m \cdot K)$；

传热系数 K 单位的国际符号 $W/(m^2 \cdot K)$，$1W/(m^2 \cdot K) = 0.859845kcal/(m^2 \cdot K \cdot h)$，$1kcal/(m^2 \cdot K \cdot h) = 1.163W/(m^2 \cdot K)$；

热中子俘获截面单位符号 b(靶恩)，$1b = 10^{-28} m^2$。

附录Ⅲ 一些物质的摩尔定压热容、相变焓、标准摩尔生成焓、标准摩尔吉布斯自由能及摩尔熵数据

物质	$C_{p,m}=a+b\times10^{-3}T+c\times10^{5}T^{-2}+d\times10^{-6}T^{2}$ (J/(mol·K))				适用温度范围/K	相变点/K	$\Delta H_{相}^{\ominus}$ /kJ·mol^{-1}	$\Delta H_{f,298}^{\ominus}$ /kJ·mol^{-1}	$\Delta G_{f,298}^{\ominus}$ /kJ·mol^{-1}	$S_{298}^{\ominus}$ /J·(mol·K)$^{-1}$
	a	*b*	*c*	*d*						
Al(s)	31.376	-16.393	-3.607	20.753	298~933	933	10.71	0	0	28.321
Al(s)	20.67	12.38			273~931.7					
Al(l)	31.748				933~2767	2767	290.78			
Al(g)	20.799				2767~3200			392.281	273.20	164.431
$AlCl_3$(s)	64.936	87.864			298~454			-705.63	-636.8	109.29
$AlCl_3$(s)	55.44	117.15			273~465.6			-695.38	-636.8	167.40
$AlCl_3$(g)	82.843		-11.046		298~1800			-584.505		314.302
Al_2O_3(α)	103.851	26.267	-29.091		298~800			-1675.27		50.94
	120.516	9.192	-48.367		800~2327	2327	118.41			
	92.38	37.535	-26.861		27~1937			-1669.8	-2213.16	50.986
Al_2O_3(l)	144.863				2327~3500					
Al_2O_3(α)	114.77	12.80	-35.44		298~1800			-1669.79	-1576.41	50.986
C(石墨)	0.109	38.940	-1.481	-17.385	298~1100			0	0	5.74
	24.439	0.435	-31.627		1100~4073					
C(石墨)	17.15	4.27	-8.79		298~2300			0	0	5.6940
CO(g)	28.409	4.100	-0.460		298~2500			-110.54		197.55
CO(g)	27.6	5.0			298~2500			-110.525	-137.285	198.016
CO(g)	26.5366	7.6831	-0.46		298~2500			-110.52	-137.269	197.907
CO_2(g)	44.141	9.037	-8.535		298~2500			-393.51		213.66
CO_2(g)	28.66	35.702			300~2000			-393.514	-394.384	213.639
$COCl_2$(g)	67.157	12.108	-9.033		298~1000			-223.01	-210.50	289.24
Ca(α)	24.125	-3.356	0.331	20.414	298~720	720	0.92	0	0	41.42
Ca(β)	-0.377	41.279			720~1112	1112	8.54			
Ca(l)	29.288				1112~1757	1757	153.64			
Ca(g)	20.832				1757~2800					
Ca(s)	21.92	14.64			298~673			0	0	41.63

续表

物　质	$C_{p,m}=a+b\times10^{-3}T+c\times10^{5}T^{-2}+d\times10^{-6}T^{2}$ (J/(mol · K))				适用温度范围/K	相变点/K	$\Delta H^{\ominus}_{相}$ /kJ · mol⁻¹	$\Delta H^{\ominus}_{f,298}$ /kJ · mol⁻¹	$\Delta G^{\ominus}_{f,298}$ /kJ · mol⁻¹	$S^{\ominus}_{298}$ /J · (mol · K)⁻¹
	a	b	c	d						
$CaCl_2(s)$	71.881	12.719	−2.720		209 ~ 1045	1045	28.45	−795.80	−750.20	113.8
$CaCl_2(l)$	103.345				1045 ~ 2273					
$CaO(s)$	49.662	4.519	−6.945		298 ~ 2888	2888	79.50	−634.29		39.75
$CaO(l)$	62.760				2888 ~ 3500					
$CaO(s)$	48.83	4.52	6.53		298 ~ 1800			−635.50	−604.20	39.70
$Cl_2(g)$	36.90	0.25	−2.834		298 ~ 3000			0	0	222.949
$Cl_2(g)$	31.696	10.144		−4.037	300 ~ 1500			0	0	222.949
$CH_4(g)$	14.146	75.496		−17.991	298 ~ 1500			−74.848	−50.794	186.188
$CCl_4(l)$	133.888				298 ~ 350			−139.327	−68.618	214.43
$CCl_4(g)$	104.182	2.008	−19.832		298 ~ 2000					
Fe(α)	28.175	−7.318	−2.895	25.041	298 ~ 800			0	0	27.28
	−263.44	255.810	619.232		800 ~ 1000					
	−641.905	696.339			1000 ~ 1042					
	1946.255	−1788.335			1042 ~ 1060					
	−561.932	334.143	2912.114		1060 ~ 1184	1184	0.90			
Fe(γ)	23.991	8.360			1184 ~ 1665	1665	0.84			
Fe(δ)	24.635	9.904			1665 ~ 1809	1809	13.81			
Fe(l)	46.024				1809 ~ 3135	3135	349.57			
Fe(g)	27.062				3135 ~ 3600					
Fe(α)	14.10	29.71	−1.80		273 ~ 1033			0	0	27.15
FeO(s)	50.802	8.615	−3.310		298 ~ 1650	1650	24.06	−272.04		60.75
FeO(l)	68.199				1650 ~ 3687					
FeO(s)	159.00	6.78	−3.088		298 ~ 1200			−266.50	256.90	59.40
FeO(s)	51.798	6.778	−1.590		298 ~ 1200					
FeO(s)	52.80	6.242	−3.188		273 ~ 1173			−266.52	−244.3	54.0

续表

物 质	$C_{p,m}=a+b\times10^{-3}T+c\times10^{5}T^{-2}+d\times10^{-6}T^{2}$ (J/(mol·K))				适用温度范围/K	相变点/K	$\Delta H^{\ominus}_{相}$ /kJ·mol^{-1}	$\Delta H^{\ominus}_{f,298}$ /kJ·mol^{-1}	$\Delta G^{\ominus}_{f,298}$ /kJ·mol^{-1}	$S^{\ominus}_{298}$ /J·(mol·K)$^{-1}$
	a	b	c	d						
$Fe_2O_3(\alpha)$	98.282	77.82	-14.853		298~953	953	0.67	-825.50		87.45
$Fe_2O_3(\beta)$	150.624				953~1053	1053				
$Fe_2O_3(\gamma)$	132.633	7.364			1053~1735					
$Fe_2O_3(s)$	97.94	72.13	-12.89		298~1100			-822.2	-740.99	90.0
$FeCl_2(s)$	79.245	8.703	-4.895		298~950	950	43.095	-342.25		117.989
$FeCl_2(l)$	102.09				950~1110					
$FeCl_3(s)$	123.679		-25.564		298~577	577	43.095	-399.572		142.256
$FeTiO_3(s)$	116.608	18.242	-20.041		298~1640	1473	90.793	-29.706		105.855
$FeTiO_3(l)$	199.158				1640~1800					
$H_2(g)$	27.280	3.264	0.502		298~3000			0	0	130.58
$H_2(g)$	29.0658	-0.8364		2.0117	300~1500			0	0	130.587
$HCl(g)$	26.527	4.602	1.088		298~2000			-92.312	-95.265	186.79
$H_2O(g)$	30.12	11.30			273~2000				-228.597	
$H_2O(g)$	29.999	10.711	0.335		298~2500			241.897		188.724
$H_2O(l)$					273~373			-285.838	-237.19	69.940
$I_2(s)$	40.12	49.790			298~386.8			0	0	116.70
$I_2(g)$	37.196				456~1500			62.250	19.37	260.58
$Mg(s)$	21.389	11.778			298~922	922	8.95	0	0	32.68
$Mg(l)$	32.635				922~1363	1363	127.40			
$Mg(g)$	20.786				1363~2000					
$Mg(s)$	25.69	6.28	-3.26		298~923			0	0	32.51
$MgO(s)$	48.982	3.142	-11.439		298~3098	3098	77.40	-601.24		26.94
$MgO(l)$	60.668				3098~3533					
$MgO(s)$	42.59	7.28	-6.19		298~2100			-601.83	-569.57	26.80
$MgCl_2(s)$	79.078	5.941	-8.619		298~987	987	43.10	-641.41	-592.33	89.54
$MgCl_2(l)$	92.466				987~1691	1691	156.23			
$MgCl_2(g)$	57.618				1691~2000					

续表

物质	$C_{p,m}=a+b\times10^{-3}T+c\times10^{5}T^{-2}+d\times10^{-6}T^{2}$ (J/(mol·K))				适用温度范围/K	相变点/K	$\Delta H^{\ominus}_{相}$ /kJ·mol^{-1}	$\Delta H^{\ominus}_{f,298}$ /kJ·mol^{-1}	$\Delta G^{\ominus}_{f,298}$ /kJ·mol^{-1}	$S^{\ominus}_{298}$ /J·(mol·K)$^{-1}$
	a	b	c	d						
Mn(α)	20.744	18.728			298 ~ 600			0	0	32.01
	24.008	13.460			600 ~ 980	980	2.23			
Mn(β)	33.434	4.247			980 ~ 1360	1360	2.12			
Mn(γ)	31.715	8.368			1360 ~ 1410	1410	1.88			
Mn(δ)	33.581	8.263			1410 ~ 1517	1517	12.06			
Mn(l)	46.024				1517 ~ 2335	2335	226.07			
Mn(g)	20.953				2335 ~ 2600					
Mn(α)	23.85		−1.59		298 ~ 1000			0	0	31.76
MnO(s)	46.484	8.117	−3.682		298 ~ 2058	2058	54.39	−383.93	−362.80	59.83
MnO(l)	60.668				2058 ~ 3000					
MnO_2(s)	69.454	10.209	−16.234		298 ~ 800			−520.07	−466.10	53.14
$MnCl_2$(s)	75.479	13.221	−5.732		298 ~ 923	923	37.656	−481.997		118.198
$MnCl_2$(l)	94.558				923 ~ 1200					
N_2(g)	27.865	4.268			298 ~ 2500			0	0	191.489
O_2(g)	29.957	4.184	−1.674		298 ~ 3000					205.04
O_2(g)	36.162	0.845	−4.310		298 ~ 1500					205.029
空气	27.434	6.180		−0.899	273 ~ 3773					
Si(s)	22.824	3.858	−3.540		298 ~ 1685	1685	50.21	0	0	18.828
Si(l)	27.196				1685 ~ 3492					
Si(s)	23.225	3.6756	−3.79644		298 ~ 1600			0	0	18.70
SiO_2 (α石英)	43.915	38.815	−9.678		298 ~ 847	847	0.73	−910.86		41.46
SiO_2 (β石英)	58.911	10.042			847 ~ 1696					
SiO_2 (α石英)	46.94	34.31	−11.30		298 ~ 848			−859.4	−805.0	41.8
SiO_2 (α方石英)	46.898	31.501	−10.092		298 ~ 543	543	1.34	−908.35		43.40
SiO_2 (β方石英)	71.626	1.891	−39.058		543 ~ 1996	1996	9.58			
SiO_2(l)	85.772				1996 ~ 3000					
$SiCl_4$(l)	146.44				298 ~ 350					
$SiCl_4$(g)	101.462	6.862	−11.506		298 ~ 1000			−662.746		330.829

续表

物 质	$C_{p,m}=a+b\times10^{-3}T+c\times10^{5}T^{-2}+d\times10^{-6}T^{2}$ (J/(mol · K))				适用温度范围/K	相变点/K	$\Delta H^{\ominus}_{相}$ /kJ · mol^{-1}	$\Delta H^{\ominus}_{f,298}$ /kJ · mol^{-1}	$\Delta G^{\ominus}_{f,298}$ /kJ · mol^{-1}	$S^{\ominus}_{298}$ /J · (mol · K)$^{-1}$
	a	b	c	d						
Ti(α)	22.158	10.284			298 ~ 1155	1155	4.14	0	0	30.65
Ti(β)	19.828	7.924			1155 ~ 1933	1933	18.62			
Ti(l)	35.564				1933 ~ 3000					
$TiCl_4$(l)	149.369				285 ~ 409			-804.165		252.42
$TiCl_4$(g)	106.483	1.004	-9.874		298 ~ 2000			-763.162		354.803
$TiCl_4$(g)	107.377	0.473	-10.552		298 ~ 2000			-763.16		354.80
$TiCl_3$(s)								-721.74		139.746
$TiCl_3$(g)								-539.318		316.729
$TiCl_2$(s)								-515.469		87.362
TiI_2(s)								-240.998		138.072
TiI_2(g)								-9.205		323.423
TiI_4(α)	74.057	172.966			298 ~ 379			-375.723		246.019
TiI_4(β)	148.114				379 ~ 428					
TiI_4(l)	156.482				428 ~ 650					
TiI_4(g)	108.031		-3.347		298 ~ 2500			-277.274		432.960
TiO(α)	44.225	15.062	-7.782		298 ~ 1264					
TiO(β)	49.580	12.552			1264 ~ 1800					
Ti_2O_3(α)	30.585	223.928			298 ~ 473					
Ti_2O_3(β)	145.101	5.439	-42.677		473 ~ 1800					
Ti_3O_5(α)	148.406	123.428			298 ~ 450					
Ti_3O_5(β)	174.054	33.472			450 ~ 1400					
TiO_2(金红石)	62.856	11.360	-9.958		298 ~ 2143			-944.75		50.33
TiO_2(金红石)	75.186	1.172	-18.200		298 ~ 1800			-944.75		50.33
TiO_2(l)	87.864				2143 ~ 3000	2143	66.94			
TiO_2(锐钛矿)	74.600	2.092	-17.698		298 ~ 1300			-933.03		49.92
TiN(s)	49.831	3.933	-12.385		298 ~ 3223	3223	62.76	-337.86		30.29
TiN(l)	66.944				3223 ~ 3500					
TiC(s)	49.953	0.999	-14.774	1.887	298 ~ 3290	3290	71.13	-184.10		24.23
TiC(l)	62.760				3290 ~ 3500					
TiB_2(s)	56.400	25.857	-17.447	-3.347	298 ~ 3190					

续表

物质	$C_{p,m}=a+b\times10^{-3}T+c\times10^{5}T^{-2}+d\times10^{-6}T^{2}$ (J/(mol·K))				适用温度范围/K	相变点/K	$\Delta H^{\ominus}_{相}$ /kJ·mol^{-1}	$\Delta H^{\ominus}_{f,298}$ /kJ·mol^{-1}	$\Delta G^{\ominus}_{f,298}$ /kJ·mol^{-1}	$S^{\ominus}_{298}$ /J·(mol·K)$^{-1}$
	a	*b*	*c*	*d*						
V(s)	26.489	2.632	−2.113		298 ~ 600			0	0	28.91
	16.711	12.669	11.431		600 ~ 1400					
	95.320	−50.459	−362.887	14.690	1400 ~ 2175	2175	20.93			
V(l)	41.840				2175 ~ 3200					
VO(s)	47.363	13.472	−5.272		298 ~ 1973			−430.95		38.91
V_2O_3(s)	122.800	19.916	−22.677		298 ~ 2200			−122.91		98.32
VO_2(α)	62.593				298 ~ 345	345	4.31	−717.56		51.46
VO_2(β)	74.684	7.113	−16.527		345 ~ 1633	1633	56.90			
VO_2(l)	106.692				1633 ~ 2200					
V_2O_5(s)	194.723	−16.318	−55.312		298 ~ 943	943	65.27	−1557.70		130.96
V_2O_5(l)	190.790									
VCl_2(s)	72.174	11.380	−2.971		298 ~ 1300					
VCl_3(s)	96.190	16.401	−7.029		298 ~ 900			−560.656		130.959
VCl_4(l)						433		−659.861		257.442
VCl_4(g)								−530.531		351.456

附录Ⅳ　一些反应的 $\Delta G^\ominus_T = f(T)$ 关系的二项式和三项式

(J/mol)

反　应	$\Delta G_T^\ominus = A + BT$		$\Delta G_T^\ominus = A + BT\lg T + CT$			温度范围 /K
	A	B	A	B	C	
$2Al(s) + 1.5O_2 = Al_2O_3(s)$	−1675100	313.20	−1676989.04	−16.652	366.686	298～923
$2Al(l) + 1.5O_2 = Al_2O_3(s)$	−1682900	323.24	−1697699.84	−15.69	385.848	923～2315
$2Al(l) + 1.5O_2 = Al_2O_3(l)$	−1574100	275.01				2315～2767
$Al(s) + 1.5Cl_2 = AlCl_3(g)$			−578061.44	10.376	19.874	453～933
$Al(s) + 1.5Cl_2 = AlCl_3(g)$			−587433.60	10.46	29.497	>933
$2Al(s) + 3Cl_2 = Al_2Cl_6(g)$			−1273776.96	20.711	17.698	453～933
$C(s) + 2H_2 = CH_4(g)$	−91044	110.67	−69119.68	51.254	−65.354	298～1200
$C(s) + 2Cl_2 = CCl_4(g)$	−89100	129.24	−109830	−21.589	206.355	350～800
$C(s) + 0.5O_2 = CO(g)$	−114400	−85.77	−111712.8		−87.655	298～2500
$C(s) + O_2 = CO_2(g)$	−395350	−0.54	−394132.8		−0.8368	298～2000
$Ca(s) + 0.5O_2 = CaO(s)$			−633143.8		98.993	298～1112
$Ca(l) + 0.5O_2 = CaO(s)$	−640150	108.57	−642453.2		107.278	1112～1757
$Ca(g) + 0.5O_2 = CaO(s)$			−795378.4		195.058	1757～2500
$CaO(s) + TiO_2(s) = CaO \cdot TiO_2(s)$	−7990	−3.35				298～1673
$Ca(s) + Cl_2(g) = CaCl_2(s)$			−794541.6		142.256	298～1055
$Ca(l) + Cl_2(g) = CaCl_2(l)$	−798600	145.98	−817553.6	−102.257	471.118	1120～1900
$Fe(s) + 0.5O_2(g) = FeO(s)$			−264889.04		65.354	298～1644
$Fe(l) + 0.5O_2(g) = FeO(l)$	−256060	53.68	−232714.08		45.313	1644～2273
$2Fe(s) + 1.5O_2(g) = Fe_2O_3(s)$	−815023	215.12				298～1735
$Fe(\alpha) + Cl_2 = FeCl_2(s)$			−346309.68	−29.204	212.715	298～950
$Fe(s) + Cl_2(g) = FeCl_2(l)$			−286394.80		63.680	950～1300
$Fe(\gamma) + Cl_2(g) = FeCl_2(g)$	−167200	25.01	−105646.00	96.232	−375.096	1300～1812
$Fe(s) + 1.5Cl_2(g) = FeCl_3(g)$	−259900	26.44				605～2273
$2Fe(s) + 3Cl_2(g) = Fe_2Cl_6(g)$	−655200	181.84				605～2273
$2FeCl_3(g) = Fe_2Cl_6(g)$			−136189.2		132.424	778～978
$FeO(s) + TiO_2(s) = FeO \cdot TiO_2(s)$	−33500	12.13				298～1573
$2FeO(s) + TiO_2(s) = 2FeO \cdot TiO_2(s)$	−33900	5.86				298～1373

续表

反　应	$\Delta G_T^\ominus = A + BT$		$\Delta G_T^\ominus = A + BT\lg T + CT$			温度范围 /K
	A	*B*	*A*	*B*	*C*	
$H_2(g) + 0.5O_2(g) = H_2O(g)$	-247500	55.86	-239534	18.744	-9.247	298 ~ 2500
$0.5H_2(g) + 0.5Cl_2(g) = HCl(g)$	-94100	-6.40	-91085.68	4.142	21.840	298 ~ 2273
$Mg(s) + Cl_2(g) = MgCl_2(s)$	-637300	155.39	-646176.96	-41.338	285.265	298 ~ 923
$Mg(l) + Cl_2(g) = MgCl_2(l)$			-618604.4	-56.819	304.470	987 ~ 1376
$Mg(g) + Cl_2(g) = MgCl_2(l)$	-649200	157.74	-770274.4	-86.651	508.440	1380 ~ 1691
$Mg(g) + Cl_2(g) = MgCl_2(g)$			-562748	9.581	75.061	1691 ~ 2000
$Mg(s) + 0.5O_2(g) = MgO(s)$	-601230	107.59	-603960.4	-12.343	142.047	298 ~ 923
$Mg(l) + 0.5O_2(g) = MgO(s)$	-609570	116.52	-608144.4	-1.004	112.759	923 ~ 1380
$Mg(g) + 0.5O_2(g) = MgO(s)$	-732700	205.99	-759814.4	-30.836	316.729	1380 ~ 2500
$Mn(s) + 0.5O_2(g) = MnO(s)$	-385360	73.75	-384718.8		72.802	298 ~ 1400
$3Mn(s) + 2O_2(g) = Mn_3O_4(s)$	-1381640	334.67				298 ~ 1550
$2Mn(s) + 1.5O_2(g) = Mn_2O_3(s)$	-956400	251.71				298 ~ 1500
$Mn(s) + O_2(g) = MnO_2(s)$	-519700	180.83				298 ~ 1000
$Mn(l) + 0.5O_2(g) = MnO(s)$			-399153.6		82.425	1500 ~ 2050
$Mn(\alpha) + Cl_2(g) = MnCl_2(s)$	-478200	127.70	-486599.2	-35.020	234.304	298 ~ 923
$Mn(\beta) + Cl_2(g) = MnCl_2(l)$			-451746.48	-38.116	205.644	993 ~ 1373
$Mn(\delta) + Cl_2(g) = MnCl_2(l)$			-443211.12	-17.029	133.219	1400 ~ 1504
$Mn(l) + Cl_2(g) = MnCl_2(g)$	-301700	9.79	-223634.8	68.618	-285.349	>1517
$Si(s) + 2Cl_2(g) = SiCl_4(g)$	-660200	128.78	-651030.4	-15.230	138.678	298 ~ 1000
$Si(s) + O_2(g) = SiO_2$(s，石英)	-907100	175.73	-902070.4		173.636	298 ~ 1700
$Si(s) + O_2(g) = SiO_2$(s，β方石英)	-904760	173.38				298 ~ 1700
$Si(l) + O_2(g) = SiO_2$(s，β方石英)	-946350	197.64	-952696.8		203.761	1700 ~ 2000
$Si(l) + O_2(g) = SiO_2(l)$	-921740	185.91				2000 ~ 3514
$TiCl_2(s) + TiCl_4(g) = 2TiCl_3(s)$			-169452	-76.986	403.338	298 ~ 1000
$Ti(s) + 2Cl_2(g) = TiCl_4(g)$	-746000	121.46	-756048.8	-7.531	144.976	298 ~ 1700

续表

反应	$\Delta G_T^\ominus=A+BT$		$\Delta G_T^\ominus=A+BT\lg T+CT$			温度范围/K
	A	B	A	B	C	
$Ti(s)+TiI_4(g)=2TiI_2(s)$			-211710.4	-57.739	320.076	298~1000
$Ti(s)+2I_2(g)=TiI_4(g)$	-401700	117.57				653~1943
$Ti(s)+0.5O_2(g)=TiO(s)$	-514600	74.1				298~1943
$Ti(s)+O_2(g)=TiO_2$(s，金红石)	-941000	177.57				298~1943
$2Ti(s)+1.5O_2(g)=Ti_2O_3(s)$	-1502100	258.1				298~1943
$3Ti(s)+2.5O_2(g)=Ti_3O_5(s)$	-2435100	420.5				298~1600
$2TiO(s)+0.5O_2(g)=Ti_2O_3(s)$			-477603.6		79.705	298~2000
$3Ti_2O_3(s)+0.5O_2(g)=2Ti_3O_5(s)$			-370284		82.425	700~2000
$TiO_3O_5(s)+0.5O_2(g)=3TiO_2(s)$			-305432		96.232	298~2123
$2Ti(\alpha)+N_2(g)=2TiN(s)$			-671532		185.770	298~1155
$2Ti(\beta)+N_2(g)=2TiN(s)$			-676552.8		190.539	1155~1500
$Ti(\alpha)+C(s)=TiC(s)$			-183050		10.083	298~1155
$Ti(\beta)+C(s)=TiC(s)$			-186606.4		13.221	1155~2000
$Ti(s)+B(s)=TiB(s)$	-163200	5.86				298~1943
$Ti(s)+2B(s)=TiB_2(s)$	-284500	20.50				298~1943
$VCl_2(s)+VCl_4(g)=2VCl_3(s)$			-158992		165.686	698~928
$2V(s)+O_2(g)=2VO(s)$			-861485.6		150.206	900~1800
$4VO(s)+O_2(g)=2V_2O_3(s)$			-733455.2		169.452	823~1385
$2V_2O_3(s)+O_2(g)=4VO_2(s)$			-430115.2		140.164	1020~1180
$4VO_2(s)+O_2(g)=2V_2O_5(s)$			-269784.32		190.790	298~943
$4VO_2(s)+O_2(g)=2V_2O_5(l)$			-352711.2		168.615	943~1800
$V(s)+0.5O_2(g)=VO(s)$	-424700	80.04				298~2073
$V(s)+O_2(g)=VO_2(s)$	-706300	153.31				298~1633
$2V(s)+2.5O_2(g)=V_2O_5(l)$	-1447400	321.58				943~2273

附录Ⅴ　一些物质的蒸气压方程式

物　质	蒸气压方程式	温度范围/K	文献号
$\{Al\}$	$\lg p = -16380T^{-1} - 1.0\lg T + 12.32$，mmHg $= -2178.673T^{-1} - 0.133\lg T + 1.638$，kPa	932～2723	[9，12]
$\langle Al_2Cl_6\rangle$	$\lg p = -6360T^{-1} + 3.77\lg T - 6.12\times10^{-3}T + 9.66$，mmHg $= -845.88T^{-1} + 0.50\lg T - 0.814\times10^{-3}T + 1.285$，kPa	298～453	[9，12]
$\langle Ca\rangle$	$\lg p = -9350T^{-1} - 1.39\lg T + 12.82$，mmHg $= -1243.55T^{-1} - 0.185\lg T + 1.705$，kPa	298～1123	[9]
	$\lg p = -9.051\times10^{-3}T^{-1} + 1.030\lg T - 0.783\times10^{-3}T + 6.090$，mmHg $= -1203.783T^{-1} + 0.137\lg T - 0.104\times10^{-3}T + 0.81$，kPa	737～1123	[12]
$\{Ca\}$	$\lg p = -8920T^{-1} - 1.39\lg T + 12.45$，mmHg $= -1186.36T^{-1} - 0.185\lg T + 1.656$，kPa	1123～1762	[9]
	$\lg p = -12.82\times10^{3}T^{-1} - 14.485\lg T + 2.002\times10^{-3}T + 53.052$，mmHg $= -1.705\times10^{3}T^{-1} - 1.927\lg T + 0.266\times10^{-3}T + 7.056$，kPa	1123～1762	[12]
$\langle CaCl_2\rangle$	$\lg p = -17.18\times10^{3}T^{-1} + 3.04\lg T - 0.60\times10^{-3}T$，mmHg $= 2.285\times10^{3}T^{-1} + 0.404\lg T - 0.0798\times10^{-3}T$，kPa	600～1045	[12]
$\{CaCl_2\}$	$\lg p = -13570T^{-1} + 9.22$，mmHg $= -1804.81T^{-1} + 1.226$，kPa	1110～1281	[9]
	$\lg p = 24.70\times10^{3}T^{-1}$，mmHg $= 3.285\times10^{3}T^{-1}$，kPa	1045～2273	[12]
$\langle Fe\rangle$	$\lg p = -21080T^{-1} - 2.14\lg T + 16.89$，mmHg $= -2803.64T^{-1} - 0.285\lg T + 2.246$，kPa	298～1809	[9，12]
$\{Fe\}$	$\lg p = -19710T^{-1} - 1.27\lg T + 13.27$，mmHg $= -2621.43T^{-1} - 0.169\lg T + 1.765$，kPa	1809～3148	[9]
	$\lg p = -19.978\times10^{3}T^{-1} + 8.91$，mmHg $= -2.657\times10^{3}T^{-1} + 1.185$，kPa	1809～3148	[12]
$\{FeCl_2\}$	$\lg p = -9775T^{-1} - 5.23\lg T + 26.53$，mmHg $= -1300.075T^{-1} - 0.696\lg T + 3.528$，kPa	950～1285	[9，12]
$\langle FeCl_3\rangle$	$\lg p = -7.20\times10^{3}T^{-1} + 15.152$，mmHg $= -0.958\times10^{3}T^{-1} + 2.015$，kPa	298～577	[12]
	$\lg p = -2.578\times10^{3}T^{-1} + 7.142$，mmHg $= -0.343\times10^{3}T^{-1} + 0.950$，kPa	577～605	[12]
$\langle Fe_2Cl_6\rangle$	$\lg p = -10754 - 12.64\lg T + 1.335\times10^{5}T^{-2} + 55.898$，mmHg $= -1430.282 - 1.68\lg T + 0.178\times10^{5}T^{-2} + 7.434\lg$，kPa	298～588	[9，12]
$\{H_2O\}$	$\lg p = -2900T^{-1} - 4.65\lg T + 22.613$，mmHg $= -385.7T^{-1} - 0.618\lg T + 3.008$，kPa	273～373	[9，12]

续表

物　质	蒸气压方程式	温度范围/K	文献号
⟨Mg⟩	$\lg p = -7780T^{-1} - 0.855\lg T + 11.41$, mmHg $= -1034.74T^{-1} - 0.114\lg T + 1.518$, kPa	298 ~ 923	[9, 12]
{Mg}	$\lg p = -7550T^{-1} - 1.41\lg T + 12.79$, mmHg $= -1004.15T^{-1} - 0.188\lg T + 1.701$, kPa	923 ~ 1378	[9, 12]
	$\lg p = 12.993 - 13579.8T^{-1}$, mmHg $= 1.732 - 1810.486T^{-1}$, kPa	1173 ~ 1343	[23]
	$\lg p = -7.459\times10^{3}T^{-1} - 1.3246\lg T + 12.452$, mmHg $= -0.994\times10^{3}T^{-1} - 0.176\lg T + 1.660$, kPa	923 ~ 1378	
{$MgCl_2$}	$\lg p = -10840T^{-1} - 5.03\lg T + 25.53$, mmHg $= -1441.72T^{-1} - 0.669\lg T + 3.395$, kPa	987 ~ 1651	[9, 12]
	$\lg p = -11.2\times10^{3}T^{-1} - 4.192\lg T + 0.00798\times10^{-3}T$ $-0.139\times10^{5}T^{-2} + 23.028$, mmHg $= -1.493\times10^{3}T^{-1} - 0.559\lg T + 0.00106\times10^{-3}T$ $-0.0185\times10^{5}T^{-2} + 3.070$, kPa	987 ~ 1651	
⟨Mn⟩	$\lg p = -14920T^{-1} - 1.96\lg T + 16.19$, mmHg $= -1984.36T^{-1} - 0.261\lg T + 2.153$, kPa	298 ~ 1517	[9]
	$\lg p = -14.823\times10^{3}T^{-1} + 0.890\lg T - 0.812\times10^{-3}T + 8.146$, mmHg $= -1.971\times10^{3}T^{-1} + 0.118\lg T - 0.108\times10^{-3}T + 1.083$, kPa	298 ~ 1517	[12]
{Mn}	$\lg p = -14520T^{-1} - 3.02\lg T + 19.24$, mmHg $= -1931.16T^{-1} - 0.402\lg T + 2.559$, kPa	1517 ~ 2324	[9]
	$\lg p = -11.996\times10^{3}T^{-1} + 8.043$, mmHg $= -1.595\times10^{3}T^{-1} + 1.070$, kPa	1517 ~ 2324	[12]
{$MnCl_2$}	$\lg p = -10606T^{-1} - 4.33\lg T + 23.68$, mmHg $= -1410.598T^{-1} - 0.576\lg T + 3.149$, kPa	923 ~ 1504	[9, 12]
⟨Si⟩	$\lg p = -23550T^{-1} - 0.565\lg T + 12.35$, mmHg $= -3132.15T^{-1} - 0.075\lg T + 1.643$, kPa	298 ~ 1685	[9]
{Si}	$\lg p = -20900T^{-1} - 0.565\lg T + 10.78$, mmHg $= -2779.7T^{-1} - 0.075\lg T + 1.434$, kPa	1685 ~ 3492	[9, 12]
{$SiCl_4$}	$\lg p = -1572T^{-1} + 7.64$, mmHg $= -209.076T^{-1} + 1.016$, kPa	273 ~ 331	[9, 12]
	$\ln p = 9.1817 - 2634.16/(T - 43.15)$, bar $= 918.17 - 263416/(T - 43.15)$, kPa	238 ~ 364	[24]
	$\lg p = 6.85726 - 1138.97/(t + 228.88)$, mmHg $= 0.912 - 151.483/(t + 228.88)$, kPa	273 ~ 326	[23]
	$\lg p = -1.837\times10^{3}T^{-1} - 4.081\lg T + 0.025\times10^{-3}T$ $-0.386\times10^{5}T^{-2} + 19.059$, mmHg $= -0.245\times10^{3}T^{-1} - 0.544\lg T + 0.00333\times10^{-3}T$ $-0.0515\times10^{5}T^{-2} + 2.541$, kPa	273 ~ 331	

续表

物　质	蒸气压方程式	温度范围/K	文献号
〈Ti〉	$\lg p = -24400T^{-1} - 0.91\lg T + 13.18$, mmHg $= -3245.2T^{-1} - 0.121\lg T + 1.753$, kPa	1155 ~ 1933	[9]
	$\lg p = -27.017\times10^{3}T^{-1} - 6.768\lg T + 0.611\times10^{-3}T + 32.511$, mmHg $= -3.593\times10^{3}T^{-1} - 0.900\lg T + 0.0813\times10^{-3}T + 4.324$, kPa	298 ~ 1933	[12]
{Ti}	$\lg p = -23200T^{-1} - 0.66\lg T + 11.74$, mmHg $= -3085.6T^{-1} - 0.0878\lg T + 1.561$, kPa	1933 ~ 3575	[9]
	$\lg p = -22.328\times10^{3}T^{-1} + 9.126$, mmHg $= -2.970\times10^{3}T^{-1} + 1.214$, kPa	1933 ~ 3575	[12]
〈$TiCl_2$〉	$\lg p = -15230T^{-1} - 2.51\lg T + 19.36$, mmHg $= -2025.59T^{-1} - 0.334\lg T + 2.575$, kPa	298 ~ 1308	[9]
{$TiCl_2$}	$\lg p = -13110T^{-1} - 2.51\lg T + 17.93$, mmHg $= -1743.63T^{-1} - 0.334\lg T + 2.385$, kPa	1308 ~ 2000	[9]
	$\lg p = 9.30 - 8500T^{-1}$, mmHg $= 1.24 - 1133.237T^{-1}$, kPa	1308 ~ 2000	[23]
〈$TiCl_3$〉	$\lg p = -9.620\times10^{3}T^{-1} - 3.27\lg T + 21.47$, mmHg $= -1.279\times10^{3}T^{-1} - 0.435\lg T + 2.856$, kPa	298 ~ 1104	[12]
{$TiCl_4$}	$\lg p = -2919T^{-1} - 5.788\lg T + 25.129$, mmHg $= -388.227T^{-1} - 0.770\lg T + 3.350$, kPa	298 ~ 409	[9, 12]
	$\lg p = 7.683 - 1964T^{-1}$, mmHg $= 1.022 - 261.212T^{-1}$, kPa	250 ~ 409	[23]
	$\lg p = 7.64433 - 1947.6T^{-1}$, mmHg $= 1.017 - 259.031T^{-1}$, kPa	273 ~ 409	[25]
	$\lg p = 7.82116 - 2017.8T^{-1}$, mmHg $= 1.040 - 268.368T^{-1}$, kPa	273 ~ 409	[25]
	$\lg p = -2.533\times10^{3}T^{-1} - 4.283\lg T - 0.215\times10^{-3}T$ $- 0.271\times10^{5}T^{-2} + 20.51$, mmHg $= -0.337\times10^{3}T^{-1} - 0.571\lg T - 0.0286\times10^{-3}T$ $- 0.036\times10^{5}T^{-2} + 2.734$, kPa	273 ~ 409	
〈TiI_2〉	$\lg p = -12500T^{-1} - 1.51\lg T + 16.90$, mmHg $= -1662.5T^{-1} - 0.201\lg T + 2.248$, kPa	298 ~ 1000	[9, 12]
{TiI_4}	$\lg p = -3054T^{-1} + 7.576$, mmHg $= -406.182T^{-1} + 1.008$, kPa	430 ~ 643	[9, 12, 23]
〈V〉	$\lg p = -26900T^{-1} + 0.33\lg T - 0.265\times10^{-3}T + 10.12$, mmHg $= -3577.7T^{-1} + 0.049\lg T - 0.035\times10^{-3}T + 1.346$, kPa	298 ~ 2190	[9]
	$\lg p = -25.613\times10^{3}T^{-1} + 3.994\lg T - 0.743\times10^{-3}T - 1.642$, mmHg $= -3.407\times10^{3}T^{-1} + 0.531\lg T - 0.0988\times10^{-3}T - 0.218$, kPa	298 ~ 2190	[12]
	$\lg p = -24.263\times10^{3}T^{-1} + 9.525$, mmHg $= -3.227\times10^{3}T^{-1} + 1.267$, kPa	2190 ~ 3652	[12]
{$VOCl_3$}	$\lg p = -1921T^{-1} + 7.70$, mmHg $= -255.493T^{-1} + 1.025$, kPa	298 ~ 400	[9, 12, 23]
	$\lg p = -2.531\times10^{3}T^{-1} - 5.133\lg T - 0.2186\times10^{5}T^{-2} + 22.702$, mmHg $= -0.337\times10^{3}T^{-1} - 0.684\lg T - 0.0291\times10^{5}T^{-2} + 3.027$, kPa	298 ~ 400	

注：〈 〉表示物质为固态；{ }表示物质为液态；t 表示摄氏温度，℃；T 表示热力学温度，K。

附录Ⅵ 海绵钛冶金过程中有关物质的热力学数据表 1

摩尔相对焓 $H_T^\ominus - H_{298}^\ominus$ 和 Φ'_T 函数值数据表（表Ⅵ-1 ~ 表Ⅵ-76）参见文献[8]。表中所用符号的意义如下：

$C_{p,m}$： 物质摩尔定压热容，cal/(mol · K)。

$$C_{p,m} = A_1 + A_2 \times 10^{-3} T + A_3 \times 10^5 T^{-2} + A_4 \times 10^{-6} T^2 + A_5 \times 10^8 T^{-3}$$

$H_T^\ominus - H_{298}^\ominus$：物质摩尔相对热焓，cal/mol。

$$H_T^\ominus - H_{298}^\ominus = B_1 T + B_2 \times 10^{-3} T^2 + B_3 \times 10^5 T^{-1} + B_4 \times 10^{-6} T^3 + B_5 \times 10^8 T^{-2} + B_6$$

$S_T^\ominus$： 物质摩尔绝对熵，cal/(mol · K)。

$$S_T^\ominus = C_1 \ln T + C_2 \times 10^{-3} T + C_3 \times 10^5 T^{-2} + C_4 \times 10^{-6} T^2 + C_5 \times 10^8 T^{-3} + C_6$$

Φ'_T： 物质摩尔自由焓函数，cal/(mol · K)。

$$\Phi'_T = \frac{G_T^\ominus - H_{298}^\ominus}{T} = -\frac{H_T^\ominus - H_{298}^\ominus}{T} + S_T^\ominus$$

$\Delta H_{298}^\ominus$： 物质在常温下的摩尔标准生成焓（热）(kcal/mol) 或反应在常温下的热效应。数据表中物质标准生成焓（热）均以kcal/mol为单位。

$S_{298}^\ominus$： 物质的摩尔标准熵，cal/(mol · K)。

$\Delta\Phi'_T$： 反应摩尔自由焓函数，cal/(mol · K)。

$\Delta G_T^\ominus$： 反应摩尔吉布斯自由能，kcal/mol。

T： 热力学温度，K（开）。

T_{tr}, T_{sb}, T_M, T_B： 物质的相变点，顺序为固相转变点、升华点、熔点、沸点，K。

$\Delta H_{tr}, \Delta H_{sb}, \Delta H_M, \Delta H_B$： 物质的摩尔相变焓，顺序为固相转变焓、升华焓、熔化焓，蒸发焓，在数据表中均以 cal/mol 为单位，以便与 $H_T^\ominus - H_{298}^\ominus$ 的单位相一致。

$\Delta S_{tr}, \Delta S_{sb}, \Delta S_M, \Delta S_B$： 物质的摩尔相变熵，顺序为固相转变熵、升华熵、熔化熵、蒸发熵，cal/(mol · K)。

T_{DP}： 物质的热分解点，K。

固[固(α)，固(β)，…]，液，气： 在数据表中用以表示物质的相态，即固相、液相、气相。

A_1, A_2, A_3, A_4, A_5： 除 A_1 为常数项外，余均为物质摩尔定压热容计算公式中各温度项系数。

$B_1, B_2, B_3, B_4, B_5, B_6$： 除 B_6 为常数项外，余均为物质摩尔相对焓计算公式中各温度项系数。

$C_1, C_2, C_3, C_4, C_5, C_6$： 除 C_6 为常数项外，余均为物质摩尔绝对熵计算公式中各温度项系数。

表Ⅵ-1　铝（Al）

	A_1	A_2	A_3	A_4	A_5	
$C_{p,m}$ 固	4.93	2.96	0	0	0	298 ~ 932K
液	7.60	0	0	0	0	932 ~ 1650K
气	4.97	0	0	0	0	—
	B_1	B_2	B_3	B_4	B_5	B_6
$H_T^{\ominus}-H_{298}^{\ominus}$	4.93	1.48	0	0	0	−1603.00
	7.60	0	0	0	0	−196.00
	4.97	0	0	0	0	76466.00
	C_1	C_2	C_3	C_4	C_5	C_6
$S_T^{\ominus}$	4.93	2.96	0	0	0	−22.24
	7.60	0	0	0	0	−34.89
	4.97	0	0	0	0	11.44

相　态	T	C_p	$H_T^{\ominus}-H_{298}^{\ominus}$	$S_T^{\ominus}$	Φ_T'	
固	298	5.82	0	6.77	6.77	$\Delta H_{298}^{\ominus}=0$
	300	5.82	12	6.82	6.78	
	400	6.12	610	8.54	7.01	
	500	6.41	1237	9.94	7.46	
	600	6.71	1894	11.13	7.98	
	700	7.01	2580	12.19	8.50	
	800	7.30	3296	13.14	9.02	
	900	7.60	4042	14.02	9.53	
	932（T_M）	7.69	4287	14.29	9.69	
液	932	7.60	6887	17.08	9.69	$\Delta H_M=2600$ $\Delta S_M=2.79$
	1000	7.60	7404	17.60	10.20	
	1100	7.60	8164	18.33	10.91	
	1200	7.60	8924	18.99	11.55	
	1300	7.60	9684	19.60	12.15	
	1400	7.60	10444	20.16	12.70	
	1500	7.60	11204	20.69	13.22	
	1600	7.60	11964	21.18	13.70	
	1700	7.60	12724	21.64	14.15	
	1800	7.60	13484	22.07	14.58	
	1900	7.60	14244	22.48	14.99	
	2000	7.60	15004	22.87	15.37	
	2100	7.60	15764	23.24	15.74	
	2200	7.60	16524	23.60	16.09	
	2300	7.60	17284	23.93	16.42	
	2400	7.60	18044	24.26	16.74	
	2500	7.60	18804	24.57	17.05	
	2600	7.60	19564	24.87	17.34	
	2700	7.60	20324	25.15	17.63	
	2723（T_B）	7.60	20499	25.22	17.69	
气	2723	4.97	89999	50.74	17.69	$\Delta H_B=69500$ $\Delta S_B=25.52$
	2800	4.97	90382	50.88	18.60	
	2900	4.97	90879	51.06	19.72	
	3000	4.97	91376	51.23	20.77	

表Ⅵ-2 氯化铝（$AlCl_3$）

	A_1	A_2	A_3	A_4	A_5	
$C_{p,m}$ 固	18.43	11.43	0	0	0	273 ~ 466K
$C_{p,m}$ 液	26.60	0	0	0	0	466 ~ 2000K
	B_1	B_2	B_3	B_4	B_5	B_6
$H_T^\ominus - H_{298}^\ominus$	18.43	5.71	0	0	0	−5999.00
	26.60	0	0	0	0	−126.00
	C_1	C_2	C_3	C_4	C_5	C_6
$S_T^\ominus$	18.43	11.43	0	0	0	−81.96
	26.60	0	0	0	0	−108.69

相态	T	$C_{p,m}$	$H_T^\ominus - H_{298}^\ominus$	$S_T^\ominus$	Φ_T'	
固	298	21.83	0	26.45	26.45	$\Delta H_{298}^\ominus = -168.58$
	300	21.85	44	26.58	26.45	
	400	23.00	2287	33.03	27.31	
	466（T_M）	23.75	3830	36.60	28.39	
液	466	26.60	12270	54.73	28.39	$\Delta H_M = 8440$
	500	26.60	13174	56.61	30.27	$\Delta S_M = 18.13$
	600	26.60	15834	61.46	35.07	$T_{sb} = 460$
	700	26.60	18494	65.56	39.14	气相：Al_2Cl_6
	800	26.60	21154	69.12	42.67	$T_M = 465.6$
	900	26.60	23814	72.25	45.79	
	1000	26.60	26474	75.05	48.58	

表Ⅵ-3 氯化铝（气）$AlCl_3$

	A_1	A_2	A_3	A_4	A_5	
$C_{p,m}$ 气	19.59	0.15	−2.37	0	0	298 ~ 2000K
	B_1	B_2	B_3	B_4	B_5	B_6
$H_T^\ominus - H_{298}^\ominus$	19.59	0.07	2.37	0	0	−6638.00
	C_1	C_2	C_3	C_4	C_5	C_6
$S_T^\ominus$	19.59	0.15	1.18	0	0	−38.35

相态	T	$C_{p,m}$	$H_T^\ominus - H_{298}^\ominus$	$S_T^\ominus$	Φ'_T	
气	298	16.96	0	74.62	74.62	$\Delta H_{298}^\ominus = -139.70$
	300	17.00	36	74.74	74.62	
	400	18.16	1802	79.82	75.31	
	500	18.71	3650	83.94	76.64	
	600	19.02	5538	87.38	78.15	
	700	19.21	7450	90.33	79.68	
	800	19.33	9378	92.90	81.18	
	900	19.43	11317	95.19	82.61	
	1000	19.50	13264	97.24	83.97	

续表Ⅵ-3

相　态	T	$C_{p,m}$	$H_T^\ominus - H_{298}^\ominus$	$S_T^\ominus$	Φ'_T	
气	1100	19.55	15217	99.10	85.26	$\Delta H_{298}^\ominus = -139.70$
	1200	19.60	17175	100.80	86.49	
	1300	19.64	19138	102.37	87.65	
	1400	19.67	21104	103.83	88.76	
	1500	19.70	23074	105.19	89.81	
	1600	19.73	25046	106.46	90.81	
	1700	19.76	27021	107.66	91.76	
	1800	19.78	28999	108.79	92.68	
	1900	19.80	30978	109.86	93.56	
	2000	19.83	32960	110.88	94.40	

表Ⅵ-4　氯化铝（二聚合气）（Al_2Cl_6）

$C_{p,m}$ 气	A_1	A_2	A_3	A_4	A_5	
	43.24	0.25	-4.88	0	0	298 ~ 2000K
$H_T^\ominus - H_{298}^\ominus$	B_1	B_2	B_3	B_4	B_5	B_6
	43.24	0.12	4.88	0	0	-14533.00
$S_T^\ominus$	C_1	C_2	C_3	C_4	C_5	C_6
	43.24	0.25	2.44	0	0	-135.41

相　态	T	$C_{p,m}$	$H_T^\ominus - H_{298}^\ominus$	$S_T^\ominus$	Φ'_T	
气	298	37.81	0	113.77	113.77	$\Delta H_{298}^\ominus = -309.20$
	300	37.89	77	114.03	113.77	
	400	40.29	4003	125.28	115.27	
	500	41.41	8094	134.41	118.22	
	600	42.03	12269	142.02	121.57	
	700	42.41	16493	148.53	124.96	
	800	42.67	20749	154.21	128.27	
	900	42.86	25026	159.25	131.44	
	1000	43.00	29320	163.77	134.45	
	1100	43.11	33626	167.87	137.31	
	1200	43.20	37942	171.63	140.01	
	1300	43.27	42266	175.09	142.58	
	1400	43.34	46597	178.30	145.02	
	1500	43.39	50934	181.29	147.34	
	1600	43.44	55276	184.09	149.55	
	1700	43.49	59623	186.73	151.66	
	1800	43.53	63975	189.22	153.68	
	1900	43.57	68331	191.57	155.61	
	2000	43.61	72691	193.81	157.46	

表Ⅵ-5 氧化铝(Al_2O_3)

		A_1	A_2	A_3	A_4	A_5	
$C_{p,m}$	固(α)	27.43	3.06	-8.47	0	0	298 ~ 1800K
	固(γ)	25.48	4.25	-6.82	0	0	298 ~ 1800K
	液	34.62	0	0	0	0	1600 ~ 3500K
		B_1	B_2	B_3	B_4	B_5	B_6
$H_T^{\ominus} - H_{298}^{\ominus}$		27.43	1.53	8.47	0	0	-11151.00
		25.48	2.12	6.82	0	0	-4263.00
		34.62	0	0	0	0	12254.00
		C_1	C_2	C_3	C_4	C_5	C_6
$S_T^{\ominus}$		27.43	3.06	4.23	0	0	-149.75
		25.48	4.25	3.41	0	0	-133.15
		34.62	0	0	0	0	-182.76

相态	T	$C_{p,m}$	$H_T^{\ominus} - H_{298}^{\ominus}$	$S_T^{\ominus}$	Φ'_T	
固(α)	298	18.80	0	12.20	12.20	$\Delta H_{298}^{\ominus}$ = -400.00
	300	18.93	39	12.33	12.20	
	400	23.36	2183	18.46	13.00	
	500	25.57	4640	23.94	14.65	
	600	26.91	7269	28.73	16.61	
	700	27.84	10010	32.95	18.65	
	800	28.55	12831	36.71	20.67	
	900	29.13	15716	40.11	22.65	
	1000	29.64	18656	43.21	24.55	
	1100	30.09	21643	46.06	26.38	
	1200	30.51	24674	48.69	28.13	
	1273(T_{tr})	30.80	26912	50.50	29.36	
固(γ)	1273	30.46	32152	54.62	29.36	ΔH_{tr} = 5240 ΔS_{tr} = 4.12
	1300	30.60	32977	55.27	29.90	
	1400	31.08	36061	57.55	31.79	
	1500	31.55	39193	59.71	33.58	
	1600	32.01	42371	61.76	35.28	
	1700	32.46	45595	63.72	36.90	
	1800	32.91	48865	65.59	38.44	
	1900	33.36	52179	67.38	39.92	
	2000	33.80	55538	69.10	41.33	
	2100	34.25	58941	70.76	42.69	
	2200	34.68	62388	72.36	44.01	
	2300	35.12	65879	73.92	45.27	
	2303(T_M)	35.13	65984	73.96	45.31	
液	2303	34.62	91984	85.25	45.31	ΔH_M = 26000 ΔS_M = 11.29
	2400	34.62	95342	86.69	46.96	
	2500	34.62	98804	88.10	48.58	
	2600	34.62	102266	89.46	50.13	
	2700	34.62	105728	90.77	51.61	
	2800	34.62	109190	92.03	53.03	
	2900	34.62	112652	93.24	54.40	
	3000	34.62	116114	94.42	55.71	

表Ⅵ-6　碳(石墨)(C)

	A_1	A_2	A_3	A_4	A_5	
$C_{p,m}$ 固	0.02	9.30	−0.35	−4.15	0	298 ~ 1100K
	5.84	0.10	−7.56	0	0	1100 ~ 4073K
	B_1	B_2	B_3	B_4	B_5	B_6
$H_T^{\ominus} - H_{298}^{\ominus}$	0.02	4.65	0.35	−1.38	0	−498.00
	5.84	0.05	7.56	0	0	−3830.00
	C_1	C_2	C_3	C_4	C_5	C_6
$S_T^{\ominus}$	0.02	9.30	0.17	−2.07	0	−1.50
	5.84	0.10	3.78	0	0	−34.94
相　态	T	$C_{p,m}$	$H_T^{\ominus} - H_{298}^{\ominus}$	$S_T^{\ominus}$	Φ'_T	
固	298	2.02	0	1.37	1.37	$\Delta H_{298}^{\ominus} = 0$ $T_M = 4073$
	300	2.04	6	1.41	1.39	
	400	2.85	253	2.11	1.48	
	500	3.49	572	2.82	1.68	
	600	4.00	948	3.50	1.93	
	700	4.42	1370	4.15	2.20	
	800	4.74	1830	4.77	2.48	
	900	4.98	2317	5.34	2.77	
	1000	5.13	2824	5.88	3.05	
	1100	5.19	3342	6.37	3.33	
	1100	5.32	3342	6.37	3.33	
	1200	5.43	3880	6.84	3.61	
	1300	5.52	4428	7.28	3.88	
	1400	5.59	4984	7.69	4.13	
	1500	5.65	5546	8.08	4.38	
	1600	5.70	6114	8.45	4.63	
	1700	5.74	6687	8.80	4.86	
	1800	5.78	7264	9.13	5.09	
	1900	5.82	7844	9.44	5.31	
	2000	5.85	8428	9.74	5.52	
	2100	5.87	9014	10.02	5.73	
	2200	5.90	9604	10.30	5.93	
	2300	5.92	10195	10.56	6.13	
	2400	5.94	10789	10.81	6.32	
	2500	5.96	11385	11.06	6.50	
	2600	5.98	11983	11.29	6.68	
	2700	6.00	12582	11.52	6.86	
	2800	6.02	13184	11.74	7.03	

续表Ⅵ-6

相 态	T	$C_{p,m}$	$H_T^\ominus - H_{298}^\ominus$	$S_T^\ominus$	Φ'_T	
固	2900	6.04	13787	11.95	7.19	
	3000	6.05	14392	12.15	7.36	
	3100	6.07	14998	12.35	7.51	
	3200	6.08	15606	12.55	7.67	
	3300	6.10	16216	12.73	7.82	
	3400	6.11	16826	12.92	7.97	
	3500	6.12	17438	13.09	8.11	
	3600	6.14	18052	13.27	8.25	
	3700	6.15	18667	13.43	8.39	
	3800	6.16	19283	13.60	8.52	
	3900	6.18	19900	13.76	8.66	
	4000	6.19	20519	13.92	8.79	
	4073	6.20	20971	14.03	8.88	

表Ⅵ-7 二氯化羰基(光气)($COCl_2$)

$C_{p,m}$ 气	A_1	A_2	A_3	A_4	A_5	
	15.54	4.34	-2.66	-1.19	0	298 ~ 2000K
$H_T^\ominus - H_{298}^\ominus$	B_1	B_2	B_3	B_4	B_5	B_6
	15.54	2.17	2.66	-0.39	0	-5704.00
$S_T^\ominus$	C_1	C_2	C_3	C_4	C_5	C_6
	15.54	4.34	1.33	-0.59	0	-23.43

相 态	T	$C_{p,m}$	$H_T^\ominus - H_{298}^\ominus$	$S_T^\ominus$	Φ'_T	
气	298	13.73	0	67.81	67.81	$\Delta H_{298}^\ominus = -52.60$
	300	13.77	29	67.93	67.83	
	400	15.42	1499	72.14	68.40	
	500	16.34	3091	75.69	69.51	
	600	16.97	4759	78.73	70.80	
	700	17.45	6481	81.39	72.13	
	800	17.83	8246	83.74	73.44	
	900	18.15	10046	85.86	74.70	
	1000	18.42	11875	87.79	75.91	
	1100	18.65	13729	89.56	77.08	
	1200	18.84	15604	91.19	78.18	
	1300	19.01	17498	92.70	79.24	
	1400	19.14	19406	94.12	80.26	
	1500	19.25	21326	95.44	81.23	
	1600	19.33	23255	96.69	82.15	
	1700	19.38	25191	97.86	83.04	
	1800	19.41	27131	98.97	83.90	
	1900	19.41	29073	100.02	84.72	
	2000	19.39	31013	101.02	85.51	

表Ⅵ-8　一氧化碳(气)(CO)

$C_{p,m}$气	A_1	A_2	A_3	A_4	A_5	
	6.79	0.98	-0.11	0	0	298 ~ 2500K
$H_T^\ominus - H_{298}^\ominus$	B_1	B_2	B_3	B_4	B_5	B_6
	6.79	0.49	0.11	0	0	-2104.00
$S_T^\ominus$	C_1	C_2	C_3	C_4	C_5	C_6
	6.79	0.98	0.05	0	0	8.18

相　态	T	$C_{p,m}$	$H_T^\ominus - H_{298}^\ominus$	$S_T^\ominus$	Φ'_T	
	298	6.95	0	47.21	47.21	
	300	6.96	14	47.26	47.21	
	400	7.11	718	49.28	47.49	
	500	7.23	1435	50.88	48.01	
	600	7.34	2165	52.21	48.61	
	700	7.45	2905	53.35	49.20	
	800	7.55	3655	54.36	49.79	
	900	7.65	4416	55.25	50.35	
	1000	7.75	5187	56.06	50.88	
	1100	7.85	5968	56.81	51.38	
	1200	7.95	6759	57.50	51.86	
	1300	8.05	7560	58.14	52.32	
	1400	8.15	8370	58.74	52.76	
气	1500	8.25	9191	59.30	53.18	$\Delta H_{298}^\ominus = -26.42$
	1600	8.35	10021	59.84	53.58	
	1700	8.45	10862	60.35	53.96	
	1800	8.55	11712	60.84	54.33	
	1900	8.64	12572	61.30	54.68	
	2000	8.74	13441	61.75	55.03	
	2100	8.84	14321	62.18	55.36	
	2200	8.94	15211	62.59	55.68	
	2300	9.04	16110	62.99	55.98	
	2400	9.14	17019	63.38	56.28	
	2500	9.23	17938	63.75	56.58	
	2600	9.33	18867	64.12	56.86	
	2700	9.43	19805	64.47	57.13	
	2800	9.53	20754	64.81	57.40	
	2900	9.63	21712	65.15	57.66	
	3000	9.72	22680	65.48	57.92	

表Ⅵ-9 二氧化碳(气)(CO_2)

$C_{p,m}$ 气	A_1	A_2	A_3	A_4	A_5	
	10.55	2.16	-2.04	0	0	298 ~ 2500K
$H_T^\ominus - H_{298}^\ominus$	B_1	B_2	B_3	B_4	B_5	B_6
	10.55	1.08	2.04	0	0	-3923.00
$S_T^\ominus$	C_1	C_2	C_3	C_4	C_5	C_6
	10.55	2.16	1.02	0	0	-10.81

相 态	T	$C_{p,m}$	$H_T^\ominus - H_{298}^\ominus$	$S_T^\ominus$	Φ'_T	
	298	8.89	0	51.06	51.06	
	300	8.93	19	51.14	51.08	
	400	10.13	980	53.90	51.45	
	500	10.81	2030	56.24	52.18	
	600	11.27	3136	58.25	53.03	
	700	11.64	4283	60.02	53.90	
	800	11.95	5463	61.60	54.77	
	900	12.24	6673	63.02	55.61	
	1000	12.50	7911	64.32	56.41	
	1100	12.75	9174	65.53	57.19	
	1200	13.00	10462	66.65	57.93	
	1300	13.23	11774	67.70	58.64	
	1400	13.46	13110	68.69	59.32	
气	1500	13.69	14468	69.62	59.98	$\Delta H_{298}^\ominus = -94.05$
	1600	13.92	15849	70.52	60.61	
	1700	14.15	17253	71.37	61.22	
	1800	14.37	18680	72.18	61.80	
	1900	14.59	20128	72.97	62.37	
	2000	14.81	21599	73.72	62.92	
	2100	15.03	23092	74.45	63.45	
	2200	15.25	24607	75.15	63.97	
	2300	15.47	26144	75.84	64.47	
	2400	15.69	27703	76.50	64.96	
	2500	15.91	29284	77.15	65.43	
	2600	16.13	30886	77.77	65.89	
	2700	16.35	32511	78.39	66.35	
	2800	16.57	34157	78.99	66.79	
	2900	16.78	35825	79.57	67.22	
	3000	17.00	37515	80.14	67.64	

表Ⅵ-10　钙(Ca)

		A_1	A_2	A_3	A_4	A_5	
$C_{p,m}$	固(α)	5.24	3.50	0	0	0	298 ~ 737K
	固(β)	2.59	6.66	0	0	0	737 ~ 1123K
	液	7.40	0	0	0	0	1123 ~ 1762K
	气	4.97	0	0	0	0	298 ~ 2000K
		B_1	B_2	B_3	B_4	B_5	B_6
$H_T^\ominus - H_{298}^\ominus$		5.24	1.75	0	0	0	-1716.00
		2.59	3.33	0	0	0	-561.00
		7.40	0	0	0	0	236.00
		4.97	0	0	0	0	41017.00
		C_1	C_2	C_3	C_4	C_5	C_6
$S_T^\ominus$		5.24	3.50	0	0	0	-20.92
		2.59	6.66	0	0	0	-5.67
		7.40	0	0	0	0	-30.22
		4.97	0	0	0	0	8.67

相　态	T	C_p	$H_T^\ominus - H_{298}^\ominus$	$S_T^\ominus$	Φ'_T	
固(α)	298	6.28	0	9.95	9.95	$\Delta H_{298}^\ominus = 0$
	300	6.29	13	10.01	9.97	
	400	6.64	660	11.87	10.22	
	500	6.99	1341	13.39	10.71	
	600	7.34	2058	14.69	11.26	
	700	7.69	2809	15.85	11.84	
	737(T_{tr})	7.81	3096	16.25	12.05	
固(β)	737	7.49	3156	16.33	12.05	$\Delta H_{tr} = 60$ $\Delta S_{tr} = 0.08$
	800	7.91	3642	16.97	12.41	
	900	8.58	4467	17.94	12.97	
	1000	9.24	5359	18.88	13.52	
	1100	9.91	6317	19.79	14.05	
	1123(T_M)	10.06	6547	20.00	14.17	
液	1123	7.40	8547	21.78	14.17	$\Delta H_M = 2000$ $\Delta S_M = 1.78$
	1200	7.40	9116	22.24	14.64	
	1300	7.40	9856	22.83	15.25	
	1400	7.40	10596	23.38	15.81	
	1500	7.40	11336	23.89	16.34	

表Ⅵ-11 氯化钙($CaCl_2$)

		A_1	A_2	A_3	A_4	A_5	
$C_{p,m}$	固	17.18	3.04	-0.60	0	0	600 ~ 1045K
	液	24.70	0	0	0	0	1045 ~ 2273K
		B_1	B_2	B_3	B_4	B_5	B_6
$H_T^{\ominus}-H_{298}^{\ominus}$		17.18	1.52	0.60	0	0	-5454.00
		24.70	0	0	0	0	-4796.00
		C_1	C_2	C_3	C_4	C_5	C_6
$S_T^{\ominus}$		17.18	3.04	0.30	0	0	-71.90
		24.70	0	0	0	0	-114.49

相态	T	$C_{p,m}$	$H_T^{\ominus}-H_{298}^{\ominus}$	$S_T^{\ominus}$	Φ'_T	
固	298	17.41	0	27.20	27.20	$\Delta H_{298}^{\ominus}=-191.40$
	300	17.42	37	27.33	27.21	
	400	18.02	1811	32.43	27.90	
	500	18.46	3636	36.50	29.23	
	600	18.83	5501	39.90	30.73	
	700	19.18	7403	42.83	32.26	
	800	19.51	9338	45.42	33.74	
	900	19.84	11306	47.73	35.17	
	1000	20.16	13306	49.84	36.53	
	1045(T_M)	20.30	14216	50.73	37.13	
液	1045	24.70	21016	57.24	37.13	$\Delta H_M=6800$ $\Delta S_M=6.51$ $T_B=2273$
	1100	24.70	22374	58.48	38.14	
	1200	24.70	24844	60.63	39.93	
	1300	24.70	27314	62.61	41.60	
	1400	24.70	29784	64.44	43.16	
	1500	24.70	32254	66.14	44.64	
	1600	24.70	34724	67.74	46.03	
	1700	24.70	37194	69.23	47.35	
	1800	24.70	39664	70.64	48.61	
	1900	24.70	42134	71.98	49.80	
	2000	24.70	44604	73.25	50.95	
	2100	24.70	47074	74.45	52.04	
	2200	24.70	49544	75.60	53.08	
	2273	24.70	51347	76.41	53.82	

表Ⅵ-12　氧化钙(CaO)

		A_1	A_2	A_3	A_4	A_5	
$C_{p,m}$	固	11.86	1.08	-1.66	0	0	298 ~ 2888K
	液	15.00	0	0	0	0	
		B_1	B_2	B_3	B_4	B_5	B_6
$H_T^\ominus - H_{298}^\ominus$		11.86	0.54	1.66	0	0	-4138.00
		15.00	0	0	0	0	10353.00
		C_1	C_2	C_3	C_4	C_5	C_6
$S_T^\ominus$		11.86	1.08	0.83	0	0	-59.31
		15.00	0	0	0	0	-74.64

相　态	T	$C_{p,m}$	$H_T^\ominus - H_{298}^\ominus$	$S_T^\ominus$	Φ'_T	
固	298	10.31	0	9.50	9.50	$\Delta H_{298}^\ominus = -151.60$
	300	10.33	22	9.58	9.50	
	400	11.25	1107	12.69	9.93	
	500	11.73	2259	15.26	10.74	
	600	12.04	3449	17.43	11.68	
	700	12.27	4666	19.31	12.64	
	800	12.46	5903	20.96	13.58	
	900	12.62	7158	22.44	14.48	
	1000	12.77	8428	23.77	15.35	
	1100	12.91	9712	25.00	16.17	
	1200	13.04	11010	26.13	16.95	
	1300	13.16	12320	27.18	17.70	
	1400	13.28	13643	28.16	18.41	
	1500	13.40	14978	29.08	19.09	
	1600	13.52	16324	29.95	19.74	
	1700	13.63	17682	30.77	20.37	
	1800	13.75	19052	31.55	20.97	
	1900	13.86	20433	32.30	21.54	
	2000	13.97	21825	33.01	22.10	
	2100	14.09	23228	33.70	22.64	
	2200	14.20	24643	34.36	23.15	
	2300	14.31	26069	34.99	23.65	
	2400	14.42	27506	35.60	24.14	
	2500	14.53	28953	36.19	24.61	
	2600	14.64	30412	36.76	25.07	
	2700	14.75	31882	37.32	25.51	
	2800	14.86	33363	37.86	25.94	
	2888(T_M)	14.95	34675	38.30	26.30	
液	2888	15.00	53675	44.88	26.30	$\Delta H_M = 19000$
	2900	15.00	53853	44.94	26.37	$\Delta S_M = 6.58$
	3000	15.00	55353	45.45	27.00	$T_B = 3773$
	3100	15.00	56853	45.94	27.60	
	3200	15.00	58353	46.42	28.18	
	3300	15.00	59853	46.88	28.74	
	3400	15.00	61353	47.33	29.28	
	3500	15.00	62853	47.76	29.80	

表Ⅵ-13　氯气(Cl_2)

$C_{p,m}$ 气	A_1	A_2	A_3	A_4	A_5	
	8.82	0.06	-0.68	0	0	298 ~ 3000K
$H_T^{\ominus} - H_{298}^{\ominus}$	B_1	B_2	B_3	B_4	B_5	B_6
	8.82	0.03	0.68	0	0	-2859.00
$S_T^{\ominus}$	C_1	C_2	C_3	C_4	C_5	C_6
	8.82	0.06	0.34	0	0	2.65

相态	T	$C_{p,m}$	$H_T^{\ominus} - H_{298}^{\ominus}$	$S_T^{\ominus}$	Φ'_T	
	298	8.07	0	53.30	53.30	
	300	8.08	16	53.35	53.30	
	400	8.41	844	55.73	53.62	
	500	8.57	1694	57.62	54.23	
	600	8.66	2557	59.20	54.93	
	700	8.72	3427	60.54	55.64	
	800	8.76	4301	61.70	56.33	
	900	8.79	5179	62.74	56.98	
	1000	8.81	6059	63.67	57.61	
	1100	8.82	6941	64.51	58.20	
	1200	8.84	7825	65.28	58.75	
	1300	8.85	8710	65.98	59.28	
	1400	8.86	9596	66.64	59.79	
	1500	8.87	10484	67.25	60.26	
气	1600	8.88	11372	67.83	60.72	$\Delta H_{298}^{\ominus} = 0$
	1700	8.89	12262	68.37	61.15	
	1800	8.90	13152	68.87	61.57	
	1900	8.91	14043	69.36	61.96	
	2000	8.92	14935	69.81	62.35	
	2100	8.93	15828	70.25	62.71	
	2200	8.93	16721	70.66	63.06	
	2300	8.94	17615	71.06	63.40	
	2400	8.95	18510	71.44	63.73	
	2500	8.95	19406	71.81	64.05	
	2600	8.96	20302	72.16	64.35	
	2700	8.97	21199	72.50	64.65	
	2800	8.97	22096	72.82	64.93	
	2900	8.98	22995	73.14	65.21	
	3000	8.99	23894	73.44	65.48	

表Ⅵ-14　三氯化铬($CrCl_3$)

$C_{p,m}$ 固	A_1	A_2	A_3	A_4	A_5	
	19.44	7.03	0	0	0	298 ~ 1218K
$H_T^{\ominus}-H_{298}^{\ominus}$	B_1	B_2	B_3	B_4	B_5	B_6
	19.44	3.51	0	0	0	-6105.00
$S_T^{\ominus}$	C_1	C_2	C_3	C_4	C_5	C_6
	19.44	7.03	0	0	0	-83.45

相　态	T	$C_{p,m}$	$H_T^{\ominus}-H_{298}^{\ominus}$	$S_T^{\ominus}$	Φ'_T	
固	298	21.53	0	29.40	29.40	$\Delta H_{298}^{\ominus}=-132.00$
	300	21.54	43	29.55	29.40	$T_{sb}=1218$
	400	22.25	2233	35.83	30.25	$\Delta H_{sb}=56800$
	500	22.95	4494	40.87	31.88	$T_M=1150$
	600	23.65	6824	45.12	33.75	
	700	24.36	9225	48.82	35.64	
	800	25.06	11697	52.12	37.50	
	900	25.76	14238	55.11	39.29	
	1000	26.47	16850	57.86	41.01	
	1100	27.17	19532	60.42	42.66	
	1200	27.87	22285	62.81	44.24	
	1218	28.00	22788	63.23	44.52	

表Ⅵ-15　三氧化二铬(Cr_2O_3)($CrO_{1.5\sim1.54}$)

$C_{p,m}$ 固	A_1	A_2	A_3	A_4	A_5	
	28.53	2.20	-3.74	0	0	298 ~ 1800K
$H_T^{\ominus}-H_{298}^{\ominus}$	B_1	B_2	B_3	B_4	B_5	B_6
	28.53	1.10	3.74	0	0	-9853.00
$S_T^{\ominus}$	C_1	C_2	C_3	C_4	C_5	C_6
	28.53	2.20	1.87	0	0	-145.90

相　态	T	$C_{p,m}$	$H_T^{\ominus}-H_{298}^{\ominus}$	$S_T^{\ominus}$	Φ'_T	
固	298	24.97	0	19.40	19.40	$\Delta H_{298}^{\ominus}=-270.00$
	300	25.03	52	19.57	19.40	$T_{tr}=305.8$
	400	27.07	2670	27.08	20.41	$T_M=2673$
	500	28.13	5435	33.25	22.38	
	600	28.81	8284	38.44	24.63	
	700	29.30	11191	42.92	26.93	
	800	29.70	14142	46.86	29.18	
	900	30.04	17131	50.38	31.34	
	1000	30.35	20151	53.56	33.41	
	1100	30.64	23201	56.47	35.38	
	1200	30.91	26279	59.14	37.25	
	1300	31.16	29383	61.63	39.03	
	1400	31.41	32512	63.95	40.73	
	1500	31.66	35666	66.12	42.35	
	1600	31.90	38845	68.18	43.90	
	1700	32.14	42047	70.12	45.38	
	1800	32.37	45273	71.96	46.81	

表Ⅵ-16 铁(Fe)

		A_1	A_2	A_3	A_4	A_5	
$C_{p,m}$	固(α)	4.18	5.92	0	0	0	273 ~ 1033K
	固(β)	9.00	0	0	0	0	1033 ~ 1183K
	固(γ)	1.84	4.66	0	0	0	1183 ~ 1673K
	固(δ)	10.50	0	0	0	0	1673 ~ 1809K
	液	9.78	0.40	0	0	0	1809 ~ 3148K
	气	3.78	0.79	9.40	0	-2.24	298 ~ 4000K
		B_1	B_2	B_3	B_4	B_5	B_6
$H_T^\ominus - H_{298}^\ominus$		4.18	2.96	0	0	0	-1507.00
		9.00	0	0	0	0	-2129.00
		1.84	2.33	0	0	0	3302.00
		10.50	0	0	0	0	-4455.00
		9.78	0.20	0	0	0	-507.00
		3.78	0.39	-9.40	0	1.12	100445.00
		C_1	C_2	C_3	C_4	C_5	C_6
$S_T^\ominus$		4.18	5.92	0	0	0	-19.07
		9.00	0	0	0	0	-45.25
		1.84	4.66	0	0	0	0.09
		10.50	0	0	0	0	-56.31
		9.78	0.40	0	0	0	-49.80
		3.78	0.79	-4.70	0	0.74	23.95

相 态	T	$C_{p,m}$	$H_T^\ominus - H_{298}^\ominus$	$S_T^\ominus$	Φ'_T	
固(α)	298	5.94	0	6.49	6.49	$\Delta H_{298}^\ominus = 0$
	300	5.95	13	6.54	6.50	
	400	6.54	639	8.34	6.74	
	500	7.14	1323	9.86	7.22	
	600	7.73	2067	11.22	7.77	
	700	8.32	2869	12.45	8.35	
	800	8.91	3731	13.60	8.94	
	900	9.50	4653	14.69	9.52	
	1000	10.10	5633	15.72	10.09	
	1033(T_{tr1})	10.29	5968	16.04	10.26	
固(β)	1033	9.00	7168	17.20	10.26	$\Delta H_{tr1} = 1200$ $\Delta S_{tr1} = 1.16$
	1100	9.00	7771	17.76	10.70	
	1183(T_{tr2})	9.00	8518	18.42	11.22	
固(γ)	1183	7.35	8738	18.60	11.22	$\Delta H_{tr2} = 220$ $\Delta S_{tr2} = 0.18$
	1200	7.43	8865	18.72	11.34	
	1300	7.89	9632	19.34	11.93	

续表Ⅵ-16

相态	T	$C_{p,m}$	$H_T^\ominus - H_{298}^\ominus$	$S_T^\ominus$	Φ'_T	
固(γ)	1400	8.36	10445	19.94	12.48	
	1500	8.82	11304	20.53	12.99	
	1600	9.29	12211	21.12	13.48	
	1673(T_{tr3})	9.63	12902	21.54	13.83	
固(δ)	1673	10.50	13112	21.66	13.83	$\Delta H_{tr3}=210$ $\Delta S_{tr3}=0.12$
	1700	10.50	13395	21.79	13.91	
	1800	10.50	14445	22.39	14.36	
	1809(T_M)	10.50	14540	22.44	14.40	
液	1809	10.50	17840	24.26	14.40	$\Delta H_M=3300$ $\Delta S_M=1.82$
	1900	10.54	18797	24.79	14.90	
	2000	10.58	19853	25.33	15.41	
	2100	10.62	20913	25.85	15.89	
	2200	10.66	21977	26.34	16.35	
	2300	10.70	23045	26.82	16.80	
	2400	10.74	24117	27.27	17.23	
	2500	10.78	25193	27.71	17.64	
	2600	10.82	26273	28.14	18.03	
	2700	10.86	27357	28.55	18.41	
	2800	10.90	28445	28.94	18.78	
	2900	10.94	29537	29.33	19.14	
	3000	10.98	30633	29.70	19.49	
	3100	11.02	31733	30.06	19.82	
	3148(T_B)	11.03	32262	30.23	19.98	
气	3148	6.35	115972	56.82	19.98	$\Delta H_B=83710$ $\Delta S_B=26.59$
	3200	6.39	116303	56.94	20.59	
	3300	6.46	116946	57.14	21.70	
	3400	6.54	117596	57.33	22.74	
	3500	6.61	118254	57.52	23.73	
	3600	6.69	118920	57.71	24.67	
	3700	6.76	119593	57.89	25.57	
	3800	6.84	120273	58.07	26.42	
	3900	6.91	120961	58.25	27.24	
	4000	6.99	121657	58.43	28.01	

表Ⅵ-17 氯化亚铁($FeCl_2$)

		A_1	A_2	A_3	A_4	A_5	
$C_{p,m}$	固	18.94	2.08	-1.17	0	0	298 ~ 950K
	液	24.40	0	0	0	0	950 ~ 1110K
	气	16.28	-0.38	-1.08	0	0	298 ~ 2000K
		B_1	B_2	B_3	B_4	B_5	B_6
$H_T^{\ominus} - H_{298}^{\ominus}$		18.94	1.04	1.17	0	0	-6128.00
		24.40	0	0	0	0	46.00
		16.28	-0.19	1.08	0	0	40710.00
		C_1	C_2	C_3	C_4	C_5	C_6
$S_T^{\ominus}$		18.94	2.08	0.58	0	0	-80.45
		24.40	0	0	0	0	-105.05
		16.28	-0.38	0.54	0	0	-23.13

相态	T	$C_{p,m}$	$H_T^{\ominus} - H_{298}^{\ominus}$	$S_T^{\ominus}$	Φ'_T	
固	298	18.24	0	28.70	28.70	$\Delta H_{298}^{\ominus} = -81.80$
	300	18.26	38	28.84	28.71	
	400	19.04	1907	34.21	29.44	
	500	19.51	3836	38.51	30.84	
	600	19.86	5805	42.10	32.43	
	700	20.15	7807	45.19	34.04	
	800	20.42	9836	47.90	35.60	
	900	20.66	11890	50.32	37.11	
	950(T_M)	20.78	12927	51.44	37.83	
液	950	24.40	23227	62.28	37.83	$\Delta H_M = 10300$ $\Delta S_M = 10.84$
	1000	24.40	24446	63.49	39.05	
	1100	24.40	26886	65.82	41.38	
	1200	24.40	29326	67.94	43.50	
	1285(T_B)	24.40	31400	69.61	45.18	
气	1285	15.72	61400	92.95	45.18	$\Delta H_B = 30000$ $\Delta S_B = 23.34$
	1300	15.72	61636	93.13	45.72	
	1400	15.69	63207	94.30	49.15	
	1500	15.66	64774	95.38	52.20	
	1600	15.62	66339	96.39	54.93	
	1700	15.59	67900	97.33	57.39	
	1800	15.56	69458	98.23	59.64	
	1900	15.52	71013	99.07	61.69	
	2000	15.49	72564	99.86	63.58	

表Ⅵ-18　氯化铁($FeCl_3$)

	A_1	A_2	A_3	A_4	A_5	
$C_{p,m}$ 固	14.90	27.50	0	0	0	298～577K
液	32.00	0	0	0	0	577～605K
	B_1	B_2	B_3	B_4	B_5	B_6
$H_T^\ominus - H_{298}^\ominus$	14.90	13.75	0	0	0	-5661.00
	32.00	0	0	0	0	-651.00
	C_1	C_2	C_3	C_4	C_5	C_6
$S_T^\ominus$	14.90	27.50	0	0	0	-59.05
	32.00	0	0	0	0	-134.07

相　态	T	$C_{p,m}$	$H_T^\ominus - H_{298}^\ominus$	$S_T^\ominus$	Φ'_T	
固	298	23.09	0	34.02	34.02	$\Delta H_{298}^\ominus = -95.46$
	300	23.15	46	34.18	34.03	
	400	25.90	2499	41.22	34.97	
	500	28.65	5226	47.29	36.84	
	577(T_M)	30.76	7514	51.54	38.52	
液	577	32.00	17814	69.39	38.52	$\Delta H_M = 10300, \Delta S_M = 17.85$
	600	32.00	18549	70.63	39.71	$T_B = 605$,气相:
	605	32.00	18709	70.89	39.97	$0.997Fe_2Cl_6 + 0.03FeCl_3$

表Ⅵ-19　氯化铁(气)($FeCl_3$)

	A_1	A_2	A_3	A_4	A_5	
$C_{p,m}$ 气	19.83	0.02	-1.13	0	0	298～2000K
	B_1	B_2	B_3	B_4	B_5	B_6
$H_T^\ominus - H_{298}^\ominus$	19.83	0.01	1.13	0	0	-6288.00
	C_1	C_2	C_3	C_4	C_5	C_6
$S_T^\ominus$	19.83	0.02	0.56	0	0	-31.36

相　态	T	$C_{p,m}$	$H_T^\ominus - H_{298}^\ominus$	$S_T^\ominus$	Φ'_T	
气	298	18.56	0	82.24	82.24	$\Delta H_{298}^\ominus = -60.50$
	300	18.58	39	82.37	82.25	
	400	19.13	1928	87.81	82.99	
	500	19.38	3855	92.11	84.40	
	600	19.52	5802	95.66	85.99	
	700	19.61	7759	98.67	87.59	
	800	19.66	9724	101.30	89.14	
	900	19.70	11693	103.61	90.62	
	1000	19.73	13665	105.69	92.03	
	1100	19.75	15640	107.57	93.36	
	1200	19.77	17617	109.29	94.61	
	1300	19.78	19595	110.88	95.80	

续表Ⅵ-19

相态	T	$C_{p,m}$	$H_T^\ominus - H_{298}^\ominus$	$S_T^\ominus$	Φ'_T	
气	1400	19.80	21574	112.34	96.93	$\Delta H_{298}^\ominus = -60.50$
	1500	19.80	23555	113.71	98.01	
	1600	19.81	25536	114.99	99.03	
	1700	19.82	27518	116.19	100.00	
	1800	19.83	29501	117.33	100.94	
	1900	19.83	31485	118.40	101.83	
	2000	19.84	33468	119.42	102.68	

表Ⅵ-20 氯化铁(二聚合气)(Fe_2Cl_6)

$C_{p,m}$ 气	A_1	A_2	A_3	A_4	A_5	
	43.66	0.03	-1.93	0	0	298 ~ 2000K
$H_T^\ominus - H_{298}^\ominus$	B_1	B_2	B_3	B_4	B_5	B_6
	43.66	0.01	1.93	0	0	-13658.00
$S_T^\ominus$	C_1	C_2	C_3	C_4	C_5	C_6
	43.66	0.03	0.96	0	0	-121.48

相态	T	$C_{p,m}$	$H_T^\ominus - H_{298}^\ominus$	$S_T^\ominus$	Φ'_T	
气	298	41.49	0	128.35	128.35	$\Delta H_{298}^\ominus = -156.40$
	300	41.52	85	128.63	128.35	
	400	42.46	4291	140.72	129.99	
	500	42.90	8562	150.25	133.12	
	600	43.14	12865	158.09	136.65	
	700	43.28	17187	164.75	140.20	
	800	43.38	21521	170.54	143.64	
	900	43.44	25863	175.65	146.92	
	1000	43.49	30210	180.23	150.02	
	1100	43.53	34562	184.38	152.96	
	1200	43.56	38916	188.17	155.74	
	1300	43.58	43274	191.66	158.37	
	1400	43.60	47633	194.89	160.87	
	1500	43.61	51994	197.90	163.24	
	1600	43.63	56357	200.71	165.49	
	1700	43.64	60721	203.36	167.64	
	1800	43.65	65086	205.85	169.70	
	1900	43.66	69452	208.21	171.66	
	2000	43.67	73818	210.45	173.55	

表Ⅵ-21　氧化亚铁(FeO)

	A_1	A_2	A_3	A_4	A_5	
$C_{p,m}$ 固	12.14	2.06	-0.79	0	0	298～1650K
$C_{p,m}$ 液	16.30	0	0	0	0	1650～3687K
	B_1	B_2	B_3	B_4	B_5	B_6
$H_T^{\ominus}-H_{298}^{\ominus}$	12.14	1.03	0.79	0	0	-3973.00
	16.30	0	0	0	0	-2236.00
	C_1	C_2	C_3	C_4	C_5	C_6
$S_T^{\ominus}$	12.14	2.06	0.39	0	0	-55.68
	16.30	0	0	0	0	-79.61
相　态	T	$C_{p,m}$	$H_T^{\ominus}-H_{298}^{\ominus}$	$S_T^{\ominus}$	Φ'_T	
固	298	11.86	0	14.52	14.52	$\Delta H_{298}^{\ominus}=-65.02$
	300	11.88	25	14.62	14.53	
	400	12.47	1245	18.12	15.01	
	500	12.85	2512	20.95	15.92	
	600	13.15	3813	23.32	16.96	
	700	13.42	5143	25.37	18.02	
	800	13.66	6497	27.18	19.05	
	900	13.89	7875	28.80	20.05	
	1000	14.12	9276	30.27	21.00	
	1100	14.34	10699	31.63	21.90	
	1200	14.55	12144	32.89	22.77	
	1300	14.77	13610	34.06	23.59	
	1400	14.98	15098	35.16	24.38	
	1500	15.19	16607	36.21	25.13	
	1600	15.40	18137	37.19	25.86	
	1650(T_M)	15.50	18909	37.67	26.21	
液	1650	16.30	24659	41.15	26.21	$\Delta H_M=5750$ $\Delta S_M=3.48$ $T_{DP}=3687$
	1700	16.30	25474	41.63	26.65	
	1800	16.30	27104	42.56	27.50	
	1900	16.30	28734	43.44	28.32	
	2000	16.30	30364	44.28	29.10	
	2100	16.30	31994	45.07	29.84	
	2200	16.30	33624	45.83	30.55	
	2300	16.30	35254	46.56	31.23	
	2400	16.30	36884	47.25	31.88	
	2500	16.30	38514	47.92	32.51	
	2600	16.30	40144	48.56	33.12	
	2700	16.30	41774	49.17	33.70	
	2800	16.30	43404	49.76	34.26	
	2900	16.30	45034	50.34	34.81	
	3000	16.30	46664	50.89	35.33	
	3100	16.30	48294	51.42	35.84	
	3200	16.30	49924	51.94	36.34	
	3300	16.30	51554	52.44	36.82	
	3400	16.30	53184	52.93	37.29	
	3500	16.30	54814	53.40	37.74	
	3600	16.30	56444	53.86	38.18	
	3637	16.30	57862	54.25	38.56	

表Ⅵ-22 四氧化三铁(磁铁矿)(Fe_3O_4)

	A_1	A_2	A_3	A_4	A_5	
$C_{p,m}$ 固(α)	20.61	49.93	0	0	0	298~866K
$C_{p,m}$ 固(β)	48.00	0	0	0	0	866~1870K
$C_{p,m}$ 液	51.00	0	0	0	0	1870~2000K
	B_1	B_2	B_3	B_4	B_5	B_6
$H_T^\ominus - H_{298}^\ominus$	20.61	24.96	0	0	0	-8357.00
	48.00	0	0	0	0	-13356.00
	51.00	0	0	0	0	14034.00
	C_1	C_2	C_3	C_4	C_5	C_6
$S_T^\ominus$	20.61	49.93	0	0	0	-97.29
	48.00	0	0	0	0	-239.36
	51.00	0	0	0	0	-244.33
相 态	T	$C_{p,m}$	$H_T^\ominus - H_{298}^\ominus$	$S_T^\ominus$	Φ'_T	
固(α)	298	35.48	0	35.00	35.00	$\Delta H_{298}^\ominus = -267.30$
	300	35.58	73	35.24	35.00	
	400	40.58	3881	46.16	36.46	
	500	45.57	8189	55.75	39.37	
	600	50.56	12996	64.50	42.84	
	700	55.56	18303	72.67	46.53	
	800	60.55	24109	80.42	50.28	
	866(T_{tr})	63.84	28212	85.35	52.77	
固(β)	866	48.00	28212	85.35	52.77	
	900	48.00	29844	87.15	53.99	
	1000	48.00	34644	92.21	57.56	
	1100	48.00	39444	96.78	60.92	
	1200	48.00	44244	100.96	64.09	
	1300	48.00	49044	104.80	67.07	
	1400	48.00	53844	108.36	69.90	
	1500	48.00	58644	111.67	72.57	
	1600	48.00	63444	114.77	75.11	
	1700	48.00	68244	117.68	77.53	
	1800	48.00	73044	120.42	79.84	
	1870(T_M)	48.00	76404	122.25	81.39	
液	1870	51.00	109404	139.89	81.39	$\Delta H_M = 33000$
	1900	51.00	110934	140.70	82.31	$\Delta S_M = 17.64$
	2000	51.00	116034	143.31	85.29	

表Ⅵ-23　氧化铁(赤铁矿)(Fe_2O_3)

		A_1	A_2	A_3	A_4	A_5	
$C_{p,m}$	固(α)	23.49	18.60	−3.55	0	0	298~953K
	固(β)	36.00	0	0	0	0	953~1053K
	固(γ)	31.71	1.76	0	0	0	1053~1730K
		B_1	B_2	B_3	B_4	B_5	B_6
$H_T^\ominus - H_{298}^\ominus$		23.49	9.30	3.55	0	0	−9016.00
		36.00	0	0	0	0	−11961.00
		31.71	0.88	0	0	0	−8418.00
		C_1	C_2	C_3	C_4	C_5	C_6
$S_T^\ominus$		23.49	18.60	1.77	0	0	−120.45
		36.00	0	0	0	0	−188.19
		31.71	1.76	0	0	0	−160.18

相　态	T	$C_{p,m}$	$H_T^\ominus - H_{298}^\ominus$	$S_T^\ominus$	Φ'_T	
固(α)	298	25.03	0	20.90	20.90	$\Delta H_{298}^\ominus = -197.30$
	300	25.12	51	21.08	20.91	
	400	28.71	2755	28.83	21.95	
	500	31.37	5764	35.54	24.01	
	600	33.66	9018	41.46	26.43	
	700	35.78	12491	46.81	28.97	
	800	37.81	16172	51.72	31.51	
	900	39.79	20052	56.29	34.01	
	953(T_{tr1})	40.82	22189	58.60	35.32	
固(β)	953	36.00	22349	58.76	35.32	$\Delta H_{tr1} = 160$ $\Delta S_{tr1} = 0.16$
	1000	36.00	24039	60.48	36.45	
	1053(T_{tr2})	36.00	25947	62.34	37.70	
固(γ)	1053	33.56	25947	62.34	37.70	$T_{DP} = 1735$
	1100	33.64	27528	63.82	38.79	
	1200	33.82	30901	66.75	41.00	
	1300	33.99	34292	69.47	43.09	
	1400	34.17	37701	71.99	45.06	
	1500	34.35	41127	74.36	46.94	
	1600	34.52	44571	76.58	48.72	
	1700	34.70	48032	78.68	50.42	
	1735	34.76	49248	79.39	51.00	

表Ⅵ-24　偏钛酸铁（钛铁矿）（$FeO \cdot TiO_2$）

	A_1	A_2	A_3	A_4	A_5	
$C_{p,m}$ 固	27.87	4.36	-4.79	0	0	298 ~ 1743K
$C_{p,m}$ 液（分解）	47.60	0	0	0	0	1743 ~ 1800K
	B_1	B_2	B_3	B_4	B_5	B_6
$H_T^\ominus - H_{298}^\ominus$	27.87	2.18	4.79	0	0	-10105.00
	47.60	0	0	0	0	-15898.00
	C_1	C_2	C_3	C_4	C_5	C_6
$S_T^\ominus$	27.87	4.36	2.39	0	0	-137.47
	47.60	0	0	0	0	-264.65

相　态	T	$C_{p,m}$	$H_T^\ominus - H_{298}^\ominus$	$S_T^\ominus$	Φ'_T	
固	298	23.77	0	25.30	25.30	$\Delta H_{298}^\ominus = -297.90$
	300	23.85	49	25.46	25.30	
	400	26.62	2589	32.75	26.27	
	500	28.13	5333	38.86	28.20	
	600	29.15	8200	44.09	30.42	
	700	29.94	11156	48.64	32.71	
	800	30.60	14185	52.69	34.96	
	900	31.20	17276	56.33	37.13	
	1000	31.75	20424	59.64	39.22	
	1100	32.27	23625	62.69	41.22	
	1200	32.76	26877	65.52	43.13	
	1300	33.25	30179	68.17	44.95	
	1400	33.72	33528	70.65	46.70	
	1500	34.19	36924	72.99	48.37	
	1600	34.65	40367	75.21	49.98	
	1700	35.11	43856	77.33	51.53	
	1743（T_M）	35.31	45369	78.21	52.18	
液	1743	47.60	67069	90.66	52.18	$\Delta H_M = 21700$ $\Delta S_M = 12.45$
	1800	47.60	69782	92.13	53.37	
	1900	47.60	74542	94.71	55.47	
	2000	47.60	79302	97.15	57.50	

表Ⅵ-25　氢(气)(H_2)

$C_{p,m}$ 气	A_1	A_2	A_3	A_4	A_5	
	6.52	0.78	0.12	0	0	298 ~ 3000K
$H_T^\ominus - H_{298}^\ominus$	B_1	B_2	B_3	B_4	B_5	B_6
	6.52	0.39	-0.12	0	0	-1936.00
$S_T^\ominus$	C_1	C_2	C_3	C_4	C_5	C_6
	6.52	0.78	-0.06	0	0	-6.09

相　态	T	$C_{p,m}$	$H_T^\ominus - H_{298}^\ominus$	$S_T^\ominus$	Φ'_T	
气	298	6.88	0	31.21	31.21	$\Delta H_{298}^\ominus = 0$
	300	6.88	15	31.26	31.21	
	400	6.90	704	33.24	31.48	
	500	6.95	1397	34.79	32.00	
	600	7.02	2096	36.06	32.57	
	700	7.09	2802	37.15	33.15	
	800	7.16	3515	38.10	33.71	
	900	7.23	4235	38.95	34.25	
	1000	7.31	4962	39.72	34.76	
	1100	7.38	5697	40.42	35.24	
	1200	7.46	6440	41.06	35.70	
	1300	7.54	7190	41.66	36.13	
	1400	7.61	7948	42.23	36.55	
	1500	7.69	8713	42.75	36.95	
	1600	7.77	9487	43.25	37.32	
	1700	7.85	10268	43.73	37.69	
	1800	7.92	11057	44.18	38.04	
	1900	8.00	11854	44.61	38.37	
	2000	8.08	12658	45.02	38.69	
	2100	8.16	13470	45.42	39.00	
	2200	8.23	14290	45.80	39.30	
	2300	8.31	15118	46.17	39.59	
	2400	8.39	15953	46.52	39.88	
	2500	8.17	16797	46.87	40.15	
	2600	8.54	17648	47.20	40.41	
	2700	8.62	18507	47.52	40.67	
	2800	8.70	19373	47.84	40.92	
	2900	8.78	20248	48.15	41.16	
	3000	8.86	21130	48.45	41.40	

表Ⅵ-26 氯化氢(气)(HCl)

$C_{p,m}$ 气	A_1	A_2	A_3	A_4	A_5	
	6.34	1.10	0.26	0	0	298 ~ 2000K
$H_T^{\ominus} - H_{298}^{\ominus}$	B_1	B_2	B_3	B_4	B_5	B_6
	6.34	0.55	−0.26	0	0	−1850.00
$S_T^{\ominus}$	C_1	C_2	C_3	C_4	C_5	C_6
	6.34	1.10	−0.13	0	0	8.34

相 态	T	$C_{p,m}$	$H_T^{\ominus} - H_{298}^{\ominus}$	$S_T^{\ominus}$	Φ'_T	
	298	6.96	0	44.64	44.64	
	300	6.95	15	44.69	44.64	
	400	6.94	709	46.68	44.91	
	500	6.99	1405	48.23	45.42	
	600	7.07	2109	49.52	46.00	
	700	7.16	2820	50.61	46.58	
	800	7.26	3541	51.58	47.15	
	900	7.36	4273	52.44	47.69	
	1000	7.46	5014	53.22	48.20	$\Delta H_{298}^{\ominus} = -22.00$
气	1100	7.57	5766	53.93	48.69	$T_M = 159$
	1200	7.67	6528	54.00	49.16	$T_B = 188$
	1300	7.78	7301	55.22	49.60	
	1400	7.89	8085	55.80	50.02	
	1500	8.00	8880	56.35	50.42	
	1600	8.11	9686	56.86	50.81	
	1700	8.21	10502	57.36	51.18	
	1800	8.32	11330	57.83	51.54	
	1900	8.43	12168	58.29	51.88	
	2000	8.54	13017	58.72	52.21	

表Ⅵ-27　水(汽)(H_2O)

$C_{p,m}$ 气	A_1	A_2	A_3	A_4	A_5	
	7.17	2.56	0.08	0	0	298 ~ 2500K
$H_T^\ominus - H_{298}^\ominus$	B_1	B_2	B_3	B_4	B_5	B_6
	7.17	1.28	-0.08	0	0	-2223.00
$S_T^\ominus$	C_1	C_2	C_3	C_4	C_5	C_6
	7.17	2.56	-0.04	0	0	3.54

相　态	T	$C_{p,m}$	$H_T^\ominus - H_{298}^\ominus$	$S_T^\ominus$	Φ'_T	
气	298	8.02	0	45.10	45.10	$\Delta H_{298}^\ominus = -57.91$
	300	8.02	17	45.15	45.10	
	400	8.24	830	47.49	45.42	
	500	8.48	1666	49.36	46.03	
	600	8.72	2526	50.93	46.72	
	700	8.97	3412	52.29	47.42	
	800	9.23	4322	53.51	48.10	
	900	9.48	5258	54.61	48.77	
	1000	9.73	6219	55.62	49.40	
	1100	9.99	7206	56.56	50.01	
	1200	10.24	8218	57.44	50.59	
	1300	10.50	9255	58.27	51.15	
	1400	10.75	10318	59.06	51.69	
	1500	11.01	11407	59.81	52.20	
	1600	11.26	12521	60.53	52.70	
	1700	11.52	13660	61.22	53.18	
	1800	11.78	14826	61.88	53.65	
	1900	12.03	16017	62.53	54.10	
	2000	12.29	17233	63.15	54.54	
	2100	12.54	18475	63.76	54.96	
	2200	12.80	19743	64.35	55.37	
	2300	13.05	21036	64.92	55.78	
	2400	13.31	22354	65.48	56.17	
	2500	13.57	23699	66.03	56.55	

表Ⅵ-28 镁(Mg)

	A_1	A_2	A_3	A_4	A_5	
$C_{p,m}$ 固	5.33	2.45	-0.10	0	0	298 ~ 923K
$C_{p,m}$ 液	7.60	0	0	0	0	923 ~ 1378K
$C_{p,m}$ 气	4.96	0	0	0	0	298 ~ 2000K
	B_1	B_2	B_3	B_4	B_5	B_6
$H_T^\ominus - H_{298}^\ominus$	5.33	1.22	0.10	0	0	-1729.00
	7.60	0	0	0	0	-631.00
	4.96	0	0	0	0	33507.00
	C_1	C_2	C_3	C_4	C_5	C_6
$S_T^\ominus$	5.33	2.45	0.05	0	0	-23.32
	7.60	0	0	0	0	-34.25
	4.96	0	0	0	0	6.97

相态	T	$C_{p,m}$	$H_T^\ominus - H_{298}^\ominus$	$S_T^\ominus$	Φ'_T	
固	298	5.94	0	7.81	7.81	$\Delta H_{298}^\ominus = 0$
	300	5.95	14	7.87	7.82	
	400	6.24	624	9.62	8.06	
	500	6.51	1262	11.04	8.52	
	600	6.77	1927	12.25	9.04	
	700	7.02	2617	13.32	9.58	
	800	7.27	3331	14.27	10.11	
	900	7.52	4071	15.14	10.62	
	923(T_M)	7.57	4245	15.33	10.73	
液	923	7.60	6385	17.65	10.73	$\Delta H_M = 2140$ $\Delta S_M = 2.32$
	1000	7.60	6969	18.24	11.27	
	1100	7.60	7729	18.97	11.94	
	1200	7.60	8489	19.63	12.56	
	1300	7.60	9249	20.24	13.12	
	1378(T_B)	7.60	9842	20.68	13.54	
气	1378	4.96	40342	42.81	13.54	$\Delta H_B = 30500$ $\Delta S_B = 22.13$
	1400	4.96	40451	42.90	14.00	
	1500	4.96	40947	43.24	15.94	
	1600	4.96	41443	43.56	17.66	
	1700	4.96	41939	43.86	19.19	
	1800	4.96	42435	44.14	20.57	
	1900	4.96	42931	44.41	21.82	
	2000	4.96	43427	44.67	22.95	

表Ⅵ-29　氯化镁($MgCl_2$)

		A_1	A_2	A_3	A_4	A_5	
$C_{p,m}$	固	18.90	1.42	-2.06	0	0	298 ~ 987K
	液	22.10	0	0	0	0	987 ~ 1691K
	气	13.77	0.07	-1.27	0	0	298 ~ 2000K
		B_1	B_2	B_3	B_4	B_5	B_6
$H_T^\ominus - H_{298}^\ominus$		18.90	0.71	2.06	0	0	-6386.00
		22.10	0	0	0	0	1655.00
		13.77	0.03	1.27	0	0	52906.00
		C_1	C_2	C_3	C_4	C_5	C_6
$S_T^\ominus$		18.90	1.42	1.03	0	0	-87.84
		22.10	0	0	0	0	-97.97
		13.77	0.07	0.63	0	0	-14.11

相　态	T	$C_{p,m}$	$H_T^\ominus - H_{298}^\ominus$	$S_T^\ominus$	Φ'_T	
固	298	17.00	0	21.40	21.40	$\Delta H_{298}^\ominus = -153.30$
	300	17.03	35	21.53	21.41	
	400	18.18	1803	26.61	22.10	
	500	18.78	3653	30.73	23.43	
	600	19.17	5553	34.20	24.94	
	700	19.47	7486	37.17	26.48	
	800	19.71	9446	39.79	27.98	
	900	19.92	11428	42.13	29.43	
	987(T_M)	20.09	13169	43.97	30.63	
液	987	22.10	23469	54.40	30.63	$\Delta H_M = 10300$ $\Delta S_M = 10.43$
	1000	22.10	23755	54.69	30.93	
	1100	22.10	25965	56.79	33.19	
	1200	22.10	28175	58.72	35.24	
	1300	22.10	30385	60.48	37.11	
	1400	22.10	32595	62.12	38.84	
	1500	22.10	34805	63.65	40.44	
	1600	22.10	37015	65.07	41.94	
	1691(T_B)	22.10	39026	66.30	43.22	
气	1691	13.84	76366	88.38	43.22	$\Delta H_B = 37340$ $\Delta S_B = 22.08$
	1700	13.84	76491	88.45	43.46	
	1800	13.85	77876	89.24	45.98	
	1900	13.86	79262	89.99	48.28	
	2000	13.87	80649	90.71	50.38	

表Ⅵ-30 氧化镁(MgO)

	A_1	A_2	A_3	A_4	A_5	
$C_{p,m}$ 固	11.70	0.75	-2.73	0	0	298 ~ 3098K
$C_{p,m}$ 液	14.50	0	0	0	0	3098 ~ 3533K
	B_1	B_2	B_3	B_4	B_5	B_6
$H_T^{\ominus} - H_{298}^{\ominus}$	11.70	0.37	2.73	0	0	-4435.00
	14.50	0	0	0	0	9076.00
	C_1	C_2	C_3	C_4	C_5	C_6
$S_T^{\ominus}$	11.70	0.75	1.36	0	0	-61.96
	14.50	0	0	0	0	-76.18

相态	T	$C_{p,m}$	$H_T^{\ominus} - H_{298}^{\ominus}$	$S_T^{\ominus}$	Φ'_T	
固	298	8.84	0	6.44	6.44	$\Delta H_{298}^{\ominus} = -143.70$
	300	8.89	19	6.51	6.45	
	400	10.29	987	9.29	6.82	
	500	10.98	2056	11.67	7.56	
	600	11.39	3175	13.71	8.42	
	700	11.66	4329	15.49	9.30	
	800	11.87	5506	17.06	10.18	
	900	12.03	6702	18.47	11.02	
	1000	12.17	7913	19.74	11.83	
	1100	12.29	9137	20.91	12.60	
	1200	12.41	10372	21.98	13.34	
	1300	12.51	11619	22.98	14.04	
	1400	12.61	12875	23.91	14.72	
	1500	12.70	14141	24.79	15.36	

续表Ⅵ-30

相 态	T	$C_{p,m}$	$H_T^{\ominus}-H_{298}^{\ominus}$	$S_T^{\ominus}$	Φ'_T	
固	1600	12.79	15416	25.61	15.97	$\Delta H_{298}^{\ominus}=-143.70$
	1700	12.88	16699	26.39	16.56	
	1800	12.96	17992	27.12	17.13	
	1900	13.04	19292	27.83	17.67	
	2000	13.13	20601	28.50	18.20	
	2100	13.21	21919	29.14	18.70	
	2200	13.29	23244	29.76	19.19	
	2300	13.37	24577	30.35	19.67	
	2400	13.45	25919	30.92	20.12	
	2500	13.53	27268	31.47	20.57	
	2600	13.60	28625	32.01	21.00	
	2700	13.68	29990	32.52	21.41	
	2800	13.76	31362	33.02	21.82	
	2900	13.84	32743	33.50	22.21	
	3000	13.91	34131	33.97	22.60	
	3098(T_M)	13.99	35499	34.42	22.96	
液	3098	14.50	53999	40.39	22.96	$\Delta H_M=18500$ $\Delta S_M=5.97$ $T_B=3533$
	3100	14.50	54026	40.39	22.96	
	3200	14.50	55476	40.84	23.51	
	3300	14.50	56926	41.29	24.04	
	3400	14.50	58376	41.72	24.55	
	3500	14.50	59826	42.14	25.05	
	3533	14.50	60305	42.28	25.21	

表Ⅵ-31 锰（Mn）

		A_1	A_2	A_3	A_4	A_5	
$C_{p,m}$	固（α）	5.70	3.38	-0.37	0	0	298 ~ 990K
	固（β）	8.33	0.66	0	0	0	990 ~ 1360K
	固（γ）	6.03	3.56	-0.44	0	0	298 ~ 1410K
	固（δ）	11.30	0	0	0	0	1410 ~ 1517K
	液	11.00	0	0	0	0	1517 ~ 2324K
	气	4.15	0.35	0	0	0	2324 ~ 3000K
$H_T^{\ominus} - H_{298}^{\ominus}$		B_1	B_2	B_3	B_4	B_5	B_6
		5.70	1.69	0.37	0	0	-1972.00
		8.33	0.33	0	0	0	-2675.00
		6.03	1.78	0.44	0	0	-1741.00
		11.30	0	0	0	0	-5173.00
		11.00	0	0	0	0	-1218.00
		4.15	0.17	0	0	0	66557.00
$S_T^{\ominus}$		C_1	C_2	C_3	C_4	C_5	C_6
		5.70	3.38	0.18	0	0	-26.01
		8.33	0.66	0	0	0	-40.92
		6.03	3.56	0.22	0	0	-27.89
		11.30	0	0	0	0	-60.80
		11.00	0	0	0	0	-56.31
		4.15	0.35	0	0	0	18.72

相 态	T	$C_{p,m}$	$H_T^{\ominus} - H_{298}^{\ominus}$	$S_T^{\ominus}$	Φ'_T	
固（α）	298	6.29	0	7.65	7.65	$\Delta H_{298}^{\ominus} = 0$
	300	6.30	13	7.72	7.67	
	400	6.82	671	9.60	7.93	
	500	7.24	1374	11.17	8.42	
	600	7.62	2118	12.53	9.00	
	700	7.99	2899	13.73	9.59	
	800	8.34	3716	14.82	10.18	
	900	8.69	4568	15.82	10.75	
	990（T_{tr1}）	9.00	5365	16.67	11.25	

续表Ⅵ-31

相　态	T	$C_{p,m}$	$H_T^{\ominus} - H_{298}^{\ominus}$	$S_T^{\ominus}$	Φ'_T	
固（β）	990	8.98	5895	17.21	11.25	$\Delta H_{tr1} = 530$ $\Delta S_{tr1} = 0.54$
	1000	8.99	5985	17.28	11.29	
	1100	9.05	6887	18.14	11.88	
	1200	9.12	7796	18.93	12.43	
	1300	9.18	8712	19.66	12.96	
	1360（T_{tr2}）	9.22	9264	20.08	13.26	
固（γ）	1360	10.84	9784	20.46	13.26	$\Delta H_{tr2} = 520$ $\Delta S_{tr2} = 0.38$
	1400	10.99	10221	20.78	13.48	
	1410（T_{tr3}）	11.02	10331	20.86	13.53	
固（δ）	1410	11.30	10761	21.16	13.53	$\Delta H_{tr3} = 430$ $\Delta S_{tr3} = 0.30$
	1500	11.30	11777	21.83	13.98	
	1517（T_M）	11.30	11969	21.96	14.07	
液	1517	11.00	15469	24.26	14.07	$\Delta H_M = 3500$ $\Delta S_M = 2.30$
	1600	11.00	16382	24.84	14.60	
	1700	11.00	17482	25.51	15.22	
	1800	11.00	18582	26.14	15.81	
	1900	11.00	19682	26.73	16.37	
	2000	11.00	20782	27.29	16.90	
	2100	11.00	21882	27.83	17.41	
	2200	11.00	22982	28.34	17.90	
	2300	11.00	24082	28.83	18.36	
	2324（T_B）	11.00	24346	28.95	18.47	
气	2324	4.96	77146	51.67	18.47	$\Delta H_B = 52800$ $\Delta S_B = 22.72$
	2400	4.99	77525	51.86	19.55	
	2500	5.02	78026	52.06	20.85	
	2600	5.06	78530	52.26	22.05	
	2700	5.09	79038	52.45	23.18	
	2800	5.13	79549	52.64	24.22	
	2900	5.16	80064	52.82	25.21	
	3000	5.20	80582	52.99	26.13	

表Ⅵ-32 二氯化锰（$MnCl_2$）

		A_1	A_2	A_3	A_4	A_5	
$C_{p,m}$	固	18.04	3.16	-1.37	0	0	298 ~ 923K
	液	23.00	0	0	0	0	923 ~ 1504K
	气	16.29	-0.38	-1.08	0	0	298 ~ 2000K
		B_1	B_2	B_3	B_4	B_5	B_6
$H_T^{\ominus}-H_{298}^{\ominus}$		18.04	1.58	1.37	0	0	-5974.00
		23.00	0	0	0	0	-59.00
		16.29	-0.19	1.08	0	0	45991.00
		C_1	C_2	C_3	C_4	C_5	C_6
$S_T^{\ominus}$		18.04	3.16	0.68	0	0	-76.23
		23.00	0	0	0	0	-97.35
		16.29	-0.38	0.54	0	0	-24.04

相态	T	$C_{p,m}$	$H_T^{\ominus}-H_{298}^{\ominus}$	$S_T^{\ominus}$	Φ_T'	
固	298	17.43	0	28.25	28.25	$\Delta H_{298}^{\ominus}$ = -115.20
	300	17.46	37	28.37	28.25	
	400	18.44	1837	33.54	28.95	
	500	19.07	3715	37.73	30.30	
	600	19.55	5647	41.25	31.84	
	700	19.97	7624	44.30	33.41	
	800	20.35	9640	46.99	34.94	
	900	20.71	11694	49.41	36.42	
	923（T_M）	20.79	12171	49.93	36.75	
液	923	23.00	21171	59.68	36.75	ΔH_M = 9000
	1000	23.00	22941	61.52	38.58	ΔS_M = 9.75
	1100	23.00	25241	63.72	40.77	
	1200	23.00	27541	65.72	42.77	
	1300	23.00	29841	67.56	44.60	
	1400	23.00	32141	69.26	46.30	
	1500	23.00	34441	70.85	47.89	
	1504（T_B）	23.00	34533	70.91	47.95	
气	1504	15.67	70133	94.58	47.95	ΔH_B = 35600
	1600	15.63	71636	95.55	50.78	ΔS_B = 23.67
	1700	15.60	73198	96.50	53.44	
	1800	15.57	74757	97.39	55.86	
	1900	15.53	76313	98.23	58.07	
	2000	15.50	77865	99.03	60.09	

表Ⅵ-33　一氧化锰（MnO）（$MnO_{1.0\sim1.12}$）

	A_1	A_2	A_3	A_4	A_5	
$C_{p,m}$ 固	11.11	1.94	-0.88	0	0	298 ~ 1800K
$C_{p,m}$ 液（分解）	14.50	0	0	0	0	2058 ~ 3000K
	B_1	B_2	B_3	B_4	B_5	B_6
$H_T^{\ominus} - H_{298}^{\ominus}$	11.11	0.97	0.88	0	0	-3691.00
	14.50	0	0	0	0	6482.00
	C_1	C_2	C_3	C_4	C_5	C_6
$S_T^{\ominus}$	11.11	1.94	0.44	0	0	-50.05
	14.50	0	0	0	0	-65.62
相　态	T	$C_{p,m}$	$H_T^{\ominus} - H_{298}^{\ominus}$	$S_T^{\ominus}$	Φ'_T	
固	298	10.69	0	14.30	14.30	$\Delta H_{298}^{\ominus} = -92.00$
	300	10.71	23	14.38	14.31	
	400	11.33	1128	17.56	14.74	
	500	11.72	2282	20.14	15.57	
	600	12.02	3471	22.30	16.52	
	700	12.28	4687	24.18	17.48	
	800	12.52	5928	25.83	18.42	
	900	12.74	7191	27.32	19.33	
	1000	12.96	8477	28.67	20.20	
	1100	13.17	9784	29.92	21.03	
	1200	13.37	11111	31.07	21.82	
	1300	13.57	12459	32.15	22.57	
	1400	13.78	13827	33.17	23.29	
	1500	13.98	15215	34.12	23.98	
	1600	14.17	16623	35.03	24.64	
	1700	14.37	18051	35.90	25.28	
	1800	14.57	19499	36.73	25.89	
	1900	14.77	20966	37.52	26.48	
	2000	14.96	22453	38.28	27.06	
	2058（T_M）	15.08	23324	38.71	27.38	
液	2058	14.50	36324	45.02	27.38	$\Delta H_M = 13000$ $\Delta S_M = 6.31$
	2100	14.50	36932	45.30	27.71	
	2200	14.50	38382	45.97	28.52	
	2300	14.50	39832	46.61	29.30	
	2400	14.50	41282	47.23	30.03	
	2500	14.50	42732	47.82	30.73	
	2600	14.50	44182	48.39	31.40	
	2700	14.50	45632	48.94	32.04	
	2800	14.50	47082	49.47	32.65	
	2900	14.50	48532	49.98	33.24	
	3000	14.50	49982	50.47	33.81	

表Ⅵ-34 二氧化锰（MnO_2）（$MnO_{1.96\sim2.00}$）

	A_1	A_2	A_3	A_4	A_5	
$C_{p,m}$ 固（α）	16.60	2.44	-3.88	0	0	298 ~ 523K
$C_{p,m}$ 固（β）（分解）	16.60	2.44	-3.88	0	0	523 ~ 780K
	B_1	B_2	B_3	B_4	B_5	B_6
$H_T^\ominus - H_{298}^\ominus$	16.60	1.22	3.88	0	0	-6356.00
	16.60	1.22	3.88	0	0	-6356.00
	C_1	C_2	C_3	C_4	C_5	C_6
$S_T^\ominus$	16.60	2.44	1.94	0	0	-84.75
	16.60	2.44	1.94	0	0	-84.75

相　态	T	$C_{p,m}$	$H_T^\ominus - H_{298}^\ominus$	$S_T^\ominus$	Φ'_T	
固（α）	298	12.95	0	12.70	12.70	$\Delta H_{298}^\ominus = -124.30$
	300	13.02	27	12.81	12.71	
	400	15.15	1449	16.88	13.26	
	500	16.26	3025	20.39	14.34	
	523	16.45	3401	21.13	14.63	
固（β）	523	16.45	3401	21.13	14.63	
	600	16.98	4690	23.43	15.61	
	700	17.51	6416	26.09	16.92	
	800	17.94	8190	28.45	18.22	

表Ⅵ-35　镍（Ni）

	A_1	A_2	A_3	A_4	A_5	
$C_{p,m}$ 固（α）	7.80	−0.43	−1.33	0	0	298～630K
固（β）	7.10	1.00	−2.23	0	0	630～1728K
液	9.30	0	0	0	0	1728～2200K
	B_1	B_2	B_3	B_4	B_5	B_6
$H_T^{\ominus}-H_{298}^{\ominus}$	7.80	−0.21	1.33	0	0	−2751.00
	7.10	0.50	2.23	0	0	−2595.00
	9.30	0	0	0	0	−567.00
	C_1	C_2	C_3	C_4	C_5	C_6
$S_T^{\ominus}$	7.80	−0.43	0.66	0	0	−37.91
	7.10	1.00	1.12	0	0	−34.20
	9.30	0	0	0	0	−46.40

相　态	T	$C_{p,m}$	$H_T^{\ominus}-H_{298}^{\ominus}$	$S_T^{\ominus}$	Φ'_T	
固（α）	298	6.17	0	7.14	7.14	$\Delta H_{298}^{\ominus}=0$
	300	6.19	13	7.18	7.14	
	400	6.79	667	9.06	7.39	
	500	7.05	1361	10.61	7.89	
	600	7.17	2073	11.91	8.45	
	630（居里点）	7.19	2289	12.26	8.63	
固（β）	630	7.16	2429	12.48	8.63	$\Delta H_{居}=140$
	700	7.34	2939	13.24	9.04	$\Delta S_{居}=0.22$
	800	7.55	3684	14.23	9.63	
	900	7.72	4448	15.13	10.19	
	1000	7.87	5228	15.95	10.72	
	1100	8.01	6023	16.71	11.23	
	1200	8.14	6831	17.41	11.72	
	1300	8.26	7652	18.07	12.18	
	1400	8.38	8484	18.69	12.63	
	1500	8.50	9329	19.27	13.05	
	1600	8.61	10184	19.82	13.46	
	1700	8.72	11051	20.35	13.85	
	1728（T_M）	8.75	11296	20.49	13.95	
液	1728	9.30	15506	22.92	13.95	$\Delta H_M=4210$
	1800	9.30	16173	23.30	14.32	$\Delta S_M=2.43$
	1900	9.30	17103	23.81	14.80	$T_B=3193$
	2000	9.30	18033	24.28	15.27	$\Delta H_B=89600$
	2100	9.30	18963	24.74	15.71	
	2200	9.30	19893	25.17	16.13	
	2300	9.30	20823	25.58	16.53	
	2400	9.30	21753	25.98	16.92	
	2500	9.30	22683	26.36	17.29	
	2600	9.30	23613	26.72	17.04	
	2700	9.30	24543	27.07	17.98	
	2800	9.30	25473	27.41	18.32	
	2900	9.30	26403	27.74	18.63	
	3000	9.30	27333	28.05	18.94	
	3100	9.30	28263	28.36	19.24	
	3193	9.30	29128	28.63	19.51	

表Ⅵ-36 氯化镍（$NiCl_2$）

		A_1	A_2	A_3	A_4	A_5	
$C_{p,m}$	固	17.50	3.16	−1.19	0	0	298 ~ 1303K
	气	13.72	1.06	−2.91	0	0	1243 ~ 2000K
		B_1	B_2	B_3	B_4	B_5	B_6
$H_T^\ominus - H_{298}^\ominus$		17.50	1.58	1.19	0	0	−5754.00
		13.72	0.53	2.91	0	0	54230.00
		C_1	C_2	C_3	C_4	C_5	C_6
$S_T^\ominus$		17.50	3.16	0.59	0	0	−77.95
		13.72	1.06	1.45	0	0	−5.18

相 态	T	$C_{p,m}$	$H_T^\ominus - H_{298}^\ominus$	$S_T^\ominus$	Φ'_T	
固	298	17.10	0	23.35	23.35	$\Delta H_{298}^\ominus = -73.00$
	300	17.12	35	23.46	23.35	
	400	18.02	1796	28.52	24.03	
	500	18.60	3629	32.61	25.35	
	600	19.06	5513	36.04	26.85	
	700	19.46	7440	39.01	28.38	
	800	19.84	9406	41.64	29.88	
	900	20.19	11408	43.99	31.32	
	1000	20.54	13445	46.14	32.70	
	1100	20.87	15516	48.11	34.01	
	1200	21.20	17620	49.94	35.26	
	1243（T_{sb}）	21.35	18535	50.69	35.78	
气	1243	14.84	72335	93.97	35.78	$\Delta H_{sb} = 53800$ $\Delta S_{sb} = 43.28$ $T_M = 1303$ $\Delta H_M = 18500$
	1300	14.92	73186	94.65	38.36	
	1400	15.05	74685	95.76	42.42	
	1500	15.18	76196	96.81	46.01	
	1600	15.30	77721	97.79	49.22	
	1700	15.42	79257	98.72	52.10	
	1800	15.53	80805	99.61	54.72	
	1900	15.65	82364	100.45	57.10	
	2000	15.76	83935	101.26	59.29	

表Ⅵ-37　氧化镍（NiO）（$NiO_{1.005}$）

		A_1	A_2	A_3	A_4	A_5	
$C_{p,m}$	固（α）	-4.99	37.58	3.89	0	0	298～525K
	固（β）	13.88	0	0	0	0	525～565K
	固（γ）	11.18	2.02	0	0	0	565～1800K
		B_1	B_2	B_3	B_4	B_5	B_6
$H_T^\ominus - H_{298}^\ominus$		-4.99	18.79	-3.89	0	0	1124.00
		13.88	0	0	0	0	-4344.00
		11.18	1.01	0	0	0	-3140.00
		C_1	C_2	C_3	C_4	C_5	C_6
$S_T^\ominus$		-4.99	37.58	-1.94	0	0	28.52
		13.88	0	0	0	0	-70.64
		11.18	2.02	0	0	0	-54.65

相　态	T	$C_{p,m}$	$H_T^\ominus - H_{298}^\ominus$	$S_T^\ominus$	Φ'_T	
固（α）	298	10.58	0	9.10	9.10	$\Delta H_{298}^\ominus = -57.50$
	300	10.60	21	9.17	9.10	
	400	12.47	1162	12.43	9.53	
	500	15.35	2548	15.52	10.42	
	525（T_{tr1}）	16.15	2943	16.29	10.69	
固（β）	525	13.88	2943	16.29	10.69	
	565（T_{tr2}）	13.88	3498	17.31	11.12	
固（γ）	565	12.32	3498	17.31	11.12	$T_M = 2257$
	600	12.39	3932	18.06	11.51	
	700	12.59	5181	19.99	12.59	
	800	12.79	6450	21.68	13.62	
	900	12.99	7740	23.20	14.60	
	1000	13.20	9050	24.58	15.53	
	1100	13.40	10380	25.85	16.41	
	1200	13.60	11730	27.03	17.25	
	1300	13.80	13101	28.12	18.05	
	1400	14.00	14492	29.15	18.80	
	1500	14.21	15902	30.13	19.53	
	1600	14.41	17334	31.05	20.22	
	1700	14.61	18785	31.93	20.88	
	1800	14.81	20256	32.77	21.52	
	1900	15.01	21748	33.58	22.13	
	2000	15.22	23260	34.35	22.72	
	2100	15.42	24792	35.10	23.29	
	2200	15.62	26344	35.82	23.85	
	2257	15.73	27238	36.22	24.16	

表Ⅵ-38 氧（气）(O_2)

$C_{p,m}$气	A_1	A_2	A_3	A_4	A_5	
	7.16	1.00	-0.40	0	0	298 ~ 3000K
$H_T^{\ominus} - H_{298}^{\ominus}$	B_1	B_2	B_3	B_4	B_5	B_6
	7.16	0.50	0.40	0	0	-2311.00
$S_T^{\ominus}$	C_1	C_2	C_3	C_4	C_5	C_6
	7.16	1.00	0.20	0	0	7.72

相 态	T	$C_{p,m}$	$H_T^{\ominus} - H_{298}^{\ominus}$	$S_T^{\ominus}$	Φ'_T	
气	298	7.00	0	49.00	49.00	$\Delta H_{298}^{\ominus} = 0$
	300	7.01	15	49.08	49.03	
	400	7.30	733	51.14	49.31	
	500	7.50	1474	52.79	49.84	
	600	7.64	2232	54.17	50.45	
	700	7.77	3003	55.36	51.07	
	800	7.89	3787	56.41	51.67	
	900	8.01	4582	57.34	52.25	
	1000	8.11	5389	58.19	52.81	
	1100	8.22	6206	58.97	53.33	
	1200	8.33	7034	59.69	53.83	
	1300	8.43	7873	60.36	54.31	
	1400	8.53	8722	60.99	54.76	
	1500	8.64	9581	61.59	55.20	
	1600	8.74	10450	62.15	55.62	
	1700	8.84	11330	62.68	56.02	
	1800	8.94	12219	63.19	56.40	
	1900	9.04	13119	63.68	56.77	
	2000	9.15	14029	64.14	57.13	
	2100	9.25	14949	64.59	57.47	
	2200	9.35	15879	65.02	57.81	
	2300	9.45	16819	65.44	58.13	
	2400	9.55	17770	65.85	58.44	
	2500	9.65	18730	66.24	58.75	
	2600	9.75	19700	66.62	59.04	
	2700	9.85	20681	66.99	59.33	
	2800	9.95	21671	67.35	59.61	
	2900	10.05	22672	67.70	59.88	
	3000	10.15	23682	68.04	60.15	

表Ⅵ-39　硅（Si）

	A_1	A_2	A_3	A_4	A_5	
$C_{p,m}$ 固	5.45	0.92	-0.84	0	0	298 ~ 1685K
$C_{p,m}$ 液	6.50	0	0	0	0	1685 ~ 3492K
	B_1	B_2	B_3	B_4	B_5	B_6
$H_T^{\ominus} - H_{298}^{\ominus}$	5.45	0.46	0.84	0	0	-1945.00
	6.50	0	0	0	0	9641.00
	C_1	C_2	C_3	C_4	C_5	C_6
$S_T^{\ominus}$	5.45	0.92	0.42	0	0	-27.29
	6.50	0	0	0	0	-26.38

相　态	T	$C_{p,m}$	$H_T^{\ominus} - H_{298}^{\ominus}$	$S_T^{\ominus}$	Φ'_T	
	298	4.77	0	4.50	4.50	
	300	4.79	11	4.53	4.50	
	400	5.29	519	5.99	4.69	
	500	5.57	1063	7.20	5.08	
	600	5.76	1631	8.24	5.52	
	700	5.92	2215	9.14	5.97	
	800	6.05	2814	9.94	6.42	
	900	6.17	3426	10.66	6.85	
固	1000	6.28	4049	11.31	7.27	$\Delta H_{298}^{\ominus} = 0$
	1100	6.39	4683	11.92	7.66	
	1200	6.49	5327	12.48	8.04	
	1300	6.59	5982	13.00	8.40	
	1400	6.69	6647	13.50	8.75	
	1500	6.79	7321	13.96	9.08	
	1600	6.88	8005	14.40	9.40	
	1685（T_M）	6.97	8594	14.76	9.66	
	1685	6.50	20594	21.88	9.66	
	1700	6.50	20691	21.96	9.79	
	1800	6.50	21341	22.34	10.48	
	1900	6.50	21991	22.69	11.11	
	2000	6.50	22641	23.02	11.70	
	2100	6.50	23291	23.34	12.25	
	2200	6.50	23941	23.64	12.76	
	2300	6.50	24591	23.93	13.24	$\Delta H_M = 12000$
	2400	6.50	25241	24.21	13.69	$\Delta S_M = 7.12$
液	2500	6.50	25891	24.47	14.11	$T_B = 3492$
	2600	6.50	26541	24.73	14.52	气相:
	2700	6.50	27191	24.97	14.90	$0.01Si_3$ +
	2800	6.50	27841	25.21	15.26	$0.07Si_2 + 0.92Si$
	2900	6.50	28491	25.44	15.61	
	3000	6.50	29141	25.66	15.94	
	3100	6.50	29791	25.87	16.26	
	3200	6.50	30441	26.08	16.56	
	3300	6.50	31091	26.28	16.85	
	3400	6.50	31741	26.47	17.13	
	3492	6.50	32339	26.64	17.38	

表Ⅵ-40 四氯化硅（液）（$SiCl_4$）

		A_1	A_2	A_3	A_4	A_5	
$C_{p,m}$	液	33.50	0	0	0	0	298～331K
	气	25.39	0.23	-3.53	0	0	298～2000K
		B_1	B_2	B_3	B_4	B_5	B_6
$H_T^\ominus - H_{298}^\ominus$		33.50	0	0	0	0	-9983.00
		25.39	0.11	3.53	0	0	-1577.00
		C_1	C_2	C_3	C_4	C_5	C_6
$S_T^\ominus$		33.50	0	0	0	0	-133.20
		25.39	0.23	1.76	0	0	-67.26

相 态	T	$C_{p,m}$	$H_T^\ominus - H_{298}^\ominus$	$S_T^\ominus$	Φ'_T	
液	298	33.50	0	57.68	57.68	$\Delta H_{298}^\ominus = -164.18$
	300	33.50	67	57.87	57.68	$T_M = 203$
	331（T_B）	33.50	1106	61.17	57.83	$\Delta H_M = 1850$
气	331	22.24	7906	81.71	57.83	
	400	23.27	9480	86.05	62.35	
	500	24.09	11853	91.34	67.64	
	600	24.54	14287	95.78	71.97	
	700	24.83	16757	99.59	75.65	
	800	25.02	19250	102.92	78.85	
	900	25.16	21759	105.87	81.70	
	1000	25.26	24281	108.53	84.25	
	1100	25.35	26812	110.94	86.57	$\Delta H_B = 6800$
	1200	25.42	29351	113.15	88.69	$\Delta S_B = 20.54$
	1300	25.48	31896	115.19	90.65	
	1400	25.53	34447	117.08	92.47	
	1500	25.57	37002	118.84	94.17	
	1600	25.62	39562	120.49	95.77	
	1700	25.65	42126	122.05	97.27	
	1800	25.69	44694	123.52	98.69	
	1900	25.72	47265	124.91	100.03	
	2000	25.76	49839	126.23	101.31	

表Ⅵ-41　二氧化硅（石英）（SiO_2）

		A_1	A_2	A_3	A_4	A_5	
$C_{p,m}$	固（α）	10.49	9.27	−2.31	0	0	298 ~ 847K
	固（β）	14.08	2.40	0	0	0	847 ~ 1696K
		B_1	B_2	B_3	B_4	B_5	B_6
$H_T^\ominus - H_{298}^\ominus$		10.49	4.63	2.31	0	0	−4312.00
		14.08	1.20	0	0	0	−4445.00
		C_1	C_2	C_3	C_4	C_5	C_6
$S_T^\ominus$		10.49	9.27	1.15	0	0	−53.90
		14.08	2.40	0	0	0	−71.93

相　态	T	$C_{p,m}$	$H_T^\ominus - H_{298}^\ominus$	$S_T^\ominus$	Φ'_T	
固（α）	298	10.65	0	9.91	9.91	$\Delta H_{298}^\ominus = -217.70$
	300	10.70	22	9.99	9.92	
	400	12.75	1203	13.38	10.37	
	500	14.20	2554	16.38	11.28	
	600	15.41	4036	19.08	12.36	
	700	16.50	5632	21.54	13.49	
	800	17.54	7335	23.81	14.64	
	847（T_{tr}）	18.01	8171	24.83	15.18	
固（β）	847	16.11	8341	25.03	15.18	$\Delta H_{tr} = 170$ $\Delta S_{tr} = 0.20$ $T_M = 1646 \sim 1746$
	900	16.24	9199	26.00	15.78	
	1000	16.48	10835	27.73	16.89	
	1100	16.72	12495	29.31	17.95	
	1200	16.96	14179	30.77	18.96	
	1300	17.20	15887	32.14	19.92	
	1400	17.44	17619	33.42	20.84	
	1500	17.68	19375	34.64	21.72	
	1600	17.92	21155	35.78	22.56	
	1696	18.15	22886	36.83	23.34	

表Ⅵ-42 钛（Ti）

		A_1	A_2	A_3	A_4	A_5	
$C_{p,\mathrm{m}}$	固（α）	5.29	2.45	0	0	0	298～1155K
	固（β）	4.74	1.89	0	0	0	1155～1933K
	液	8.50	0	0	0	0	1933～3575K
		B_1	B_2	B_3	B_4	B_5	B_6
$H_T^\ominus - H_{298}^\ominus$		5.29	1.22	0	0	0	-1684.00
		4.74	0.94	0	0	0	315.00
		8.50	0	0	0	0	1027.00
		C_1	C_2	C_3	C_4	C_5	C_6
$S_T^\ominus$		5.29	2.45	0	0	0	-23.54
		4.74	1.89	0	0	0	-18.16
		8.50	0	0	0	0	-40.67

相态	T	$C_{p,\mathrm{m}}$	$H_T^\ominus - H_{298}^\ominus$	$S_T^\ominus$	Φ'_T	
固（α）	298	6.02	0	7.32	7.32	$\Delta H_{298}^\ominus = 0$
	300	6.02	13	7.36	7.32	
	400	6.27	628	9.13	7.56	
	500	6.51	1267	10.56	8.02	
	600	6.76	1931	11.76	8.55	
	700	7.00	2619	12.83	9.08	
	800	7.25	3332	13.78	9.61	
	900	7.49	4069	14.64	10.12	
	1000	7.74	4831	15.45	10.62	
	1100	7.98	5617	16.20	11.09	
	1155（T_{tr}）	8.11	6060	16.59	11.34	
固（β）	1155	6.92	7050	17.44	11.34	$\Delta H_{\mathrm{tr}} = 990$
	1200	7.00	7364	17.71	11.57	$\Delta S_{\mathrm{tr}} = 0.85$
	1300	7.19	8074	18.28	12.07	
	1400	7.38	8803	18.82	12.53	
	1500	7.57	9551	19.33	12.97	
	1600	7.76	10318	19.83	13.38	
	1700	7.95	11104	20.31	13.77	
	1800	8.14	11909	20.77	14.15	
	1900	8.33	12732	21.21	14.51	
	1933（T_{M}）	8.39	13008	21.36	14.63	
液	1933	8.50	17458	23.66	14.63	$\Delta H_{\mathrm{M}} = 4450$
	2000	8.50	18027	23.93	14.92	$\Delta S_{\mathrm{M}} = 2.30$
	2100	8.50	18877	24.35	15.36	$T_{\mathrm{B}} = 3575$
	2200	8.50	19727	24.74	15.78	$\Delta H_{\mathrm{B}} = 101900$
	2300	8.50	20577	25.12	16.17	
	2400	8.50	21427	25.48	16.55	
	2500	8.50	22277	25.83	16.92	
	2600	8.50	23127	26.16	17.27	
	2700	8.50	23977	26.48	17.60	
	2800	8.50	24827	26.79	17.93	
	2900	8.50	25677	27.09	18.24	
	3000	8.50	26527	27.38	18.54	

表Ⅵ-43　二氢化钛（TiH_2）

$C_{p,m}$ 固	A_1	A_2	A_3	A_4	A_5	
	18.52	0.12	-29.32	0	5.74	298 ~ 2000K
$H_T^{\ominus} - H_{298}^{\ominus}$	B_1	B_2	B_3	B_4	B_5	B_6
	18.52	0.06	29.32	0	-2.87	-12130.00
$S_T^{\ominus}$	C_1	C_2	C_3	C_4	C_5	C_6
	18.52	0.12	14.66	0	-1.19	-107.73

相　态	T	$C_{p,m}$	$H_T^{\ominus} - H_{298}^{\ominus}$	$S_T^{\ominus}$	Φ'_T	
	298	7.22	0	7.10	7.10	
	300	7.23	16	7.14	7.10	
	400	9.21	824	9.45	7.39	
	500	11.44	1861	11.75	8.03	
	600	13.10	3093	13.99	8.84	
	700	14.29	4466	16.11	9.73	
	800	15.15	5941	18.08	10.65	
	900	15.79	7490	19.90	11.58	
	1000	16.28	9095	21.59	12.50	
固	1100	16.66	10743	23.16	13.40	$\Delta H_{298}^{\ominus} = -34.50$
	1200	16.96	12424	24.62	14.27	
	1300	17.20	14133	25.99	15.12	
	1400	17.40	15863	27.27	15.94	
	1500	17.56	17612	28.48	16.74	
	1600	17.70	19376	29.62	17.51	
	1700	17.82	21153	30.70	18.25	
	1800	17.92	22941	31.72	18.97	
	1900	18.01	24738	32.69	19.67	
	2000	18.09	26544	33.62	20.34	

表Ⅵ-44 二氯化钛（$TiCl_2$）

$C_{p,m}$ 固	A_1	A_2	A_3	A_4	A_5	
	16.34	4.30	-0.82	0	0	298 ~ 1300K
$H_T^\ominus - H_{298}^\ominus$	B_1	B_2	B_3	B_4	B_5	B_6
	16.34	2.15	0.82	0	0	-5334.00
$S_T^\ominus$	C_1	C_2	C_3	C_4	C_5	C_6
	16.34	4.30	0.41	0	0	-73.96

相 态	T	$C_{p,m}$	$H_T^\ominus - H_{298}^\ominus$	$S_T^\ominus$	Φ'_T	
固	298	16.69	0	20.88	20.88	$\Delta H_{298}^\ominus = -123.20$
	300	16.71	35	20.98	20.88	$T_{sb} = 1299.5$
	400	17.54	1751	25.91	21.53	$\Delta H_{sb} = 50700$
	500	18.16	3537	29.90	22.82	$T_M = 1308$
	600	18.69	5381	33.25	24.29	
	700	19.18	7275	36.17	25.78	
	800	19.65	9216	38.77	27.24	
	900	20.10	11205	41.11	28.66	
	1000	20.55	13238	43.25	30.01	
	1100	21.00	15316	45.23	31.31	
	1200	21.44	17438	47.08	32.54	
	1300	21.88	19605	48.81	33.73	

表Ⅵ-45 二氯化钛（气）（$TiCl_2$）

$C_{p,m}$ 气	A_1	A_2	A_3	A_4	A_5	
	14.37	0.53	-0.66	0	0	298 ~ 2000K
$H_T^\ominus - H_{298}^\ominus$	B_1	B_2	B_3	B_4	B_5	B_6
	14.37	0.26	0.66	0	0	-4526.00
$S_T^\ominus$	C_1	C_2	C_3	C_4	C_5	C_6
	14.37	0.53	0.33	0	0	-15.89

相 态	T	$C_{p,m}$	$H_T^\ominus - H_{298}^\ominus$	$S_T^\ominus$	Φ'_T	
气	298	13.78	0	66.50	66.50	$\Delta H_{298}^\ominus = -67.50$
	300	13.79	29	66.59	66.50	
	400	14.16	1429	70.62	67.05	
	500	14.37	2857	73.81	68.09	
	600	14.50	4301	76.44	69.27	
	700	14.60	5757	78.68	70.46	
	800	14.69	7222	80.64	71.61	
	900	14.76	8695	82.37	72.71	
	1000	14.83	10175	83.93	73.76	
	1100	14.89	11662	85.35	74.75	
	1200	14.96	13155	86.65	75.69	

续表Ⅵ-45

相　态	T	$C_{p,m}$	$H_T^\ominus - H_{298}^\ominus$	$S_T^\ominus$	Φ'_T	
气	1300	15.01	14654	87.85	76.58	$\Delta H_{298}^\ominus = -67.50$
	1400	15.07	16159	88.96	77.42	
	1500	15.13	17669	90.01	78.23	
	1600	15.19	19186	90.98	78.99	
	1700	15.24	20708	91.91	79.73	
	1800	15.30	22235	92.78	80.43	
	1900	15.35	23768	93.61	81.10	
	2000	15.41	25307	94.40	81.74	

表Ⅵ-46　三氯化钛（$TiCl_3$）

$C_{p,m}$　固	A_1	A_2	A_3	A_4	A_5	
	22.90	2.64	-0.42	0	0	298 ~ 1104K
$H_T^\ominus - H_{298}^\ominus$	B_1	B_2	B_3	B_4	B_5	B_6
	22.90	1.32	0.42	0	0	-7081.00
$S_T^\ominus$	C_1	C_2	C_3	C_4	C_5	C_6
	22.90	2.64	0.21	0	0	-98.07

相　态	T	$C_{p,m}$	$H_T^\ominus - H_{298}^\ominus$	$S_T^\ominus$	Φ'_T	
固	298	23.21	0	33.40	33.40	$\Delta H_{298}^\ominus = -172.50$ $T_{sb} = 1104$ $\Delta H_{sb} = 39710$ $\Delta S_{sb} = 35.96$
	300	23.22	48	33.57	33.41	
	400	23.69	2395	40.32	34.33	
	500	24.05	4783	45.64	36.08	
	600	24.36	7204	50.06	38.05	
	700	24.66	9656	53.84	40.04	
	800	24.94	12136	57.15	41.98	
	900	25.22	14645	60.10	43.83	
	1000	25.49	17181	62.77	45.59	
	1100	25.76	19744	65.22	47.27	
	1104	25.78	19847	65.31	47.33	

表Ⅵ-47 三氯化钛（气）（$TiCl_3$）

$C_{p,m}$ 气	A_1	A_2	A_3	A_4	A_5	
	20.85	-0.17	-3.09	0	0	298 ~ 2000K
$H_T^\ominus - H_{298}^\ominus$	B_1	B_2	B_3	B_4	B_5	B_6
	20.85	-0.08	3.09	0	0	-7242.00
$S_T^\ominus$	C_1	C_2	C_3	C_4	C_5	C_6
	20.85	-0.17	1.54	0	0	-44.76

相 态	T	$C_{p,m}$	$H_T^\ominus - H_{298}^\ominus$	$S_T^\ominus$	Φ'_T	
	298	17.31	0	75.70	75.70	
	300	17.36	35	75.82	75.71	
	400	18.85	1857	81.05	76.41	
	500	19.52	3780	85.34	77.78	
	600	19.88	5752	88.94	79.35	
	700	20.10	7753	92.02	80.95	
	800	20.23	9770	94.71	82.50	
	900	20.31	11797	97.10	83.99	
	1000	20.37	13832	99.25	85.41	
气	1100	20.40	15871	101.19	86.76	$\Delta H_{298}^\ominus = -128.90$
	1200	20.43	17913	102.97	88.04	
	1300	20.44	19957	104.60	89.25	
	1400	20.45	22002	106.12	90.40	
	1500	20.45	24048	107.53	91.50	
	1600	20.45	26094	108.85	92.54	
	1700	20.45	28139	110.09	93.54	
	1800	20.44	30184	111.26	94.49	
	1900	20.44	32229	112.36	95.40	
	2000	20.43	34272	113.41	96.28	

表Ⅵ-48　四氯化钛（液）（$TiCl_4$）

$C_{p,m}$ 液	A_1	A_2	A_3	A_4	A_5	
	34.12	2.08	-0.04	0	0	298~409K
$H_T^\ominus - H_{298}^\ominus$	B_1	B_2	B_3	B_4	B_5	B_6
	34.12	1.04	0.04	0	0	-10272.00
$S_T^\ominus$	C_1	C_2	C_3	C_4	C_5	C_6
	34.12	2.08	0.02	0	0	-134.70

相态	T	$C_{p,m}$	$H_T^\ominus - H_{298}^\ominus$	$S_T^\ominus$	Φ'_T	
液	298	34.69	0	60.32	60.32	$\Delta H_{298}^\ominus = -192.20$
	300	34.69	71	60.55	60.32	$T_M = 249.05$
	400	34.92	3552	70.57	61.69	$\Delta H_M = 2382$
	409	34.94	3867	71.35	61.89	$T_B = 409$
						$\Delta H_B = 8550$
						$\Delta S_B = 20.90$

表Ⅵ-49　四氯化钛（气）（$TiCl_4$）

$C_{p,m}$ 气	A_1	A_2	A_3	A_4	A_5	
	25.61	0.11	-2.52	0	0	298~2000K
$H_T^\ominus - H_{298}^\ominus$	B_1	B_2	B_3	B_4	B_5	B_6
	25.61	0.05	2.52	0	0	-8480.00
$S_T^\ominus$	C_1	C_2	C_3	C_4	C_5	C_6
	25.61	0.11	1.26	0	0	-62.54

相态	T	$C_{p,m}$	$H_T^\ominus - H_{298}^\ominus$	$S_T^\ominus$	Φ'_T	
气	298	22.80	0	84.80	84.80	$\Delta H_{298}^\ominus = -182.40$
	300	22.84	48	84.96	84.80	
	400	24.07	2403	91.73	85.72	
	500	24.65	4843	97.17	87.48	
	600	24.97	7326	101.70	89.49	
	700	25.17	9834	105.56	91.51	
	800	25.30	12358	108.93	93.49	
	900	25.39	14894	111.92	95.37	
	1000	25.46	17437	114.60	97.16	
	1100	25.52	19987	117.03	98.86	
	1200	25.56	22541	119.25	100.47	
	1300	25.60	25100	121.30	101.99	
	1400	25.63	27662	123.20	103.44	
	1500	25.66	30227	124.97	104.82	
	1600	25.68	32794	126.62	106.13	
	1700	25.70	35364	128.18	107.38	
	1800	25.73	37936	129.65	108.58	
	1900	25.74	40510	131.04	109.72	
	2000	25.76	43086	132.37	110.82	

表Ⅵ-50 二氯一氧化钛（气）（$TiOCl_2$）

$C_{p,m}$ 气	A_1	A_2	A_3	A_4	A_5	
	19.47	0.20	-2.13	0	0	298 ~ 2000K
$H_T^\ominus - H_{298}^\ominus$	B_1	B_2	B_3	B_4	B_5	B_6
	19.47	0.10	2.13	0	0	-6524.00
$S_T^\ominus$	C_1	C_2	C_3	C_4	C_5	C_6
	19.47	0.20	1.06	0	0	-35.46

相 态	T	$C_{p,m}$	$H_T^\ominus - H_{298}^\ominus$	$S_T^\ominus$	Φ'_T	
	298	17.13	0	76.69	76.69	
	300	17.16	36	76.81	76.69	
	400	18.21	1812	81.93	77.40	
	500	18.71	3662	86.06	78.74	
	600	18.99	5549	89.50	80.25	
	700	19.17	7458	92.44	81.79	
	800	19.29	9382	95.01	83.28	
	900	19.38	11317	97.29	84.72	
	1000	19.45	13259	99.34	86.08	
气	1100	19.51	15208	101.19	87.37	$\Delta H_{298}^\ominus = -130.40$
	1200	19.56	17161	102.89	88.59	
	1300	19.60	19120	104.46	89.75	
	1400	19.64	21082	105.91	90.86	
	1500	19.67	23048	107.27	91.91	
	1600	19.70	25017	108.54	92.91	
	1700	19.73	26989	109.74	93.86	
	1800	19.76	28964	110.87	94.77	
	1900	19.79	30942	111.94	95.65	
	2000	19.81	32922	112.95	96.49	

表Ⅵ-51　一氧化钛（TiO）（$TiO_{0.91\sim1.23}$）

		A_1	A_2	A_3	A_4	A_5	
$C_{p,m}$	固（α）	10.57	3.60	-1.86	0	0	298 ~ 1264K
	固（β）	13.50	1.99	0	0	0	1264 ~ 2023K
	液	13.00	0	0	0	0	2023 ~ 3934K
		B_1	B_2	B_3	B_4	B_5	B_6
$H_T^\ominus - H_{298}^\ominus$		10.57	1.80	1.86	0	0	-3932.00
		13.50	0.99	0	0	0	-5373.00
		13.00	0	0	0	0	12710.00
		C_1	C_2	C_3	C_4	C_5	C_6
$S_T^\ominus$		10.57	3.60	0.93	0	0	-50.13
		13.50	1.99	0	0	0	-68.33
		13.00	0	0	0	0	-54.05

相　态	T	$C_{p,m}$	$H_T^\ominus - H_{298}^\ominus$	$S_T^\ominus$	Φ'_T	
固（α）	293	9.54	0	12.20	12.20	$\Delta H_{298}^\ominus = -124.19$
	300	9.58	21	12.27	12.20	
	400	10.84	1049	15.22	12.59	
	500	11.62	2175	17.73	13.38	
	600	12.21	3368	19.90	14.29	
	700	12.71	4615	21.82	15.23	
	800	13.15	5908	23.55	16.16	
	900	13.58	7246	25.12	17.07	
	1000	13.98	8624	26.57	17.95	
	1100	14.37	10042	27.92	18.80	
	1200	14.76	11499	29.19	19.61	
	1264（T_{tr}）	15.00	12451	29.96	20.11	
固（β）	1264	16.01	13281	30.61	20.11	$\Delta H_{tr} = 830$ $\Delta S_{tr} = 0.65$
	1300	16.08	13859	31.05	20.39	
	1400	16.28	15477	32.25	21.19	
	1500	16.48	17116	33.38	21.97	
	1600	16.68	18774	34.45	22.71	
	1700	16.88	20453	35.47	23.44	
	1800	17.08	22151	36.44	24.13	
	1900	17.28	23869	37.37	24.80	
	2000	17.48	25607	38.26	25.45	
	2023（T_M）	17.52	26009	38.46	25.60	
液	2023	13.00	39009	44.88	25.60	$\Delta H_M = 13000$ $\Delta S_M = 6.42$ $T_B = 3934$ $\Delta H_B = 91600$
	2100	13.00	40010	45.39	26.34	
	2200	13.00	41310	46.00	27.22	
	2300	13.00	42610	46.57	28.05	
	2400	13.00	43910	47.13	28.83	
	2500	13.00	45210	47.66	29.57	
	2600	13.00	46510	48.17	30.28	
	2700	13.00	47810	48.66	30.95	
	2800	13.00	49110	49.13	31.59	
	2900	13.00	50410	49.59	32.20	
	3000	13.00	51710	50.03	32.79	

表Ⅵ-52 一氧化钛（气）（TiO）

$C_{p,m}$ 气	A_1	A_2	A_3	A_4	A_5	
	8.76	0.20	-0.94	0	0	298 ~ 3200K
$H_T^\ominus - H_{298}^\ominus$	B_1	B_2	B_3	B_4	B_5	B_6
	8.76	0.10	0.94	0	0	-2933.00
$S_T^\ominus$	C_1	C_2	C_3	C_4	C_5	C_6
	8.76	0.20	0.47	0	0	5.53

相 态	T	$C_{p,m}$	$H_T^\ominus - H_{298}^\ominus$	$S_T^\ominus$	Φ'_T	
气	298	7.76	0	56.00	56.00	$\Delta H_{298}^\ominus = 3.75$
	300	7.77	17	56.07	56.01	
	400	8.25	822	58.38	56.33	
	500	8.48	1660	60.25	56.93	
	600	8.61	2516	61.81	57.62	
	700	8.70	3382	63.15	58.32	
	800	8.77	4256	64.32	59.00	
	900	8.82	5136	65.35	59.64	
	1000	8.86	6021	66.28	60.26	
	1100	8.90	6909	67.13	60.85	
	1200	8.93	7801	67.91	61.41	
	1300	8.96	8696	68.62	61.93	
	1400	8.99	9594	69.29	62.44	
	1500	9.01	10495	69.91	62.91	
	1600	9.04	11398	70.49	63.37	
	1700	9.06	12303	71.04	63.80	
	1800	9.09	13211	71.56	64.22	
	1900	9.11	14121	72.05	64.62	
	2000	9.13	15034	72.52	65.00	
	2100	9.15	15949	72.97	65.37	
	2200	9.18	16866	73.39	65.73	
	2300	9.20	17785	73.80	66.07	
	2400	9.22	18706	74.19	66.40	
	2500	9.24	19630	74.57	66.72	
	2600	9.26	20555	74.93	67.03	
	2700	9.28	21483	75.28	67.33	
	2800	9.30	22413	75.62	67.62	
	2900	9.32	23344	75.95	67.90	
	3000	9.34	24278	76.27	68.17	

表Ⅵ-53　三氧化二钛（Ti_2O_3）

		A_1	A_2	A_3	A_4	A_5	
$C_{p,m}$	固（α）	36.43	0	-11.96	0	0	298 ~ 473K
	固（β）	34.68	1.30	-10.20	0	0	473 ~ 2112K
	液	37.50	0	0	0	0	2112 ~ 3000K
		B_1	B_2	B_3	B_4	B_5	B_6
$H_T^\ominus - H_{298}^\ominus$		36.43	0	11.96	0	0	-14869.00
		34.68	0.65	10.20	0	0	-13604.00
		37.50	0	0	0	0	10221.00
		C_1	C_2	C_3	C_4	C_5	C_6
$S_T^\ominus$		36.43	0	5.98	0	0	-195.46
		34.68	1.30	5.10	0	0	-184.45
		37.50	0	0	0	0	-190.71

相　态	T	$C_{p,m}$	$H_T^\ominus - H_{298}^\ominus$	$S_T^\ominus$	Φ'_T	
固（α）	298	22.96	0	18.83	18.83	$\Delta H_{298}^\ominus = -363.49$
	300	23.14	47	18.99	18.83	
	400	28.95	2693	26.54	19.81	
	473（T_{tr}）	31.08	4891	31.58	21.24	
固（β）	473	30.73	5101	32.03	21.24	$\Delta H_{tr} = 210$
	500	31.25	5938	33.76	21.88	$\Delta S_{tr} = 0.45$
	600	32.62	9138	39.59	24.36	
	700	33.50	12448	44.69	26.90	
	800	34.12	15831	49.20	29.42	
	900	34.59	19268	53.25	31.84	
	1000	34.96	22746	56.92	34.17	
	1100	35.26	26258	60.26	36.39	
	1200	35.53	29798	63.34	38.51	
	1300	35.76	33363	66.20	40.53	
	1400	35.97	36951	68.86	42.46	
	1500	36.17	40558	71.34	44.31	
	1600	36.36	44185	73.68	46.07	
	1700	36.53	47830	75.89	47.76	
	1800	36.70	51493	77.99	49.38	
	1900	36.86	55171	79.98	50.94	
	2000	37.02	58866	81.87	52.44	
	2100	37.17	62576	83.68	53.88	
	2112（T_M）	37.19	63022	83.89	54.05	
液	2112	37.50	89422	96.39	54.05	$\Delta H_M = 26400$
	2200	37.50	92721	97.89	55.75	$\Delta S_M = 12.50$
	2300	37.50	96471	99.56	57.62	
	2400	37.50	100221	101.16	59.40	
	2500	37.50	103971	102.69	61.10	
	2600	37.50	107721	104.16	62.73	
	2700	37.50	111471	105.57	64.29	
	2800	37.50	115221	106.94	64.79	
	2900	37.50	118971	108.25	67.23	
	3000	37.50	122721	109.52	68.62	

表Ⅵ-54 五氧化三钛（Ti_3O_5）

		A_1	A_2	A_3	A_4	A_5	
$C_{p,m}$	固（α）	55.21	-5.92	-14.64	0	0	298 ~ 450K
	固（β）	41.75	8.06	0	0	0	450 ~ 2047K
	液	56.00	0	0	0	0	2047 ~ 3000K
		B_1	B_2	B_3	B_4	B_5	B_6
$H_T^{\ominus}-H_{298}^{\ominus}$		55.21	-2.96	14.64	0	0	-21102.00
		41.75	4.03	0	0	0	-10397.00
		56.00	0	0	0	0	10319.00
		C_1	C_2	C_3	C_4	C_5	C_6
$S_T^{\ominus}$		55.21	-5.92	7.32	0	0	-290.11
		41.75	8.06	0	0	0	-204.33
		56.00	0	0	0	0	-280.35

相　态	T	$C_{p,m}$	$H_T^{\ominus}-H_{298}^{\ominus}$	$S_T^{\ominus}$	Φ'_T	
固（α）	298	36.96	0	30.93	30.93	$\Delta H_{298}^{\ominus}=-587.75$
	300	37.16	75	31.18	30.93	
	400	43.69	4168	42.88	32.46	
	450（T_{tr}）	45.31	6396	48.13	33.91	
固（β）	450	45.37	9206	54.37	33.91	$\Delta H_{tr}=2810$
	500	45.78	11485	59.15	36.18	$\Delta S_{tr}=6.24$
	600	46.58	16104	67.57	40.73	
	700	47.39	20803	74.81	45.10	
	800	48.19	25582	81.20	49.22	
	900	49.00	30442	86.92	53.09	
	1000	49.81	35383	92.12	56.74	
	1100	50.61	40404	96.91	60.18	
	1200	51.42	45506	101.35	63.43	
	1300	52.22	50689	105.50	66.50	
	1400	53.03	55952	109.40	69.43	
	1500	53.84	61295	113.08	72.22	
	1600	54.64	66720	116.58	74.88	
	1700	55.45	72225	119.92	77.43	
	1800	56.25	77810	123.11	79.88	
	1900	57.06	83476	126.18	82.24	
	2000	57.87	89223	129.12	84.51	
	2047（T_M）	58.24	91952	130.48	85.55	
液	2047	56.00	124952	146.60	85.55	$\Delta H_M=33000$
	2100	56.00	127919	148.03	87.11	$\Delta S_M=16.12$
	2200	56.00	133519	150.63	89.94	
	2300	56.00	139119	153.12	92.64	
	2400	56.00	144719	155.51	95.21	
	2500	56.00	150319	157.79	97.66	
	2600	56.00	155919	159.99	100.02	
	2700	56.00	161519	162.10	102.28	
	2800	56.00	167119	164.14	104.45	
	2900	56.00	172719	166.10	106.54	
	3000	56.00	178319	168.00	108.56	

表Ⅵ-55　二氧化钛（金红石）（TiO_2）

		A_1	A_2	A_3	A_4	A_5	
$C_{p,m}$	固	15.02	2.71	-2.38	0	0	298 ~ 2143K
	液	21.00	0	0	0	0	2143 ~ 3000K
		B_1	B_2	B_3	B_4	B_5	B_6
$H_T^{\ominus}-H_{298}^{\ominus}$		15.02	1.35	2.38	0	0	-5393.00
		21.00	0	0	0	0	4123.00
		C_1	C_2	C_3	C_4	C_5	C_6
$S_T^{\ominus}$		15.02	2.71	1.19	0	0	-75.68
		21.00	0	0	0	0	-108.27

相　态	T	$C_{p,m}$	$H_T^{\ominus}-H_{298}^{\ominus}$	$S_T^{\ominus}$	Φ'_T	
固	298	13.14	0	12.03	12.03	
	300	13.18	28	12.12	12.03	
	400	14.61	1427	16.13	12.57	
	500	15.42	2932	19.49	13.63	
	600	15.98	4503	22.35	14.85	
	700	16.43	6125	24.85	16.10	
	800	16.81	7788	27.07	17.34	
	900	17.16	9487	29.07	18.53	
	1000	17.49	11220	30.90	19.68	
	1100	17.80	12985	32.58	20.78	
	1200	18.10	14781	34.14	21.83	$\Delta H_{298}^{\ominus}=-225.80$
	1300	18.40	16606	35.60	22.83	
	1400	18.69	18461	36.98	23.79	
	1500	18.97	20344	38.28	24.71	
	1600	19.26	22257	39.51	25.60	
	1700	19.54	24197	40.69	26.45	
	1800	19.82	26165	41.81	27.28	
	1900	20.10	28162	42.89	28.07	
	2000	20.38	30186	43.93	28.84	
	2100	20.65	32238	44.93	29.58	
	2143（T_M）	20.77	33129	45.35	29.89	
液	2143	21.00	49129	52.81	29.89	
	2200	21.00	50323	53.35	30.47	
	2300	21.00	52423	54.28	31.49	
	2400	21.00	54523	55.17	32.45	
	2500	21.00	56623	56.03	33.38	$\Delta H_M=16000$
	2600	21.00	58723	56.85	34.27	$\Delta S_M=7.46$
	2700	21.00	60823	57.65	35.12	
	2800	21.00	62923	58.41	35.94	
	2900	21.00	65023	59.15	36.73	
	3000	21.00	67123	59.86	37.48	

表Ⅵ-56 二氧化钛（锐钛矿）（TiO_2）

$C_{p,m}$ 固	A_1	A_2	A_3	A_4	A_5	
	17.93	0	-4.21	0	0	298 ~ 2000K
$H_T^\ominus - H_{298}^\ominus$	B_1	B_2	B_3	B_4	B_5	B_6
	17.93	0	4.21	0	0	-6755.00
$S_T^\ominus$	C_1	C_2	C_3	C_4	C_5	C_6
	17.93	0	2.10	0	0	-92.59

相 态	T	$C_{p,m}$	$H_T^\ominus - H_{298}^\ominus$	$S_T^\ominus$	Φ'_T	
固	298	13.18	0	11.93	11.93	$\Delta H_{298}^\ominus = -223.00$ $T_{tr} = 918$
	300	13.25	27	12.01	11.93	
	400	15.29	1469	16.15	12.47	
	500	16.24	3052	19.67	13.57	
	600	16.76	4705	22.69	14.85	
	700	17.07	6397	25.30	16.16	
	800	17.27	8115	27.59	17.44	
	900	17.41	9850	29.63	18.69	
	1000	17.50	11596	31.47	19.88	
	1100	17.58	13351	33.14	21.01	
	1200	17.63	15112	34.68	22.08	
	1300	17.68	16878	36.09	23.11	
	1400	17.71	18648	37.40	24.08	
	1500	17.74	20421	38.62	25.01	
	1600	17.76	22196	39.77	25.90	
	1700	17.78	23974	40.85	26.75	
	1800	17.80	25753	41.87	27.56	
	1900	17.81	27534	42.83	28.34	
	2000	17.82	29315	43.74	29.08	

表Ⅵ-57　二硫化钛（TiS_2）（$TiS_{1.5\sim2.0}$）

		A_1	A_2	A_3	A_4	A_5	
$C_{p,m}$	固（α）	8.08	27.34	0	0	0	298 ~ 420K
	固（β）	14.99	5.14	0	0	0	420 ~ 1010K
		B_1	B_2	B_3	B_4	B_5	B_6
$H_T^\ominus - H_{298}^\ominus$		8.08	13.67	0	0	0	−3620.00
		14.99	2.57	0	0	0	−4564.00
		C_1	C_2	C_3	C_4	C_5	C_6
$S_T^\ominus$		8.08	27.34	0	0	0	−35.43
		14.99	5.14	0	0	0	−67.86

相　态	T	$C_{p,m}$	$H_T^\ominus - H_{298}^\ominus$	$S_T^\ominus$	Φ'_T	
固（α）	298	16.22	0	18.73	18.73	$\Delta H_{298}^\ominus = -80.00$
	300	16.28	34	18.85	18.74	
	400	19.01	1799	23.91	19.41	
	420（T_{tr}）	19.56	2185	24.85	19.65	
固（β）	420	17.14	2185	24.85	19.65	
	500	17.56	3573	27.86	20.71	
	600	18.07	5355	31.11	22.18	
	700	18.58	7188	33.93	23.66	
	800	19.10	9073	36.45	25.11	
	900	19.61	11009	38.73	26.50	
	1000	20.12	12996	40.82	27.83	

表 Ⅵ-58　氮化钛(TiN)($TiN_{0.42\sim1.0}$)

		A_1	A_2	A_3	A_4	A_5	
$C_{p,m}$	固	11.91	0.94	-2.96	0	0	298～3223K
	液	16.00	0	0	0	0	3223～3500K
		B_1	B_2	B_3	B_4	B_5	B_6
$H_T^\ominus - H_{298}^\ominus$		11.91	0.47	2.96	0	0	-4583.00
		16.00	0	0	0	0	2207.00
		C_1	C_2	C_3	C_4	C_5	C_6
$S_T^\ominus$		11.91	0.94	1.48	0	0	-62.54
		16.00	0	0	0	0	-87.91

相　态	T	$C_{p,m}$	$H_T^\ominus - H_{298}^\ominus$	$S_T^\ominus$	Φ'_T	
固	298	8.85	0	7.24	7.24	$\Delta H_{298}^\ominus = -80.75$
	300	8.90	19	7.31	7.25	
	400	10.43	996	10.11	7.62	
	500	11.19	2081	12.53	8.37	
	600	11.65	3226	14.62	9.24	
	700	11.96	4407	16.44	10.14	
	800	12.19	5616	18.05	11.03	
	900	12.39	6846	19.50	11.89	
	1000	12.55	8093	20.81	12.72	
	1100	12.69	9356	22.02	13.51	
	1200	12.83	10632	23.13	14.27	
	1300	12.95	11922	24.16	14.99	
	1400	13.07	13224	25.13	15.68	
	1500	13.18	14537	26.03	16.34	
	1600	13.29	15861	26.89	16.97	
	1700	13.40	17196	27.70	17.58	
	1800	13.51	18542	28.46	18.16	
	1900	13.61	19898	29.20	18.72	
	2000	13.71	21265	29.90	19.27	
	2100	13.81	22642	30.57	19.79	
	2200	13.91	24028	31.22	20.29	
	2300	14.01	25425	31.84	20.78	
	2400	14.11	26832	32.43	21.26	
	2500	14.21	28248	33.01	21.71	
	2600	14.31	29674	33.57	22.16	
	2700	14.40	31110	34.11	22.59	
	2800	14.50	32556	34.64	23.01	
	2900	14.60	34011	35.15	23.42	
	3000	14.69	35476	35.65	23.82	
	3100	14.79	36950	36.13	24.21	
	3200	14.88	38434	36.60	24.59	
	3223(T_M)	14.91	38777	36.71	24.68	
液	3223	16.00	53777	41.36	24.68	$\Delta H_M = 15000$
	3300	16.00	55007	41.71	25.04	$\Delta S_M = 4.65$
	3400	16.00	56607	42.19	25.54	
	3500	16.00	58207	42.65	26.02	

表 Ⅵ-59　碳化钛（TiC）（$TiC_{0.6\sim1.0}$）

		A_1	A_2	A_3	A_4	A_5	
$C_{p,m}$	固	11.94	0.23	-3.53	0.45	0	298 ~ 3290K
	液	15.00	0	0	0	0	3290 ~ 3500K
		B_1	B_2	B_3	B_4	B_5	B_6
$H_T^\ominus - H_{298}^\ominus$		11.94	0.11	3.53	0.15	0	-4755.00
		15.00	0	0	0	0	8868.00
		C_1	C_2	C_3	C_4	C_5	C_6
$S_T^\ominus$		11.94	0.23	1.76	0.22	0	-64.27
		15.00	0	0	0	0	-80.72

相态	T	$C_{p,m}$	$H_T^\ominus - H_{298}^\ominus$	$S_T^\ominus$	Φ'_T	
固	298	8.07	0	5.79	5.79	$\Delta H_{298}^\ominus = -44.00$
	300	8.12	18	5.88	5.82	
	400	9.89	931	8.49	6.17	
	500	10.75	1968	10.80	6.87	
	600	11.25	3071	12.81	7.70	
	700	11.60	4215	14.58	8.55	
	800	11.86	5389	16.14	9.41	
	900	12.07	6586	17.55	10.24	
	1000	12.26	7803	18.84	11.03	
	1100	12.44	9039	20.01	11.80	
	1200	12.61	10292	21.10	12.53	
	1300	12.79	11562	22.12	13.23	
	1400	12.96	12850	23.07	13.90	
	1500	13.14	14155	23.97	14.54	
	1600	13.32	15478	24.83	15.15	
	1700	13.50	16820	25.64	15.75	
	1800	13.70	18181	26.42	16.32	
	1900	13.90	19561	27.17	16.87	
	2000	14.11	20961	27.88	17.40	
	2100	14.32	22383	28.58	17.92	
	2200	14.55	23827	29.25	18.42	
	2300	14.78	25294	29.90	18.90	
	2400	15.02	26784	30.54	19.38	
	2500	15.27	28299	31.15	19.83	
	2600	15.52	29839	31.76	20.28	
	2700	15.79	31405	32.35	20.72	
	2800	16.06	32997	32.93	21.14	
	2900	16.34	34618	33.50	21.56	
	3000	16.64	36268	34.06	21.97	
	3100	16.94	37947	34.61	22.37	
	3200	17.24	39656	35.15	22.76	
	3290(T_M)	17.53	41221	35.63	23.10	
液	3290	15.00	58221	40.79	23.10	$\Delta H_M = 17000$
	3300	15.00	58368	40.80	23.11	$\Delta S_M = 5.16$
	3400	15.00	59868	41.25	23.64	
	3500	15.00	61368	41.68	24.15	

表 Ⅵ-60 一硼化钛(TiB)

$C_{p,m}$ 固	A_1	A_2	A_3	A_4	A_5	
	12.92	0	-5.17	0	0	298 ~ 2500K
$H_T^{\ominus}-H_{298}^{\ominus}$	B_1	B_2	B_3	B_4	B_5	B_6
	12.92	0	5.17	0	0	-5584.00
$S_T^{\ominus}$	C_1	C_2	C_3	C_4	C_5	C_6
	12.92	0	2.58	0	0	-68.21

相 态	T	$C_{p,m}$	$H_T^{\ominus}-H_{298}^{\ominus}$	$S_T^{\ominus}$	Φ'_T	
固	298	7.09	0	8.30	8.30	$\Delta H_{298}^{\ominus}=-38.30$ $T_{DP}=2500$
	300	7.17	15	8.35	8.30	
	400	9.68	876	10.81	8.62	
	500	10.85	1910	13.11	9.29	
	600	11.48	3030	15.15	10.10	
	700	11.86	4199	16.95	10.95	
	800	12.11	5398	18.55	11.81	
	900	12.28	6618	19.99	12.64	
	1000	12.40	7853	21.29	13.44	
	1100	12.49	9098	22.48	14.21	
	1200	12.56	10351	23.57	14.94	
	1300	12.61	11610	24.58	15.65	
	1400	12.65	12873	25.51	16.32	
	1500	12.69	14141	26.39	16.96	
	1600	12.71	15411	27.21	17.57	
	1700	12.74	16684	27.98	18.16	
	1800	12.76	17959	28.71	18.73	
	1900	12.77	19236	29.40	19.27	
	2000	12.79	20514	30.05	19.80	
	2100	12.80	21794	30.68	20.30	
	2200	12.81	23075	31.27	20.78	
	2300	12.82	24357	31.84	21.25	
	2400	12.83	25639	32.39	21.71	
	2500	12.83	26923	32.91	22.14	

表 Ⅵ-61　二硼化钛(TiB_2)

		A_1	A_2	A_3	A_4	A_5	
$C_{p,m}$	固	13.47	6.18	-4.17	-0.80	0	298 ~ 3193K
	液	26.00	0	0	0	0	3193 ~ 3500K
		B_1	B_2	B_3	B_4	B_5	B_6
$H_T^\ominus - H_{298}^\ominus$		13.47	3.09	4.17	-0.26	0	-5680.00
		26.00	0	0	0	0	1253.00
		C_1	C_2	C_3	C_4	C_5	C_6
$S_T^\ominus$		13.47	6.18	2.08	-0.40	0	-74.09
		26.00	0	0	0	0	-152.05

相　态	T	$C_{p,m}$	$H_T^\ominus - H_{298}^\ominus$	$S_T^\ominus$	Φ'_T	
固	298	10.54	0	6.80	6.80	$\Delta H_{298}^\ominus = -66.80$
	300	10.61	22	6.87	6.80	
	400	13.20	1228	10.32	7.25	
	500	14.69	2628	13.44	8.18	
	600	15.73	4152	16.21	9.30	
	700	16.55	5767	18.70	10.46	
	800	17.25	7458	20.96	11.64	
	900	17.86	9215	23.03	12.79	
	1000	18.43	11030	24.94	13.91	
	1100	18.95	12900	26.72	15.00	
	1200	19.44	14820	28.39	16.04	
	1300	19.90	16787	29.97	17.05	
	1400	20.34	18800	31.46	18.03	
	1500	20.75	20854	32.88	18.97	
	1600	21.14	22949	34.23	19.89	
	1700	21.51	25083	35.52	20.77	
	1800	21.87	27252	36.76	21.62	
	1900	22.20	29456	37.95	22.45	
	2000	22.52	31692	39.10	23.26	
	2100	22.82	33960	40.21	24.04	
	2200	23.10	36256	41.28	24.80	
	2300	23.37	38580	42.31	25.54	
	2400	23.62	40929	43.31	26.26	
	2500	23.85	43302	44.28	26.96	
	2600	24.06	45698	45.22	27.64	
	2700	24.26	48114	46.13	28.31	
	2800	24.44	50549	47.02	28.96	
	2900	24.61	53002	47.88	29.60	
	3000	24.76	55470	48.71	30.22	
	3100	24.89	57952	49.53	30.83	
	3193(T_M)	25.00	60272	50.27	31.39	
液	3193	26.00	84272	57.78	31.39	
	3200	26.00	84453	57.79	31.40	$\Delta H_M = 24000$
	3300	26.00	87053	58.59	32.21	$\Delta S_M = 7.51$
	3400	26.00	89653	59.36	33.00	$T_{DP} = 4250$
	3500	26.00	92253	60.12	33.76	

表 Ⅵ-62 钒(V)

		A_1	A_2	A_3	A_4	A_5	
$C_{p,m}$	固	4.90	2.58	0.20	0	0	298 ~ 2190K
	液	9.50	0	0	0	0	2190 ~ 3652K
		B_1	B_2	B_3	B_4	B_5	B_6
$H_T^\ominus - H_{298}^\ominus$		4.90	1.29	-0.20	0	0	-1507.00
		9.50	0	0	0	0	-354.00
		C_1	C_2	C_3	C_4	C_5	C_6
$S_T^\ominus$		4.90	2.58	-0.10	0	0	-21.67
		9.50	0	0	0	0	-49.10

相 态	T	$C_{p,m}$	$H_T^\ominus - H_{298}^\ominus$	$S_T^\ominus$	Φ'_T	
固	298	5.89	0	6.88	6.88	$\Delta H_{298}^\ominus = 0$
	300	5.89	12	6.94	6.88	
	400	6.05	609	8.65	7.13	
	500	6.27	1225	10.03	7.58	
	600	6.50	1864	11.19	8.08	
	700	6.74	2527	12.21	8.60	
	800	6.99	3214	13.13	9.11	
	900	7.24	3926	13.97	9.60	
	1000	7.50	4663	14.74	10.08	
	1100	7.75	5426	15.47	10.54	
	1200	8.00	6214	16.16	10.98	
	1300	8.26	7028	16.81	11.40	
	1400	8.52	7867	17.43	11.81	
	1500	8.77	8732	18.03	12.20	
	1600	9.03	9623	18.60	12.59	
	1700	9.29	10539	19.16	12.96	
	1800	9.55	11481	19.69	13.32	
	1900	9.80	12449	20.22	13.67	
	2000	10.06	13443	20.73	14.01	
	2100	10.32	14462	21.22	14.34	
	2190(T_M)	10.55	15402	21.66	14.63	
液	2190	9.50	20452	23.96	14.63	$\Delta H_M = 5050$
	2200	9.50	20546	24.01	14.67	$\Delta S_M = 2.30$
	2300	9.50	21496	24.43	15.09	$T_B = 3652$
	2400	9.50	22446	24.84	15.48	$\Delta H_B = 109200$
	2500	9.50	23396	25.22	15.87	
	2600	9.50	24346	25.60	16.23	
	2700	9.50	25296	25.95	16.59	
	2800	9.50	26246	26.30	16.93	
	2900	9.50	27196	26.63	17.26	
	3000	9.50	28146	26.96	17.57	
	3100	9.50	29096	27.27	17.88	
	3200	9.50	30046	27.57	18.18	
	3300	9.50	30996	27.86	18.47	
	3400	9.50	31946	28.14	18.75	
	3500	9.50	32896	28.42	19.02	

表 Ⅵ-63　三氯一氧化钒(液)($VOCl_3$)

	A_1	A_2	A_3	A_4	A_5	
$C_{p,m}$ 液	36.00	0	0	0	0	298 ~ 400K
$C_{p,m}$ 气	25.80	0	-2.00	0	0	298 ~ 1000K
	B_1	B_2	B_3	B_4	B_5	B_6
$H_T^{\ominus} - H_{298}^{\ominus}$	36.00	0	0	0	0	-10728.00
	25.80	0	2.00	0	0	852.00
	C_1	C_2	C_3	C_4	C_5	C_6
$S_T^{\ominus}$	36.00	0	0	0	0	-156.11
	25.80	0	1.00	0	0	-75.61

相　态	T	$C_{p,m}$	$H_T^{\ominus} - H_{298}^{\ominus}$	$S_T^{\ominus}$	Φ'_T	
液	298	36.00	0	49.00	49.00	$\Delta H_{298}^{\ominus} = -172.00$
	300	36.00	72	49.24	49.00	$T_M = 194$
	400(T_B)	36.00	3672	59.58	50.40	
气	400	24.55	11672	79.58	50.40	$\Delta H_B = 8000$
	500	25.00	14152	85.12	56.82	$\Delta S_B = 20.00$
	600	25.24	16665	89.70	61.93	
	700	25.39	19198	93.61	66.18	
	800	25.48	21742	97.00	69.88	
	900	25.55	24294	100.01	73.02	
	1000	25.60	26852	102.71	75.85	

表 Ⅵ-64 一氧化钒(VO)($VO_{1.89\sim1.20}$)

$C_{p,m}$ 固	A_1	A_2	A_3	A_4	A_5	
	11.82	3.22	-1.26	0	0	298 ~ 1700K
$H_T^\ominus - H_{298}^\ominus$	B_1	B_2	B_3	B_4	B_5	B_6
	11.32	1.61	1.26	0	0	-3937.00
$S_T^\ominus$	C_1	C_2	C_3	C_4	C_5	C_6
	11.32	3.22	0.63	0	0	-56.82

相态	T	$C_{p,m}$	$H_T^\ominus - H_{298}^\ominus$	$S_T^\ominus$	Φ'_T	
固	298	10.86	0	9.30	9.30	$\Delta H_{298}^\ominus = -103.00$ $T_M = 1973$
	300	10.88	24	9.41	9.33	
	400	11.82	1164	12.68	9.77	
	500	12.42	2377	15.39	10.63	
	600	12.90	3645	17.70	11.62	
	700	13.31	4956	19.72	12.64	
	800	13.69	6307	21.52	13.64	
	900	14.06	7695	23.15	14.60	
	1000	14.41	9119	24.65	15.53	
	1100	14.75	10578	26.04	16.43	
	1200	15.09	12070	27.34	17.28	
	1300	15.43	13597	28.56	18.10	
	1400	15.76	15157	29.72	18.89	
	1500	16.09	16749	30.82	19.65	
	1600	16.42	18375	31.87	20.38	
	1700	16.75	20034	32.87	21.09	
	1800	17.07	21725	33.84	21.77	
	1900	17.40	23449	34.77	22.43	
	1973	17.64	24729	35.43	22.90	

表 VI-65　三氧化二钒(V_2O_3)

$C_{p,m}$ 固	A_1	A_2	A_3	A_4	A_5	
	29.35	4.76	-5.42	0	0	298 ~ 1800K
$H_T^\ominus - H_{298}^\ominus$	B_1	B_2	B_3	B_4	B_5	B_6
	29.35	2.38	5.42	0	0	-10775.00
$S_T^\ominus$	C_1	C_2	C_3	C_4	C_5	C_6
	29.35	4.76	2.71	0	0	-148.19
相　态	T	$C_{p,m}$	$H_T^\ominus - H_{298}^\ominus$	$S_T^\ominus$	Φ'_T	
固	298	24.66	0	23.50	23.50	$\Delta H_{298}^\ominus = -293.00$ $T_M > 2273$
	300	24.75	51	23.65	23.50	
	400	27.86	2701	31.25	24.50	
	500	29.56	5579	37.67	26.51	
	600	30.70	8595	43.16	28.84	
	700	31.57	11710	47.96	31.24	
	800	32.31	14906	52.23	33.60	
	900	32.96	18170	56.07	35.88	
	1000	33.56	21497	59.58	38.08	
	1100	34.13	24883	62.80	40.18	
	1200	34.68	28324	65.80	42.20	
	1300	35.21	31819	68.60	44.12	
	1400	35.73	35367	71.23	45.96	
	1500	36.24	38966	73.71	47.73	
	1600	36.75	42617	76.06	49.43	
	1700	37.25	46317	78.31	51.06	
	1800	37.75	50067	80.45	52.64	
	1900	38.24	53867	82.51	54.15	
	2000	38.73	57716	84.48	55.62	
	2100	39.22	61614	86.38	57.04	
	2200	39.71	65561	88.22	58.42	

表 Ⅵ-66 五氧化二钒(V_2O_5)($VO_{2.495\sim2.50}$)

$C_{p,m}$		A_1	A_2	A_3	A_4	A_5	
	固	46.54	-3.90	-13.22	0	0	298～943K
	液(分解)	45.60	0	0	0	0	943～1500K
$H_T^{\ominus}-H_{298}^{\ominus}$		B_1	B_2	B_3	B_4	B_5	B_6
		46.54	-1.95	13.22	0	0	-18131.00
		45.60	0	0	0	0	-1976.00
$S_T^{\ominus}$		C_1	C_2	C_3	C_4	C_5	C_6
		46.54	-3.90	6.61	0	0	-240.16
		45.60	0	0	0	0	-220.10

相 态	T	$C_{p,m}$	$H_T^{\ominus}-H_{298}^{\ominus}$	$S_T^{\ominus}$	Φ'_T	
固	298	30.49	0	31.30	31.30	$\Delta H_{298}^{\ominus}=-372.30$
	300	30.68	62	31.51	31.30	
	400	36.71	3478	41.25	32.55	
	500	39.30	7295	49.76	35.17	
	600	40.52	11294	57.04	38.22	
	700	41.11	15380	63.34	41.37	
	800	41.35	19505	68.85	44.47	
	900	41.39	23644	73.72	47.45	
	943(T_M)	41.37	25424	75.66	48.70	
液	943	45.60	41024	92.20	48.70	$\Delta H_M=15600$
	1000	45.60	43624	94.89	51.26	$\Delta S_M=16.54$
	1100	45.60	48184	99.23	55.43	
	1200	45.60	52744	103.20	59.25	
	1300	45.60	57304	106.85	62.77	
	1400	45.60	61864	110.23	66.04	
	1500	45.60	66424	113.38	69.10	
	1600	45.60	70984	116.32	71.96	
	1700	45.60	75544	119.09	74.65	
	1800	45.60	80104	121.69	77.19	
	1900	45.60	84664	124.16	79.60	
	2000	45.60	89224	126.50	81.88	
	2100	45.60	93784	128.72	84.06	
	2200	45.60	98344	130.84	86.14	
	2300	45.60	102904	132.87	88.13	
	2400	45.60	107464	134.81	90.03	
	2500	45.60	112024	136.67	91.86	
	2600	45.60	116584	138.46	93.62	
	2700	45.60	121144	140.18	95.31	
	2800	45.60	125704	141.84	96.95	
	2900	45.60	130264	143.44	98.52	
	3000	45.60	134824	144.99	100.04	

表 Ⅵ-67　甲烷(气)(CH_4)

$C_{p,m}$ 气	A_1	A_2	A_3	A_4	A_5	
	2.97	18.33	0.34	-4.30	0	298 ~ 2000K
$H_T^\ominus - H_{298}^\ominus$	B_1	B_2	B_3	B_4	B_5	B_6
	2.97	9.16	-0.34	-1.43	0	-1547.00
$S_T^\ominus$	C_1	C_2	C_3	C_4	C_5	C_6
	2.97	18.33	-0.17	-2.15	0	22.53

相态	T	$C_{p,m}$	$H_T^\ominus - H_{298}^\ominus$	$S_T^\ominus$	Φ'_T	
气	298	8.43	0	44.50	44.50	$\Delta H_{298}^\ominus = -17.88$
	300	8.45	17	44.58	44.53	
	400	9.82	931	47.20	44.87	
	500	11.19	1982	49.54	45.58	
	600	12.51	3168	51.70	46.42	
	700	13.76	4483	53.72	47.82	
	800	14.93	5918	55.64	48.24	
	900	16.02	7467	57.46	49.17	
	1000	17.03	9121	59.20	50.08	
	1100	17.95	10871	60.87	50.99	
	1200	18.79	12710	62.47	51.88	
	1300	19.55	14628	64.01	52.75	
	1400	20.22	16618	65.48	53.61	
	1500	20.80	18670	66.90	54.45	
	1600	21.30	20777	68.25	55.27	
	1700	21.71	22929	69.56	56.07	
	1800	22.04	25117	70.81	56.86	
	1900	22.28	27335	72.01	57.62	
	2000	22.43	29572	73.68	58.37	

表 Ⅵ-68 四氯化碳(液)(CCl_4)

		A_1	A_2	A_3	A_4	A_5	
$C_{p,m}$	液	32.00	0	0	0	0	298~350K
	气	24.90	0.48	-4.73	0	0	298~2000K
		B_1	B_2	B_3	B_4	B_5	B_6
$H_T^\ominus - H_{298}^\ominus$		32.00	0	0	0	0	-9536.00
		24.90	0.24	4.73	0	0	-1151.00
		C_1	C_2	C_3	C_4	C_5	C_6
$S_T^\ominus$		32.00	0	0	0	0	-130.58
		24.90	0.48	2.36	0	0	-70.26

相态	T	$C_{p,m}$	$H_T^\ominus - H_{298}^\ominus$	$S_T^\ominus$	Φ'_T	
液	298	32.00	0	51.72	51.72	$\Delta H_{298}^\ominus = -32.41$
	300	32.00	64	51.94	51.72	
	350(T_B)	32.00	1664	56.87	52.11	
气	350	21.20	8944	77.67	52.11	$\Delta H_B = 7280$
	400	22.13	10030	80.58	55.51	$\Delta S_B = 20.80$
	500	23.24	12305	85.65	61.04	
	600	23.87	14664	89.95	65.51	
	700	24.27	17072	93.67	69.28	
	800	24.54	19514	96.93	72.53	
	900	24.74	21979	99.83	75.41	
	1000	24.90	24462	102.44	77.98	
	1100	25.03	26959	104.82	80.32	
	1200	25.14	29469	107.01	82.45	
	1300	25.24	31988	109.02	84.42	
	1400	25.33	34517	110.90	86.24	
	1500	25.40	37054	112.65	87.95	
	1600	25.48	39599	114.29	89.54	
	1700	25.55	42151	115.84	91.04	
	1800	25.61	44709	117.30	92.46	
	1900	25.68	47274	118.69	93.81	
	2000	25.74	49845	120.01	95.08	

表 Ⅵ-69　氮(气)(N_2)

$C_{p,m}$ 气	A_1	A_2	A_3	A_4	A_5	
	6.66	1.02	0	0	0	298 ~ 2500K
$H_T^\ominus - H_{298}^\ominus$	B_1	B_2	B_3	B_4	B_5	B_6
	6.66	0.51	0	0	0	-2029.00
$S_T^\ominus$	C_1	C_2	C_3	C_4	C_5	C_6
	6.66	1.02	0	0	0	7.55
相　态	T	$C_{p,m}$	$H_T^\ominus - H_{298}^\ominus$	$S_T^\ominus$	Φ'_T	
气	298	6.96	0	45.77	45.77	$\Delta H_{298}^\ominus = 0$
	300	6.96	15	45.84	45.79	
	400	7.06	717	47.86	46.06	
	500	7.17	1428	49.44	46.59	
	600	7.27	2151	50.76	47.18	
	700	7.37	2883	51.89	47.77	
	800	7.47	3625	52.88	48.35	
	900	7.57	4378	53.77	48.90	
	1000	7.68	5141	54.57	49.43	
	1100	7.78	5914	55.31	49.93	
	1200	7.88	6697	55.99	50.41	
	1300	7.98	7491	56.62	50.86	
	1400	8.08	8295	57.22	51.29	
	1500	8.18	9108	57.78	51.71	
	1600	8.29	9933	58.31	52.10	
	1700	8.39	10767	58.82	52.49	
	1800	8.49	11611	59.30	52.85	
	1900	8.59	12466	59.76	53.20	
	2000	8.70	13331	60.21	53.54	
	2100	8.80	14206	60.63	53.87	
	2200	8.90	15091	61.05	54.19	
	2300	9.00	15987	61.44	54.49	
	2400	9.10	16893	61.83	54.79	
	2500	9.21	17808	62.20	55.08	

表 Ⅵ-70 碘(气)(I_2)

$C_{p,m}$ 气	A_1	A_2	A_3	A_4	A_5	
	8.94	0.13	-0.14	0	0	298 ~ 2000K
$H_T^{\ominus} - H_{298}^{\ominus}$	B_1	B_2	B_3	B_4	B_5	B_6
	8.94	0.06	0.14	0	0	-2715.00
$S_T^{\ominus}$	C_1	C_2	C_3	C_4	C_5	C_6
	8.94	0.13	0.07	0	0	11.26
相 态	T	$C_{p,m}$	$H_T^{\ominus} - H_{298}^{\ominus}$	$S_T^{\ominus}$	Φ'_T	
气	298	8.82	0	62.27	62.27	$\Delta H_{298}^{\ominus} = 14.92$
	300	8.82	20	62.36	62.30	
	400	8.90	906	64.91	62.65	
	500	8.94	1799	66.91	63.31	
	600	8.97	2696	68.54	64.05	
	700	9.00	3595	69.93	64.79	
	800	9.02	4496	71.13	65.51	
	900	9.03	5399	72.19	66.19	
	1000	9.05	6304	73.15	66.84	
	1100	9.07	7210	74.01	67.46	
	1200	9.08	8118	74.80	68.04	
	1300	9.10	9028	75.53	68.58	
	1400	9.11	9938	76.20	69.11	
	1500	9.12	10851	76.83	69.60	
	1600	9.14	11764	77.42	70.07	
	1700	9.15	12679	77.98	70.52	
	1800	9.16	13595	78.50	70.95	
	1900	9.18	14513	79.00	71.36	
	2000	9.19	15432	79.47	71.75	

表 Ⅵ-71　一碘化钛(气)(TiI)

$C_{p,m}$ 气	A_1	A_2	A_3	A_4	A_5	
	10.50	0.11	-1.23	0	0	298 ~ 2000K
$H_T^{\ominus} - H_{298}^{\ominus}$	B_1	B_2	B_3	B_4	B_5	B_6
	10.50	0.05	1.23	0	0	-3545.00
$S_T^{\ominus}$	C_1	C_2	C_3	C_4	C_5	C_6
	10.50	0.11	0.61	0	0	3.68

相　态	T	$C_{p,m}$	$H_T^{\ominus} - H_{298}^{\ominus}$	$S_T^{\ominus}$	Φ'_T	
气	298	9.14	0	64.22	64.22	$\Delta H_{298}^{\ominus} = 65.50$
	300	9.16	20	64.28	64.22	
	400	9.77	971	67.01	64.59	
	500	10.06	1965	69.23	65.30	
	600	10.22	2980	71.08	66.11	
	700	10.32	4008	72.66	66.94	
	800	10.39	5044	74.05	67.74	
	900	10.44	6086	75.28	68.51	
	1000	10.48	7133	76.38	69.24	
	1100	10.51	8183	77.38	69.94	
	1200	10.54	9237	78.30	70.60	
	1300	10.57	10293	79.14	71.22	
	1400	10.59	11351	79.92	71.82	
	1500	10.61	12411	80.66	72.38	
	1600	10.62	13473	81.34	72.92	
	1700	10.64	14536	81.99	73.44	
	1800	10.66	15602	82.60	73.93	
	1900	10.67	16668	83.17	74.40	
	2000	10.68	17736	83.72	74.85	

表 Ⅵ-72 二碘化钛(气)(TiI_2)

$C_{p,m}$ 气	A_1	A_2	A_3	A_4	A_5	
	14.89	0	-0.37	0	0	298 ~ 2000K
$H_T^{\ominus}-H_{298}^{\ominus}$	B_1	B_2	B_3	B_4	B_5	B_6
	14.89	0	0.37	0	0	-4561.00
$S_T^{\ominus}$	C_1	C_2	C_3	C_4	C_5	C_6
	14.89	0	0.18	0	0	-6.32

相 态	T	$C_{p,m}$	$H_T^{\ominus}-H_{298}^{\ominus}$	$S_T^{\ominus}$	Φ'_T	
气	298	14.47	0	78.71	78.71	$\Delta H_{298}^{\ominus}=13.80$
	300	14.47	29	78.80	78.71	
	400	14.65	1487	82.99	79.27	
	500	14.74	2958	86.27	80.36	
	600	14.78	4435	88.97	81.58	
	700	14.81	5915	91.25	82.80	
	800	14.83	7397	93.23	83.98	
	900	14.84	8881	94.98	85.11	
	1000	14.85	10366	96.54	86.17	
	1100	14.85	11852	97.96	87.18	
	1200	14.86	13338	99.25	88.13	
	1300	14.86	14824	100.44	89.04	
	1400	14.87	16311	101.54	89.89	
	1500	14.87	17799	102.57	90.70	
	1600	14.87	19286	103.53	91.47	
	1700	14.87	20774	104.43	92.21	
	1800	14.87	22262	105.28	92.91	
	1900	14.87	23749	106.08	93.58	
	2000	14.88	25237	106.85	94.23	

表 VI-73　三碘化钛(TiI_3)

$C_{p,m}$ 固	A_1	A_2	A_3	A_4	A_5	
	27.08	2.12	0.17	0	0	298～1139K
$H_T^\ominus - H_{298}^\ominus$	B_1	B_2	B_3	B_4	B_5	B_6
	27.08	1.06	-0.17	0	0	-8106.00
$S_T^\ominus$	C_1	C_2	C_3	C_4	C_5	C_6
	27.08	2.12	-0.08	0	0	-108.83

相　态	T	$C_{p,m}$	$H_T^\ominus - H_{298}^\ominus$	$S_T^\ominus$	Φ_T'	
固	298	27.90	0	46.00	46.00	
	300	27.90	57	46.19	46.00	
	400	28.03	2853	54.21	47.08	
	500	28.20	5665	60.48	49.15	
	600	28.39	8495	65.64	51.48	$\Delta H_{298}^\ominus = -81.40$
	700	28.59	11345	70.03	53.83	$T_{DP} = 673$
	800	28.80	14215	73.87	56.10	$T_{sb} = 1139$
	900	29.00	17106	77.27	58.27	
	1000	29.21	20017	80.34	60.32	
	1100	29.42	22949	83.13	62.27	
	1139	29.50	24098	84.16	63.00	

表 VI-74　三碘化钛(气)(TiI_3)

$C_{p,m}$ 气	A_1	A_2	A_3	A_4	A_5	
	19.80	0.03	-1.25	0	0	298～2000K
$H_T^\ominus - H_{298}^\ominus$	B_1	B_2	B_3	B_4	B_5	B_6
	19.80	0.01	1.25	0	0	-6320.00
$S_T^\ominus$	C_1	C_2	C_3	C_4	C_5	C_6
	19.80	0.03	0.62	0	0	-22.61

相　态	T	$C_{p,m}$	$H_T^\ominus - H_{298}^\ominus$	$S_T^\ominus$	Φ_T'	
气	298	18.40	0	90.88	90.88	
	300	18.42	38	91.01	90.88	
	400	19.03	1915	96.42	91.63	
	500	19.31	3834	100.70	93.03	
	600	19.47	5774	104.24	94.61	
	700	19.56	7726	107.24	96.21	
	800	19.62	9686	109.86	97.75	
	900	19.67	11651	112.18	99.23	
	1000	19.70	13620	114.25	100.63	
	1100	19.72	15592	116.13	101.96	$\Delta H_{298}^\ominus = -35.90$
	1200	19.74	17566	117.85	103.21	
	1300	19.76	19542	119.43	104.40	
	1400	19.77	21519	120.89	105.52	
	1500	19.78	23497	122.26	106.59	
	1600	19.79	25477	123.54	107.61	
	1700	19.80	27457	124.74	108.59	
	1800	19.81	29438	125.87	109.52	
	1900	19.82	31420	126.94	110.40	
	2000	19.82	33402	127.96	111.26	

表 Ⅵ-75　四碘化钛(TiI_4)

		A_1	A_2	A_3	A_4	A_5	
$C_{p,m}$	固(α)	18.70	38.00	0	0	0	298～379K
	固(β)	35.40	0	0	0	0	379～428K
	液	37.40	0	0	0	0	428～650K
		B_1	B_2	B_3	B_4	B_5	B_6
$H_T^{\ominus}-H_{298}^{\ominus}$		18.70	19.00	0	0	0	-7259.00
		35.40	0	0	0	0	-8490.00
		37.40	0	0	0	0	-4606.00
		C_1	C_2	C_3	C_4	C_5	C_6
$S_T^{\ominus}$		18.70	38.00	0	0	0	-59.05
		35.40	0	0	0	0	-137.57
		37.40	0	0	0	0	-138.63

相　态	T	$C_{p,m}$	$H_T^{\ominus}-H_{298}^{\ominus}$	$S_T^{\ominus}$	Φ'_T	
固(α)	298	30.02	0	58.80	58.80	
	300	30.10	61	59.01	58.80	$\Delta H_{298}^{\ominus}=-92.00$
	379(T_{tr})	33.10	2557	66.38	59.63	
固(β)	379	35.40	4927	72.63	59.63	
	400	35.40	5670	74.52	60.35	$\Delta H_{tr}=2370$
	428(T_M)	35.40	6661	76.92	61.35	$\Delta S_{tr}=6.25$
液	428	37.40	11401	87.99	61.35	$\Delta H_M=4740$
	500	37.40	14094	93.79	65.60	$\Delta S_M=11.07$
	600	37.40	17834	100.61	70.89	$T_B=650$
	650	37.40	19704	103.60	73.29	$\Delta H_B=12800$
						$\Delta S_B=19.69$

表 VI-76　四碘化钛(气)(TiI_4)

$C_{p,m}$ 气	A_1	A_2	A_3	A_4	A_5	
	25.81	0.01	-0.80	0	0	298 ~ 2000K
$H_T^{\ominus} - H_{298}^{\ominus}$	B_1	B_2	B_3	B_4	B_5	B_6
	25.81	0	0.80	0	0	-7959.00
$S_T^{\ominus}$	C_1	C_2	C_3	C_4	C_5	C_6
	25.81	0.01	0.40	0	0	-44.03

相　态	T	$C_{p,m}$	$H_T^{\ominus} - H_{298}^{\ominus}$	$S_T^{\ominus}$	Φ'_T	
气	298	24.91	0	103.48	103.48	$\Delta H_{298}^{\ominus} = -68.60$
	300	24.92	51	103.63	103.48	
	400	25.31	2566	110.86	104.44	
	500	25.49	5107	116.53	106.31	
	600	25.59	7662	121.19	108.42	
	700	25.65	10225	125.14	110.53	
	800	25.69	12792	128.57	112.58	
	900	25.72	15363	131.59	114.52	
	1000	25.74	17936	134.30	116.37	
	1100	25.75	20511	136.76	118.11	
	1200	25.76	23087	139.00	119.76	
	1300	25.77	25664	141.06	121.32	
	1400	25.78	28242	142.97	122.80	
	1500	25.78	30821	144.75	124.20	
	1600	25.79	33400	146.42	125.54	
	1700	25.79	35980	147.98	126.82	
	1800	25.80	38560	149.46	128.03	
	1900	25.80	41140	150.85	129.20	
	2000	25.81	43721	152.17	130.31	

附录Ⅶ　海绵钛冶金过程中有关物质的热力学数据表2

摩尔吉布斯自由能 G 和摩尔焓 H 及 β 函数（BT）数据表（表Ⅶ-1 ~ 表Ⅶ-63）参见文献[9]。表中所用符号的意义如下：

A,B,C,D：摩尔热容方程式和蒸气压常用对数方程式中的温度系数。

$C_{p,m}$：摩尔定压热容，cal/(mol·K)。

$C_{p,m}=A+B\times10^{-3}T+C\times10^{5}T^{-2}+D\times10^{-6}T^{2}$

BPT：正常沸点，K。

BT：β 函数，$\beta(T)=-10^{3}G(T)/(4.575T)$。

DEC：分解。

DPT：热分解温度，K。

G：摩尔吉布斯自由能，kcal/mol。

H：摩尔焓，kcal/mol。

L：摩尔转变热，kcal/mol。

LIQ：液相。

Lp：蒸气压 p 的常用对数，Torr 或 mmHg，1Torr = 1mmHg = 133.3224Pa。

$Lp=A\times10^{3}T^{-1}+B\times\lg T+C\times10^{-3}T+D$

MPT：熔点，K。

GAS：气相。

p：蒸气压，Torr，1Torr = 133.3224Pa。

$RANGE$：$C_{p,m}$ 和 Lp 公式适用的温度范围，K。

S：摩尔熵，cal/(mol·K)。

SOL：固相。

SOL_{-B}^{-A}晶相（A 为 α；B 为 β；C 为 γ；D 为 δ；E 为 ε；A_2 为 α_2）。

SPT：正常升华温度，K。

T：绝对温度，K。

TPT：同素异形转变温度，K。

CURIE TEMP：居里温度，K。

表 Ⅶ-1　Al（Aluminium）

		A	*B*	*C*	*D*	*RANGE*
SOL	$C_{p,\mathrm{m}}$	4.94	2.96			298～932
LIQ	$C_{p,\mathrm{m}}$	7.6				932～1650
GAS	$C_{p,\mathrm{m}}$	4.97				—
LIQ	*Lp*	−16.380	−1.0		12.32	932～2723

PHASE	*T*	$C_{p,\mathrm{m}}$	*H*	*S*	*G*	*BT*	*p*
SOL	298	5.823	0	6.77	−2.018	1.480	
	300	5.828	0.011	6.806	−2.031	1.480	
	400	6.124	0.608	8.523	−2.801	1.531	
	500	6.420	1.236	9.922	−3.725	1.628	
	600	6.716	1.892	11.118	−4.779	1.741	
	700	7.012	2.579	12.176	−5.944	1.856	
	800	7.308	3.295	13.131	−7.210	1.970	
	900	7.604	4.040	14.009	−8.568	2.081	
	932	7.699	4.285	14.276	−9.020	2.116	
			2.6	2.790			
LIQ	932	7.600	6.885	17.066	−9.020	2.116	
	1000	7.600	7.402	17.601	−10.199	2.229	
	1100	7.600	8.162	18.326	−11.996	2.384	
	1200	7.600	8.922	18.987	−13.862	2.525	
	1300	7.600	9.682	19.595	−15.792	2.655	
	1400	7.600	10.442	20.159	−17.780	2.776	0.003
	1500	7.600	11.202	20.683	−19.822	2.889	0.017
	1600	7.600	11.962	21.173	−21.915	2.994	0.076
	1700	7.600	12.722	21.634	−24.056	3.093	0.285
	1800	7.600	13.482	22.069	−26.241	3.187	0.992
	1900	7.600	14.242	22.479	−28.469	3.275	2.631
	2000	7.600	15.002	22.869	−30.737	3.359	6.745
	2100	7.600	15.762	23.240	−33.042	3.439	15.768
	2200	7.600	16.522	23.594	−35.384	3.516	34.050
	2300	7.600	17.282	23.932	−37.760	3.589	68.633
	2400	7.600	18.042	24.255	−40.170	3.658	130.253
	2500	7.600	18.802	24.565	−42.611	3.726	234.455
	2600	7.600	19.562	24.863	−45.083	3.790	402.742
	2700	7.600	20.322	25.150	−47.583	3.852	663.697
	2723	7.600	20.497	25.215	−48.162	3.866	740.505
			69.5	25.523			
GAS	2723	4.970	89.997	50.738	−48.162	3.866	
	2800	4.970	90.380	50.876	−52.075	4.065	
	2900	4.970	90.877	51.051	−57.171	4.309	
	3000	4.970	91.374	51.219	−62.285	4.538	

表 Ⅶ-2 **$AlCl_3$** (Aluminium Chloride)

		A	B	C	D	RANGE
SOL	$C_{p,m}$	18.431	11.431			273 ~ 466
	注：$SPT = 460$ GAS(Al_2Cl_6)；$MPT = 465.6$					
LIQ	$C_{p,m}$	26.6				466 ~ 2000

PHASE	T	$C_{p,m}$	H	S	G	BT
SOL	298	21.839	-168.58	26.45	-176.466	129.371
	300	21.860	-168.540	26.585	-176.515	128.608
	400	23.003	-166.296	33.031	-179.509	98.092
	466	23.753	-164.763	36.579	-181.794	85.345
			8.44	18.127		
LIQ	466	26.600	-156.323	54.707	-181.794	85.345
	500	26.600	-155.408	56.603	-183.709	80.310
	600	26.600	-152.748	61.452	-189.619	69.078
	700	26.600	-150.088	65.553	-195.975	61.194
	800	26.600	-147.428	69.105	-202.711	55.386
	900	26.600	-144.768	72.238	-209.782	50.949
	1000	26.600	-142.108	75.040	-217.148	47.464

表 Ⅶ-3 **$AlCl_3$**(g) (Aluminium Chloride(GAS))

		A	B	C	D	RANGE
GAS	$C_{p,m}$	19.587	0.149	-2.368		298 ~ 2000

PHASE	T	$C_{p,m}$	H	S	G	BT
GAS	298	16.968	-139.7	74.621	-161.948	118.727
	300	17.001	-139.669	74.726	-162.086	118.096
	400	18.167	-137.902	79.800	-169.822	92.799
	500	18.714	-136.055	83.919	-178.015	77.821
	600	19.019	-134.167	87.361	-186.583	67.972
	700	19.208	-132.255	90.308	-195.470	61.037
	800	19.336	-130.327	92.882	-204.633	55.911
	900	19.429	-128.389	95.165	-214.037	51.982
	1000	19.499	-126.442	97.215	-223.658	48.887
	1100	19.555	-124.490	99.077	-233.474	46.393
	1200	19.601	-122.532	100.780	-243.468	44.348
	1300	19.641	-120.570	102.351	-253.625	42.644
	1400	19.675	-118.604	103.808	-263.934	41.208
	1500	19.705	-116.635	105.166	-274.384	39.983
	1600	19.733	-114.663	106.439	-284.965	38.930
	1700	19.758	-112.688	107.636	-295.669	38.016
	1800	19.782	-110.711	108.766	-306.490	37.218
	1900	19.805	-108.732	109.836	-317.420	36.517
	2000	19.826	-106.750	110.852	-328.455	35.897

表 Ⅶ-4　Al_2O_3　(Aluminium Oxide)

		A	B	C	D	RANGE
SOL-A	$C_{p,m}$	27.43	3.06	-8.47		298 ~ 1800
SOL-C	$C_{p,m}$	25.48	4.25	-6.82		298 ~ 1800
LIQ	$C_{p,m}$	34.623				1600 ~ 3500

PHASE	T	$C_{p,m}$	H	S	G	BT
SOL-A	298	18.814	-400.000	12.2	-403.637	295.914
	300	18.937	-399.965	12.317	-403.660	294.106
	400	23.360	-397.821	18.455	-405.203	221.422
	500	25.572	-395.364	23.929	-407.328	178.067
	600	26.913	-392.735	28.719	-409.966	149.350
	700	27.843	-389.994	32.941	-413.053	128.978
	800	28.555	-387.173	36.707	-416.539	113.808
	900	29.138	-384.288	40.105	-420.382	102.096
	1000	29.643	-381.348	43.202	-424.550	92.798
	1100	30.096	-378.361	46.049	-429.014	85.249
	1200	30.514	-375.330	48.685	-433.753	79.008
	1273	30.803	-373.092	50.496	-437.373	75.099
			5.24	4.116		
SOL-C	1273	30.469	-367.852	54.612	-437.373	75.099
	1300	30.601	-367.027	55.253	-438.856	73.788
	1400	31.082	-363.943	57.538	-444.497	69.398
	1500	31.552	-360.811	59.699	-450.360	65.626
	1600	32.014	-357.633	61.750	-456.433	62.354
	1700	32.469	-354.409	63.705	-462.707	59.493
	1800	32.920	-351.139	65.573	-469.171	56.973
	1900	33.366	-347.825	67.365	-475.819	54.739
	2000	33.809	-344.466	69.088	-482.642	52.748
	2100	34.250	-341.063	70.748	-489.634	50.964
	2200	34.689	-337.616	72.352	-496.790	49.358
	2300	35.126	-334.126	73.903	-504.103	47.907
	2303	35.139	-334.020	73.949	-504.325	47.866
			26.0	11.290		
LIQ	2303	34.623	-308.020	85.239	-504.325	47.866
	2400	34.623	-304.662	86.667	-512.663	46.691
	2500	34.623	-301.199	88.080	-521.400	45.587
	2600	34.623	-297.737	89.438	-530.277	44.580
	2700	34.623	-294.275	90.745	-539.286	43.658
	2800	34.623	-290.813	92.004	-548.424	42.812
	2900	34.623	-287.350	93.219	-557.686	42.034
	3000	34.623	-283.888	94.393	-567.067	41.316

表 Ⅶ-5 C （Carbon（Grarhite））

		A	*B*	*C*	*D*	*RANGE*
SOL	$C_{p,\mathrm{m}}$	0.026	9.307	-0.354	-4.155	298 ~ 1100
	$C_{p,\mathrm{m}}$	5.841	0.104	-7.559		1100 ~ 4073
	注：*MPT* = 4073					

PHASE	*T*	$C_{p,\mathrm{m}}$	*H*	*S*	*G*	*BT*
SOL	298	2.033	0	1.372	-0.409	0.300
	300	2.051	0.004	1.385	-0.412	0.300
	400	2.863	0.251	2.091	-0.585	0.320
	500	3.499	0.571	2.801	-0.830	0.363
	600	4.016	0.947	3.486	-1.145	0.417
	700	4.433	1.370	4.138	-1.526	0.477
	800	4.757	1.831	4.752	-1.971	0.538
	900	4.993	2.319	5.327	-2.475	0.601
	1000	5.143	2.826	5.861	-3.035	0.663
	1100	5.207	3.345	6.355	-3.646	0.725
	1100	5.331	3.345	6.355	-3.646	0.725
	1200	5.441	3.883	6.824	-4.305	0.784
	1300	5.529	4.432	7.263	-5.010	0.842
	1400	5.601	4.989	7.675	-5.757	0.899
	1500	5.661	5.552	8.064	-6.544	0.954
	1600	5.712	6.121	8.431	-7.369	1.007
	1700	5.756	6.694	8.779	-8.230	1.058
	1800	5.795	7.272	9.109	-9.124	1.108
	1900	5.829	7.853	9.423	-10.051	1.156
	2000	5.860	8.437	9.723	-11.008	1.203
	2100	5.888	9.025	10.009	-11.995	1.249
	2200	5.914	9.615	10.284	-13.010	1.293
	2300	5.937	10.207	10.547	-14.052	1.335
	2400	5.959	10.802	10.801	-15.119	1.377
	2500	5.980	11.399	11.044	-16.211	1.417
	2600	6.000	11.998	11.279	-17.328	1.457
	2700	6.018	12.599	11.506	-18.467	1.495
	2800	6.036	13.202	11.725	-19.628	1.532
	2900	6.053	13.806	11.937	-20.812	1.569
	3000	6.069	14.412	12.143	-23.240	1.604
	3100	6.085	15.020	12.342	-22.016	1.639
	3200	6.100	15.629	12.535	-24.484	1.672
	3300	6.115	16.240	12.723	-25.747	1.705
	3400	6.129	16.852	12.906	-27.028	1.738
	3500	6.143	17.466	13.084	-28.328	1.769
	3600	6.157	18.081	13.257	-29.645	1.800
	3700	6.171	18.697	13.426	-30.979	1.830
	3800	6.184	19.315	13.591	-32.330	1.860
	3900	6.197	19.934	13.752	-33.697	1.889
	4000	6.210	20.554	13.909	-35.080	1.917
	4073	6.219	21.008	14.021	-36.100	1.937

表 VII-6 $COCl_2$(g)(Carbonyl Dichloride (Phosgene) (Gas))

		A	B	C	D	RANGE
GAS	$C_{p,m}$	15.538	4.343	-2.662	-1.190	298 ~ 2000
PHASE	T	$C_{p,m}$	H	S	G	BT
GAS	298	13.732	-52.6	67.816	-72.819	53.385
	300	13.776	-52.575	67.901	-72.945	53.147
	400	15.421	-51.105	72.117	-79.952	43.690
	500	16.347	-49.513	75.665	-87.346	38.184
	600	16.976	-47.845	78.704	-95.068	34.633
	700	17.452	-46.123	81.358	-103.074	32.185
	800	17.835	-44.358	83.715	-111.330	30.418
	900	18.154	-42.558	85.834	-119.809	29.098
	1000	18.425	-40.729	87.761	-128.490	28.085
	1100	18.655	-38.875	89.528	-137.356	27.294
	1200	18.851	-36.999	91.160	-146.391	26.665
	1300	19.015	-35.105	92.676	-155.584	26.160
	1400	19.150	-33.197	94.090	-164.923	25.749
	1500	19.257	-31.276	95.415	-174.399	25.413
	1600	19.336	-29.347	96.661	-184.004	25.137
	1700	19.390	-27.410	97.835	-193.729	24.909
	1800	19.418	-25.469	98.944	-203.568	24.720
	1900	19.420	-23.527	99.994	-213.516	24.563
	2000	19.397	-21.586	100.990	-223.565	24.433

表VII-7 CO(g)(Carbon Monoxide (GAS))

		A	B	C	D	RANGE
GAS	$C_{p,m}$	6.79	0.98	-0.11		298 ~ 2500
PHASE	T	$C_{p,m}$	H	S	G	BT
GAS	298	6.958	-26.42	47.216	-40.497	29.689
	300	6.962	-26.407	47.256	-40.585	29.570
	400	7.113	-25.703	49.284	-45.416	24.818
	500	7.236	-24.985	50.884	-50.428	22.045
	600	7.347	-24.256	52.214	-55.584	20.249
	700	7.454	-23.516	53.354	-60.864	19.005
	800	7.557	-22.766	54.356	-66.251	18.101
	900	7.658	-22.005	55.252	-71.732	17.421
	1000	7.759	-21.234	56.064	-77.298	16.896
	1100	7.859	-20.453	56.809	-82.942	16.481
	1200	7.958	-19.662	57.497	-88.658	16.149
	1300	8.057	-18.861	58.138	-94.440	15.879
	1400	8.156	-18.051	58.738	-100.284	15.657
	1500	8.255	-17.230	59.304	-106.187	15.473
	1600	8.354	-16.400	59.840	-112.144	15.320
	1700	8.452	-15.559	60.350	-118.154	15.192
	1800	8.551	-14.709	60.836	-124.213	15.084
	1900	8.649	-13.849	61.301	-130.320	14.992
	2000	8.747	-12.979	61.747	-136.473	14.915
	2100	8.846	-12.100	62.176	-142.669	14.850
	2200	8.944	-11.210	62.590	-148.908	14.795
	2300	9.042	-10.311	62.989	-155.187	14.748
	2400	9.140	-9.402	63.376	-161.505	14.709
	2500	9.238	-8.483	63.751	-167.862	14.676

表 Ⅶ-8 CO_2(g)(Carbon Dioxide (Gas))

		A	*B*	*C*	*D*	*RANGE*
GAS	$C_{p,m}$	10.55	2.16	-2.04		298 ~ 2500

PHASE	*T*	$C_{p,m}$	*H*	*S*	*G*	*BT*
GAS	298	8.899	-94.05	51.066	-109.275	80.112
	300	8.931	-94.034	51.121	-109.370	79.687
	400	10.139	-93.073	53.876	-114.623	62.636
	500	10.814	-92.023	56.217	-120.131	52.516
	600	11.279	-90.917	58.232	-125.856	45.849
	700	11.646	-89.770	59.999	-131.769	41.146
	800	11.959	88.590	61.575	-137.849	37.664
	900	12.242	-87.379	63.000	-144.079	34.992
	1000	12.506	-86.142	64.304	-150.445	32.884
	1100	12.757	84.878	65.508	-158.937	31.185
	1200	13.000	-83.591	66.628	-163.544	29.789
	1300	13.237	-82.279	67.678	-178.260	28.627
	1400	13.470	-80.943	68.668	-177.078	27.647
	1500	13.699	-79.585	69.605	-183.992	26.811
	1600	13.926	-78.203	70.496	-198.997	26.093
	1700	14.151	-76.800	71.347	-198.090	25.470
	1800	14.375	-75.373	72.162	-205.265	24.926
	1900	14.597	-73.925	72.946	-212.521	24.449
	2000	14.819	-72.454	73.700	-219.854	24.028
	2100	15.040	-70.961	74.428	-227.260	23.654
	2200	15.260	-69.446	75.133	-234.738	23.322
	2300	15.479	-67.909	75.816	-242.286	23.026
	2400	15.699	-66.350	76.480	-249.901	22.760
	2500	15.917	-64.769	77.125	-257.581	22.521

表 Ⅶ-9　**Ca**（Calcium）

		A	B	C	D	RANGE
SOL-A	$C_{p,m}$	5.24	3.50			298 ~ 737
SOL-B	$C_{p,m}$	2.59	6.66			737 ~ 1123
LIQ	$C_{p,m}$	7.4				1123 ~ 1762
GAS	$C_{p,m}$	4.97				298 ~ 2000
SOL-B	Lp	-9.051	1.030	-0.783	6.090	737 ~ 1123
LIQ	Lp	-12.827	-14.485	2.002	53.052	1123 ~ 1762

PHASE	T	$C_{p,m}$	H	S	G	BT	p
SOL-A	298	6.284	0	9.95	-2.967	2.175	
	300	6.290	0.012	9.989	-2.985	2.175	
	400	6.640	0.658	11.846	-4.080	2.230	
	500	6.990	1.340	13.366	-5.343	2.336	
	600	7.340	2.056	14.671	-6.746	2.458	
	700	7.690	2.808	15.829	-8.272	2.583	
	737	7.820	3.095	16.228	-8.866	2.629	
			0.06	0.081			
SOL-B	737	7.498	3.155	16.310	-8.866	2.629	
	800	7.918	3.640	16.942	-9.913	2.708	0.001
	900	8.584	4.465	17.913	-11.656	2.831	0.024
	1000	9.250	5.357	18.852	-13.495	2.950	0.222
	1100	9.916	6.315	19.764	-15.426	3.065	1.359
	1123	10.069	6.545	19.971	-15.882	3.091	1.963
			2.0	1.781			
LIQ	1123	7.400	8.545	21.752	-15.882	3.091	1.965
	1200	7.400	9.115	22.243	-17.576	3.202	5.798
	1300	7.400	9.855	22.835	-19.831	3.334	19.152
	1400	7.400	10.595	23.384	-22.142	3.457	52.601
	1500	7.400	11.335	23.894	-24.506	3.571	125.310
	1600	7.400	12.075	24.372	-26.920	3.678	267.083
	1700	7.400	13.274	24.820	-29.380	3.778	521.259
	1762	7.400	13.274	25.085	-30.927	3.837	760.909
			36.5	20.715			
GAS	1762	4.970	49.774	45.800	-30.927	3.837	
	1800	4.970	49.963	45.907	-32.669	3.967	
	1900	4.970	50.460	46.175	-37.273	4.288	
	2000	4.970	50.957	46.430	-41.904	4.580	

表 Ⅶ-10 $CaCl_2$ (Calcium Chloride)

		A	*B*	*C*	*D*	*RANGE*
SOL	$C_{p,m}$	17.18	3.04	-0.60		600 ~ 1045
LIQ	$C_{p,m}$	24.70				1045 ~ 2273
	注:*BPT* = 2273					

PHASE	*T*	$C_{p,m}$	*H*	*S*	*G*	*BT*
SOL	298	17.411	-191.4	27.2	-199.510	146.264
	300	17.425	-191.368	27.308	-199.560	145.399
	400	18.021	-189.593	32.408	-202.557	110.687
	500	18.460	-187.769	36.478	-206.008	90.058
	600	18.837	-185.903	39.878	-209.830	76.441
	700	19.186	-184.002	42.808	-213.968	66.813
	800	19.518	-182.067	45.392	-218.380	59.667
	900	19.842	-180.099	47.710	-223.037	54.168
	1000	20.160	-178.099	49.817	-227.915	49.818
	1045	20.302	-177.188	50.707	-230.177	48.145
			6.8	6.507		
LIQ	1045	24.700	-170.388	57.214	-230.177	48.145
	1100	24.700	-169.030	58.481	-233.359	46.370
	1200	24.700	-166.560	60.630	-239.316	43.591
	1300	24.700	-164.090	62.608	-245.479	41.274
	1400	24.700	-161.620	64.438	-251.833	39.318
	1500	24.700	-159.150	66.142	-258.363	37.648
	1600	24.700	-156.680	67.736	-265.058	36.210
	1700	24.700	-154.210	69.234	-271.907	34.961
	1800	24.700	-151.740	70.645	-278.901	33.868
	1900	24.700	-149.270	71.981	-286.033	32.906
	2000	24.700	-146.800	73.248	-293.295	32.054
	2100	24.700	-144.330	74.453	-300.681	31.296
	2200	24.700	-141.860	75.602	-308.184	30.619
	2273	24.700	-140.057	76.408	-313.733	30.170

表 Ⅶ-11　CaO　(Calcium Oxide)

		A	*B*	*C*	*D*	*RANGE*
SOL	$C_{p,m}$	11.86	1.08	-1.66		298 ~ 2888
LIQ	$C_{p,m}$	15.0				
	注：*BPT* = 3773					

PHASE	*T*	$C_{p,m}$	*H*	*S*	*G*	*BT*
SOL	298	10.315	-151.6	9.5	-154.432	113.217
	300	10.340	-151.581	9.564	-154.450	112.532
	400	11.254	-150.495	12.680	-155.568	85.010
	500	11.736	-149.344	15.248	-156.968	68.620
	600	12.047	-148.154	17.417	-158.604	57.779
	700	12.277	-146.937	19.292	-160.441	50.099
	800	12.465	-145.700	20.944	-162.455	44.387
	900	12.627	-144.445	22.422	-164.624	39.982
	1000	12.774	-143.175	23.760	-166.935	36.488
	1100	12.911	-141.891	24.984	-169.373	33.656
	1200	13.041	-140.593	26.113	-171.928	31.317
	1300	13.166	-139.283	27.162	-174.593	29.356
	1400	13.287	-137.960	28.142	-177.358	27.691
	1500	13.406	-136.625	29.062	-180.219	26.261
	1600	13.523	-135.279	29.931	-183.169	25.023
	1700	13.639	-133.921	30.755	-186.204	23.941
	1800	13.753	-132.551	31.538	-189.319	22.990
	1900	13.866	-131.170	32.284	-192.510	22.147
	2000	13.978	-129.778	32.998	-195.774	21.396
	2100	14.090	-128.374	33.683	-199.109	20.724
	2200	14.202	-126.960	34.341	-202.510	20.120
	2300	14.313	-125.534	34.975	-205.976	19.575
	2400	14.423	-124.097	35.586	-209.504	19.081
	2500	14.533	-122.649	36.177	-213.093	18.631
	2600	14.643	-121.191	36.749	-216.739	18.221
	2700	14.753	-119.721	37.304	-220.442	17.846
	2800	14.863	-118.240	37.843	-224.199	17.502
	2888	14.959	-116.928	38.304	-227.550	17.222
			19.0	6.579		
LIQ	2888	15.000	-97.928	44.883	-227.550	17.222
	2900	15.000	-97.748	44.945	-228.089	17.192
	3000	15.000	-96.248	45.454	-232.609	16.948
	3100	15.000	-94.748	45.946	-237.179	16.723
	3200	15.000	-93.248	46.422	-241.798	16.516
	3300	15.000	-91.748	46.883	-246.463	16.325
	3400	15.000	-90.248	47.331	-251.174	16.147
	3500	15.000	-88.748	47.766	-255.929	15.983

表 Ⅶ-12 Cl_2(g) (Chlorine(Gas))

		A	*B*	*C*	D	*RANGE*
GAS	$C_{p,m}$	8.82	0.06	-0.68		298 ~ 3000

PHASE	*T*	$C_{p,m}$	*H*	*S*	*G*	*BT*
GAS	298	8.073	0	53.3	-15.891	11.650
	300	8.082	0.015	53.350	-15.990	11.650
	400	8.419	0.842	55.728	-21.449	11.721
	500	8.578	1.693	57.626	-27.120	11.856
	600	8.667	2.556	59.198	-32.963	12.008
	700	8.723	3.425	60.539	-38.952	12.163
	800	8.762	4.300	61.706	-45.065	12.313
	900	8.790	5.177	62.740	-51.288	12.456
	1000	8.812	6.058	63.667	-57.610	12.592
	1100	8.830	6.940	64.508	-64.019	12.721
	1200	8.845	7.823	65.277	-70.509	12.843
	1300	8.858	8.709	65.985	-77.072	12.959
	1400	8.869	9.595	66.642	-83.704	13.069
	1500	8.880	10.482	67.255	-90.399	13.173
	1600	8.889	11.371	67.828	-97.154	13.272
	1700	8.898	12.260	68.367	-103.964	13.367
	1800	8.907	13.151	68.876	-110.826	13.458
	1900	8.915	14.042	69.358	-117.738	13.545
	2000	8.923	14.934	69.815	-124.697	13.628
	2100	8.931	15.826	70.251	-131.700	13.708
	2200	8.938	16.720	70.666	-138.746	13.785
	2300	8.945	17.614	71.064	-145.833	13.859
	2400	8.952	18.509	71.445	-152.959	13.931
	2500	8.959	19.404	71.810	-160.122	14.000
	2600	8.966	20.301	72.162	-167.320	14.066
	2700	8.973	21.197	72.500	-174.554	14.131
	2800	8.979	22.095	72.827	-181.820	14.194
	2900	8.986	22.993	73.142	-189.119	14.254
	3000	8.992	23.892	73.447	-196.448	14.313

表 Ⅶ-13　$CrCl_3$　(Chromium(3) Chloride)

		A	B	C	D	RANGE
SOL	$C_{p,m}$	19.44	7.03			298 ~ 1218
	注:SPT = 1218, L = 56.8, MPT = 1150					
SOL	Lp	-13.950	-0.73	-0.77	17.49	298 ~ 1218

PHASE	T	$C_{p,m}$	H	S	G	BT	p
SOL	298	21.536	-132.0	29.4	-140.766	103.198	1
	300	21.549	-131.960	29.533	-140.820	102.601	
	400	22.252	-129.770	35.829	-144.102	78.744	
	500	22.955	-127.510	40.870	-147.945	64.675	
	600	23.658	-125.179	45.117	-152.249	55.464	
	700	24.361	-122.778	48.817	-156.950	49.009	
	800	25.064	-120.307	52.116	-161.999	44.262	0.002
	900	25.767	-117.765	55.108	-167.363	40.647	0.138
	1000	26.470	-115.153	57.859	-173.013	37.817	3.802
	1100	27.173	-112.471	60.415	-178.928	35.555	55.076
	1200	27.876	-109.719	62.810	-185.091	33.714	493.398
	1218	28.003	-109.216	63.226	-186.225	33.419	702.127

表 Ⅶ-14　Cr_2O_3　(Chromium(3) Oxide)

		A	B	C	D	RANGE
SOL	$C_{p,m}$	28.53	2.20	-3.74		298 ~ 1800
	注:$CrO_{(1.5\sim1.54)}$;TPT = 305.8;MPT = 2673					

PHASE	T	$C_{p,m}$	H	S	G	BT
SOL	298	24.979	-270.0	19.4	-275.784	202.182
	300	25.034	-269.954	19.555	-275.820	200.962
	400	27.072	-267.335	27.073	-278.165	152.003
	500	28.134	-264.570	33.239	-281.190	122.924
	600	28.811	-261.721	38.432	-284.780	103.745
	700	29.307	-258.814	42.912	-288.852	90.196
	800	29.706	-255.863	46.852	-293.345	80.149
	900	30.048	-252.875	50.371	-298.209	72.425
	1000	30.356	-249.854	53.553	-303.408	66.319
	1100	30.641	-246.804	56.460	-308.910	61.383
	1200	30.910	-243.727	59.138	-314.692	57.321
	1300	31.169	-240.623	61.622	-320.732	53.927
	1400	31.419	-237.493	63.941	-327.011	51.056
	1500	31.664	-234.339	66.117	-333.515	48.600
	1600	31.904	-231.161	68.169	-340.230	46.480
	1700	32.141	-227.958	70.110	-347.145	44.635
	1800	32.375	-224.733	71.954	-354.249	43.017

表 Ⅶ-15　Fe　(Iron)

		A	B	C	D	RANGE
SOL-A	$C_{p,m}$	4. 18	5. 92			273 ~ 1033
SOL-B	$C_{p,m}$	9. 0				1033 ~ 1183
SOL-C	$C_{p,m}$	1. 84	4. 66			1183 ~ 1673
SOL-D	$C_{p,m}$	10. 5				1673 ~ 1809
LIQ	$C_{p,m}$	9. 78	0. 4			1809 ~ 3148
GAS	$C_{p,m}$	3. 784	0. 796	9. 403	−2. 243	298 ~ 4000
SOL-D	LP	−21. 08	−2. 14		16. 89	298 ~ 1809
LIQ	LP	−18. 978			8. 91	1809 ~ 3148

PHASE	T	$C_{p,m}$	H	S	G	BT	p
SOL-A	298	5. 945	0	6. 49	−1. 935	1. 419	
	300	5. 956	0. 011	6. 527	−1. 947	1. 419	
	400	6. 548	0. 636	8. 321	−2. 692	1. 471	
	500	7. 140	1. 321	9. 846	−3. 602	1. 575	
	600	7. 732	2. 064	11. 200	−4. 656	1. 696	
	700	8. 324	2. 867	12. 437	−5. 839	1. 823	
	800	8. 916	3. 729	13. 587	−7. 140	1. 951	
	900	9. 508	4. 650	14. 671	−8. 554	2. 077	
	1000	10. 100	5. 631	15. 703	−10. 073	2. 202	
	1033	10. 295	5. 967	16. 034	−10. 596	2. 242	
			1. 2	1. 162			
SOL-B	1033	9. 000	7. 167	17. 196	−10. 596	2. 242	
	1100	9. 000	7. 770	17. 762	−11. 768	2. 338	
	1183	9. 000	8. 517	18. 416	−13. 270	2. 452	
			0. 22	0. 186			
SOL-C	1183	7. 353	8. 737	18. 602	−13. 270	2. 452	
	1200	7. 432	8. 863	18. 708	−13. 587	2. 475	
	1300	7. 898	9. 629	19. 321	−15. 488	2. 604	
	1400	8. 364	10. 442	19. 924	−17. 451	2. 725	
	1500	8. 830	11. 302	20. 516	−19. 473	2. 838	
	1600	9. 296	12. 208	21. 101	−21. 554	2. 944	
	1673	9. 636	12. 899	21. 523	−23. 109	3. 019	
			0. 21	0. 126			
SOL-D	1673	10. 500	13. 109	21. 649	−23. 109	3. 019	0. 002
	1700	10. 500	13. 393	21. 817	−23. 696	3. 047	0. 004
	1800	10. 500	14. 443	22. 417	−25. 908	3. 146	0. 016

表 Ⅶ-16　$FeCl_2$ （Iron(2) Chloride）

		A	B	C	D	RANGE
SOL	$C_{p,m}$	18.94	2.08	-1.17		298 ~ 950
LIQ	$C_{p,m}$	24.40				950 ~ 1110
GAS	$C_{p,m}$	16.286	-0.381	-1.082		298 ~ 2000
LIQ	Lp	-9.475	-5.23		26.53	950 ~ 1285

PHASE	T	$C_{p,m}$	H	S	G	BT	p
SOL	298	18.244	-81.8	28.7	-90.357	66.242	
	300	18.264	-81.766	28.813	-90.410	65.873	
	400	19.041	-79.897	34.185	-93.571	51.132	
	500	19.512	-77.968	38.488	-97.212	42.497	
	600	19.863	-75.998	42.078	-101.245	36.883	
	700	20.157	-73.997	45.162	-105.611	32.978	
	800	20.421	-71.968	47.871	-110.265	30.127	
	900	20.668	-69.913	50.291	-115.175	27.972	
	950	20.786	-68.877	51.411	-117.718	27.085	
			10.3	10.842			
LIQ	950	24.00	-58.577	62.254	-117.718	27.085	9.612
	1000	24.400	-57.357	63.505	-120.862	26.418	23.174
	1100	24.400	-54.917	65.831	-127.331	25.302	102.301
	1200	24.400	-52.477	67.954	-134.022	24.412	338.882
	1285	24.400	-50.403	69.624	-139.869	23.792	788.671
			30.0	23.346			
GAS	1285	15.731	-20.403	92.970	-139.869	23.792	
	1300	15.727	-20.167	93.153	-141.265	23.752	
	1400	15.697	-18.596	94.317	-150.640	23.519	
	1500	15.666	-17.028	95.399	-160.126	23.333	
	1600	15.634	-15.463	96.409	-169.717	23.185	
	1700	15.601	-13.901	97.356	-179.406	23.067	
	1800	15.567	-12.343	98.247	-189.186	22.973	
	1900	15.532	-10.788	99.087	-199.053	22.899	
	2000	15.497	-9.236	99.883	-209.002	22.842	

表Ⅶ-17 $FeCl_3$ (Iron(3) Chloride)

		A	B	C	D	RANGE
SOL	$C_{p,m}$	14.9	27.5			298 ~ 577
LIQ	$C_{p,m}$	32				577 ~ 605
	注:$BPT = 605$ GAS (99.7 Fe_2Cl_6 + 0.03 $FeCl_3$)					
SOL	Lp	-7.200			15.152	298 ~ 577
LIQ	Lp	-2.578			7.142	577 ~ 605

PHASE	T	$C_{p,m}$	H	S	G	BT	p
SOL	298	23.099	-95.46	34.019	-105.603	77.419	
	300	23.150	-95.417	34.162	-105.666	76.988	
	400	25.900	-92.965	41.199	-109.444	59.806	0.001
	500	28.650	-90.237	47.273	-113.874	49.781	5.649
	577	30.767	-87.950	51.525	-117.680	44.579	471.698
			10.30	17.851			
LIQ	577	32.000	-77.650	69.376	-117.680	44.579	472.131
	600	32.000	-76.914	70.627	-119.290	43.457	700.379
	605	32.000	-76.754	70.892	-119.644	43.226	760.051

表 Ⅶ-18 $FeCl_3$(g) (Iron(3) Chloride(Gas))

		A	B	C	D	RANGE
GAS	$C_{p,m}$	19.831	0.021	-1.132		298 ~ 2000

PHASE	T	$C_{p,m}$	H	S	G	BT
GAS	298	18.564	-60.5	82.243	-85.021	62.330
	300	18.580	-60.466	82.358	-85.173	62.057
	400	19.132	-58.576	87.790	-93.692	51.198
	500	19.389	-56.649	92.090	-102.694	44.893
	600	19.529	-54.702	95.638	-112.085	40.832
	700	19.615	-52.745	98.656	-121.804	38.034
	800	19.671	-50.780	101.279	-131.803	36.012
	900	19.710	-48.811	103.598	-142.049	34.499
	1000	19.739	-46.839	105.676	-152.515	33.337
	1100	19.761	-44.864	107.559	-163.178	32.425
	1200	19.778	-42.887	109.279	-174.021	31.698
	1300	19.791	-40.908	110.862	-185.029	31.110
	1400	19.803	-38.928	112.330	-196.190	30.631
	1500	19.812	-36.948	113.696	-207.492	30.236
	1600	19.820	-34.966	114.975	-218.926	29.908
	1700	19.828	-32.984	116.177	-230.484	29.635
	1800	19.834	-31.001	117.310	-242.159	29.406
	1900	19.840	-29.017	118.383	-253.944	29.214
	2000	19.845	-27.033	119.401	-265.834	29.053

表 Ⅶ-19　Fe_2Cl_6(g)　(Iron(3) Chloride (Dimeric Gas))

		A	B	C	D	RANGE
GAS	$C_{p,m}$	43.664	0.029	-1.932		298 ~ 2000

PHASE	T	$C_{p,m}$	H	S	G	BT
GAS	298	41.499	-156.4	128.35	-194.668	142.714
	300	41.526	-156.323	128.607	-194.905	142.007
	400	42.468	-152.117	140.701	-208.397	113.878
	500	42.906	-147.846	150.230	-222.961	97.469
	600	43.145	-143.542	158.076	-238.388	86.844
	700	43.290	-139.220	164.739	-254.537	79.481
	800	43.385	-134.886	170.526	-271.306	74.127
	900	43.452	-130.544	175.640	-288.620	70.096
	1000	43.500	-126.196	180.221	-306.417	66.976
	1100	43.536	-121.844	184.368	-324.649	64.511
	1200	43.565	-117.489	188.158	-343.278	62.528
	1300	43.587	-113.131	191.646	-362.271	60.911
	1400	43.606	-108.772	194.877	-381.599	59.578
	1500	43.622	-104.410	197.886	-401.239	58.468
	1600	43.635	-100.047	200.701	-421.170	57.537
	1700	43.646	-95.683	203.347	-441.373	56.750
	1800	43.657	-91.318	205.842	-461.834	56.082
	1900	43.666	-86.952	208.203	-482.537	55.512
	2000	43.674	-82.585	210.443	-503.471	55.024

表 Ⅶ-20　FeO　(Iron(2) Oxide)

		A	*B*	*C*	*D*	*RANGE*
SOL	$C_{p,m}$	12.142	2.059	-0.791		298 ~ 1650
LIQ	$C_{p,m}$	16.3				1650 ~ 3687
	注:*DPT* = 3687					

PHASE	*T*	$C_{p,m}$	*H*	*S*	*G*	*BT*
SOL	298	11.866	-65.02	14.52	-69.349	50.841
	300	11.881	-64.998	14.593	-69.376	50.547
	400	12.471	-63.778	18.100	-71.018	38.808
	500	12.855	-62.510	20.926	-72.974	31.901
	600	13.158	-61.209	23.298	-75.188	27.391
	700	13.422	-59.880	25.346	-77.622	24.238
	800	13.666	-58.526	27.155	-80.249	21.926
	900	13.897	-57.147	28.778	-83.047	20.169
	1000	14.122	-55.746	30.253	-86.000	18.798
	1100	14.342	-54.323	31.610	-89.094	17.704
	1200	14.558	-52.878	32.867	-92.319	16.816
	1300	14.772	-51.412	34.041	-95.665	16.085
	1400	14.984	-49.924	35.143	-99.124	15.476
	1500	15.195	-48.415	36.184	-102.691	1.364
	1600	15.406	-46.885	37.172	-106.359	14.530
	1650	15.510	-46.112	37.647	-108.230	14.337
			5.75	3.485		
LIQ	1650	16.300	-40.362	41.132	-108.230	14.337
	1700	16.300	-39.547	41.619	-110.299	14.182
	1800	16.300	-37.917	42.550	-114.508	13.905
	1900	16.300	-36.287	43.432	-118.807	13.668
	2000	16.300	-34.657	44.268	-123.192	13.464
	2100	16.300	-33.027	45.063	-127.659	13.287
	2200	16.300	-31.397	45.821	-132.204	13.135
	2300	16.300	-29.767	46.546	-136.822	13.003
	2400	16.300	-28.137	47.240	-141.512	12.888
	2500	16.300	-26.507	47.905	-146.269	12.789
	2600	16.300	-24.877	48.544	-151.092	12.702
	2700	16.300	-23.247	49.159	-155.977	12.627
	2800	16.300	-21.617	49.752	-160.923	12.562
	2900	16.300	-19.987	50.324	-165.927	12.506
	3000	16.300	-18.357	50.877	-170.987	12.458
	3100	16.300	-16.727	51.411	-176.102	12.417
	3200	16.300	-15.097	51.929	-181.269	12.382
	3300	16.300	-13.467	52.430	-186.487	12.352
	3400	16.300	-11.837	52.917	-191.755	12.328
	3500	16.300	-10.207	53.389	-197.070	12.307
	3600	16.300	-8.577	53.849	-202.432	12.291
	3687	16.300	-7.159	54.238	-207.134	12.280

表 Ⅶ-21　Fe_3O_4　(Iron(2,3) Oxide (Magnetite))

		A	B	C	D	RANGE
SOL-A	$C_{p,m}$	20.618	49.932			298 ~ 866
SOL-B	$C_{p,m}$	48.00				866 ~ 1870
LIQ	$C_{p,m}$	51.00				1870 ~ 2000

PHASE	T	$C_{p,m}$	H	S	G	BT
SOL-A	298	35.505	-267.3	35.0	-277.735	203.613
	300	35.598	-267.234	35.220	-277.800	202.405
	400	40.591	-263.425	46.145	-281.883	154.034
	500	45.584	-259.116	55.739	-286.985	125.458
	600	50.577	-254.308	64.491	-293.003	106.740
	700	55.570	-249.001	72.662	-299.864	93.634
	800	60.564	-243.194	80.409	-307.521	84.022
	866	63.859	-239.088	85.339	-312.991	78.999
SOL-B	866	48.000	-239.088	85.339	-312.991	78.999
	900	48.000	-237.456	87.187	-315.924	76.727
	1000	48.000	-232.656	92.244	-324.900	71.016
	1100	48.000	-227.856	96.819	-334.357	66.440
	1200	48.000	-223.056	100.996	-344.251	62.705
	1300	48.000	-218.256	104.838	-354.545	59.612
	1400	48.000	-213.456	108.395	-365.209	57.019
	1500	48.000	-208.656	111.707	-376.216	54.822
	1600	48.000	-203.856	114.805	-387.543	52.943
	1700	48.000	-199.056	117.715	-399.171	51.324
	1800	48.000	-194.256	120.458	-411.081	49.919
	1870	48.000	-190.896	122.289	-419.577	49.043
			33.0	17.647		
LIQ	1870	51.000	-157.896	139.936	-419.577	49.043
	1900	51.000	-156.366	140.748	-423.788	48.753
	2000	51.000	-151.266	143.364	-437.994	47.868

表 Ⅶ-22 Fe_2O_3 (Iron(3) Oxide (Hematite))

		A	*B*	*C*	*D*	*RANGE*
SOL-A	$C_{p,m}$	23.49	18.6	-3.55		298 ~ 953
SOL-B	$C_{p,m}$	36.0				953 ~ 1053
SOL-C	$C_{p,m}$	31.71	1.76			1053 ~ 1730
	注:*DPT* = 1735					

PHASE	*T*	$C_{p,m}$	*H*	*S*	*G*	*BT*
SOL-A	298	25.042	-197.3	20.9	-203.531	149.213
	300	25.126	-197.254	21.055	-203.570	148.321
	400	28.711	-194.549	28.810	-206.073	112.608
	500	31.370	-191.541	35.512	-209.297	91.496
	600	33.664	-188.287	41.438	-213.150	77.650
	700	35.786	-184.814	46.788	-217.566	67.936
	800	37.815	-181.133	51.700	-222.493	60.790
	900	39.792	-177.252	56.268	-227.894	55.348
	953	40.825	-175.116	58.575	-230.938	52.968
			0.160	0.168		
SOL-B	953	36.000	-174.956	58.743	-230.938	52.968
	1000	36.000	-173.264	60.476	-233.740	51.091
	1053	36.000	-171.356	62.335	-236.995	49.195
SOL-C	1053	33.563	-171.356	62.335	-236.995	49.195
	1100	33.646	-169.777	63.802	-239.959	47.682
	1200	33.822	-166.403	66.737	-246.488	44.898
	1300	33.998	-163.012	69.451	-253.299	42.589
	1400	34.174	-159.604	71.977	-260.372	40.651
	1500	34.350	-156.177	74.341	-267.689	39.008
	1600	34.526	-152.734	76.564	-275.236	37.600
	1700	34.702	-149.272	78.662	-282.998	36.387
	1735	34.764	-148.057	79.370	-285.763	36.001

表 VII-23　FeO · TiO$_2$　(Ilmenite)

		A	*B*	*C*	*D*	*RANGE*
SOL	$C_{p,m}$	27.87	4.36	-4.79		298 ~ 1743
LIQ	$C_{p,m}$	47.60				1743 ~ 1800
	注:DEC					

PHASE	*T*	$C_{p,m}$	*H*	*S*	*G*	*BT*
SOL	298	23.781	-297.9	25.3	-305.443	223.926
	300	23.856	-297.856	25.447	-305.490	222.579
	400	26.620	-295.316	32.737	-308.410	168.530
	500	28.134	-292.572	38.853	-311.998	136.393
	600	29.155	-289.705	44.078	-316.151	115.173
	700	29.944	-286.748	48.633	-320.792	100.169
	800	30.610	-283.720	52.676	-325.861	89.033
	900	31.203	-280.629	56.316	-331.313	80.465
	1000	31.751	-277.481	59.632	-337.113	73.686
	1100	32.270	-274.280	62.683	-343.231	68.203
	1200	32.769	-271.027	65.513	-349.643	63.687
	1300	33.255	-267.726	68.155	-356.327	59.912
	1400	33.730	-264.377	70.637	-363.268	56.716
	1500	34.197	-260.980	72.980	-370.450	53.982
	1600	34.659	-257.538	75.202	-377.860	51.620
	1700	35.116	-254.049	77.316	-385.487	49.564
	1743	35.312	-252.535	78.196	-388.830	48.761
			21.7	12.450		
LIQ	1743	47.600	-230.835	90.646	-388.830	48.761
	1800	47.600	-228.121	92.178	-394.041	47.850
	1900	47.600	-223.361	94.751	-403.389	46.407
	2000	47.600	-218.601	97.193	-412.987	45.135

表 Ⅶ-24 H_2(g) (Hydrogen(GAS))

		A	B	C	D	RANGE
GAS	$C_{p,m}$	6.52	0.78	0.12		298 ~ 3000

PHASE	T	$C_{p,m}$	H	S	G	BT
GAS	298	6.888	0	31.21	-9.305	6.822
	300	6.887	0.013	31.253	-9.363	6.822
	400	6.907	0.702	33.235	-12.592	6.881
	500	6.958	1.395	34.782	-15.996	6.993
	600	7.021	2.094	36.056	-19.540	7.118
	700	7.090	2.800	37.143	-23.201	7.245
	800	7.163	3.512	38.095	-26.964	7.367
	900	7.237	4.232	38.943	-30.816	7.484
	1000	7.312	4.960	39.709	-34.750	7.596
	1100	7.388	5.695	40.410	-38.756	7.701
	1200	7.464	6.437	41.056	-42.830	7.801
	1300	7.541	7.188	41.656	-46.966	7.897
	1400	7.618	7.945	42.218	-51.160	7.987
	1500	7.695	8.711	42.746	-55.408	8.074
	1600	7.773	9.485	43.245	-59.708	8.157
	1700	7.850	10.266	43.719	-64.056	8.236
	1800	7.928	11.055	44.170	-68.451	8.312
	1900	8.005	11.851	44.600	-72.890	8.385
	2000	8.083	12.656	45.013	-77.370	8.456
	2100	8.161	13.468	45.409	-81.892	8.524
	2200	8.238	14.288	45.791	-86.452	8.589
	2300	8.316	15.116	46.159	-91.049	8.653
	2400	8.394	15.951	46.514	-95.683	8.714
	2500	8.472	16.794	46.858	-100.352	8.774
	2600	8.550	17.645	47.192	-105.054	8.832
	2700	8.628	18.504	47.516	-109.790	8.888
	2800	8.706	19.371	47.832	-114.557	8.943
	2900	8.783	20.245	48.138	-119.356	8.996
	3000	8.861	21.128	48.437	-124.185	9.048

表 Ⅶ-25　**HCl**(g)　(Hydrogen Chloride(GAS))

		A	*B*	*C*	*D*	*RANGE*
GAS	$C_{p,m}$	6.34	1.10	0.26		298 ~ 2000

注:*MPT* = 159, *BPT* = 188

PHASE	*T*	$C_{p,m}$	*H*	*S*	*G*	*BT*
GAS	298	6.960	-22.063	44.643	-35.373	25.933
	300	6.959	-22.050	44.686	-35.456	25.833
	400	6.942	-21.356	46.683	-40.029	21.874
	500	6.994	-20.659	48.237	-44.778	19.575
	600	7.072	-19.956	49.519	-49.668	18.094
	700	7.163	-19.245	50.616	-54.676	17.073
	800	7.261	-18.523	51.579	-59.786	16.335
	900	7.362	-17.792	52.440	-64.988	15.783
	1000	7.466	-17.051	53.221	-70.272	15.360
	1100	7.571	-16.299	53.937	-75.630	15.028
	1200	7.678	-15.537	54.601	-81.057	14.765
	1300	7.785	-14.763	55.219	-86.549	14.552
	1400	7.893	-13.980	55.800	-92.100	14.379
	1500	8.002	-13.185	56.349	-97.708	14.238
	1600	8.110	-12.379	56.868	-103.369	14.121
	1700	8.219	-11.563	57.363	-109.080	14.025
	1800	8.328	-10.735	57.836	-114.841	13.945
	1900	8.437	-9.897	58.289	-120.647	13.879
	2000	8.546	-9.048	58.725	-126.498	13.825

表 Ⅶ-26 H_2O (Water)

PHASE	T	H	S	G	BT	p/atm
LIQ	298.15	-68.32	16.72	-73.305	53.741	0.031
	300	-68.29	16.83	-73.339	53.435	0.035
	350	-67.39	19.61	-74.254	46.372	0.413
	373.15	-66.97	20.76	-74.717	43.767	1.000
	400	-66.48	22.03	-75.292	41.143	2.435
	450	-65.55	24.21	-76.445	37.132	9.230
	500	-64.57	26.25	-77.695	33.965	26.123
	550	-63.5	28.22	-79.021	31.404	60.541
	600	-62.3	30.29	-80.474	29.317	122.11
	647.30	-59.7	34.26	-81.876	27.648	218.30

表 Ⅶ-27 H_2O(g) (Water(Gas))

		A	B	C	D	$RANGE$
GAS	$C_{p,m}$	7.17	2.56	0.08		298 ~ 2500

PHASE	T	$C_{p,m}$	H	S	G	BT
GAS	298	8.023	-57.95	45.106	-71.398	52.343
	300	8.027	-57.935	45.156	-71.482	52.081
	400	8.244	-57.122	47.494	-76.119	41.595
	500	8.482	-56.286	49.359	-80.965	35.395
	600	8.728	-55.425	50.927	-85.981	31.323
	700	8.978	-54.540	52.291	-91.144	28.460
	800	9.230	-53.629	53.506	-96.435	26.348
	900	9.484	-52.694	54.608	-101.841	24.734
	1000	9.738	-51.733	55.621	-107.353	23.465
	1100	9.993	-50.746	56.561	-112.963	22.447
	1200	10.248	-49.734	57.441	-118.663	21.614
	1300	10.503	-48.697	58.271	-124.449	20.925
	1400	10.758	-47.634	59.059	-130.316	20.346
	1500	11.014	-46.545	59.810	-136.260	19.856
	1600	11.269	-45.431	60.529	-142.277	19.437
	1700	11.525	-44.291	61.220	-148.365	19.076
	1800	11.780	-43.126	61.886	-154.520	18.764
	1900	12.036	-41.935	62.530	-160.741	18.492
	2000	12.292	-40.719	63.153	-167.026	18.254
	2100	12.548	-39.477	63.759	-173.371	18.045
	2200	12.804	-38.209	64.349	-179.777	17.862
	2300	13.060	-36.916	64.924	-186.241	17.699
	2400	13.315	-35.597	65.485	-192.761	17.556
	2500	13.571	-34.253	66.034	-199.337	17.428

表 Ⅶ-28　Mg　（Magnesium）

		A	B	C	D	RANGE
SOL	$C_{p,m}$	5.33	2.45	−0.103		298 ~ 923
LIQ	$C_{p,m}$	7.6				923 ~ 1378
GAS	$C_{p,m}$	4.968				298 ~ 2000
SOL	Lp	−7.78	−0.855		11.41	298 ~ 923
LIQ	Lp	−7.550	−1.41		12.79	923 ~ 1378

PHASE	T	$C_{p,m}$	H	S	G	BT	p
SOL	298	5.945	0	7.81	−2.329	1.707	
	300	5.951	0.011	7.847	−2.343	1.707	
	400	6.246	0.621	9.600	−3.219	1.759	
	500	6.514	1.259	11.023	−4.252	1.859	
	600	6.771	1.924	12.233	−5.416	1.973	
	700	7.024	2.613	13.296	−6.694	2.090	0.007
	800	7.274	3.328	14.250	−8.072	2.205	0.160
	900	7.522	4.068	15.122	−9.541	2.317	1.737
	923	7.579	4.242	15.312	−9.891	2.342	2.791
			2.14	2.319			
LIQ	923	7.600	6.382	17.631	−9.891	2.342	2.687
	1000	7.600	6.967	18.240	−11.273	2.464	10.233
	1100	7.600	7.727	18.964	−13.133	2.610	43.451
	1200	7.600	8.487	19.625	−15.063	2.744	143.446
	1300	7.600	9.247	20.234	−17.057	2.868	390.524
	1378	7.600	9.840	20.676	−18.652	2.959	766.838
			30.5	22.134			
GAS	1378	4.968	40.340	42.810	−18.652	2.959	
	1400	4.968	40.449	42.889	−19.595	3.059	
	1500	4.968	40.946	43.231	−23.901	3.483	
	1600	4.968	41.443	43.552	−28.240	3.858	
	1700	4.968	41.939	43.853	−32.611	4.193	
	1800	4.968	42.436	44.137	−37.011	4.494	
	1900	4.968	42.933	44.406	−41.438	4.767	
	2000	4.968	43.430	44.661	−45.891	5.015	

表 Ⅶ-29 $MgCl_2$ (Magnesium Chloride)

		A	B	C	D	RANGE
SOL	$C_{p,m}$	18.90	1.42	-2.06		298 ~ 987
LIQ	$C_{p,m}$	22.10				987 ~ 1691
GAS	$C_{p,m}$	13.771	0.073	-1.268		298 ~ 2000
LIQ	Lp	-10.840	-5.03		25.53	987 ~ 1691

PHASE	T	$C_{p,m}$	H	S	G	BT	p
SOL	298	17.006	-153.3	21.4	-159.680	117.065	
	300	17.037	-153.269	21.505	-159.720	116.372	
	400	18.180	-151.500	26.584	-162.134	88.598	
	500	18.786	-149.650	30.711	-165.005	72.133	
	600	19.180	-147.750	34.173	-168.254	61.295	
	700	19.474	-145.817	37.153	-171.824	53.653	
	800	19.714	-143.857	39.769	-175.673	47.998	
	900	19.924	-141.875	42.104	-179.768	43.660	
	987	20.090	-140.134	43.950	-183.513	40.640	
			10.3	10.436			
LIQ	987	22.100	-129.834	54.386	-183.513	40.640	0.306
	1000	22.100	-129.547	54.675	-184.222	40.267	0.398
	1100	22.100	-127.337	56.781	-189.796	37.714	2.384
	1200	22.100	-125.127	58.704	-195.572	35.623	10.195
	1300	22.100	-122.917	60.473	-201.532	33.885	33.760
	1400	22.100	-120.707	62.111	-207.662	32.422	91.647
	1500	22.100	-118.497	63.636	-213.950	31.177	212.615
	1600	22.100	-116.287	65.062	-220.386	30.107	434.787
	1691	22.100	-114.276	66.284	-226.363	29.260	762.131
			37.34	22.082			
GAS	1691	13.850	-76.936	88.366	-226.363	29.260	
	1700	13.851	-76.811	88.439	-227.158	29.207	
	1800	13.863	-75.426	89.232	-236.042	28.663	
	1900	13.875	-74.039	89.981	-245.003	28.186	
	2000	13.885	-72.651	90.693	-254.037	27.764	

表 Ⅶ-30　**MgO**（Magnesium　Oxide）

		A	B	C	D	RANGE
SOL	$C_{p,m}$	11.707	0.751	-2.734		298 ~ 3098
LIQ	$C_{p,m}$	14.5				3098 ~ 3533
	注：*BPT* = 3533					

PHASE	T	$C_{p,m}$	H	S	G	BT
SOL	298	8.855	-143.7	6.44	-145.620	106.757
	300	8.895	-143.684	6.495	-145.632	106.107
	400	10.299	-142.714	9.273	-146.424	80.013
	500	10.989	-141.647	11.653	-147.473	64.469
	600	11.398	-140.526	13.696	-148.743	54.187
	700	11.675	-139.371	15.475	-150.204	46.902
	800	11.881	-138.193	17.048	-151.831	41.484
	900	12.045	-136.997	18.457	-153.608	37.306
	1000	12.185	-135.785	19.733	-155.518	33.993
	1100	12.307	-134.560	20.900	-157.551	31.307
	1200	12.418	-133.324	21.976	-159.695	29.088
	1300	12.522	-132.077	22.974	-161.943	27.229
	1400	12.619	-130.820	23.906	-164.288	25.650
	1500	12.712	-129.553	24.780	-166.723	24.295
	1600	12.802	-128.277	25.603	-169.242	23.121
	1700	12.889	-126.993	26.382	-171.842	22.095
	1800	12.974	-125.700	27.121	-174.517	21.192
	1900	13.058	-124.398	27.825	-177.265	20.393
	2000	13.141	-123.088	28.496	-180.081	19.681
	2100	13.222	-121.770	29.140	-182.963	19.044
	2200	13.303	-120.444	29.757	-185.908	18.471
	2300	13.383	-119.109	30.350	-188.914	17.953
	2400	13.462	-117.767	30.921	-191.977	17.484
	2500	13.541	-116.417	31.472	-195.097	17.058
	2600	13.619	-115.059	32.005	-198.271	16.668
	2700	13.697	-113.693	32.520	-201.497	16.312
	2800	13.775	-112.320	33.020	-204.775	15.986
	2900	13.852	-110.938	33.504	-208.101	15.685
	3000	13.930	-109.549	33.975	-211.475	15.408
	3098	14.005	-108.180	34.424	-214.827	15.157
			18.5	5.972		
LIQ	3098	14.500	-89.680	40.396	-214.827	15.157
	3100	14.500	-89.651	40.405	-214.907	15.153
	3200	14.500	-88.201	40.866	-218.971	14.957
	3300	14.500	-86.751	41.312	-223.080	14.776
	3400	14.500	-85.301	41.745	-227.233	14.608
	3500	14.500	-83.851	42.165	-231.429	14.453
	3533	14.500	-83.373	42.301	-232.822	14.404

表 Ⅶ-31 **Mn** (Manganese)

		A	B	C	D	RANGE	
SOL-A	$C_{p,m}$	5.70	3.38	-0.375		298 ~ 990	
SOL-B	$C_{p,m}$	8.33	0.66			990 ~ 1360	
SOL-C	$C_{p,m}$	6.03	3.56	-0.443		298 ~ 1410	
SOL-D	$C_{p,m}$	11.30				1410 ~ 1517	
LIQ	$C_{p,m}$	11.00				1517 ~ 2324	
GAS	$C_{p,m}$	4.154	0.357			2324 ~ 3000	
SOL-D	*Lp*	-14.823	0.890	-0.812	8.146	298 ~ 1517	
LIQ	*Lp*	-11.996			8.043	1517 ~ 2324	
PHASE	T	$C_{p,m}$	H	S	G	BT	p
SOL-A	298	6.286	0	7.65	-2.281	1.672	
	300	6.297	0.012	7.689	-2.295	1.672	
	400	6.818	0.669	9.576	-3.162	1.728	
	500	7.240	1.372	11.143	-4.200	1.836	
	600	7.624	2.115	12.498	-5.383	1.961	
	700	7.989	2.896	13.700	-6.694	2.090	
	800	8.345	3.713	14.791	-8.119	2.218	
	900	8.696	4.565	15.794	-9.649	2.343	
	990	9.008	5.362	16.637	-11.109	2.453	
			0.535	0.540			
SOL-B	990	8.983	5.897	17.178	-11.109	2.453	
	1000	8.990	5.987	17.268	-11.281	2.466	
	1100	9.056	6.889	18.128	-13.052	2.593	
	1200	9.122	7.798	18.919	-14.905	2.715	
	1300	9.188	8.713	19.651	-16.834	2.830	
	1360	9.228	9.266	20.067	-18.025	2.897	
			0.525	0.386			
SOL-C	1360	10.848	9.791	20.453	-18.025	2.897	
	1400	10.991	10.228	20.769	-18.850	2.943	
	1410	11.027	10.338	20.848	-19.058	2.954	
			0.430	0.305			
SOL-D	1410	11.300	10.768	21.153	-19.058	2.954	0.195
	1500	11.300	11.785	21.852	-20.993	3.059	0.746
	1517	11.300	11.977	21.979	-21.366	3.079	0.942
			3.5	2.307			
LIQ	1517	11.000	15.477	24.287	-21.366	3.079	1.365

表 Ⅶ-32　$MnCl_2$　(Manganese(2) Chloride)

		A	B	C	D	RANGE	
SOL	$C_{p,m}$	18.04	3.16	-1.37		298 ~ 923	
LIQ	$C_{p,m}$	23.00				923 ~ 1504	
GAS	$C_{p,m}$	16.29	-0.38	-1.08		298 ~ 2000	
LIQ	Lp	-10.606	-4.33		23.68	923 ~ 1504	
PHASE	T	$C_{p,m}$	H	S	G	BT	p
SOL	298	17.441	-115.2	28.25	-123.623	90.630	
	300	17.466	-115.168	28.358	-123.675	90.109	
	400	18.448	-113.367	33.531	-126.780	69.278	
	500	19.072	-111.490	37.718	-130.349	56.983	
	600	19.555	-109.557	41.240	-134.301	48.926	
	700	19.972	-107.581	44.286	-138.581	43.273	
	800	20.354	-105.564	46.978	-143.147	39.111	
	900	20.715	-103.511	49.396	-147.967	35.936	
	923	20.796	-103.033	49.920	-149.109	35.311	
			9.0	9.751			
LIQ	923	23.000	-94.033	59.671	-149.109	35.311	0.224
	1000	23.000	-92.262	61.514	-153.776	33.612	1.213
	1100	23.000	-89.962	63.706	-160.039	31.801	7.395
	1200	23.000	-87.662	65.707	-166.511	30.330	32.271
	1300	23.000	-85.362	67.548	-173.175	29.117	109.185
	1400	23.000	-83.062	69.253	-180.016	28.106	303.076
	1500	23.000	-80.762	70.840	-187.021	27.253	719.214
	1504	23.000	-80.670	70.901	-187.305	27.221	742.429
			35.6	23.670			
GAS	1504	15.671	-45.070	94.571	-187.305	27.221	
	1600	15.640	-43.567	95.540	-196.431	26.835	
	1700	15.607	-42.005	96.487	-206.033	26.491	
	1800	15.573	-40.446	97.378	-215.726	26.196	
	1900	15.538	-38.890	98.219	-225.507	25.943	
	2000	15.503	-37.338	99.015	-235.369	25.723	

表 Ⅶ-33 **MnO** (Manganese(2) Oxide)

		A	B	C	D	RANGE
SOL	$C_{p,m}$	11.11	1.94	-0.88		298 ~ 1800
	注：$MnO_{1.0\sim1.12}$					
LIQ	$C_{p,m}$	14.50				2058 ~ 3000
	注：DEC					

PHASE	T	$C_{p,m}$	H	S	G	BT
SOL	298	10.698	-92.0	14.3	-96.264	70.573
	300	10.714	-91.980	14.366	-96.290	70.157
	400	11.336	-90.875	17.542	-97.892	53.493
	500	11.728	-89.720	20.117	-99.779	43.619
	600	12.030	-88.532	22.282	-101.901	37.123
	700	12.288	-87.316	24.157	-104.225	32.545
	800	12.524	-86.075	25.813	-106.726	29.160
	900	12.747	-84.811	27.301	-109.382	26.565
	1000	12.962	-83.526	28.655	-112.181	24.521
	1100	13.171	-82.219	29.901	-115.110	22.873
	1200	13.377	-80.892	31.056	-118.158	21.522
	1300	13.580	-79.544	32.134	-121.319	20.398
	1400	13.781	-78.176	33.148	-124.583	19.451
	1500	13.981	-76.788	34.106	-127.946	18.644
	1600	14.180	-75.380	35.014	-131.403	17.951
	1700	14.378	-73.952	35.880	-134.948	17.351
	1800	14.575	-72.504	36.707	-138.577	16.828
	1900	14.772	-71.037	37.501	-142.288	16.369
	2000	14.968	-69.550	38.263	-146.077	15.965
	2058	15.082	-68.678	38.693	-148.308	15.752
			13.0	6.317		
LIQ	2058	14.500	-55.678	45.010	-148.308	15.752
	2100	14.500	-55.069	45.303	-150.205	15.634
	2200	14.500	-53.619	45.977	-154.769	15.377
	2300	14.500	-52.169	46.622	-159.399	15.148
	2400	14.500	-50.719	47.239	-164.093	14.945
	2500	14.500	-49.269	47.831	-168.846	14.763
	2600	14.500	-47.819	48.399	-173.658	14.599
	2700	14.500	-46.369	48.947	-178.525	14.453
	2800	14.500	-44.919	49.474	-183.447	14.321
	2900	14.500	-43.469	49.983	-188.420	14.202
	3000	14.500	-42.019	50.474	-193.443	14.094

表Ⅶ-34　Mn_2O_3　(Manganese(3) Oxide)

		A	B	C	D	RANGE
SOL	$C_{p,m}$	24.73	8.38	-3.23		298 ~ 1350
	注:$MnO_{1.5\sim1.6}$	DEC				

PHASE	T	$C_{p,m}$	H	S	G	BT
SOL	298	23.595	-223.7	26.4	-236.571	173.435
	300	23.655	-228.656	26.546	-236.620	172.401
	400	26.063	-226.159	33.713	-239.645	130.953
	500	27.628	-223.471	39.706	-243.324	106.371
	600	28.861	-220.644	44.856	-247.558	90.185
	700	29.937	-217.704	49.387	-252.274	78.774
	800	30.929	-214.660	53.450	-257.420	70.333
	900	31.873	-211.519	57.148	-262.952	63.862
	1000	32.787	-208.286	60.553	-268.840	58.763
	1100	33.681	-204.963	63.720	-275.055	54.656
	1200	34.562	-201.550	66.689	-281.577	51.289
	1300	35.433	-198.050	69.490	-288.387	48.489
	1400	36.297	-194.464	72.147	-295.470	46.131

表 Ⅶ-35　MnO_2　(Manganese(4) Oxide)

		A	B	C	D	RANGE
SOL-A	$C_{p,m}$	16.60	2.44	-3.88		298 ~ 523
	注:$MnO_{1.96\sim2}$					
SOL-B	$C_{p,m}$	16.6	2.44	-3.88		523 ~ 780
	注:DEC					

PHASE	T	$C_{p,m}$	H	S	G	BT
SOL-A	298	12.963	-124.3	12.7	-128.087	93.903
	300	13.021	-124.276	12.780	-128.110	93.341
	400	15.151	-122.854	16.857	-129.597	70.818
	500	16.268	-121.278	20.369	-131.462	57.470
	523	16.458	-120.902	21.104	-131.939	55.142
SOL-B	523	16.458	-120.902	21.104	-131.939	55.142
	600	16.986	-119.613	23.402	-133.654	48.690
	700	17.516	-117.887	26.062	-136.130	42.508
	800	17.946	-116.113	28.430	-138.857	37.939

表 Ⅶ-36 Ni (Nickel)

		A	B	C	D	RANGE
SOL-A	$C_{p,m}$	7.80	−0.43	−1.335		298 ~ 630
SOL-B	$C_{p,m}$	7.10	1.00	−2.23		630 ~ 1728
	注:CURIE TEMP. = 630					
LIQ	$C_{p,m}$	9.3				1728 ~ 2200
LIQ	Lp	−22.400	−2.01		16.95	1728 ~ 3193
	注:$BPT = 3193, L = 89.6$					

PHASE	T	$C_{p,m}$	H	S	G	BT	p
SOL-A	298	6.170	0	7.14	−2.129	1.561	
	300	6.188	0.011	7.178	−2.142	1.561	
	400	6.794	0.665	9.055	−2.957	1.616	
	500	7.051	1.359	10.602	−3.942	1.723	
	600	7.171	2.071	11.900	−5.069	1.847	
	630	7.193	2.286	12.250	−5.431	1.884	
			0.14	0.222			
SOL-B	630	7.168	2.426	12.472	−5.431	1.884	
	700	7.345	2.935	13.237	6.331	1.977	
	800	7.552	3.680	14.232	−7.706	2.105	
	900	7.725	4.444	15.131	−9.174	2.228	
	1000	7.877	5.224	15.953	−10.729	2.345	
	1100	8.016	6.019	16.711	−12.363	2.457	
	1200	8.145	6.827	17.414	−14.070	2.563	
	1300	8.268	7.647	18.070	−15.844	2.664	
	1400	8.386	8.480	18.688	−17.682	2.761	
	1500	8.501	9.325	19.270	−19.580	2.853	
	1600	8.613	10.180	19.822	−21.535	2.942	
	1700	8.723	11.047	20.348	−23.544	3.027	
	1728	8.753	11.292	20.490	−24.116	3.050	
			4.21	2.436			
LIQ	1728	9.300	15.502	22.927	−24.116	3.050	0.003
	1800	9.300	16.171	23.306	−25.780	3.131	0.009
	1900	9.300	17.101	23.809	−28.136	3.237	0.037
	2000	9.300	18.031	24.286	−30.541	3.338	0.130
	2100	9.300	18.961	24.740	−32.993	3.434	0.403
	2200	9.300	19.891	25.173	−35.489	3.526	1.122
	2300	9.300	20.821	25.586	−38.027	3.614	2.843
	2400	9.300	21.751	25.982	−40.605	3.698	6.644
	2500	9.300	22.681	26.362	−43.223	3.779	14.459
	2600	9.300	23.611	26.726	−45.877	3.857	29.547
	2700	9.300	24.541	27.077	−48.567	3.932	57.103
	2800	9.300	25.471	27.416	−51.292	4.004	105.006
	2900	9.300	26.401	27.742	−54.050	4.074	184.689
	3000	9.300	27.331	28.057	−56.840	4.141	312.119
	3100	9.300	28.261	28.362	−59.661	4.207	508.811
	3193	9.300	29.126	28.637	−62.312	4.266	778.420

表 Ⅶ-37　$NiCl_2$（Nickel Chloride）

		A	*B*	*C*	*D*	*RANGE*	
SOL	$C_{p,m}$	17. 50	3. 16	-1. 19		298 ~ 1303	
	注：*SPT* = 1234，*MPT* = 1303，*L* = 18. 5						
GSA	$C_{p,m}$	13. 72	1. 06	-2. 91		1243 ~ 2000	
SOL	*Lp*	-13. 300	-2. 68		21. 88	298 ~ 1243	
PHASE	*T*	$C_{p,m}$	*H*	*S*	*G*	*BT*	*p*
SOL	298	17. 103	-73. 0	23. 35	-79. 962	58. 621	
	300	17. 126	-72. 968	23. 456	-80. 005	58. 292	
	400	18. 020	-71. 207	28. 517	-82. 614	45. 144	
	500	18. 604	-69. 374	32. 604	-85. 676	37. 454	
	600	19. 065	-67. 490	36. 038	-89. 113	32. 464	
	700	19. 469	-65. 563	39. 008	-92. 869	28. 999	
	800	19. 842	-63. 597	41. 632	-96. 903	26. 476	0. 003
	900	20. 197	-61. 595	43. 990	-101. 186	24. 575	0. 153
	1000	20. 541	-59. 558	46. 136	-105. 694	23. 103	3. 467
	1100	20. 878	-57. 487	48. 109	-110. 408	21. 939	43. 467
	1200	21. 209	-55. 383	49. 940	-115. 311	21. 004	350. 317
	1243	21. 351	-54. 468	50. 689	-117. 475	20. 658	770. 722
			53. 8	43. 282			
GAS	1243	14. 849	-0. 668	93. 972	-117. 475	20. 658	
	1300	14. 926	0. 181	94. 639	-122. 850	20. 656	
	1400	15. 056	1. 680	95. 750	-132. 370	20. 667	
	1500	15. 181	3. 192	96. 793	-141. 998	20. 692	
	1600	15. 302	4. 716	97. 777	-151. 727	20. 728	
	1700	15. 421	6. 252	98. 708	-161. 552	20. 772	
	1800	15. 538	7. 800	99. 593	-171. 467	20. 822	
	1900	15. 653	9. 360	100. 436	-181. 469	20. 876	
	2000	15. 767	10. 931	101. 242	-191. 553	20. 935	

表 Ⅶ-38 NiO (Nickel Monoxide)

		A	*B*	*C*	*D*	*RANGE*
SOL-A	$C_{p,m}$	-4.99	37.58	3.89		298 ~ 525
	注：$NiO_{1.005}$					
SOL-B	$C_{p,m}$	13.88				525 ~ 565
SOL-C	$C_{p,m}$	11.18	2.02			565 ~ 1800
	注：*MPT* = 2257					

PHASE	*T*	$C_{p,m}$	*H*	*S*	*G*	*BT*
SOL-A	298	10.591	-57.5	9.1	-60.213	44.143
	300	10.606	-57.480	9.166	-60.230	43.883
	400	12.473	-56.340	12.434	-61.313	33.505
	500	15.356	-54.953	15.516	-62.711	27.415
	525	16.151	-54.560	16.284	-63.109	26.275
SOL-B	525	13.880	-54.560	16.284	-63.109	26.275
	565	13.880	-54.004	17.303	-63.781	24.675
SOL-C	565	12.321	-54.004	17.303	-63.781	24.675
	600	12.392	-53.572	18.046	-64.399	23.461
	700	12.594	-52.323	19.971	-66.302	20.703
	800	12.796	-51.053	21.666	-68.386	18.685
	900	12.998	-49.763	23.185	-70.630	17.154
	1000	13.200	-48.453	24.565	-73.018	15.960
	1100	13.402	-47.123	25.832	-75.539	15.010
	1200	13.604	-45.773	27.007	-78.182	14.241
	1300	13.806	-44.403	28.104	-80.938	13.609
	1400	14.008	-43.012	29.135	-83.800	13.084
	1500	14.210	-41.601	30.108	-86.763	12.643
	1600	14.412	-40.170	31.032	-89.820	12.271
	1700	14.614	-38.719	31.911	-92.968	11.953
	1800	14.816	-37.247	32.752	-96.201	11.682
	1900	15.018	-35.755	33.559	-99.517	11.449
	2000	15.220	-34.243	34.334	-102.912	11.247
	2100	15.422	-32.711	35.082	-106.383	11.073
	2200	15.624	-31.159	35.804	-109.927	10.922
	2257	15.793	-30.265	36.205	-111.980	10.845

表 Ⅶ-39　O_2 (g) (Oxygen (GAS))

		A	B	C	D	RANGE
GAS	$C_{p,m}$	7.16	1.00	−0.40		298 ~ 3000

PHASE	T	$C_{p,m}$	H	S	G	BT
GAS	298	7.008	0	49.005	−14.611	10.711
	300	7.016	0.013	49.048	−14.702	10.712
	400	7.310	0.731	51.111	−19.714	10.773
	500	7.500	1.472	52.764	−24.910	10.890
	600	7.649	2.229	54.145	−30.257	11.023
	700	7.778	3.001	55.334	−35.733	11.158
	800	7.897	3.785	56.380	−41.319	11.289
	900	8.011	4.580	57.317	−47.005	11.416
	1000	8.120	5.387	58.167	−52.780	11.537
	1100	8.227	6.204	58.946	−58.636	11.651
	1200	8.332	7.032	59.666	−64.567	11.761
	1300	8.436	7.870	60.337	−70.568	11.865
	1400	8.540	8.719	60.966	−76.633	11.965
	1500	8.642	9.578	61.559	−82.760	12.060
	1600	8.744	10.448	62.120	−88.944	12.151
	1700	8.846	11.327	62.653	−95.183	12.238
	1800	8.948	12.217	63.161	−101.474	12.322
	1900	9.049	13.117	63.648	−107.814	12.403
	2000	9.150	14.027	64.115	−114.202	12.481
	2100	9.251	14.947	64.563	−120.636	12.556
	2200	9.352	15.877	64.996	−127.115	12.629
	2300	9.452	16.817	65.414	−133.635	12.700
	2400	9.553	17.767	65.818	−140.197	12.768
	2500	9.654	18.728	66.210	−146.798	12.835
	2600	9.754	19.698	66.591	−153.439	12.899
	2700	9.855	20.678	66.961	−160.116	12.962
	2800	9.955	21.669	67.321	−166.830	13.023
	2900	10.055	22.669	67.672	−173.580	13.083
	3000	10.156	23.680	68.015	−180.365	13.141

表 Ⅶ-40 Si（Silicon）

		A	*B*	*C*	*D*	*RANGE*
SOL	$C_{p,m}$	5. 455	0. 922	-0. 846		298 ~ 1685
LIQ	$C_{p,m}$	6. 5				1685 ~ 3492
	注：*BPT* = 3492 GAS （$92Si + 7Si_2 + 1Si_3$）					

PHASE	*T*	$C_{p,m}$	*H*	*S*	*G*	*BT*
SOL	298	4. 778	0	4. 498	-1. 341	0. 983
	300	4. 792	0. 009	4. 528	-1. 349	0. 983
	400	5. 295	0. 516	5. 983	-1. 877	1. 026
	500	5. 578	1. 061	7. 198	-2. 538	1. 110
	600	5. 773	1. 629	8. 233	-3. 311	1. 206
	700	5. 928	2. 214	9. 135	-4. 180	1. 305
	800	6. 060	2. 814	9. 935	-5. 134	1. 403
	900	6. 180	3. 426	10. 656	-6. 165	1. 497
	1000	6. 292	4. 049	11. 313	-7. 264	1. 588
	1100	6. 399	4. 684	11. 918	-8. 425	1. 674
	1200	6. 503	5. 329	12. 479	-9. 646	1. 757
	1300	6. 604	5. 985	13. 003	-10. 920	1. 836
	1400	6. 703	6. 650	13. 497	-12. 245	1. 912
	1500	6. 800	7. 325	13. 962	-13. 618	1. 984
	1600	6. 897	8. 010	14. 404	-15. 037	2. 054
	1685	6. 979	8. 600	14. 763	-16. 277	2. 111
			12. 0	7. 122		
LIQ	1685	6. 500	20. 600	21. 885	-16. 277	2. 111
	1700	6. 500	20. 697	21. 943	-16. 605	2. 135
	1800	6. 500	21. 347	22. 314	-18. 818	2. 285
	1900	6. 500	21. 997	22. 666	-21. 068	2. 424
	2000	6. 500	22. 647	22. 999	-23. 351	2. 552
	2100	6. 500	23. 297	23. 316	-25. 667	2. 672
	2200	6. 500	23. 947	23. 619	-28. 014	2. 783
	2300	6. 500	24. 597	23. 907	-30. 390	2. 888
	2400	6. 500	25. 247	24. 184	-32. 795	2. 987
	2500	6. 500	25. 897	24. 449	-35. 226	3. 080
	2600	6. 500	26. 547	24. 704	-37. 684	3. 168
	2700	6. 500	27. 197	24. 950	-40. 167	3. 252
	2800	6. 500	27. 847	25. 186	-42. 674	3. 331
	2900	6. 500	28. 497	25. 414	-45. 204	3. 407
	3000	6. 500	29. 147	25. 635	-47. 756	3. 480
	3100	6. 500	29. 797	25. 848	-50. 331	3. 549
	3200	6. 500	30. 447	26. 054	-52. 926	3. 615
	3300	6. 500	31. 097	26. 254	-55. 541	3. 679
	3400	6. 500	31. 747	26. 448	-58. 176	3. 740
	3492	6. 500	32. 345	26. 622	-60. 618	3. 794

表 Ⅶ-41　$SiCl_4$（Silicon Tetrachloride）

		A	B	C	D	RANGE
LTQ	$C_{p,m}$	33.5				298 ~ 331
	注：$MPT = 203$，$L = 1.85$					
GAS	$C_{p,m}$	25.391	0.230	−3.529		298 ~ 2000
LTQ	Lp	−1.572			7.64	273 ~ 331

PHASE	T	$C_{p,m}$	H	S	G	BT	p
LIQ	298	33.500	−164.18	57.687	−181.379	132.973	233.070
	300	33.500	−164.118	57.894	−181.486	132.230	251.189
	331	33.500	−163.080	61.188	−183.333	121.066	777.598
			6.8	20.544			
GAS	331	22.246	−156.280	81.732	−183.333	121.066	
	400	23.277	−154.706	86.048	−189.125	103.347	
	500	24.094	−152.333	91.340	−198.003	86.559	
	600	24.549	−149.899	95.777	−207.365	75.543	
	700	24.832	−147.429	99.584	−217.137	67.802	
	800	25.024	−144.935	102.913	−227.265	62.094	
	900	25.162	−142.426	105.868	−237.707	57.731	
	1000	25.268	−139.904	108.525	−248.429	54.301	
	1100	25.352	−137.373	110.938	−259.404	51.546	
	1200	25.422	−134.834	113.147	−270.610	49.291	
	1300	25.481	−132.289	115.184	−282.028	47.420	
	1400	25.533	−129.738	117.074	−293.642	45.846	
	1500	25.579	−127.182	118.837	−305.438	44.508	
	1600	25.621	−124.622	120.490	−317.406	43.361	
	1700	25.660	−122.058	122.044	−329.533	42.370	
	1800	25.696	−119.490	123.512	−341.812	41.507	
	1900	25.730	−116.919	124.902	−354.233	40.752	
	2000	25.763	−114.344	126.223	−366.790	40.086	

表 Ⅶ-42 **SiO_2** (Silicon Dioxide (Ouartz))

		A	*B*	*C*	*D*	*RANGE*
SOL-A	$C_{p,m}$	10. 496	9. 277	-2. 313		298 ~ 847
SOL-B	$C_{p,m}$	14. 080	2. 400			847 ~ 1696

注：*MPT* = 1646 ~ 1745

PHASE	*T*	$C_{p,m}$	*H*	*S*	*G*	*BT*
SOL-A	298	10. 660	-217. 7	9. 91	-220. 655	161. 766
	300	10. 709	-217. 680	9. 976	-220. 673	160. 782
	400	12. 761	-216. 499	13. 361	-221. 843	121. 226
	500	14. 209	-215. 147	16. 371	-223. 333	97. 632
	600	15. 420	-213. 665	19. 071	-225. 107	82. 006
	700	16. 518	-212. 067	21. 531	-227. 139	70. 925
	800	17. 556	-210. 363	23. 805	-229. 407	62. 680
	847	18. 031	-209. 527	24. 821	-230. 550	59. 496
			0. 174	0. 205		
SOL-B	847	16. 113	-209. 353	25. 026	-230. 550	59. 496
	900	16. 240	-208. 495	26. 008	-231. 902	56. 321
	1000	16. 480	-206. 859	27. 731	-234. 591	51. 277
	1100	16. 720	-205. 199	29. 313	-237. 444	47. 182
	1200	16. 960	-203. 515	30. 779	-240. 450	43. 798
	1300	17. 200	-201. 807	32. 146	-243. 597	40. 958
	1400	17. 440	-200. 075	33. 429	-246. 876	38. 544
	1500	17. 680	-198. 319	34. 640	-250. 280	36. 471
	1600	17. 920	-196. 539	35. 789	-253. 802	34. 672
	1696	18. 150	-194. 808	36. 840	-257. 288	33. 159

表 Ⅶ-43　Ti（Titanium）

		A	B	C	D	RANGE	
SOL-A	$C_{p,m}$	5. 296	2. 458			298 ~ 1155	
SOL-B	$C_{p,m}$	4. 739	1. 894			1155 ~ 1933	
LIQ	$C_{p,m}$	8. 5				1933 ~ 3575	
	注：BPT = 3575， L = 101. 9						
SOL-B	Lp	− 27. 017	− 6. 768	0. 611	32. 511	298 ~ 1933	
LIQ	Lp	− 22. 328			9. 126	1933 ~ 3575	
PHASE	T	$C_{p,m}$	H	S	G	BT	p
SOL-A	298	6. 029	0	7. 325	− 2. 184	1. 601	
	300	6. 033	0. 011	7. 362	− 2. 198	1. 601	
	400	6. 279	0. 627	9. 132	− 3. 026	1. 653	
	500	6. 525	1. 267	10. 559	− 4. 013	1. 754	
	600	6. 771	1. 932	11. 771	− 5. 131	1. 869	
	700	7. 017	2. 621	12. 833	− 6. 362	1. 987	
	800	7. 262	3. 335	13. 786	− 7. 694	2. 102	
	900	7. 508	4. 074	14. 655	− 9. 116	2. 214	
	1000	7. 754	4. 837	15. 459	− 10. 622	2. 322	
	1100	8. 000	5. 624	16. 210	− 12. 206	2. 425	
	1155	8. 135	6. 068	16. 603	− 13. 109	2. 481	
			0. 99	0. 857			
SOL-B	1155	6. 927	7. 058	17. 460	− 13. 109	2. 481	
	1200	7. 012	7. 372	17. 727	− 13. 900	2. 532	
	1300	7. 201	8. 082	18. 296	− 15. 702	2. 640	
	1400	7. 391	8. 812	18. 836	− 17. 559	2. 741	
	1500	7. 580	9. 561	19. 352	− 19. 468	2. 837	
	1600	7. 769	10. 328	19. 848	− 21. 428	2. 927	
	1700	7. 959	11. 114	20. 324	− 23. 437	3. 013	
	1800	8. 148	11. 920	20. 785	− 25. 493	3. 096	
	1900	8. 338	12. 744	21. 230	− 27. 594	3. 174	0. 002
	1933	8. 400	13. 020	21. 374	− 28. 297	3. 200	0. 003
			4. 45	2. 302			
LIQ	1933	8. 500	17. 470	23. 677	− 28. 297	3. 200	0. 004
	2000	8. 500	18. 040	23. 966	− 29. 893	3. 267	0. 009
	2100	8. 500	18. 890	24. 381	− 32. 310	3. 363	0. 031
	2200	8. 500	19. 740	24. 776	− 34. 768	3. 454	0. 095
	2300	8. 500	20. 590	25. 154	− 37. 265	3. 541	0. 262
	2400	8. 500	21. 440	25. 516	− 39. 798	3. 625	0. 665
	2500	8. 500	22. 290	25. 863	− 42. 368	3. 704	1. 566
	2600	8. 500	23. 140	26. 196	− 44. 971	3. 781	3. 454
	2700	8. 500	23. 990	26. 517	− 47. 606	3. 854	7. 184
	2800	8. 500	24. 840	26. 826	− 50. 274	3. 925	14. 181
	2900	8. 500	25. 690	27. 124	− 52. 971	3. 993	26. 711
	3000	8. 500	26. 540	27. 413	− 55. 698	4. 058	48. 232

表 Ⅶ-44 TiH_2（Titanium Dihydride）

		A	*B*	*C*	*D*	*RANGE*
SOL	$C_{p,m}$	18.525	0.122	-29.323	5.741	298 ~ 2000

PHASE	*T*	$C_{p,m}$	*H*	*S*	*G*	*BT*
SOL	298	7.236	-34.5	7.101	-36.617	26.845
	300	7.243	-34.487	7.146	-36.630	26.689
	400	9.217	-33.678	9.458	-37.461	20.471
	500	11.450	-32.640	11.764	-38.522	16.840
	600	13.111	-31.408	14.007	-39.812	14.503
	700	14.300	-30.034	16.122	-41.319	12.902
	800	15.162	-28.559	18.091	-43.031	11.757
	900	15.802	-27.009	19.915	-44.933	10.913
	1000	16.289	-25.403	21.607	-47.010	10.275
	1100	16.667	-23.755	23.178	-49.250	9.786
	1200	16.967	-22.072	24.641	-51.642	9.407
	1300	17.210	-20.363	26.009	-54.175	9.109
	1400	17.409	-18.632	27.292	-56.841	8.874
	1500	17.575	-16.882	28.499	-59.631	8.689
	1600	17.715	-15.118	29.638	-62.538	8.543
	1700	17.835	-13.340	30.716	-65.557	8.429
	1800	17.938	-11.551	31.738	-68.680	8.340
	1900	18.028	-9.753	32.710	-71.902	8.272
	2000	18.108	-7.946	33.637	-75.220	8.221

SOL $C_{p,m}(T) = A + B \times 10^{-3} T + C \times 10^{5} T^{-2} + D \times 10^{8} T^{-3}$

表 VII-45　$TiCl_2$ (Titanium Dichloride)

		A	*B*	*C*	*D*	*RANGE*
SOL	$C_{p,m}$	16.339	4.308	-0.826		298 ~ 1300
	注： *SPT* = 1299.5，*L* = 50.7；*MPT* = 1308					

PHASE	*T*	$C_{p,m}$	*H*	*S*	*G*	*BT*
SOL	298	16.694	-123.2	20.88	-129.425	94.884
	300	16.714	-123.169	20.983	-129.464	94.327
	400	17.546	-121.453	25.914	-131.819	72.032
	500	18.163	-119.667	29.898	-134.616	58.848
	600	18.694	-117.823	33.257	-137.778	50.192
	700	19.186	-115.929	36.176	-141.252	44.107
	800	19.656	-113.987	38.769	-145.002	39.618
	900	20.114	-111.998	41.110	-148.998	36.186
	1000	20.564	-109.964	43.253	-153.217	33.490
	1100	21.010	-107.886	45.234	-157.643	31.325
	1200	21.451	-105.763	47.081	-162.260	29.556
	1300	21.888	-103.606	48.807	-167.031	28.095

表 VII-46　$TiCl_2$ (g) (Titanium Dichloride (GAS))

		A	*B*	*C*	*D*	*RANGE*
GAS	$C_{p,m}$	14.371	0.530	-0.662		298 ~ 2000

PHASE	*T*	$C_{p,m}$	*H*	*S*	*G*	*BT*
GAS	298	13.784	-67.5	66.5	-87.327	64.021
	300	13.794	-67.474	66.585	-87.450	63.716
	400	14.169	-66.074	70.612	-94.319	51.540
	500	14.371	-64.646	73.797	-101.545	44.391
	600	14.505	-63.202	76.430	-109.060	39.730
	700	14.607	-61.746	78.674	-116.818	36.477
	800	14.692	-60.281	80.630	-124.785	34.094
	900	14.766	-58.808	82.365	-132.936	32.286
	1000	14.835	-57.328	83.924	-141.252	30.875
	1100	14.899	-55.841	85.341	-149.716	29.750
	1200	14.961	-54.348	86.640	-158.316	28.837
	1300	15.021	-52.849	87.840	-167.041	28.086
	1400	15.079	-51.344	88.955	-175.881	27.460
	1500	15.137	-49.833	89.997	-184.830	26.933
	1600	15.193	-48.317	90.976	-193.879	26.486
	1700	15.249	-46.795	91.899	-203.023	26.104
	1800	15.305	-45.267	92.772	-212.257	25.775
	1900	15.360	-43.734	93.601	-221.576	25.490
	2000	15.414	-42.195	94.390	-230.976	25.243

表 Ⅶ-47 $TiCl_3$ (Titanium Trichloride)

		A	B	C	D	RANGE	
SOL	$C_{p,m}$	22.900	2.644	-0.428		298 ~ 1104	
	注：SPT = 1104.1						
SOL	Lp	-9.620	-3.27		21.47	298 ~ 1104	
PHASE	T	$C_{p,m}$	H	S	G	BT	p
SOL	298	23.207	-172.5	33.4	-182.458	133.763	
	300	23.218	-172.457	33.544	-182.520	132.984	
	400	23.690	-170.110	40.292	-186.227	101.763	
	500	24.051	-167.723	45.618	-190.532	83.293	
	600	24.368	-165.301	50.032	-195.320	71.155	
	700	24.663	-162.850	53.810	-200.517	62.613	0.027
	800	24.948	-160.369	57.122	-206.067	56.302	0.895
	900	25.227	-157.860	60.077	-211.929	51.470	13.205
	1000	25.501	-155.324	62.749	-218.073	47.666	109.648
	1100	25.773	-152.760	65.192	-224.472	44.604	601.439
	1104	25.784	-152.654	65.288	-224.739	44.492	640.300
			39.71	35.966			
GAS	1104	20.413	-112.944	101.254	-224.739	44.492	

表 Ⅶ-48 $TiCl_3$ (g) (Titanium Trichloride (Gas))

		A	B	C	D	RANGE
GAS	$C_{p,m}$	20.855	-0.171	-3.092		298 ~ 2000
PHASE	T	$C_{p,m}$	H	S	G	BT
GAS	298	17.326	-128.9	75.7	-151.470	111.045
	300	17.368	-128.868	75.807	-151.610	110.463
	400	18.854	-127.046	81.038	-159.461	87.137
	500	19.533	-125.123	85.327	-167.786	73.349
	600	19.894	-123.150	88.923	-176.504	64.300
	700	20.104	-121.149	92.007	-185.554	57.940
	800	20.235	-119.132	94.701	-194.892	53.249
	900	20.319	-117.104	97.089	-204.484	49.662
	1000	20.375	-115.069	99.233	-214.302	46.842
	1100	20.411	-113.029	101.177	-224.324	44.575
	1200	20.435	-110.987	102.954	-234.532	42.720
	1300	20.450	-108.943	104.590	-244.910	41.179
	1400	20.458	-106.897	106.106	-255.446	39.882
	1500	20.461	-104.851	107.518	-266.128	38.780
	1600	20.461	-102.805	108.838	-276.946	37.834
	1700	20.457	-100.759	110.079	-287.893	37.016
	1800	20.452	-98.714	111.248	-298.960	36.304
	1900	20.444	-96.669	112.353	-310.140	35.679
	2000	20.436	-94.625	113.402	-321.429	35.129

表 Ⅶ-49　$TiCl_4$（Titanium Tetrachloride）

		A	B	C	D	RANGE	
LIQ	$C_{p,m}$	34.127	2.082	-0.039		298 ~ 409	
	注：MPT = 249.05，L = 2.382						
LIQ	Lp	-2.919	-5.788		25.129	298 ~ 409	
PHASE	T	$C_{p,m}$	H	S	G	BT	p
LIQ	298	34.704	-192.2	60.326	-210.186	154.091	10.390
	300	34.708	-192.136	60.541	-210.298	153.223	11.519
	400	34.935	-188.653	70.557	-216.876	118.512	589.898
	409	34.955	-188.339	71.335	-217.515	116.245	750.630
			8.55	20.905			
GAS	409	24.155	-179.789	92.239	-217.515	116.245	

表 Ⅶ-50　$TiCl_4$（g）　（Titanium Tetrachloride（GAS））

		A	B	C	D	RANGE
GAS	$C_{p,m}$	25.616	0.113	-2.522		298 ~ 2000
PHASE	T	$C_{p,m}$	H	S	G	BT
GAS	298	22.813	-182.4	84.8	-207.683	152.256
	300	22.848	-182.358	84.941	-207.840	151.432
	400	24.085	-180.002	91.709	-216.686	118.408
	500	24.664	-177.562	97.152	-226.138	98.858
	600	24.983	-175.078	101.680	-236.086	86.006
	700	25.180	-172.569	105.547	-246.452	76.956
	800	25.312	-170.044	108.919	-257.179	70.267
	900	25.406	-167.508	111.906	-268.223	65.142
	1000	25.477	-164.964	114.586	-279.550	61.104
	1100	25.532	-162.413	117.017	-291.132	57.850
	1200	25.576	-159.858	119.241	-302.946	55.181
	1300	25.614	-157.298	121.289	-314.974	52.959
	1400	25.646	-154.735	123.189	-327.199	51.085
	1500	25.673	-152.169	124.959	-339.608	49.487
	1600	25.698	-149.600	126.617	-352.187	48.113
	1700	25.721	-147.029	128.175	-364.928	46.921
	1800	25.742	-144.456	129.646	-377.820	45.880
	1900	25.761	-141.881	131.039	-390.854	44.965
	2000	25.779	-139.304	132.360	-404.025	44.156

表 Ⅶ-51 TiB_2（Titanium Diboride）

		A	*B*	*C*	*D*	*RANGE*
SOL	$C_{p,m}$	13.475	6.180	-4.174	-0.800	298 ~ 3193
LIQ	$C_{p,m}$	26.000				3193 ~ 3500
	注：*DPT* = 4250					

PHASE	*T*	$C_{p,m}$	*H*	*S*	*G*	*BT*
SOL	298	10.551	-66.8	6.808	-68.630	50.460
	300	10.619	-66.780	6.873	-68.842	50.158
	400	13.210	-65.574	10.325	-69.705	38.090
	500	14.695	-64.174	13.445	-70.896	30.993
	600	15.736	-62.650	16.220	-72.382	26.369
	700	16.557	-61.034	18.710	-74.131	23.148
	800	17.255	-59.342	20.967	-76.116	20.797
	900	17.874	-57.585	23.036	-78.318	19.021
	1000	18.438	-55.769	24.949	-80.718	17.643
	1100	18.960	-53.899	26.731	-83.303	16.553
	1200	19.449	-50.979	28.402	-86.061	15.676
	1300	19.910	-50.010	29.977	-88.980	14.961
	1400	20.346	-47.997	31.469	-92.053	14.372
	1500	20.759	-45.942	32.887	-95.272	13.883
	1600	21.152	-43.846	34.239	-98.628	13.474
	1700	21.525	-41.712	35.533	-102.117	13.130
	1800	21.878	-39.542	36.773	-105.733	12.839
	1900	22.213	-37.337	37.965	-109.470	12.594
	2000	22.531	-35.100	39.112	-113.325	12.385
	2100	22.830	-32.832	40.219	-117.292	12.208
	2200	23.113	-30.534	41.288	-121.367	12.058
	2300	23.378	-28.210	42.321	-125.548	11.931
	2400	23.627	-25.859	43.321	-129.830	11.824
	2500	23.858	-23.485	44.291	-134.211	11.734
	2600	24.073	-21.088	45.231	-138.687	11.659
	2700	24.272	-18.671	46.143	-143.256	11.597
	2800	24.454	-16.234	47.029	-147.915	11.547
	2900	24.619	-13.781	47.890	-152.661	11.506
	3000	24.769	-11.311	48.727	-157.492	11.475
	3100	24.902	-8.827	49.541	-162.406	11.451
	3193	25.011	-6.506	50.279	-167.048	11.435
			24.000	7.516		
LIQ	3193	26.000	17.494	57.796	-167.048	11.435
	3200	26.000	17.676	57.853	-167.453	11.438
	3300	26.000	20.276	58.653	-173.278	11.477
	3400	26.000	22.876	59.429	-179.182	11.519
	3500	26.000	25.476	60.182	-185.163	11.564

表 Ⅶ-52　V　（Vanadium）

		A	B	C	D	RANGE
SOL	$C_{p,m}$	4.9	2.58	0.2		298 ~ 2190
LIQ	$C_{p,m}$	9.5				2190 ~ 3652
	注：	$BPT = 3652$，$L = 109.2$				
	Lp	-25.613	3.994	0.743	-1.642	298 ~ 2190
LIQ	Lp	-24.265			9.525	2190 ~ 3652

PHASE	T	$C_{p,m}$	H	S	G	BT	p
SOL	298	5.894	0	6.88	-2.051	1.504	
	300	5.896	0.011	6.916	-2.064	1.504	
	400	6.057	0.608	8.633	2.845	1.555	
	500	6.270	1.224	10.007	-3.779	1.652	
	600	6.504	1.863	11.170	-4.840	1.763	
	700	6.747	2.525	12.191	-6.009	1.876	
	800	6.995	3.212	13.108	-7.274	1.988	
	900	7.247	3.924	13.946	-8.628	2.095	
	1000	7.500	4.661	14.723	-10.062	2.199	
	1100	7.755	5.424	15.450	-11.571	2.299	
	1200	8.010	6.212	16.135	-13.150	2.395	
	1300	8.266	7.026	16.787	-14.797	2.488	
	1400	8.522	7.866	17.409	-16.507	2.577	
	1500	8.779	8.731	18.005	-18.277	2.663	
	1600	9.036	9.621	18.580	-20.107	2.747	
	1700	9.293	10.538	19.136	-21.993	2.828	
	1800	9.550	11.480	19.674	-23.933	2.906	
	1900	9.808	12.448	20.197	-25.927	2.983	
	2000	10.065	13.441	20.707	-27.972	3.057	
	2100	10.323	14.461	21.204	-30.068	3.130	
	2190	10.554	15.400	21.642	-31.996	3.193	
			5.05	2.306			
LIQ	2190	9.500	20.450	23.948	-31.996	3.193	0.028
	2200	9.500	20.545	23.991	-32.236	3.203	0.031
	2300	9.500	21.495	24.414	-34.656	3.294	0.094
	2400	9.500	22.445	24.818	-37.118	3.381	0.260
	2500	9.500	23.395	25.206	-39.619	3.464	0.659
	2600	9.500	24.345	25.579	-42.159	3.544	1.557
	2700	9.500	25.295	25.937	-44.735	3.622	3.451
	2800	9.500	26.245	26.283	-47.346	3.696	7.227
	2900	9.500	27.195	26.616	-49.991	3.768	14.380
	3000	9.500	28.145	26.938	-52.669	3.837	27.332
	3100	9.500	29.095	27.249	-55.378	3.905	49.840
	3200	9.500	30.045	27.551	-58.118	3.970	87.536
	3300	9.500	30.995	27.843	-60.888	4.033	148.583
	3400	9.500	31.945	28.127	-63.687	4.094	244.475
	3500	9.500	32.895	28.402	-66.513	4.154	390.969

表 Ⅶ-53 $TiOCl_2$ (g) (Titanium Oxide Dichloride (GAS))

		A	*B*	*C*	*D*	*RANGE*
GAS	$C_{p,m}$	19.473	0.206	-2.134		298 ~ 2000

PHASE	*T*	$C_{p,m}$	*H*	*S*	*G*	*BT*
GAS	298	17.134	-130.4	76.697	-153.267	112.363
	300	17.164	-130.368	76.803	-153.409	111.774
	400	18.222	-128.592	81.907	-161.354	88.172
	500	18.722	-126.742	86.033	-169.758	74.211
	600	19.004	-124.854	89.473	-178.538	65.041
	700	19.182	-122.944	92.417	-187.636	58.591
	800	19.304	-121.020	94.987	-197.009	53.828
	900	19.395	-119.085	97.266	-206.624	50.182
	1000	19.466	-117.141	99.313	-216.455	47.313
	1100	19.523	-115.192	101.171	-226.480	45.004
	1200	19.572	-113.237	102.872	-236.684	43.112
	1300	19.615	-111.278	104.441	-247.050	41.539
	1400	19.653	-109.314	105.896	-257.568	40.214
	1500	19.687	-107.347	107.253	-268.226	39.086
	1600	19.719	-105.377	108.524	-279.016	38.117
	1700	19.749	-103.403	109.721	-289.929	37.278
	1800	19.778	-101.427	110.850	-300.958	36.546
	1900	19.805	-99.448	111.920	-312.097	35.904
	2000	19.832	-97.466	112.937	-323.340	35.338

表 Ⅶ-54　TiO（Titanium Monoxide）

		A	B	C	D	RANGE
SOL-A	$C_{p,m}$	10.57	3.60	-1.86		298 ~ 1264
	注：$TiO_{0.91\sim1.23}$					
SOL-B	$C_{p,m}$	13.499	1.990			1264 ~ 2023
LIQ	$C_{p,m}$	13.000				2023 ~ 3934
	注：	$BPT=3934$，$L=91.6$				

PHASE	T	$C_{p,m}$	H	S	G	BT
SOL-A	298	9.551	-124.19	12.2	-127.827	93.713
	300	9.583	-124.172	12.259	-127.850	93.151
	400	10.847	-123.144	15.208	-129.227	70.616
	500	11.626	-122.018	17.717	-130.877	57.214
	600	12.213	-120.825	19.891	-132.760	48.364
	700	12.710	-119.579	21.812	-134.847	42.107
	800	13.159	-118.285	23.539	-137.116	37.463
	900	13.580	-116.948	25.113	-139.549	33.892
	1000	13.984	-115.569	26.565	-142.134	31.068
	1100	14.376	-114.151	27.916	-144.859	28.785
	1200	14.761	-112.694	29.184	-147.715	26.906
	1264	15.004	-111.742	29.957	-149.607	25.871
			0.83	0.657		
SOL-B	1264	16.014	-110.912	30.613	-149.607	25.871
	1300	16.086	-110.334	31.064	-150.717	25.341
	1400	16.285	-108.715	32.264	-153.884	24.026
	1500	16.484	-107.077	33.394	-157.168	22.902
	1600	16.683	-105.419	34.464	-160.561	21.935
	1700	16.882	-103.740	35.481	-164.059	21.094
	1800	17.081	-102.042	36.452	-167.656	20.359
	1900	17.280	-100.324	37.381	-171.348	19.712
	2000	17.479	-98.586	38.272	-175.131	19.140
	2023	17.525	-98.184	38.472	-176.013	19.018
			13.000	6.426		
LIQ	2023	13.000	-85.184	44.899	-176.013	19.018
	2100	13.000	-84.183	45.384	-179.489	18.682
	2200	13.000	-82.883	45.989	-184.058	18.287
	2300	13.000	-81.583	46.567	-188.686	17.932
	2400	13.000	-80.283	47.120	-193.371	17.611
	2500	13.000	-78.983	47.651	-198.110	17.321
	2600	13.000	-77.683	48.161	-202.900	17.058
	2700	13.000	-76.383	48.651	-207.741	16.818
	2800	13.000	-75.083	49.124	-212.630	16.599
	2900	13.000	-73.783	49.580	-217.565	16.398
	3000	13.000	-72.483	50.021	-222.546	16.215

表 Ⅶ-55　Ti_2O_3 （Dititanium Trioxide）

		A	*B*	*C*	*D*	*RANGE*
SOL-A	$C_{p,m}$	36.432	0	-11.960		298 ~ 473
	注：$TiO_{1.45\sim1.55}$					
SOL-B	$C_{p,m}$	34.682	1.300	-10.207		473 ~ 2112
LIQ	$C_{p,m}$	37.5				2112 ~ 3000

PHASE	*T*	$C_{p,m}$	*H*	*S*	*G*	*BT*
SOL-A	298	22.978	-363.49	18.83	-369.104	270.597
	300	23.143	-263.447	18.973	-369.139	268.954
	400	28.957	-360.801	26.547	-371.419	202.961
	473	31.086	-358.603	31.589	-373.544	172.620
			0.215	0.455		
SOL-B	473	30.735	-358.388	32.044	-373.544	172.620
	500	31.249	-357.551	33.764	-374.433	163.687
	600	32.627	-354.351	39.594	-378.108	137.744
	700	33.509	-351.042	44.694	-382.327	119.384
	800	34.127	-347.658	49.211	-387.027	105.745
	900	34.592	-344.221	53.259	-392.154	95.241
	1000	34.961	-340.743	56.923	-397.666	86.922
	1100	35.268	-337.231	60.270	-403.528	80.184
	1200	35.533	-333.691	63.350	-409.711	74.629
	1300	35.768	-330.125	66.204	-416.190	69.977
	1400	35.981	-326.538	68.863	-422.945	66.034
	1500	36.178	-322.930	71.352	-429.957	62.653
	1600	36.363	-319.303	73.693	-437.211	59.728
	1700	36.539	-315.657	75.902	-444.692	57.177
	1800	36.707	-311.995	77.996	-452.387	54.935
	1900	36.869	-308.316	79.985	-460.287	52.952
	2000	37.027	-304.621	81.880	-468.381	51.189
	2100	37.181	-300.911	83.690	-476.660	49.613
	2112	37.199	-300.465	83.902	-477.666	49.436
			26.4	12.500		
LIQ	2112	37.500	-274.065	96.402	-477.666	49.436
	2200	37.500	-270.765	97.933	-486.217	48.308
	2300	37.500	-267.015	99.600	-496.094	47.146
	2400	37.500	-263.265	101.196	-506.135	46.096
	2500	37.500	-259.515	102.727	-516.331	44.144
	2600	37.500	-255.765	104.197	-526.678	44.277
	2700	37.500	-252.015	105.613	-537.169	43.487
	2800	37.500	-248.265	106.977	-547.799	42.763
	2900	37.500	-244.515	108.292	-558.563	42.100
	3000	37.500	-240.765	109.564	-569.456	41.490

表 Ⅶ-56　Ti_3O_5（Trititanium Pentoxide）

		A	B	C	D	RANGE
SOL-A	$C_{p,m}$	55.217	-5.921	-14.640		298~450
SOL-B	$C_{p,m}$	41.754	8.064	0.006		450~2047
LIQ	$C_{p,m}$	56.000				2047~3000

PHASE	T	$C_{p,m}$	H	S	G	BT
SOL-A	298	36.982	-587.75	30.935	-596.973	437.652
	300	37.174	-587.681	31.164	-597.031	434.995
	400	43.699	-583.587	42.899	-600.746	328.277
	450	45.323	-581.359	48.146	-603.024	292.908
			2.81	6.244		
SOL-B	450	45.386	-578.549	54.391	-603.024	292.908
	500	45.788	-576.269	59.193	-605.866	264.859
	600	46.594	-571.650	67.613	-612.218	223.030
	700	47.400	-566.950	74.856	-619.350	193.396
	800	48.206	-562.170	81.238	-627.160	171.355
	900	49.012	-557.309	86.962	-635.575	154.359
	1000	49.819	-552.368	92.168	-644.536	140.882
	1100	50.625	-547.345	96.954	-653.995	129.954
	1200	51.431	-542.243	101.394	-663.915	120.932
	1300	52.238	-537.059	105.542	-674.264	113.369
	1400	53.044	-531.795	109.443	-685.015	106.950
	1500	53.850	-526.450	113.130	-696.145	101.442
	1600	54.657	-521.025	116.631	-707.635	96.671
	1700	55.463	-515.519	119.969	-719.466	92.506
	1800	56.269	-509.932	123.162	-731.624	88.843
	1900	57.076	-504.265	126.226	-744.094	85.602
	2000	57.882	-498.517	129.174	-756.865	82.717
	2047	58.261	-495.788	130.523	-762.968	81.470
			33.000	16.121		
LIQ	2047	56.000	-462.788	146.644	-762.968	81.470
	2100	56.000	-459.820	148.075	-770.778	80.227
	2200	56.000	-454.220	150.680	-785.717	78.064
	2300	56.000	-448.620	153.170	-800.910	76.114
	2400	56.000	-443.020	155.553	-816.347	74.349
	2500	56.000	-437.420	157.839	-832.018	72.745
	2600	56.000	-431.820	160.036	-847.912	71.283
	2700	56.000	-426.220	162.149	-864.022	69.947
	2800	56.000	-420.620	164.186	-880.340	68.723
	2900	56.000	-415.020	166.151	-896.857	67.598
	3000	56.000	-409.420	168.049	-913.567	66.562

表 Ⅶ-57 TiO_2（Titanium Dioxide（Rutile））

		A	*B*	*C*	*D*	*RANGE*
SOL	$C_{p,m}$	15.023	2.715	-2.380	0	298 ~ 2143
LIQ	$C_{p,m}$	21.000				2143 ~ 3000

PHASE	*T*	$C_{p,m}$	*H*	*S*	*G*	*BT*
SOL	298	13.155	-225.8	12.030	-229.387	168.168
	300	13.193	-225.776	12.111	-229.409	167.147
	400	14.621	-224.377	16.126	-230.827	126.135
	500	15.428	-222.871	19.482	-232.612	101.688
	600	15.991	-221.299	22.347	-234.707	85.504
	700	16.438	-219.677	24.847	-237.070	74.026
	800	16.823	-218.013	27.068	-239.668	65.483
	900	17.173	-216.313	29.070	-242.476	58.889
	1000	17.500	-214.580	30.896	-245.476	53.656
	1100	17.813	-212.814	32.579	-248.650	49.409
	1200	18.116	-211.017	34.142	-251.987	45.899
	1300	18.412	-209.191	35.603	-255.475	42.955
	1400	18.703	-207.335	36.979	-259.105	40.454
	1500	18.990	-205.450	38.279	-262.869	38.305
	1600	19.274	-203.537	39.513	-266.759	36.442
	1700	19.556	-201.596	40.690	-270.769	34.814
	1800	19.837	-199.626	41.816	-274.895	33.381
	1900	20.116	-197.628	42.896	-279.131	32.112
	2000	20.393	-195.603	43.935	-283.473	30.981
	2100	20.671	-193.550	44.937	-287.917	29.968
	2143	20.789	-192.658	45.357	-289.858	29.565
			16.000	7.466		
LIQ	2143	21.000	-176.658	52.823	-289.858	29.565
	2200	21.000	-175.461	53.374	-292.885	29.099
	2300	21.000	-173.361	54.308	-298.269	28.346
	2400	21.000	-171.261	55.202	-303.745	27.663
	2500	21.000	-169.161	56.059	-309.308	27.043
	2600	21.000	-167.061	56.882	-314.956	26.478
	2700	21.000	-164.961	57.675	-320.684	25.961
	2800	21.000	-162.861	58.439	-326.490	25.487
	2900	21.000	-160.761	59.176	-332.371	25.051
	3000	21.000	-158.661	59.888	-338.324	24.650

表 Ⅶ-58　TiO_2（Titanium Dioxide（Anatase））

		A	B	C	D	RANGE
SOL	$C_{p,m}$	17.934	0	-4.213		298 ~ 2000

注：*TPT* = 918

PHASE	T	$C_{p,m}$	H	S	G	BT
SOL	298	13.195	-223.0	11.93	-226.557	166.093
	300	13.253	-222.976	12.012	-226.579	165.085
	400	15.301	-221.533	16.147	-227.992	124.586
	500	16.249	-219.950	19.675	-229.788	100.454
	600	16.764	-218.298	22.687	-231.910	84.484
	700	17.074	-216.604	25.297	-234.312	73.165
	800	17.276	-214.886	27.591	-236.959	64.743
	900	17.414	-213.151	29.634	-239.822	58.245
	1000	17.513	-211.405	31.474	-242.879	53.088
	1100	17.586	-209.650	33.147	-246.111	48.904
	1200	17.641	-207.888	34.679	-249.503	45.447
	1300	17.685	-206.122	36.093	-253.043	42.546
	1400	17.719	-204.352	37.405	-256.719	40.081
	1500	17.747	-202.578	38.629	-260.521	37.963
	1600	17.769	-200.802	39.775	-264.442	36.126
	1700	17.788	-199.024	40.852	-268.474	34.519
	1800	17.804	-197.245	41.870	-272.610	33.104
	1900	17.817	-195.464	42.833	-276.846	31.849
	2000	17.829	-193.681	43.747	-281.175	30.730

表 Ⅶ-59 TiN（Titanium Mononitride）

		A	B	C	D	RANGE
SOL	$C_{p,m}$	11.91	0.940	-2.96		298 ~ 3223
	注：$TiN_{0.42\sim1.0}$					
LIQ	$C_{p,m}$	16.0				3223 ~ 3500

PHASE	T	$C_{p,m}$	H	S	G	BT
SOL	298	8.860	-80.75	7.240	-82.909	60.782
	300	8.903	-80.734	7.295	-82.922	60.417
	400	10.436	-79.756	10.096	-83.795	45.789
	500	11.196	-78.671	12.514	-84.928	37.127
	600	11.652	-77.527	14.599	-86.286	31.434
	700	11.964	-76.345	16.420	-87.839	27.428
	800	12.199	-75.137	18.033	-89.563	24.471
	900	12.391	-73.907	19.482	-91.440	22.208
	1000	12.554	-72.660	20.796	-93.455	20.427
	1100	12.699	-71.397	21.999	-95.596	18.996
	1200	12.832	-70.120	23.110	-97.852	17.824
	1300	12.957	-68.831	24.142	-100.215	16.850
	1400	13.075	-67.529	25.107	-102.678	16.031
	1500	13.188	-66.216	26.013	-105.235	15.335
	1600	13.298	-64.891	26.867	-107.879	14.738
	1700	13.406	-63.556	27.677	-110.607	14.221
	1800	13.511	-62.210	28.446	-113.413	13.772
	1900	13.614	-60.854	29.179	-116.295	13.379
	2000	13.716	-59.488	29.880	-119.248	13.033
	2100	13.817	-58.111	30.552	-122.270	12.726
	2200	13.917	-56.724	31.197	-125.357	12.455
	2300	14.016	-55.328	31.818	-128.508	12.213
	2400	14.115	-53.921	32.416	-131.720	11.996
	2500	14.213	-52.505	32.995	-134.991	11.802
	2600	14.310	-51.078	33.554	-138.318	11.628
	2700	14.407	-49.643	34.096	-141.701	11.471
	2800	14.504	-48.197	34.621	-145.137	11.330
	2900	14.601	-46.742	35.132	-148.625	11.202
	3000	14.697	-45.277	35.629	-152.163	11.087
	3100	14.793	-43.802	36.112	-155.750	10.982
	3200	14.889	-42.318	36.583	-159.385	10.887
	3223	14.911	-41.976	36.690	-160.228	10.866
			15.000	4.654		
LIQ	3223	16.000	-26.976	41.344	-160.228	10.866
	3300	16.000	-25.744	41.722	-163.426	10.825
	3400	16.000	-24.144	42.200	-167.622	10.776
	3500	16.000	-22.544	42.663	-171.865	10.733

表 Ⅶ-60　TiC（Titanium Monocarbide）

		A	B	C	D	RANGE
SOL	$C_{p,m}$	11.939	0.234	-3.531	0.451	298 ~ 3290
	注：$TiC_{0.6\sim1.0}$					
LIQ	$C_{p,m}$	15.000				3290 ~ 3500

PHASE	T	$C_{p,m}$	H	S	G	BT
SOL	298	8.077	-44.000	5.79	-45.726	33.523
	300	8.126	-43.985	5.840	-45.737	33.324
	400	9.898	-43.072	8.456	-46.454	25.385
	500	10.756	-42.035	10.766	-47.418	20.729
	600	11.261	-40.932	12.775	-48.597	17.704
	700	11.603	-39.788	14.538	-49.965	15.602
	800	11.863	-38.614	16.105	-51.498	14.071
	900	12.079	-37.417	17.516	-53.180	12.916
	1000	12.271	-36.199	18.798	-54.997	12.021
	1100	12.450	-34.963	19.976	-56.937	11.314
	1200	12.624	-33.709	21.067	-58.989	10.745
	1300	12.796	-32.438	22.084	-61.148	10.281
	1400	12.970	-31.150	23.039	-63.404	9.899
	1500	13.148	-29.844	23.940	-65.754	9.582
	1600	13.330	-28.520	24.794	-68.191	9.316
	1700	13.518	-27.178	25.608	-70.711	9.092
	1800	13.712	-25.816	26.386	-73.311	8.902
	1900	13.914	-24.435	27.133	-75.987	8.742
	2000	14.123	-23.033	27.852	-78.737	8.605
	2100	14.339	-21.610	28.546	-81.557	8.489
	2200	14.564	-20.165	29.218	-84.445	8.390
	2300	14.796	-18.697	29.871	-87.400	8.306
	2400	15.037	-17.205	30.506	-90.419	8.235
	2500	15.286	-15.689	31.124	-93.500	8.175
	2600	15.544	-14.148	31.729	-96.643	8.125
	2700	15.810	-12.580	32.321	-99.846	8.083
	2800	16.085	-10.986	32.900	-103.107	8.049
	2900	16.369	-9.363	33.470	-106.425	8.022
	3000	16.661	-7.712	34.030	-109.801	8.000
	3100	16.962	-6.031	34.581	-113.231	7.984
	3200	17.272	-4.319	35.124	-116.716	7.972
	3290	17.558	-2.752	35.607	-119.899	7.966
			17.000	5.167		
LIQ	3290	15.000	14.248	40.774	-119.899	7.966
	3300	15.000	14.398	40.820	-120.307	7.969
	3400	15.000	15.898	41.268	-124.412	7.998
	3500	15.000	17.398	41.703	-128.560	8.029

表 Ⅶ-61 $VOCl_3$ (Vanadium Monoxide Trichloride)

		A	B	C	D	RANGE	
LIQ	$C_{p,m}$	36.000				298 ~ 400	
	注：MPT = 194						
GAS	$C_{p,m}$	25.8		-2.0		298 ~ 1000	
LIQ	Lp	-1.921			7.70	298 ~ 400	
PHASE	T	$C_{p,m}$	H	S	G	BT	p
LIQ	298	36.000	-172.000	49.000	-186.609	136.807	18.069
	300	36.000	-171.933	49.223	-186.700	136.029	19.800
	400	36.000	-168.333	59.579	-192.165	105.008	789.769
			8.000	20.000			
GAS	400	24.550	-160.333	79.579	-192.165	105.008	
	500	25.000	-157.853	85.111	-200.409	87.611	
	600	25.244	-155.340	89.693	-209.156	76.195	
	700	25.392	-152.808	93.596	-218.325	68.173	
	800	25.487	-150.263	96.994	-227.858	62.256	
	900	25.553	-147.711	100.000	-237.711	57.732	
	1000	25.600	-145.153	102.695	-247.848	54.174	

表 Ⅶ-62 V_2O_3 (Vanadium Trioxide)

		A	B	C	D	RANGE
SOL	$C_{p,m}$	29.35	4.76	-5.42		298 ~ 1800
	注：MPT > 2273					
PHASE	T	$C_{p,m}$	H	S	G	BT
SOL	298	24.672	-293.0	23.5	-300.007	219.940
	300	24.756	-292.954	23.653	-300.050	218.616
	400	27.866	-290.304	31.255	-302.806	165.468
	500	29.562	-287.426	37.670	-306.261	133.885
	600	30.700	-284.410	43.166	-310.310	113.045
	700	31.576	-281.295	47.967	-314.872	98.321
	800	32.311	-278.099	52.233	-319.885	87.400
	900	32.965	-274.835	56.077	-325.304	79.005
	1000	33.568	-271.508	59.581	-331.090	72.369
	1100	34.138	-268.123	62.808	-337.211	67.007
	1200	34.686	-264.681	65.802	-343.643	62.594
	1300	35.217	-261.186	68.599	-350.365	58.910
	1400	35.737	-257.638	71.228	-357.358	55.794
	1500	36.249	-254.039	73.711	-364.606	53.130
	1600	36.754	-250.389	76.067	-372.096	50.833
	1700	37.254	-246.688	78.310	-379.815	48.835
	1800	37.751	-242.938	80.454	-387.754	47.086
	1900	38.244	-239.138	82.508	-395.903	45.545
	2000	38.734	-235.289	84.482	-404.253	44.181
	2100	39.223	-231.391	86.384	-412.797	42.966
	2200	39.710	-227.445	88.220	-421.528	41.881

表 Ⅶ-63　V_2O_5 (Vanadium Pentoxide)

		A	B	C	D	RANGE	
SOL	$C_{p,m}$	46.54	-3.90	-13.22		298 ~ 943	
	注：$VO_{2.495\sim2.50}$						
LIQ	$C_{p,m}$	45.60				943 ~ 1500	
	注：*DEC.*						
LIQ	Lp	-7.100			5.05	943 ~ 1500	
PHASE	T	$C_{p,m}$	H_m	S_m	G_m	BT	p
SOL	298	30.505	-372.300	31.300	-381.632	279.781	
	300	30.681	-372.243	31.489	-381.690	278.098	
	400	36.717	-368.828	41.275	-385.337	210.567	
	500	39.302	-365.010	49.783	-389.901	170.449	
	600	40.528	-361.011	57.070	-395.253	143.990	
	700	41.112	-356.925	63.367	-401.282	125.303	
	800	41.354	-352.800	68.875	-407.900	111.448	
	900	41.398	-348.661	73.750	-415.036	100.798	
	943	41.376	-346.881	75.682	-418.250	96.947	
			15.600	16.543			
LIQ	943	45.600	-331.281	92.225	-418.250	96.947	0.003
	1000	45.600	-328.682	94.901	-423.583	92.587	0.009
	1100	45.600	-324.122	99.247	-433.294	86.099	0.039
	1200	45.600	-319.562	103.215	-443.420	80.769	0.136
	1300	45.600	-315.002	106.865	-453.927	76.322	0.388
	1400	45.600	-310.442	110.244	-464.784	72.566	0.952
	1500	45.600	-305.882	113.390	-475.968	69.358	2.073
	1600	45.600	-301.322	116.333	-487.455	66.592	4.097
	1700	45.600	-296.762	119.098	-499.228	64.189	7.474
	1800	45.600	-292.202	121.704	-511.270	62.085	12.751
	1900	45.600	-287.642	124.170	-523.565	60.232	20.566
	2000	45.600	-283.082	126.509	-536.099	58.590	31.623
	2100	45.600	-278.522	128.733	-548.863	57.129	46.671
	2200	45.600	-273.962	130.855	-561.843	55.821	66.486
	2300	45.600	-269.402	132.882	-575.030	54.648	91.842
	2400	45.600	-264.842	134.822	-588.416	53.590	123.500
	2500	45.600	-260.282	136.684	-601.992	52.633	162.181
	2600	45.600	-255.722	138.472	-615.751	51.765	208.560
	2700	45.600	-251.162	140.193	-629.684	50.976	263.251
	2800	45.600	-246.602	141.852	-643.787	50.257	326.803
	2900	45.600	-242.042	143.452	-658.053	49.599	399.691
	3000	45.600	-237.482	144.998	-672.476	48.996	482.318

附录Ⅷ 热力学位图

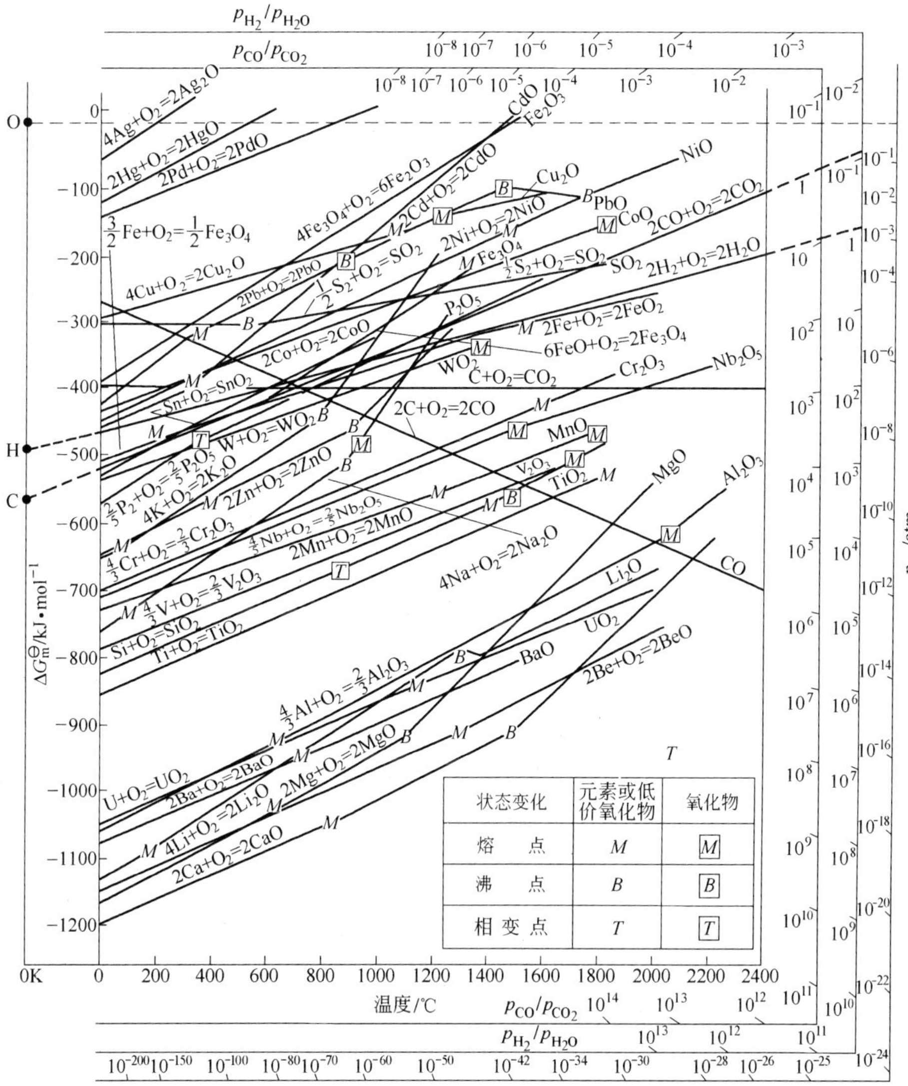

附图Ⅷ-1 金属氧化物的标准生成自由焓与温度关系图

注：图中 1atm = 101325Pa（本图引自 J. J. Mccre, Chemical Metallurgy, 1981）

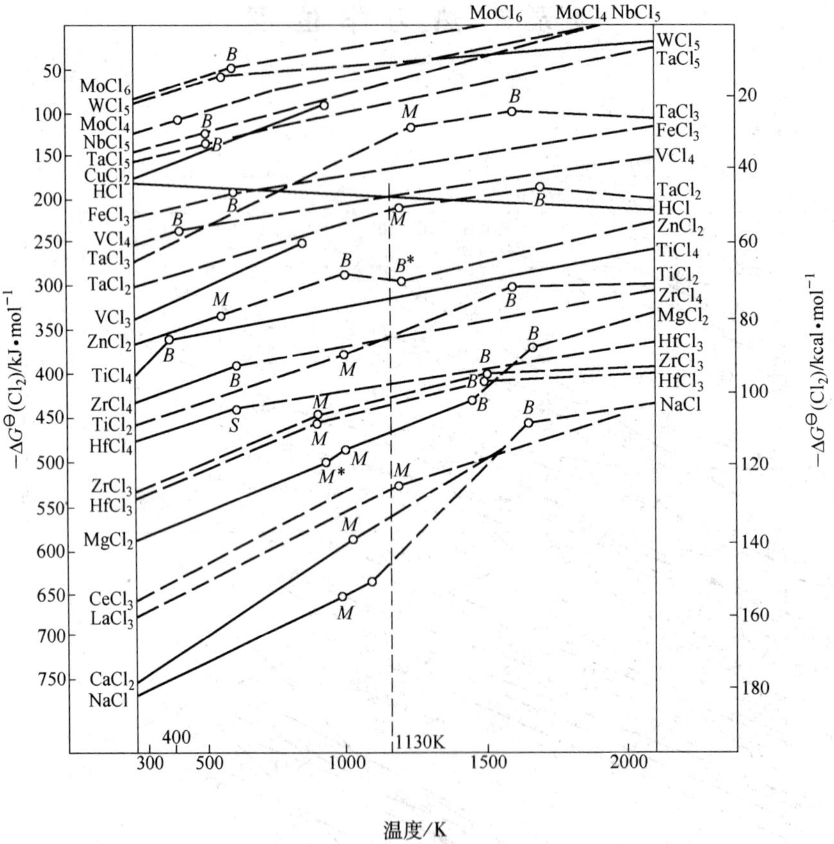

附图Ⅷ-2　某些金属氯化物的 $\Delta G_T^{\ominus}$ 值与温度关系

（虚线表示计算值，实线表示实测值）

M^*—金属熔点；B^*—金属沸点；M—氯化物熔点；B—氯化物沸点

参 考 文 献

[1] 张乃文，陈嘉宾，于字家. 化工热力学[M]. 大连：大连理工大学出版社，2006.

[2] I. M. 克洛兹，R. M. 罗森伯格. 化学热力学[M]. 鲍银堂，苏企华译. 北京：人民教育出版社，1981.

[3] 李大珍. 化学热力学基础[M]. 北京：北京师范大学出版社，1982.

[4] 葛婉华，陈鸣德. 化工计算[M]. 北京：化学工业出版社，1982.

[5] 魏寿昆. 冶金过程热力学[M]. 上海：上海科学技术出版社，1980.

[6] 叶大伦. 冶金热力学[M]. 长沙：中南工业大学出版社，1987.

[7] O. 库巴谢夫斯基，C. B. 奥尔考克. 冶金热化学[M]. 邱竹贤，梁英教，李席孟，王介淦译. 北京：冶金工业出版社，1985.

[8] 叶大伦. 实用无机物热力学数据手册[M]. 北京：冶金工业出版社，1981.

[9] Barin I，Knake O. Thermochemical Properties of Inorganic Substances[M]. Springervering Berlin Heidelberg New York，1973.

[10] 黄希祜. 钢铁冶金原理(第二版)[M]. 北京：冶金工业出版社，1990.

[11] G. S. 乌帕耶，R. K. 杜布. 冶金热力学与动力学的应用计算[M]. 金宝忠，阎庆甲译. 北京：冶金工业出版社，1981.

[12] M. 史密斯，H. C. 范奈斯. 化工热力学导论(第三版)[M]. 北京：化学工业出版社，1982.

[13] 张显鹏. 冶金物理化学例题及习题[M]. 北京：冶金工业出版社，1990.

[14] 李大成，李升章. 关于某些冶金还原反应的热力学限制步骤[J]. 四川有色金属，1987(2)：9-13.

[15] 李洪桂. 稀有金属冶金原理及工艺[M]. 北京：冶金工业出版社，1981.

[16] J. A. 迪安主编. 兰氏化学手册[M]. 尚久方，操时杰，辛无名等译. 北京：科学出版社，1991.

[17] 实用精细化学品编写组. 章思规. 实用精细化学品手册(下册)[M]. 北京：化学工业出版社，1996.